펄 갯벌과
펄 바 … 물

갯게

보리새우

가리맛조개

전갈가시불가사리

개불

북방명주메밀고둥

자갈 해변과
자갈 바닥에 사는 동물

포페군부

북방참집게

홈발딱총새우

굴속살이게

벌레군부

선생님들이 직접 만든
이야기 바다동물도감

1판 발행 | 2016년 5월 15일
2판 발행 | 2022년 4월 15일

글 · 사진 | 손민호 · 김현지 · 전영숙
펴낸이 | 양진오
펴낸곳 | (주)교학사

책임편집 | 황정순
편집 · 교정 | 하유미 · 김천순
디자인 | 이수옥
제작 | 이재환
원색분해 · 인쇄 | (주)교학사

출판 등록 | 1962년 6월 26일 (제18-7호)
주소 | 서울 마포구 마포대로 14길 4
전화 | 편집부 707-5205, 영업부 707-5146
팩스 | 편집부 707-5250, 영업부 707-5160
전자 우편 | kyohak17@hanmail.net
홈페이지 | http://www.kyohak.co.kr

값 50,000원
ISBN 978-89-09-19496-9 96490

선생님들이 직접 만든

이야기 바다동물도감

무척추동물 편

글 · 사진 | 손민호 · 김현지 · 전영숙

(주)교학사

책을 펴내며

부산에서 태어나 살고 공부하면서 저의 관심은 늘 고향 땅 부산을 둘러싸고 있는 바다와 그 속에 사는 생물에 관한 것이었습니다. 특히, 스쿠버 장비를 착용하고 직접 들어간 바닷속에는 형형색색의 다양한 바다 생물이 매우 아름답고 생생하게 살아 움직이고 있었습니다. 그러나 이러한 바다 생물이 물속에 직접 들어가 관찰하기 힘든 어린이나 일반인에게는 관심 밖의 것임을 알게 되었습니다.

더욱이 우리나라 바다에는 약 1만 3천 종의 다양한 바다 생물이 살고 있지만, 그중 어린이들이 갯벌이나 갯바위에서 쉽게 만날 수 있는 동물은 전체 바다 동물의 1%도 되지 않는다는 현실이 항상 안타까웠습니다. 또한, 지금까지 출판된 대부분의 바다 동물에 관한 도서나 도감은 전문적인 용어와 내용으로 쓰여 있어서 어린이들이 읽고 이해하기에는 학문적 깊이가 깊고 내용이 매우 어렵습니다.

이 책은 지금까지 보관해 온 많은 사진과 자료를 바탕으로 어린이의 눈높이에 맞춘 쉽고 재미있는 내용의 우리나라 바다 동물 도감입니다. 물론 이 도감에서조차 우리나라 바다에 살고 있는 약 1만 3천 종의 모든 생물을 다루지 못하고 무척추동물만을 싣게 된 아쉬움이 남기는 합니다. 그러나 이 도감을 통해 많은 학생과 일반인이 우리나라 바다에 살고 있는 신기하고 아름다운 동물의 실제 모습을 사진을 통해 보고, 그로 인해 우리나라 바다 동물에 대해 관심을 가지고 이를 사랑하게 된다면 도감 출판의 의의는 이것으로 충분하다고 생각합니다.

끝으로, 이 도감이 출간되기까지 여러모로 도움을 주시고 응원해 주신 (주)교학사 양진오 사장님과 황정순 부장님 그리고 편집부 여러분께 진심으로 감사드립니다.

대표 저자 손 민 호

이 책을 보는 방법

1. 이 도감에는 우리나라 바다에 사는 동물 중 무척추동물 462종에 대한 해설과 다양한 사진을 수록하였다.
2. 배열 순서는 크게 바다 동물이 사는 장소에 따라 구분하고, 구분 내에서는 무척추동물 총 12개 분류군에 따라 가장 하등한 종(해면류)에서 고등한 종(멍게류) 순으로 설명하였다.
3. 해설은 우리말 이름과 학명, 형태 및 생태 특징, 분포 순으로 설명하였으며, 특별히 강조할 만한 내용이나 사람과의 관계 등 특이하거나 재미있는 내용 등을 '이야기마당' 에 실었다.
4. 용어는 가능한 한 쉽게 풀어 쓰고, 부록의 용어 풀이를 통해 독자들이 쉽게 이해할 수 있도록 하였다.
5. 몸의 구조, 크기 등은 본문 시작 전 '바다 동물의 특징과 몸의 구조' 에서 기준을 정하여 제시하였다.
6. 부록인 '바다 동물 학습관' 에는 바다 동물이 살아가는 환경, 바다 생물의 구분, 바다 동물에 대한 조사와 연구 및 채집, 해양 환경의 오염, 수산 자원의 보호와 관리, 천연기념물 · 멸종위기 바다 동물 등을 실어 학습 길잡이 역할을 하도록 하였다.

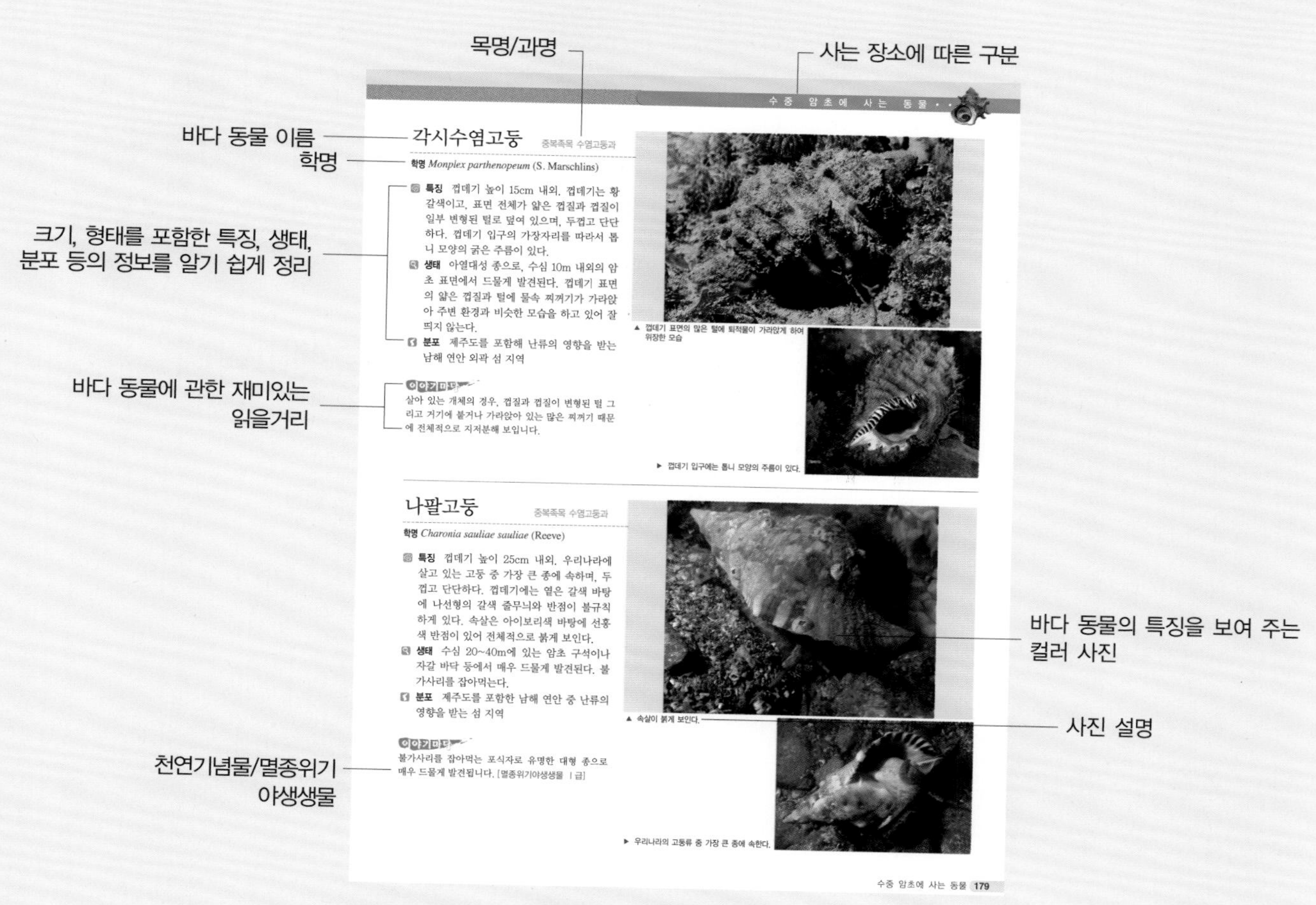

수중 암초에 사는 동물

각시수염고둥 중복족목 수염고둥과

학명 *Monplex parthenopeum* (S. Marschlins)

특징 껍데기 높이 15cm 내외. 껍데기는 황갈색이고, 표면 전체가 얇은 껍질과 껍질이 일부 변형된 털로 덮여 있으며, 두껍고 단단하다. 껍데기 입구의 가장자리를 따라서 톱니 모양의 굵은 주름이 있다.

생태 아열대성 종으로, 수심 10m 내외의 암초 표면에서 드물게 발견된다. 껍데기 표면의 얇은 껍질과 털에 물속 찌꺼기가 가라앉아 주변 환경과 비슷한 모습을 하고 있어 잘 띄지 않는다.

분포 제주도를 포함해 난류의 영향을 받는 남해 연안 외곽 섬 지역

이야기마당
살아 있는 개체의 경우, 껍질과 껍질이 변형된 털 그리고 거기에 붙거나 가라앉아 있는 많은 찌꺼기 때문에 전체적으로 지저분해 보입니다.

▲ 껍데기 표면의 많은 털에 퇴적물이 가라앉게 하여 위장한 모습

▶ 껍데기 입구에는 톱니 모양의 주름이 있다.

나팔고둥 중복족목 수염고둥과

학명 *Charonia sauliae sauliae* (Reeve)

특징 껍데기 높이 25cm 내외. 우리나라에 살고 있는 고둥 중 가장 큰 종에 속하며, 두껍고 단단하다. 껍데기에는 옅은 갈색 바탕에 나선형의 갈색 줄무늬와 반점이 불규칙하게 있다. 속살은 아이보리색 바탕에 선홍색 반점이 있어 전체적으로 붉게 보인다.

생태 수심 20~40m에 있는 암초 구석이나 자갈 바닥 등에서 매우 드물게 발견된다. 불가사리를 잡아먹는다.

분포 제주도를 포함한 남해 연안 중 난류의 영향을 받는 섬 지역

이야기마당
불가사리를 잡아먹는 포식자로 유명한 대형 종으로 매우 드물게 발견됩니다. [멸종위기야생생물 Ⅰ급]

▲ 속살이 붉게 보인다.

▶ 우리나라의 고둥류 중 가장 큰 종에 속한다.

수중 암초에 사는 동물 179

차 례

01 갯바위에 사는 동물

02 모래 해변과 모랫바닥에 사는 동물

03 펄 갯벌과 펄 바닥에 사는 동물

04 자갈 해변과 자갈 바닥에 사는 동물

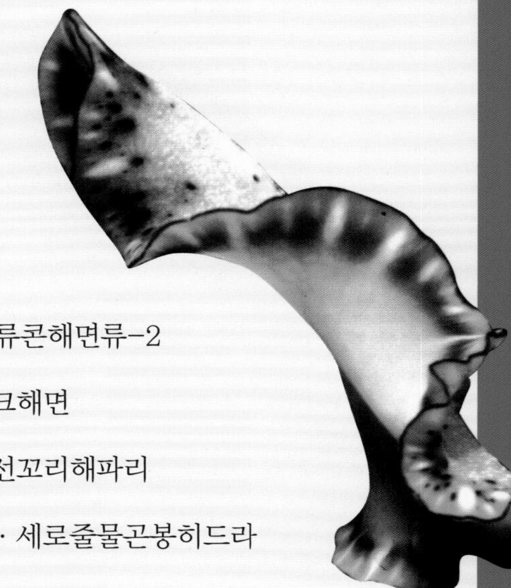

05 수중 암초에 사는 동물

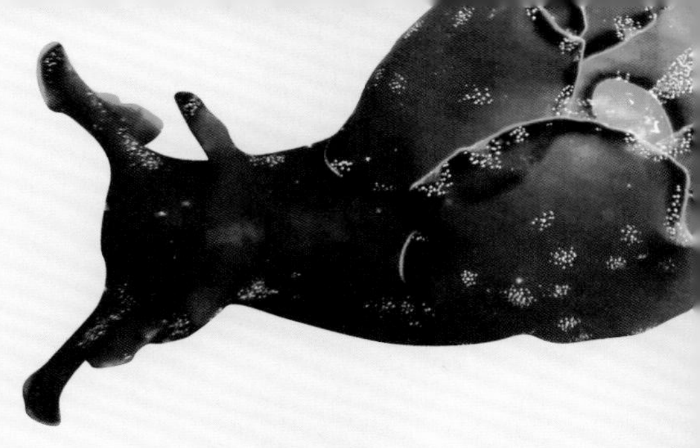

06 바닷속에 사는 동물

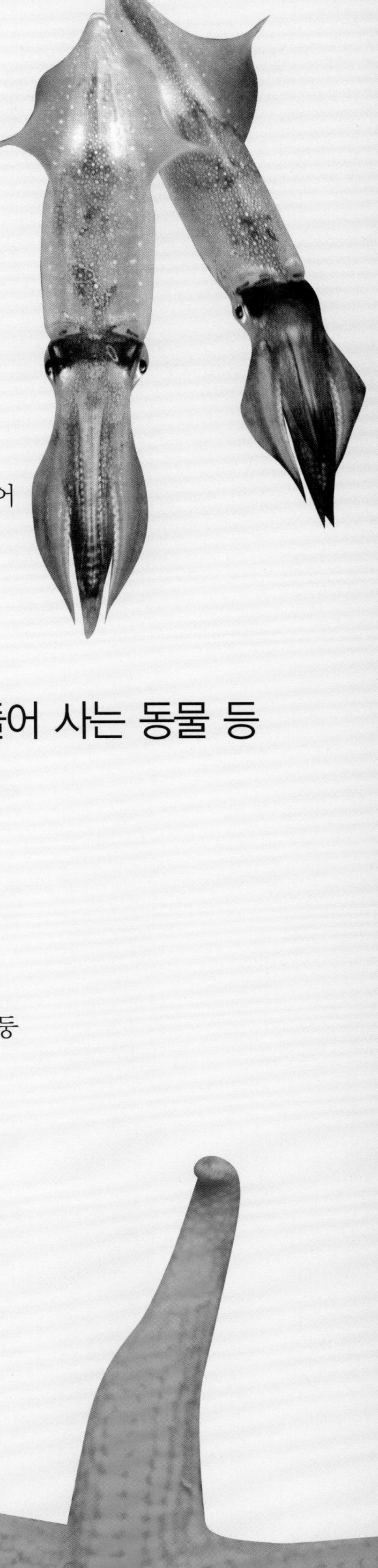

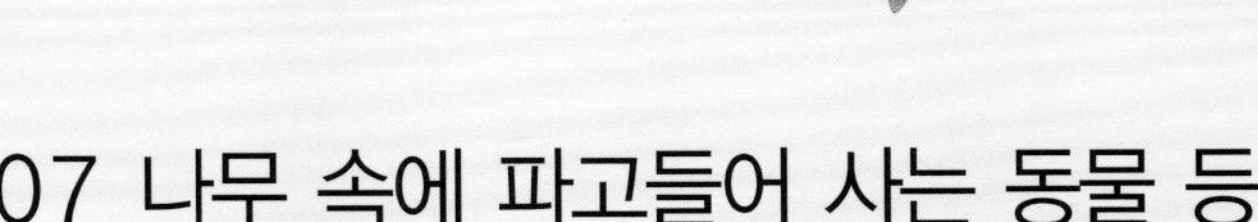

07 나무 속에 파고들어 사는 동물 등

바다 동물(무척추동물)의 특징과 몸의 구조

무척추동물은 동물 중에서 척추가 없는 동물 무리로서, 원생동물부터 극피동물까지 31개 무리(문, Phylum)가 있다. 여기에서는 바다 동물 중 무척추동물에 해당하는 13개 무리 가운데 추형동물을 제외한 12개 무리에 대한 일반적인 특징과 구조를 알아본다.

해면동물

■ 특 징

여러 개의 세포로 이루어진 다세포 동물 중에서 가장 원시적인 무리이다. 고등한 동물에서 나타나는 기관(예 호흡 기관, 순환 기관 등)은 없지만 각기 다른 기능을 하는 조직 수준의 세포가 서로 잘 융합된 군체의 형태를 나타낸다. 전체적인 모양은 매우 다양하여 일정한 모습으로 설명하기 어렵지만 모든 종에 호흡과 먹이 및 번식 활동에 필요한 입수공(물이 들어오는 작은 구멍)과 출수공(물이 나가는 큰 구멍)이 있다는 공통적인 특징을 가지고 있다. 군체 구조는 해면의 영어 표기(스펀지, sponge)에서 알 수 있는 것처럼 군체 구조는 물을 많이 흡수할 수 있는 엉성한 모양이어서 목욕용 스펀지로 사용되기도 한다.

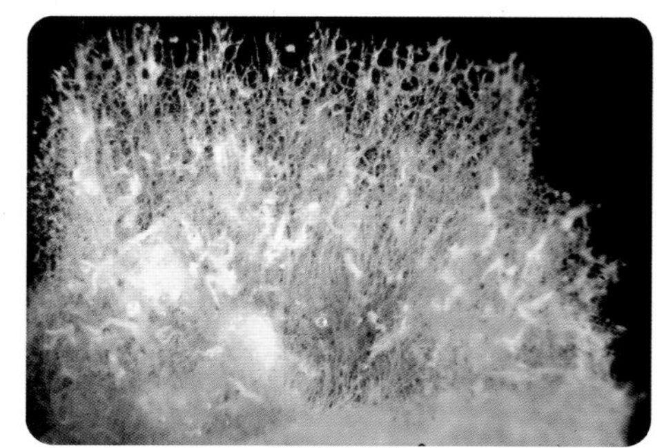

■ 몸의 구조 및 크기

◆ 예쁜이해면류 군체

지름

높이

출수공

입수공

◆ 호박해면 군체(또는 몸통)

자포동물

■ 특 징

자포동물은 몸에 자포(침, sting cell)라는 특수한 세포를 가진 동물 무리이다. 히드라, 산호, 말미잘, 해파리 등 우리에게 친숙한 많은 무리가 속해 있다. 자포동물을 하나의 공통된 특징으로 설명하기에는 어려움이 있지만, 어떤 모양이든 간에 모두 먹이 포획과 방어에 필요한 촉수를 가지며, 촉수의 끝부분에는 '자포' 라는 일종의 독침을 가지고 있는 특징이 있다. '독침' 이라고 표현은 하지만 일부 극소수의 해파리류를 제외하고는 사람에게 큰 피해를 주지는 않으며, 먹이가 되는 작은 동물플랑크톤 등에만 치명적으로 작용한다.

■ 몸의 구조 및 크기

태형동물(이끼벌레)

■ 특 징

태형동물은 많은 수의 종이 암초 표면이나 바닷속의 단단한 물체에서 마치 이끼처럼 납작하게 표면을 덮으며 자라기 때문에 '이끼벌레' 라고도 한다. 그러나 또 다른 상당수의 태형동물은 해조류 덤불이나 주름 잡힌 레이스 천 조각 같은 모습을 하고 있기도 하여 하나의 일정한 모습으로 설명하기는 어렵다. 이들은 여러 마리(개체 또는 개충)가 하나의 덩어리(무리)를 이루어 군체 형태로 살아가지만, 여러 개의 세포가 모여서 만들어진 해면동물의 군체와는 차원이 다른 상당히 고등한 형태이다. 자포동물처럼 이들 역시 각각의 개체가 촉수를 가지고 있지만 그 안에 독침은 없다.

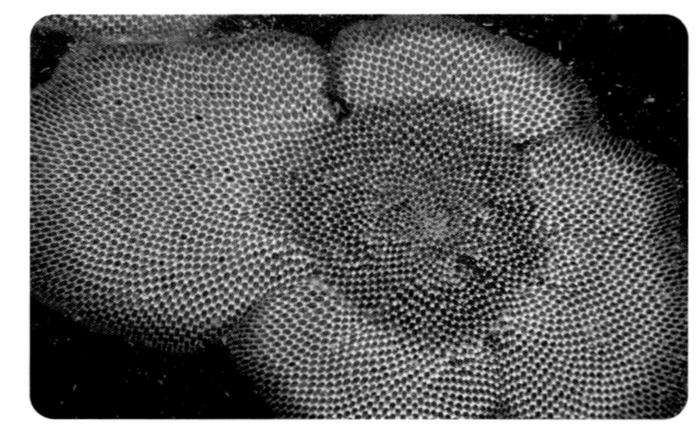

■ 몸의 구조 및 크기

◇ 여러 가지 이끼벌레류

편형동물(납작벌레)

■ 특 징

편형동물은 이름에서 알 수 있듯이, 몸통의 전체적인 모양이 위아래로 납작한 공통 특징을 가지고 있다. 또한, 진화 과정상 다세포 동물에서는 처음으로 몸의 앞과 뒤가 구별되는 무리이다. 이 무리에 속하는 대부분의 종류는 몸통 길이가 5cm 이하로 비교적 작고, 주로 바닥을 기어 다니며 작은 동물을 잡아먹는다. 그러나 일부 종류는 길이가 거의 10cm에 달하고 위급한 상황에 처하거나 필요 시 바닥에서 몸을 띄워 휘젓는 방법으로 상당한 거리를 헤엄쳐 갈 수 있다.

■ 몸의 구조 및 크기

◆ 민무늬납작벌레

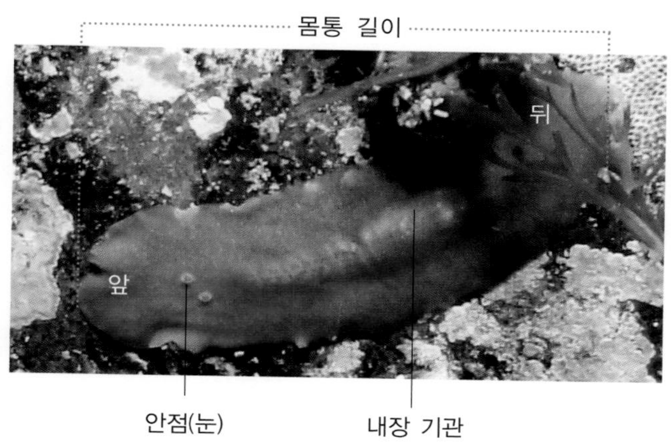

성구동물

■ 특 징

성구동물에서 '성구(星口)'는 이들이 먹이활동을 하기 위해 입을 벌려 촉수를 펼쳤을 때 입 주변과 촉수의 모습이 마치 작은 '별'처럼 생겨 '별 모양 입'이라는 뜻으로 붙여진 이름이다. 이 무리에 속하는 종류는 우리나라 바다의 갯바위에서부터 수심 수백 미터 깊이에 이르기까지 매우 흔히 발견되지만, 대부분 크기가 작고 경제적인 가치도 없어 별 관심을 받지 못한다.

■ 몸의 구조 및 크기

◆ 상어껍질별벌레

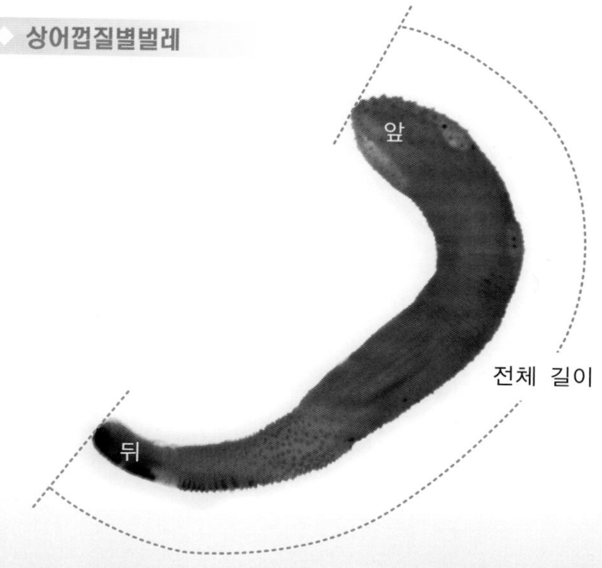

완족동물

■ 특 징

완족동물은 바다에 살고 있는 다른 어떤 무리에서도 나타나지 않는 완족이라는 특별한 호흡과 먹이활동 기관을 가지고 있는 별도의 무리이다. 대부분의 다른 무리에서는 아가미가 보통 호흡과 먹이활동에 이용되는 기관이지만, 완족동물에서는 아가미로 불릴 수 있는 해부학적 기관이 없으며, 완족이라는 기관이 이러한 기능을 담당하고 있다. 이 무리에 속하는 종은 대부분이 최소 수억 년 전에 지구상에 처음 나타났을 때의 모습을 그대로 간직하고 있는 화석 종이다.

■ 몸의 구조 및 크기

◆ 세로줄조개사돈

▲ 외형

위쪽 껍데기

아래쪽 껍데기

완족

촉수

▲ 내장 기관

◆ 개맛

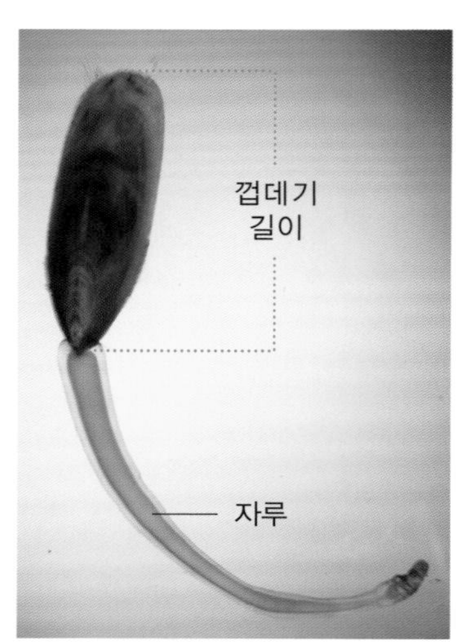

유형동물(끈벌레)

■ 특 징

유형동물은 전체적으로 미끈하게 긴 둥근 끈 모양의 몸통을 가지고 있다. 신축성이 매우 좋아 몸통을 길게 늘일 때에는 길이가 거의 30cm에 달하며, 수축하면 10cm 정도의 짧고 통통한 막대기 모양이 된다. 이들은 바닥의 바위나 자갈 구석의 빈 공간 사이를 미끄러지듯 움직이면서 크고 작은 다양한 동물을 잡아먹는 무서운 포식자이다.

■ 몸의 구조 및 크기

■ 특 징

연체동물은 부드러운 몸통을 가진 종류를 포함하는 무리로, 군부, 고둥, 조개, 오징어, 문어 등 각각 별도의 특징을 가진 많은 작은 무리가 포함된다. 이들의 공통적인 특징은 전체적으로 부드러운 몸통에 단단한 껍데기(패각)를 가지고 있는 것이지만, 문어와 같은 부류에서는 껍데기가 완전히 퇴화되어 겉으로 나타나지 않는 경우도 있다. 이 무리에 속하는 대부분의 종은 식재료로 매우 유용하게 이용되는 경제적인 수산물이다.

■ 몸의 구조 및 크기

◆ 군부류

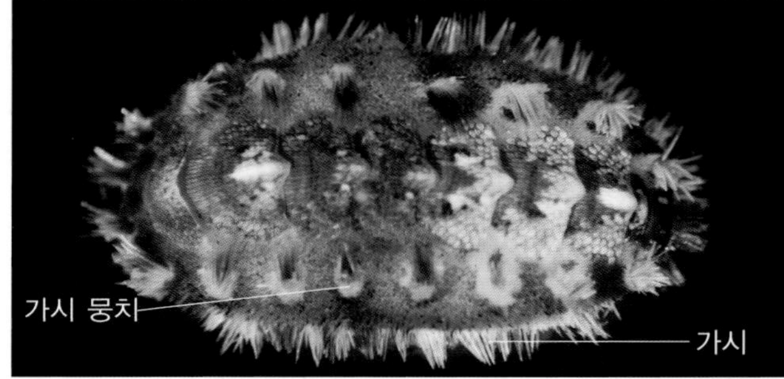

◆ 일부 고둥류에서 나타나는 각피와 각피의 변형 구조

◆ 삿갓조개류

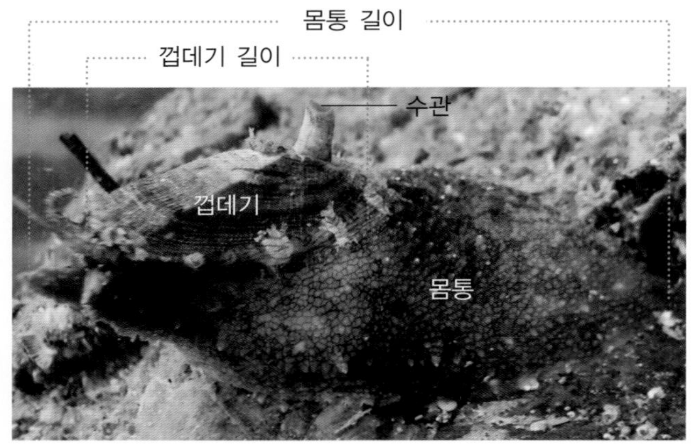

◆ 고둥류

소라
껍데기
입구 지름
입구 뚜껑
껍데기 입구
입(치설)
발
각정
껍데기 높이
껍데기 가시
흰갯민숭달팽이
몸통 길이
촉수
아가미 다발
꼬리
전복
출수공
촉수
조개류
껍데기 길이
껍데기 높이
비늘
가시
각정
격판
족사
각피
(외부 껍데기)
각피가 변형된 털

환형동물(다모류)

■ 특 징

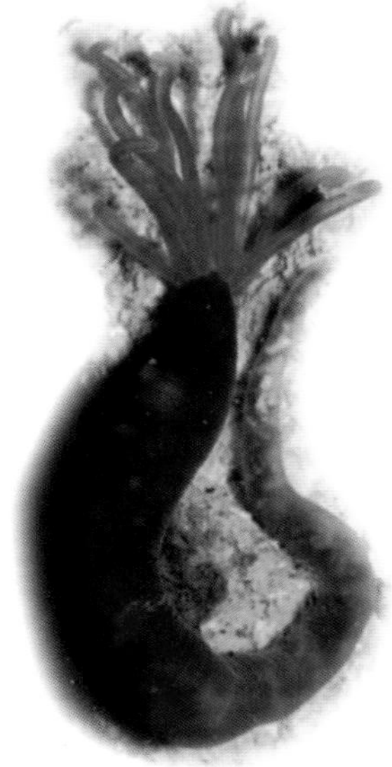

환형동물은 비 온 뒤 흙바닥에서 흔히 볼 수 있는 지렁이로, 지금은 흔치 않은 거머리 그리고 바다에 사는 지렁이인 갯지렁이(다모류)를 모두 포함하는 무리를 말한다. 바다거머리류는 우리나라 바다에 2~3종만 살고 있으며, 그 밖의 대부분은 몸통에 수많은 다리나 털을 가진 갯지렁이류(다모류)이다. 갯지렁이류 역시 몸 표면의 다리나 털이 각 종마다 생존하기에 적합한 모습으로 변형되어 있기 때문에 이들을 하나의 일정한 모습으로 설명하기는 매우 어렵다.

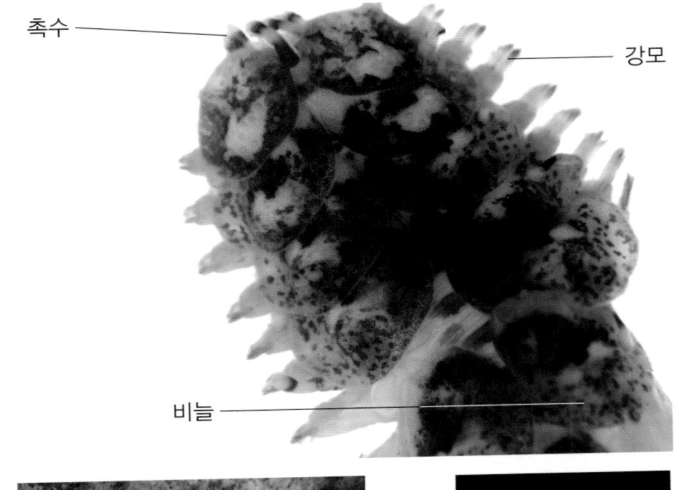

■ 몸의 구조 및 크기

◇ 여러 가지 갯지렁이류

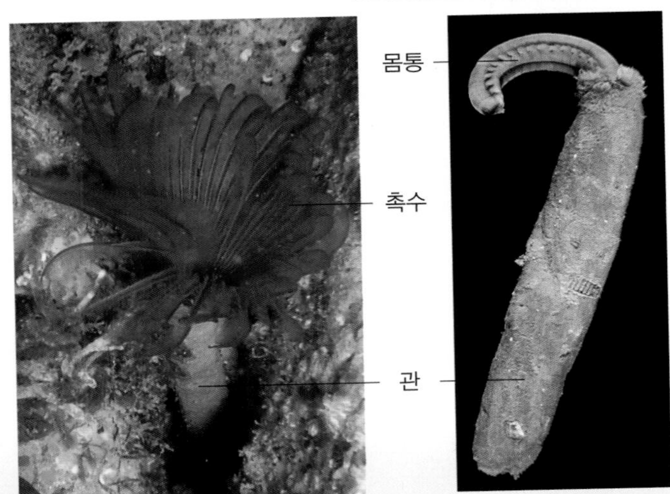

절지동물

■ 특 징

절지동물은 다리가 마디로 되어 있는 동물 무리를 말한다. 이 무리에는 화석으로만 발견되는 고생대 동물 삼엽충과 거미, 전갈, 곤충, 새우, 게 등 수많은 작은 무리가 포함되어 있다. 그중 바다에 살고 있는 종은 크게 갑각류라는 별도의 무리로 나뉘어 물벼룩에서부터 따개비, 염새우, 새우, 게 등과 같은 바다 동물을 포함하고 있다. 갑각류 역시 매우 다양한 종류가 있기 때문에 일정한 모습으로 설명하기가 어렵다.

■ 몸의 구조 및 크기

◆ 따개비

◆ 새우

◆ 염새우

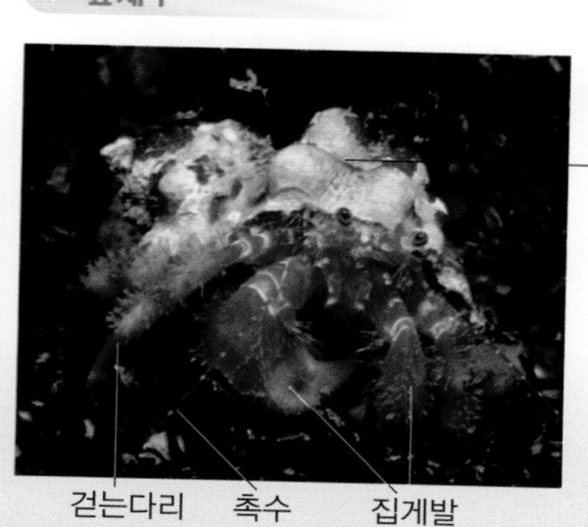

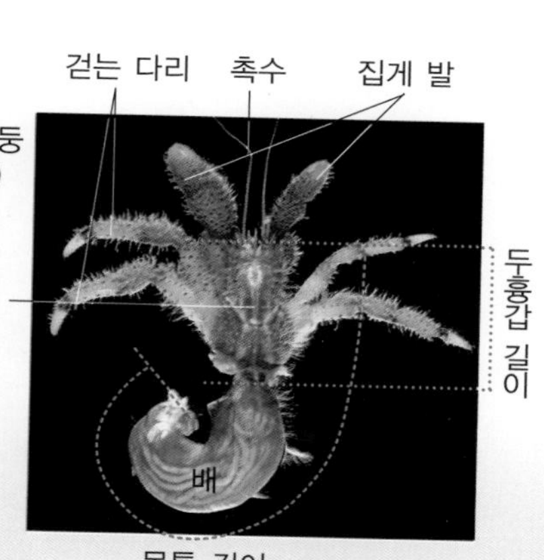

극피동물

■ **특 징**

극피동물은 껍질에 해당하는 몸통 표면에 가시가 있는 동물 무리를 말한다. 극피동물에 속하는 대표적인 종류는 성게, 불가사리, 해삼 등이지만, 깃갯고사리 등 몇몇 작은 무리도 큰 범주에서는 모두 극피동물에 속하는 종류이다. 이들 역시 앞에서 설명한 연체동물이나 갑각류처럼 전체적인 몸통의 모습과 가시 형태가 종류마다 매우 다르게 변형되어 나타나기 때문에 하나의 일정한 모습으로 설명하기가 어렵다.

■ **몸의 구조 및 크기**

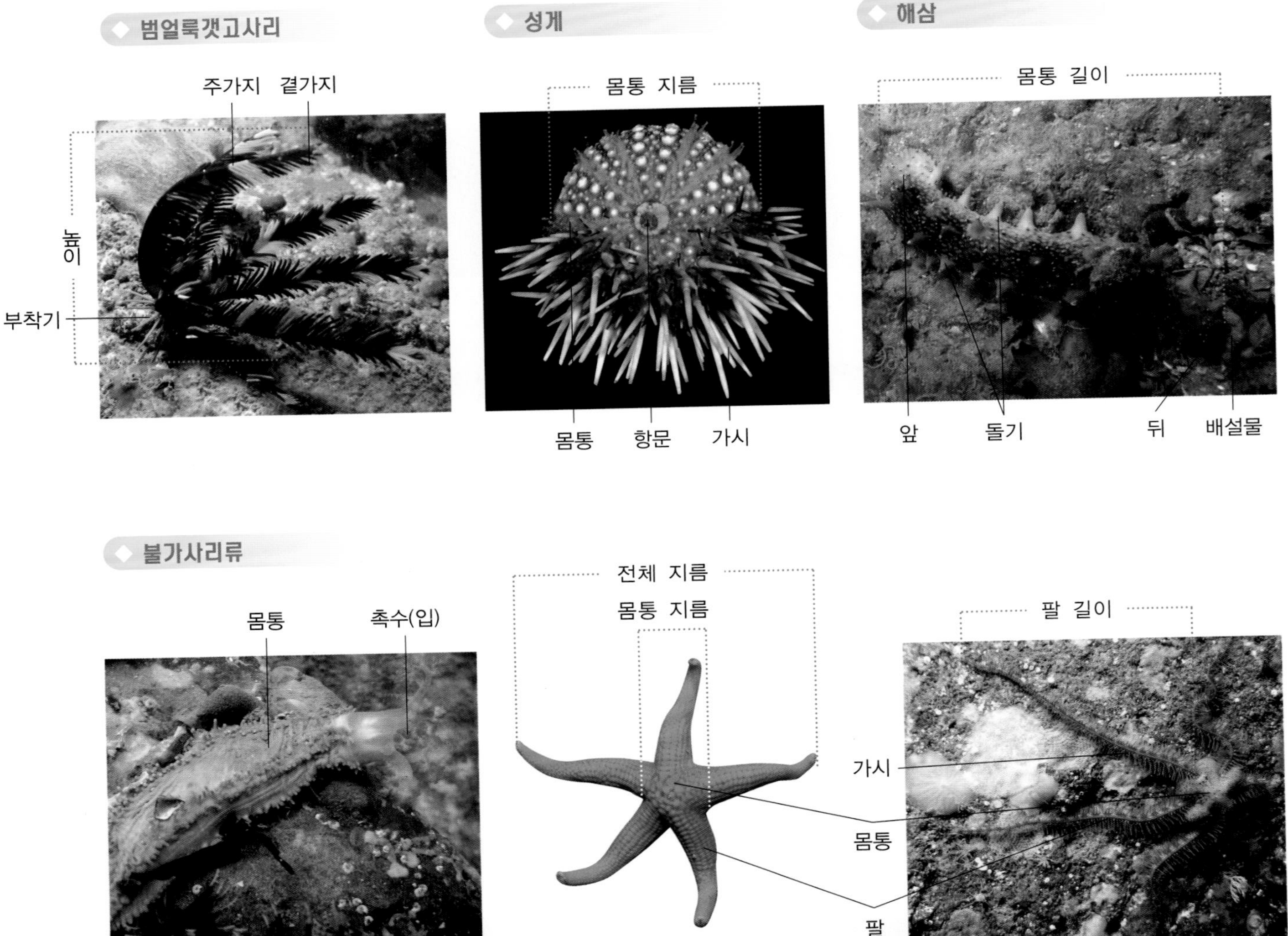

■ 특 징

척삭동물은 고등한 동물에서 나타나는 척추(등뼈)의 원시적인 모양이 어린 시기에만 잠시 나타나는 특징을 가진 동물 무리를 말한다. 따라서 척삭동물에 속하는 대표적인 종류인 멍게(다 자란 성체)를 아무리 살펴봐도 척추와 비슷한 단단한 부분을 찾을 수가 없다. 그러나 멍게류는 생물 진화 과정상 하등 동물에서 고등 동물로 변화하는 단계에 있는 중요한 무리에 속하며, 크게 두 개의 부류로 나뉘는데, 하나는 각 개체가 한 마리씩 독립적으로 살아가는 종류(독립 멍게류)이고, 또 하나는 여러 마리가 무리를 이루어 함께 살아가는 종류(군체 멍게류)이다.

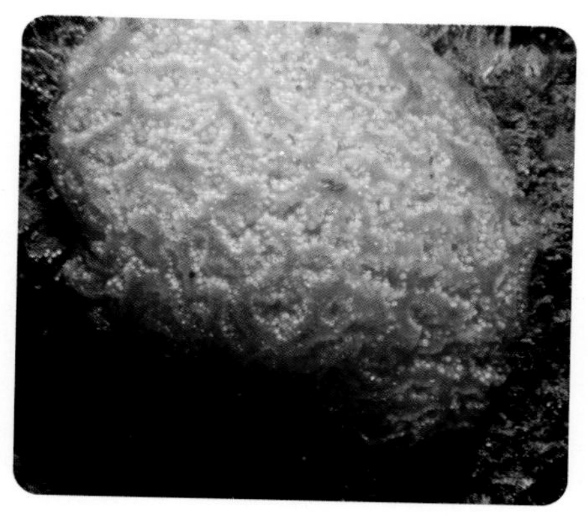

■ 몸의 구조 및 크기

◆ 군체 멍게류

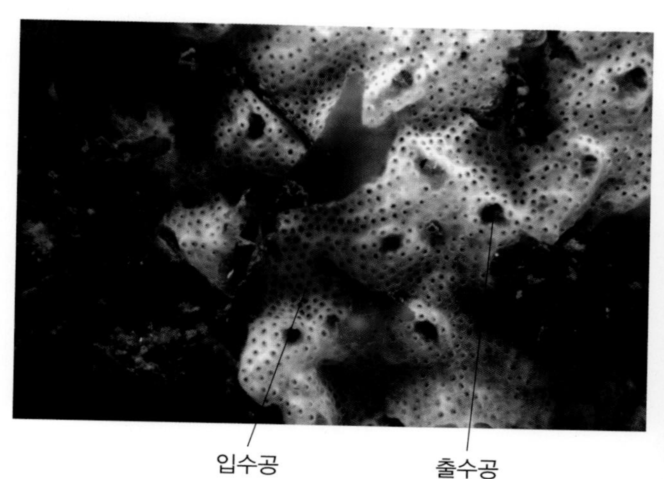

◆ 독립 멍게류

갯바위에 사는 동물

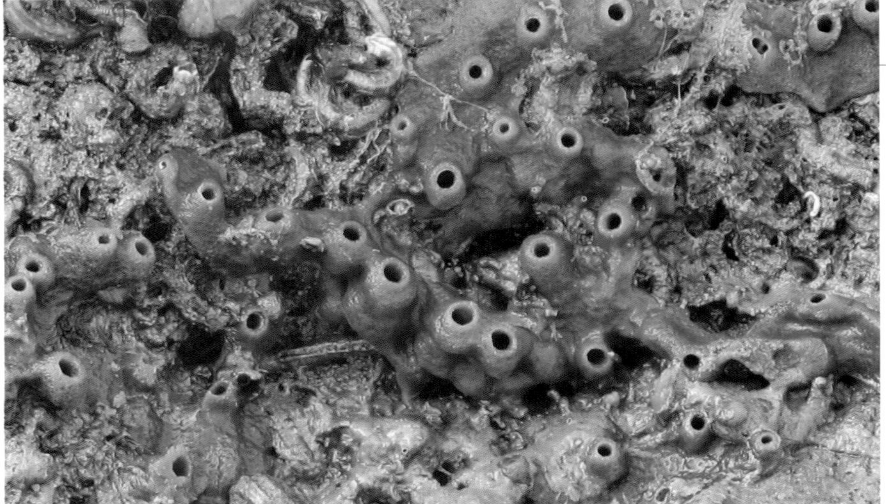

▲ 출수공이 많이 솟아 있다.

◀ 갯바위에서 흔히 발견된다.

보라해면

단골해면목 보라해면과

학명 *Haliclona permollis* (Bowerbank)

특징 군체 크기는 일정하지 않고 갯바위 표면을 1cm 내외의 두께로 뒤덮으며 자란다. 군체는 보통 짙은 보라색을 띠며, 표면에는 출수공이 낮게 위로 솟아 있고, 출수공 지름은 1mm 내외이다.

생태 갯바위 중간부터 수심 1m 이내의 바위 틈이나 구석 등 햇빛이 직접 닿지 않는 그늘진 곳을 좋아한다. 밀물이나 만조 시에만 물속의 작은 플랑크톤이나 찌꺼기를 걸러 먹는 먹이활동을 한다.

분포 우리나라 전 연안. 동해 연안보다 남해와 서해 연안에서 흔히 볼 수 있다.

이야기마당

썰물이 되어 물이 빠지면 갯바위에서 쉽게 볼 수 있습니다.

▲ 군체가 적갈색 또는 황갈색을 띤다.

주황해변해면

해변해면목 해변해면과

학명 *Hymeniacidon sinapium* de Laubenfels

특징 군체 크기는 일정하지 않고 갯바위 표면을 1cm 내외의 두께로 뒤덮으며 자란다. 군체는 적갈색 또는 황갈색을 띠며, 표면에는 불규칙한 주름이 있고, 주름 윗부분에 출수공이 열려 있다.

생태 갯바위 중간부터 아래쪽 그늘진 곳에서 흔히 발견된다. 다양한 부착 생물들과 갯바위 표면을 서로 차지하려는 치열한 공간 경쟁을 한다. 성장 초기에는 이웃한 곳에 몇몇 작은 군체를 만들지만 서로 합쳐지면서 하나의 큰 군체를 이룬다.

분포 우리나라 전 연안. 동해나 제주도보다 서해와 남해에서 자주 발견된다.

이야기마당

갯바위를 두고 다른 부착 생물과 치열한 공간 경쟁을 합니다.

◀ 갯바위 표면을 뒤덮으며 자란다.

틈/새/정/보

해면의 입수공과 출수공

해면은 현재 지구에 살고 있는 다세포 동물 중 가장 원시적인 무리로서, 여러 개의 세포가 모여 하나의 군체(집단)를 형성하지만, 고등한 동물에서처럼 조직이나 기관이 형성되어 있지 않고, 각각의 세포가 하나의 군체를 유지하는 데 필요한 기능(먹이활동, 번식, 형태 유지 등)을 하는 단순한 형태이다. 이들은 군체 표면에 흩어져 있는 무수히 많은 구멍인 입수공(작은 구멍)을 통해 바닷물을 내부로 빨아들여 호흡과 먹이활동, 번식 등에 사용한 후 출수공(큰 구멍)을 통해 밖으로 내보낸다.

▲ 해면의 입수공과 출수공

군체

군체란, 바다 생물 중 독립적으로 살아가지 않는 종(집게류)이 같은 종에 속하는 여러 마리의 개체들과 모여서 하나의 덩어리를 이루어 살아가는 집단을 말한다. 바다 생물 중에서 해면, 히드라, 산호, 이끼벌레, 일부 멍게류 등에서 흔히 볼 수 있는 현상이다.

▲ 각각 독립적으로 살아가는 집게류

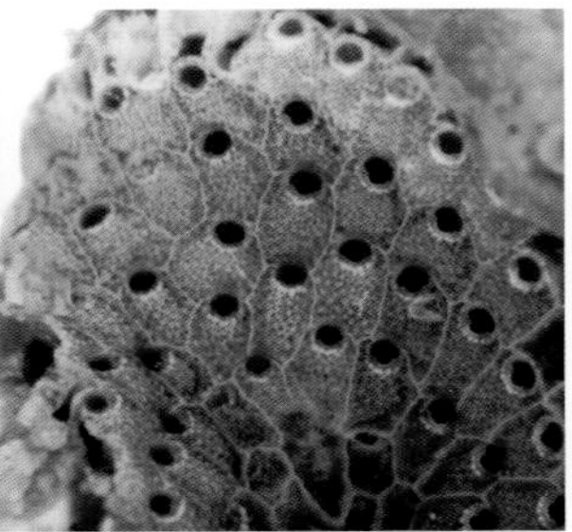
▲ 흰색 테두리로 둘러싸인 것이 하나의 이끼벌레이며, 여러 이끼벌레가 모여 하나의 군체를 이룬다.

▲ '보라해면', '주황해변해면' 과 함께 갯바위에서 쉽게 볼 수 있다.

◀ 군체가 밝은 황록색을 띤다.

황록해변해면 해변해면목 해변해면과

학명 *Halichondria oshoro* Tanita

특징 군체 크기는 일정하지 않고 갯바위 표면을 1cm 내외의 두께로 뒤덮으며 자란다. 군체는 밝은 황록색을 띠며, 표면에는 많은 돌기가 솟아 있고, 돌기 끝에는 출수공이 열려 있다.

생태 갯바위 중간부터 수심 1m 이내의 그늘진 바위 아랫면에서 흔히 발견된다. 다양한 부착 생물과 함께 갯바위 표면을 서로 차지하기 위한 치열한 공간 경쟁을 한다. 보통 '주황해변해면' 과 함께 발견된다.

분포 우리나라 전 연안. 동해보다 서해와 남해 연안에서 흔히 발견된다.

이야기마당

군체 색이 밝기 때문에 눈에 쉽게 띕니다.

▲ 무늬나 돌기 없이 전체적으로 선홍색을 띤다.

해변말미잘 해변말미잘목 해변말미잘과

학명 *Actinia equina* (Linnaeus)

특징 몸통 지름 3cm 내외. 촉수와 몸통 모두 붉은색 또는 선홍색을 띤다. 몸통이나 촉수는 별다른 무늬나 돌기가 없는 매끈한 모습이다.

생태 갯바위 아래쪽 구석진 틈이나 조수 웅덩이 등에서 간혹 발견되는 흔치 않은 종이다. 무성생식으로 번식한 많은 쌍둥이가 가까운 곳에 무리 지어 나타나기도 한다.

분포 제주도를 포함해 난류의 영향을 받는 남해 연안 일부 외곽 섬 지역과 울릉도 및 독도

이야기마당

독도의 갯바위 아래에서 쉽게 발견됩니다.

◀ 무성생식으로 번식한 쌍둥이 무리

틈/새/정/보

공간 경쟁

삶의 터전이 되는 공간의 크기가 매우 제한적인 생물은 더 좋은 공간을 차지하기 위하여 다른 생물과 서로 경쟁을 한다. 이를 '공간 경쟁'이라고 하는데, 공간 경쟁이란, 생존하는 데 필요한 공간을 확보하기 위해서 다른 종끼리 또는 같은 종 내에서 다른 개체끼리 벌이는 경쟁을 말한다. 바다 동물의 경우, 면적이 매우 좁은 갯바위와 수중 암초에서 특히 치열하게 벌어진다.

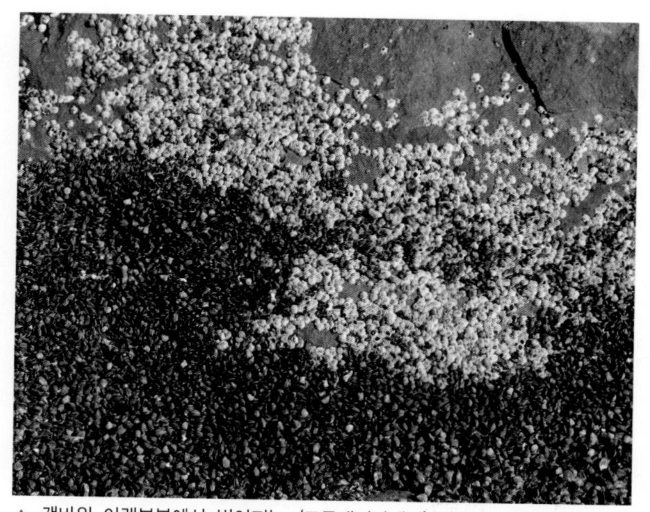

▲ 갯바위 아랫부분에서 벌어지는 '조무래기따개비'(위쪽 흰색)와 '굵은줄격판담치' 무리(아래쪽 검은색)의 공간 경쟁

조수 웅덩이

조수 웅덩이란, 썰물 때 바닷물이 빠지면 다음 밀물 때까지 해변에 일시적으로 만들어지는 웅덩이를 말한다. 이러한 웅덩이는 바다로 미처 빠져 나가지 못한 몇몇 바다 생물이 다음 밀물 때까지 생명을 유지하는 장소로 사용되기도 하지만, 이곳을 터전으로 하여 일생을 살아가는 바다 생물도 있다.

▲ 갯바위 해변과 모래 해변에 만들어진 조수 웅덩이

▲ 전체적으로 녹갈색을 띤다.

풀색꽃해변말미잘

해변말미잘목 해변말미잘과

학명 *Anthopleura anjune* Den Harthog & Vennam

특징 몸통 지름 4cm 내외. 중간 크기의 말미잘류에 속한다. 몸통과 촉수는 연두색, 초록색, 녹갈색 등 다양한 색깔을 띤다. 표면은 작은 돌기로 덮여 있다.

생태 갯바위 아래쪽 구석진 틈이나 썰물 때 바닷물이 고여 있는 조수 웅덩이 등에서 흔히 발견된다. 썰물 때 공기 중에 몸이 드러나면 자신을 해로운 자외선과 포식자로부터 보호하기 위해 촉수를 수축시켜 주변에 있는 모래나 다양한 이물질을 몸 표면에 부착시킨다. 무성생식으로 번식한 많은 쌍둥이가 가까운 곳에 무리 지어 나타나는 경우도 있다.

분포 제주도를 포함한 전 연안

이야기마당

몸통이 녹색이나 갈색 등을 띠는 이유는 몸통 표면에 사는 작은 녹조류들 때문입니다. 말미잘은 녹조류에게 삶의 터전을 제공해 주고, 녹조류는 말미잘에게 광합성을 통해 만들어진 영양분과 산소를 제공합니다.

▲ 갯바위 아래쪽 조수 웅덩이 등에서 흔히 발견된다.

◀ 모래 알갱이나 이물질로 위장한 모습

▲ 무성생식으로 번식한 쌍둥이 무리(모래 알갱이가 붙어 있는 흰색 덩어리)

검정꽃해변말미잘

해변말미잘목 해변말미잘과

학명 *Anthopleura kurogane* Uchida & Muramatsu

특징 몸통 지름 4cm 내외. 전체적으로 갈색을 띠지만 개체마다 몸통과 촉수 색깔에 큰 차이가 있다. 촉수에는 다양한 색깔의 띠 무늬가 있다.

생태 갯바위 아래쪽이나 조수 웅덩이에서 흔히 발견된다. 바위틈이나 갯바위 구석에 쌓여 있는 모랫바닥 속에 몸을 파묻고 촉수만 위로 펼치고 산다.

분포 제주도를 포함한 전 연안

이야기마당

사람의 접근이나 환경 변화 등을 감지하고 위험을 느껴 촉수를 오므리면 모래가 그 위를 덮어, 사람의 눈에 잘 띄지 않습니다.

▲ 갯바위 아래쪽 모래 속에 몸통을 파묻고 있다.

▶ 개체마다 몸통과 촉수의 색깔에 큰 차이가 있다.

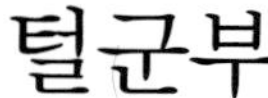

털군부

신군부목 가시군부과

학명 *Acanthochitona defilippii* (Tapparone Canefri)

특징 몸통 길이 7cm 내외. 몸통은 타원형이며 흑갈색을 띤다. 몸통에는 8장의 작은 껍데기판이 있으며, 껍데기판 가장자리를 따라 18쌍의 털 뭉치가 일정한 간격으로 나 있다.

생태 주로 갯바위 아래쪽에 살며, 바위 표면에 붙어 있는 돌말이나 해조류를 갉아 먹지만 움직임이 거의 없어서 알아차리기 어렵다. 썰물 때 바위틈이나 구석에 달라붙어 숨어 있는 것을 볼 수 있다.

분포 제주도를 포함한 전 연안. 동해 연안보다 서해나 남해 연안에서 자주 볼 수 있다.

이야기마당

비슷한 종인 '애기털군부'에 비해 몸통 전체에서 껍데기판이 차지하는 부분이 적습니다.

▲ 몸통은 타원형이며 흑갈색을 띤다.

◀ 전체 몸통에서 작은 부분을 차지하는 껍데기판

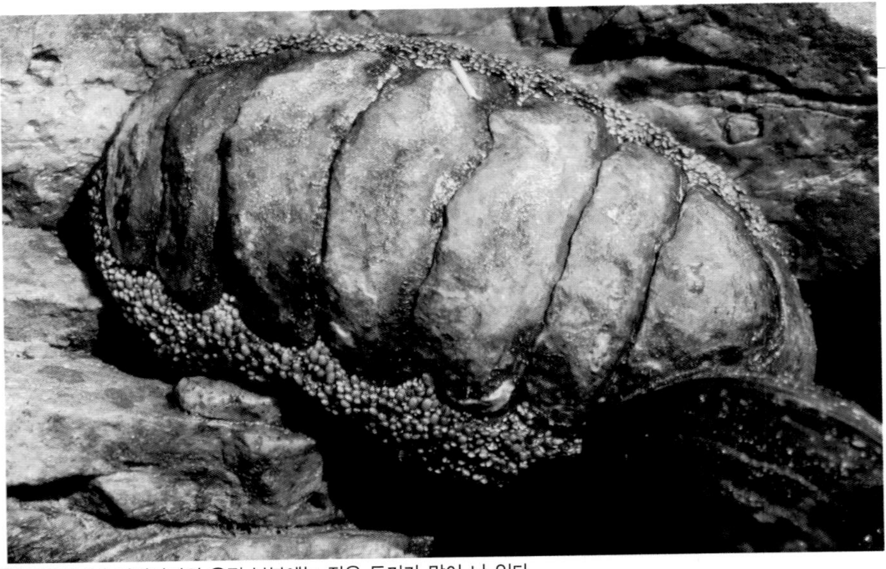

▲ 몸통 크기의 거의 절반을 차지하는 껍데기판과 뚜렷한 털 뭉치

◀ 갯바위 등에서 흔히 발견된다.

애기털군부

신군부목 가시군부과

학명 *Acanthochitona rubrolineata* (Lischke)

특징 몸통 길이 5cm 내외. 몸통은 긴 타원형이며 흑갈색을 띤다. 8장의 껍데기판이 전체 몸통의 절반 정도를 차지하며, 껍데기판 가장자리에는 18쌍의 털 뭉치가 좌우 대칭으로 나 있다.

생태 갯바위뿐만 아니라 자갈 해변이나 모래 해변에 있는 암초 등에서도 흔히 발견된다. 바위 표면에 붙어 있는 힘이 그리 강하지 않아 맨손으로 쉽게 뗄 수 있다. 바위 표면에 서식하는 돌말이나 해조류를 갉아 먹는다.

분포 제주도를 포함한 전 연안

이야기마당
비슷한 종인 '털군부'에 비해 전체 면적에서 껍데기판이 차지하는 비율이 높으며, 털 뭉치도 훨씬 뚜렷합니다.

▲ 껍데기판 가장자리의 육질 부분에는 작은 돌기가 많이 나 있다.

◀ 몸통이 유연해 구석진 바위틈에 자유롭게 붙을 수 있다.

군부

신군부목 군부과

학명 *Liolophura japonica* (Lischke)

특징 몸통 길이 6cm 내외. 몸통은 타원형이며 흑갈색을 띤다. 8장의 껍데기판이 몸통 전체 면적의 3/4 정도를 차지하며, 껍데기판 가장자리 육질부 표면에는 작은 돌기가 많이 나 있다.

생태 껍데기판이 크고 두껍지만 유연성이 뛰어나 갯바위 중간 부분부터 아래쪽 구석진 틈에 몸을 완전히 밀착해 살아간다. 바위 표면에 붙는 힘이 매우 강해서 맨손으로는 떼기 힘들다.

분포 제주도를 포함한 전 연안

이야기마당
우리나라에 사는 군부류 중 가장 흔한 종입니다.

흑색배말

원시복족목 삿갓조개과

학명 *Cellana nigrolineata* (Reeve)

특징 껍데기 길이 5cm, 높이 3cm 내외. 위에서 보면 둥근 모양이며, 각정은 뒤로 약간 치우쳐 있다. 썰물 때 껍데기가 공기 중에 드러나 건조해지면 각정으로부터 아래로 뻗은 줄무늬가 흐릿해지지만, 다시 물에 젖으면 검은 바탕에 선명한 방사상 줄무늬가 나타난다.

생태 주로 갯바위 중간부터 아래쪽에 산다. 썰물 때는 거의 움직이지 않다가 밀물 때가 되면 바위 표면을 기어 다니며 돌말이나 이끼를 갉아 먹는다.

분포 제주도를 포함한 전 연안

이야기마당

지역 주민들이 배말국 등의 다양한 식재료로 이용하기도 하는데, 그 맛은 '전복'과 비슷합니다.

▲ 젖은 갯바위 표면을 기어 다닌다.

▶ 갯바위 표면에 딱 달라붙어 있다.

▲ '검은큰따개비' 사이에 '흑색배말'이 붙어 있다.

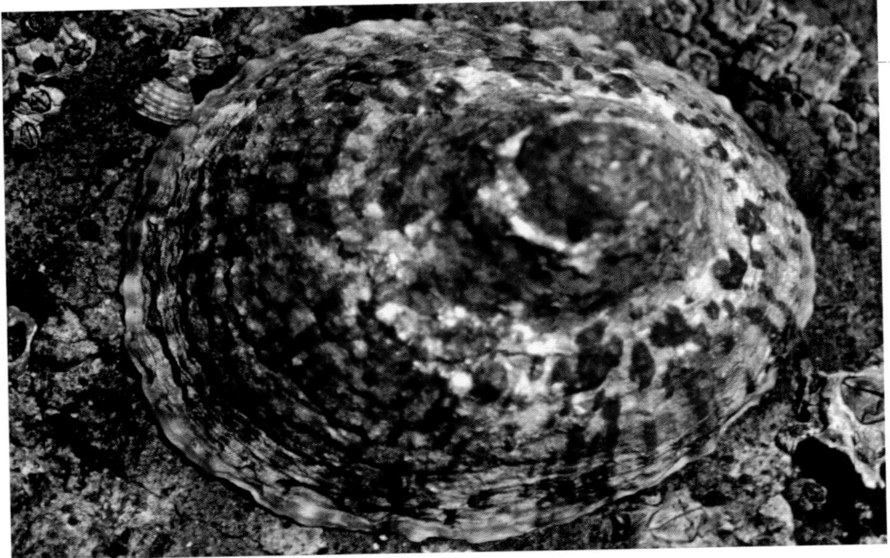
▲ 건조한 상태에서는 흑갈색을 띤다.

◀ 바위 표면에 단단히 붙어 있다.

진주배말

원시복족목 삿갓조개과

학명 *Cellana grata* (Gould)

특징 껍데기 길이 5cm, 높이 3cm 내외. 껍데기는 두껍고 단단하며, 황갈색 바탕에 흑갈색 또는 검은색 반점이 위에서 아래로 줄무늬를 이룬다. 썰물 때 껍데기가 마르게 되면 밝은 흑갈색이 되고, 물에 젖으면 녹갈색이 된다.

생태 주로 갯바위 위쪽과 중간 부분에 산다. 밀물 때 몸통이 물에 잠기면 바다 쪽으로 기어 내려가서 해조류나 바닥의 돌말을 갉아먹는다.

분포 제주도를 포함한 전 연안

이야기마당

'두드럭배말' 과 같이 귀소 본능이 있어 썰물 때 공기 중에 몸이 드러나게 되면 살던 곳으로 반드시 돌아갑니다.

▲ 껍데기는 본래 흰색이지만 표면의 다른 부착 생물로 인해 다양한 색깔을 띤다.

흰무늬배말

원시복족목 두드럭배말과

학명 *Lottia tenuisculpta* Sasaki & Okutani

특징 껍데기 길이 3cm, 높이 1.5cm 내외. 껍데기는 두껍고 단단하며, 옅은 녹갈색 바탕에 다소 불규칙한 흰색 반점 무늬가 있으나 개체마다 차이가 있다.

생태 주로 갯바위 중간부터 아래쪽에 살며, 집단을 이루기보다는 한 마리씩 단독으로 사는 경우가 많다. 갯바위 표면에 '집 자국(home scar)' 이 없는 것으로 보아 귀소 본능은 강하지 않은 것으로 생각된다.

분포 제주도

이야기마당

우리나라에 사는 것으로 최근에 알려진 종으로, 흔치 않습니다.

애기배말

원시복족목 두드럭배말과

학명 *Patelloida pygmaea* (Dunker)

특징 껍데기 길이(긴 쪽) 2cm, 높이 1cm 내외. 위에서 보면 타원형이며, 전체적으로 황갈색을 띤다. 껍데기 표면에는 각정으로부터 아래로 가느다란 방사상 주름이 퍼져 있고, 흑갈색 반점이 흩어져 있다. 각정이 껍데기 뒤쪽으로 치우쳐 있는 '애기삿갓조개'에 비해 이 종의 각정은 껍데기의 가운데 부분에 자리 잡고 있다.

생태 주로 갯바위 위쪽부터 중간 부분에 산다. 밀물 때가 되어 갯바위가 물에 잠겨도 움직임이 활발하지 않다.

분포 제주도를 포함한 전 연안

일부 지방에서는 죽을 끓여 먹기도 하는데, 그 맛은 전복죽과 거의 비슷합니다.

▲ 껍데기 표면에는 방사상 주름이 퍼져 있다.

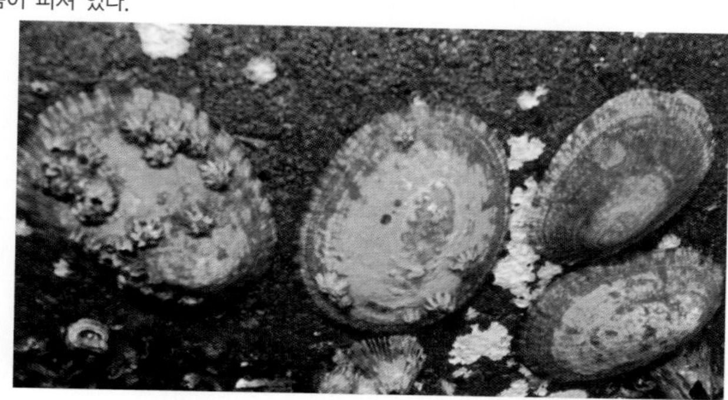

▶ 갯바위 구석진 곳에 무리 지어 있다.

애기삿갓조개

원시복족목 애기삿갓조개과

학명 *Cellana toreuma* (Reeve)

특징 껍데기 길이 4cm, 높이 1cm 내외. 껍데기는 납작하며, 원뿔 모양으로 옅은 황갈색을 띤다. 각정이 껍데기 뒤쪽으로 치우쳐 있고, 껍데기 표면에는 밝은 녹갈색의 작은 반점이 흩어져 있지만, 개체마다 무늬와 색깔 차이가 크다.

생태 갯바위 위쪽과 중간 부분에서 흔히 발견되며, 썰물 때 공기 중에 완전히 드러난 상태에서는 거의 움직이지 않는다. 밀물 때나 파도에 의해 갯바위 표면이 젖으면 기어 다니며 돌말이나 이끼, 해조류 등을 갉아 먹는다.

분포 제주도를 포함한 전 연안

이야기마당

삿갓조개 중 비교적 크기가 작아 '애기삿갓조개'라고 부르지만 사실 크기가 그리 작은 편은 아닙니다.

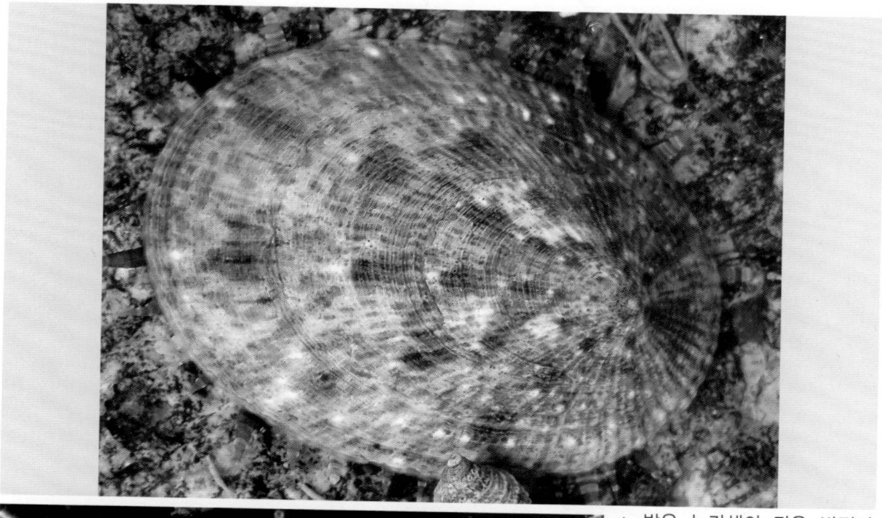

▲ 밝은 녹갈색의 작은 반점이 흩어져 있다.

◀ 갯바위 중간에 무리 지어 붙어 있다.

▲ 껍데기 표면의 강한 방사상 주름이 특징이다.

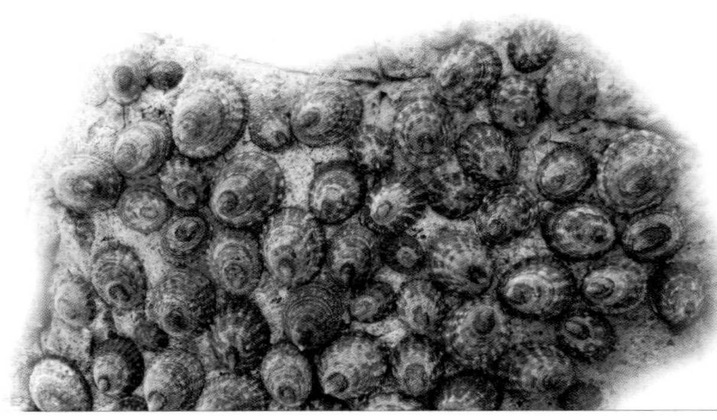
◀ 갯바위 중간 부분에 무리 지어 붙어 있다.

두드럭배말 원시복족목 흰삿갓조개과

학명 *Lottia dorsuosa* (Gould)

특징 껍데기 길이 4cm, 높이 2.5cm 내외. 껍데기는 두껍고 단단하며, 흑갈색 바탕에 각정으로부터 아래쪽으로 굵은 주름과 함께 짙은 갈색 방사상 줄무늬가 있다. 자라면서 동심원 모양의 거친 성장선이 층을 이루며 나타난다.

생태 주로 갯바위 중간부터 아래쪽에 살며, 썰물 때는 무리를 이루기도 한다. 갯바위 표면에 달라붙는 힘이 세서 맨손으로는 떼어 내기 어렵다.

분포 제주도를 포함한 전 연안

이야기마당

귀소 본능이 있어 물이 빠지면서 몸이 공기 중에 드러나 마르기 전에 반드시 살던 곳으로 돌아갑니다.

▲ 각정이 껍데기 뒤쪽으로 휘어져 있다.

◀ 위에서 보면 타원형이다.

납작배무래기 원시복족목 흰삿갓조개과

학명 *Notoacmea fuscoviridis* Teramachi

특징 껍데기 길이(긴 쪽) 3cm, 높이 1.5cm 내외. 위에서 보면 타원형이다. 껍데기에는 황갈색 바탕에 검은색 또는 짙은 갈색 줄무늬가 각정으로부터 아래쪽으로 불규칙하게 나 있고, 각정은 껍데기 뒤쪽으로 휘어져 있다. 껍데기가 물에 젖으면 검은색이나 짙은 갈색을 띠기도 한다.

생태 주로 갯바위 중간 · 아랫부분부터 수심 약 2m 이내의 암초 표면 또는 큰 자갈 바닥에 산다. 갯바위에 사는 경우 갯바위 표면이 바닷물에 젖어 있을 때만 표면을 기어 다니며 해조류나 돌말을 갉아 먹는다.

분포 제주도를 포함한 전 연안

이야기마당

갯바위를 포함한 물속 바위가 대부분 현무암인 제주도에 사는 종은 육지 연안에 사는 종에 비해 껍데기의 색깔이 더 검기도 합니다.

테두리고둥 원시복족목 흰삿갓조개과

학명 *Patelloida saccharina lanx* (Reeve)

특징 껍데기 길이(긴 쪽) 3cm 내외. 껍데기 표면은 흑갈색 또는 짙은 황갈색이며, 5~8줄의 뚜렷한 줄이 각정으로부터 아래쪽으로 튀어나와 있다. 어느 정도 자란 것은 각정과 줄무늬가 닮아서 전체적으로 평평한 모습이 된다.

생태 갯바위 위쪽부터 중간 · 아랫부분에서 보통 3~10마리가 무리 지어 살며, 움직임이 활발하지 않다. 갯바위 표면의 돌말과 해조류를 갉아 먹는다.

분포 제주도를 포함한 전 연안

이야기마당
껍데기 표면에 뚜렷한 줄무늬가 있어 다른 삿갓조개류와 쉽게 구분됩니다.

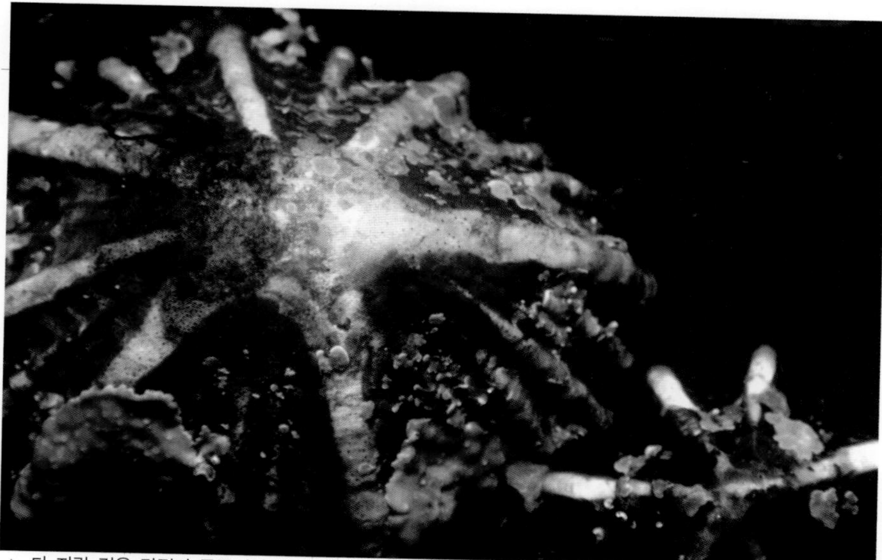
▲ 다 자란 것은 각정과 줄무늬가 닮아 평평하다.

▶ 껍데기 표면에 뚜렷한 줄무늬가 있다.

갈고둥 원시복족목 갈고둥과

학명 *Nerita japonica* Dunker

특징 껍데기 너비와 높이 각 1.5cm 내외. 껍데기는 두껍고 단단하며, 흑갈색 바탕에 흰색 또는 노란색 반점이 불규칙하게 흩어져 있다. 껍데기 표면은 바닷물에 젖으면 햇빛을 받아 광택이 난다.

생태 주로 갯바위에 살지만, 큰 자갈로 이루어진 자갈 해변의 중간 부분부터 아래쪽에도 산다. 썰물 때 껍데기가 드러나면 여러 마리가 구석진 곳에 모여 있다가, 밀물이 되어 갯바위가 다시 바닷물에 잠기면 바닥을 기어 다니며 해조류나 돌말을 갉아 먹는다.

분포 제주도를 포함한 전 연안

이야기마당
우리나라 갯바위 해변에 사는 대표적인 고둥류로, 다른 고둥과 달리 껍데기 입구가 반달 모양입니다.

▲ 껍데기 표면에 노란색 반점이 흩어져 있다.

▲ 껍데기 입구가 반달 모양이다.

▲ 껍데기 표면이 햇빛을 반사해 반짝거린다.

▲ 물에 젖으면 햇빛을 받아 광택이 난다. ▲ 물이 마르면 껍데기 표면의 광택이 사라진다.

각시고둥 원시복족목 밤고둥과

학명 *Monodonta neritoides* (Philippi)

특징 껍데기 너비 2cm, 높이 1cm 내외. 껍데기는 두껍고 단단하며 둥근 모양이고, 녹갈색을 띤다. 껍데기 표면에는 일정한 간격의 옅은 갈색 또는 녹갈색의 나선형 줄무늬가 있으며, 물에 젖어 햇빛을 받으면 광택이 난다.

생태 갯바위 중간부터 아래쪽에서 흔히 발견된다. 썰물 때 몸이 물 밖으로 드러나면 거의 움직이지 않는다. 밀물 때가 되어 물속에 잠기거나 파도에 의해 갯바위 표면이 젖으면 해조류나 돌말, 이끼 등을 기어 다니며 갉아 먹는다.

분포 제주도를 포함한 전 연안. 동해보다 남해와 서해에 더 많이 분포한다.

이야기마당
껍데기 아래쪽 부분이 껍데기의 대부분을 차지하며, 나머지 부분은 거의 작은 꼭짓점 모양입니다.

▲ 썰물이 되어 물이 빠지면 구석진 곳에 무리 지어 숨는다.

◀ 껍데기 표면이 마치 벽돌을 쌓아 올린 듯하다.

남방울타리고둥 원시복족목 밤고둥과

학명 *Monodonta australis* Lamarck

특징 껍데기 너비 2cm, 높이 1.5cm 내외. 껍데기는 두껍고 단단하며 표면이 벽돌을 쌓아 올린 모양이다. '개울타리고둥' 에 비해 껍데기 표면의 나선형의 골 간격이 좁고, 벽돌 모양은 덜 뚜렷하다.

생태 갯바위 중간부터 아래쪽의 구석진 틈이나 바위 아래 그늘진 곳에 무리 지어 산다. 갯바위 표면이 바닷물에 젖어 있는 동안에만 바위 표면을 기어 다니며 돌말이나 해조류를 갉아 먹는다.

분포 제주도를 포함해 난류의 영향을 받는 남해 연안 외곽 섬 지역

이야기마당
껍데기 표면이 마치 작은 벽돌을 쌓아 올려 울타리를 만든 것처럼 보인다 하여 '남방울타리고둥' 이라고 합니다.

개울타리고둥

원시복족목 밤고둥과

학명 *Monodonta labio confusa* Tapparone Canefri

특징 껍데기 너비와 높이 각 2cm 내외. 끝이 뾰족한 원형이다. 껍데기에는 밝은 황갈색 바탕에 일정한 간격으로 흑갈색 세로줄 무늬가 있다. 껍데기 표면은 벽돌을 쌓아 올린 모양이며 골이 패어 있으며, 두껍고 단단하다. '남방울타리고둥'에 비해 나선형의 골 간격이 넓고 벽돌 모양이 좀 더 뚜렷하다.

생태 갯바위 중간부터 아래쪽에서 흔히 발견된다. 물이 빠진 갯바위 표면을 빠른 속도로 기어 다니며 바위 표면에 붙어 있는 돌말이나 이끼 등을 갉아 먹는다.

분포 제주도

이야기마당

물이 빠진 갯바위 표면에 '개울타리고둥'이 기어 다니며 남긴 점액질의 이동 흔적이 있습니다.

▲ 껍데기 표면이 마치 작은 벽돌을 쌓아 올린 듯한 모양이다.

▶ 바위 표면에 이동 흔적을 남기며 먹이활동을 한다.

눈알고둥

원시복족목 소라과

학명 *Lunella coronata correensis* (Récluz)

특징 껍데기 너비 2.5cm, 높이 2cm 내외. 껍데기는 두껍고 단단하며 황갈색 또는 흑갈색이며, 특별한 무늬는 없다. 껍데기 맨 아래층의 가장자리를 따라 뭉툭하게 솟은 돌기가 있고, 입구를 막고 있는 석회질 뚜껑은 둥글고 단단하다.

생태 주로 갯바위 중간부터 수심 약 2m 이내의 수중 암초 표면이나 자갈 바닥에 산다. 한 마리씩 따로 살기보다는 여러 마리가 무리 지어 사는 편이다.

분포 제주도를 포함한 전 연안

이야기마당

입구 뚜껑의 동그란 모습이 마치 고양이 눈과 닮았다 하여 '눈알고둥'이라고 합니다.

▲ 껍데기는 황갈색 또는 흑갈색을 띤다.

▲ 고양이 눈처럼 생긴 껍데기 입구의 뚜껑

▲ 무리 지어 사는 모습

▲ '팥알고둥'에 비해 다소 지저분한 모습이다.

◀ 매달 음력 보름을 전후한 썰물 때 갯바위 아래쪽에서도 볼 수 있다.

누더기팥알고둥 원시복족목 소라과

학명 *Homalopoma amussitatum* (Gould)

특징 껍데기 너비 0.8cm, 높이 1cm 내외. 껍데기는 적갈색 또는 선홍색이며, 특별한 무늬는 없으나 각 층에 나선형의 뚜렷한 주름이 나 있다.

생태 주로 갯바위 아래쪽부터 수심 5m 부근까지의 암초 표면과 해조 무리 아래에 산다. 야행성이고 초식성이다.

분포 제주도를 포함한 전 연안

이야기마당

'팥알고둥'과 겉모습이 비슷하지만 '팥알고둥'보다 통통하고 나선형의 주름이 뚜렷합니다.

▲ 주로 갯바위 윗부분에 산다.

▶ 나선형의 미세한 골이 패어 있다.

두드럭총알고둥 중복족목 총알고둥과

학명 *Littoraria scabra scabra* (Linnaeus)

특징 껍데기 너비 1cm, 높이 2cm 내외. 껍데기는 황갈색이며, 대각선 방향으로 자갈색 또는 흑갈색 줄무늬가 나 있다. 표면 전체에 나선형의 미세한 골이 패어 있다. 껍데기는 얇아서 마르면 쉽게 부서진다.

생태 갯바위나 큰 자갈이 있는 해변의 바위 윗부분에서 흔히 발견되지만, 지역적인 한계가 있다. 매월 보름 만조 때 바닷물로 적셔지는 정도의 높이에서 살기 때문에 대부분의 시간을 공기 중에 드러난 상태로 살아간다.

분포 남 · 서해 연안 일부 지역(광양만, 광포만 등)

이야기마당

대부분의 고둥은 어린 시기에 바다 위를 떠다니는 플랑크톤 생활을 함으로써 자신들이 살아가는 범위를 넓혀 갑니다. 그러나 '두드럭총알고둥'은 이러한 플랑크톤 시기가 없기 때문에 태어난 곳을 멀리 벗어나지 않습니다.

총알고둥

중복족목 총알고둥과

학명 *Littorina brevicula* (Philippi)

- **특징** 껍데기 너비 1cm, 높이 1.5cm 내외. 껍데기는 두껍고 단단하며, 끝이 뾰족한 둥근 모양이다. 껍데기는 보통 갈색이지만, 개체에 따라 색깔과 무늬의 차이가 크다.
- **생태** 갯바위에 널리 퍼져 사는 대표 생물이다. 주로 공기 중에 드러난 채 살며, 건조에 대한 적응력이 매우 강하다. 물이 빠진 후 바위 표면이 젖어 있을 때 표면을 기어 다니며 먹이활동을 하고 이동 흔적을 남긴다.
- **분포** 제주도를 포함한 전 연안

이야기마당

독도에서는 전혀 발견되지 않는데, 그 이유는 아직까지 밝혀지지 않았습니다.

▲ 건조를 피해 갯바위 구석진 곳에 모여 있다.

▲ 바위 표면이 젖은 동안에만 움직인다.

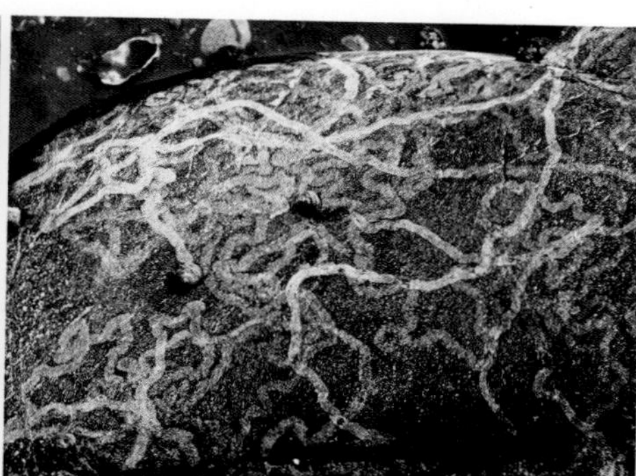

▲ 먹이활동을 하며 남긴 이동 흔적

좁쌀무늬총알고둥

중복족목 총알고둥과

학명 *Granulilittorina exigua* (Dunker)(=*G. radiata*)

- **특징** 껍데기 너비 0.5cm, 높이 0.8cm 내외. 껍데기는 크기가 작지만 두껍고 단단하다. 껍데기 표면은 둥글고 회색 또는 회갈색이며, 작은 돌기가 나선형의 층을 이룬다.
- **생태** 조간대의 갯바위 위쪽에서 흔히 발견된다. 큰 파도에 의해 바닷물이 튀어야 젖는 정도의 높이에 산다. 죽은 따개비류나 굴 등의 빈 껍데기 속에 들어가 있기도 한다.
- **분포** 제주도와 독도를 포함한 전 연안

이야기마당

공기 중에 드러나 있을 때에는 몸이 마르는 것을 막기 위해 바위 표면과 껍데기 가장자리 사이를 점액질 분비물로 밀봉합니다.

▲ 바위 표면이 파도에 젖기를 기다리고 있다.

▶ 갯바위 표면의 작은 구멍에 숨는 모습

▲ 껍데기가 육질부에 싸여 있어 겉으로 드러나지 않는다.

◀ 해초류인 '거머리말' 잎에 붙어 있는 알 덩이

포도고둥

두순목 포도고둥과

학명 *Haloa japonica* (Pilsbry)

특징 껍데기를 감싸는 육질부를 포함한 전체 길이 2cm, 높이 1.5cm 내외. 껍데기는 희고 투명하지만, 살아 있을 때에는 육질부에 싸여 있어 겉으로 드러나지 않는다.

생태 갯바위나 조수 웅덩이 또는 수심 5m 이내의 해조류 무리에서 흔히 발견된다. 초봄에 알에서 부화한 개체들이 자라 봄여름철에 집단을 이루며 나타나는데, 조수 웅덩이 바닥 또는 해조나 해초류 잎 위를 느리게 기어 다니며 잎을 갉아 먹는다.

분포 제주도를 포함한 전 연안

이야기마당

껍데기의 모양이 마치 포도송이처럼 생겼다 하여 '포도고둥' 이라고 부릅니다.

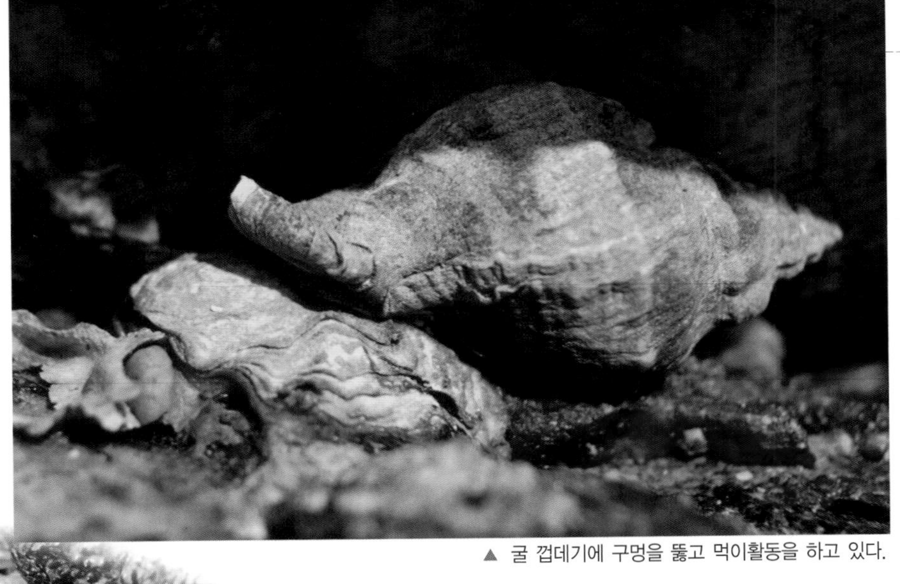
▲ 굴 껍데기에 구멍을 뚫고 먹이활동을 하고 있다.

◀ 한곳에 모여 짝짓기와 산란을 한다.

맵사리

신복족목 뿔소라과

학명 *Ceratostoma rorifluum* (A. Adams & Reeve)

특징 껍데기 너비 2.5cm, 높이 5cm 내외. 껍데기는 원뿔형으로 흑갈색을 띠고 두껍고 단단하다. 어릴 때에는 표면에 날개 모양의 세로 주름이 있기도 하지만 자라면서 대부분 닳아 없어진다.

생태 주로 갯바위 중간부터 바닷물이 찰랑거리는 아랫부분에 산다. 조개류나 따개비 등을 잡아먹는 육식성이다. 봄여름철의 번식기에는 많은 무리가 한곳에 모여 짝짓기를 하고 산란하는 집단 행동(산란 회유)을 보인다.

분포 제주도를 포함한 전 연안

이야기마당

'맵사리' 라는 이름은 이 종을 삶아 먹으면 다소 매운 맛이 난다는 뜻에서 붙여진 것입니다.

잔가시뿔고둥 신복족목 뿔소라과

학명 *Lataxiena fimbriata* (Hinds)

특징 껍데기 너비 2.5cm, 높이 4cm 내외. 껍데기는 뾰족하고 옅은 회갈색을 띤다. 어릴 때는 껍데기 표면에 많은 주름이 겹겹이 나타나지만 자라면서 점차 닳아 없어진다.

생태 주로 갯바위 아래쪽에 살며, 조개나 따개비의 껍데기에 구멍을 뚫고 속살을 녹여서 빨아 먹는 육식성이다. 단독으로 발견되는 경우도 있지만, 보통 5마리 내외로 무리 지어 생활한다.

분포 제주도를 포함한 전 연안

이야기마당

크기는 그리 크지 않지만 다른 동물을 잡아먹기 때문에 생태계 구조를 조절하는 데 중요한 역할을 합니다.

▲ 갯바위 아래쪽에서 흔히 발견된다.

▶ 굴 껍데기에 붙어서 구멍을 뚫은 후 속살을 빨아 먹는다.

대수리 신복족목 뿔소라과

학명 *Thais clavigera* (Küster)

특징 껍데기 너비 2cm, 높이 4cm 내외. 껍데기는 흑갈색 또는 황갈색을 띤다. 껍데기 표면에는 여러 개의 나선형의 골이 패어 있고 골과 골 사이에는 돌기가 솟아 있다.

생태 갯바위 생태계에서 대표적인 육식성 고둥이다. 굴, 담치, 따개비 등의 껍데기에 구멍을 뚫은 뒤 소화액을 주입하여 껍데기 속의 살을 흡입하여 먹이를 섭취한다. 짝짓기 및 산란을 할 때에는 집단으로 무리를 짓는 특성이 있다.

분포 제주도를 포함한 전 연안

이야기마당

굴 껍데기에 구멍을 뚫어 먹기까지 6시간 정도가 걸리며, 갯바위 생태계에서 다른 부착 동물의 밀도를 조절하는 중요한 기능을 합니다.

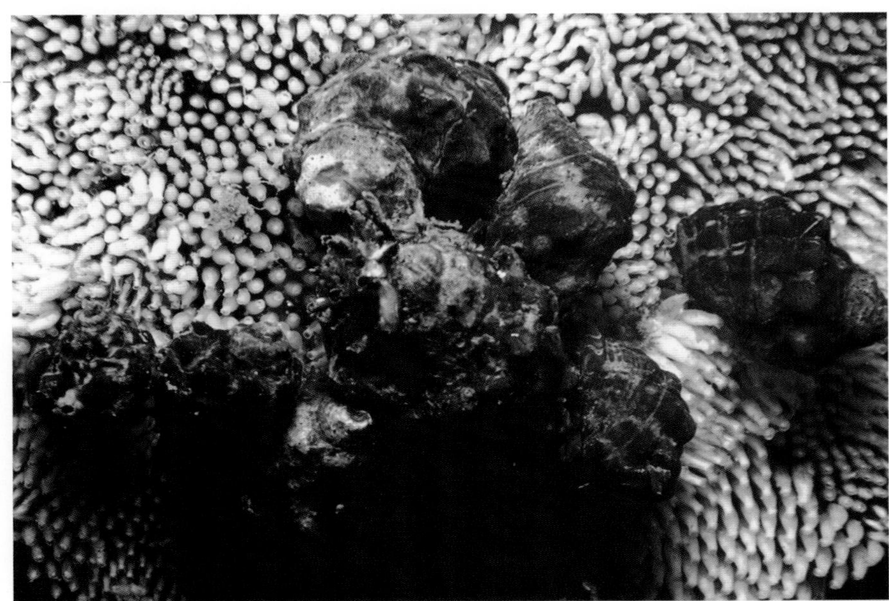

▲ 번식기에 집단으로 무리 지어 산란한다.

▶ 굴 껍데기에 구멍을 뚫고 있다.

▲ 껍데기 각 층의 가장자리가 뾰족하게 솟아 있다.

모난어깨두드럭고둥

신복족목 뿔소라과

학명 *Thais muricina* (Blainville)

특징 껍데기 너비 2cm, 높이 3cm 내외. 껍데기는 작지만 단단하며, 옅은 황갈색 바탕에 짙은 갈색 가로줄무늬들이 골을 이루고 있다. 껍데기 각 층의 가장자리가 위를 향해 뾰족하게 솟아 있다.

생태 갯바위 아래쪽이나 수심 0~5m의 암초 표면 등에서 간혹 발견된다. 주변의 다른 부착 동물을 잡아먹는 육식성이다.

분포 제주도를 포함한 전 연안

이야기마당

'대수리' 등과 마찬가지로 갯바위 생태계에서 다른 부착 동물의 밀도를 조절하는 중요한 기능을 합니다.

▲ 썰물 때 물이 빠져 몸이 물 밖에 나오면 거의 움직이지 않는다.

타래고둥

신복족목 물레고둥과

학명 *Japeuthria ferrea* (Reeve)

특징 껍데기 너비 5cm, 높이 5cm 내외. 껍데기는 길쭉하고 녹갈색을 띠며 두께가 얇지만 단단하다. 껍데기 표면에는 별다른 무늬나 돌기가 없지만 물에 젖어 햇빛을 받으면 광택이 나기도 한다.

생태 주로 갯바위 중간부터 아래쪽 구석진 곳에서 발견되지만, 간혹 수심 3m 내외의 암초 표면에서 발견되기도 한다. 다른 동물을 잡아먹는 육식성이다.

분포 제주도를 포함한 전 연안

이야기마당

주로 밤에 물에 잠긴 상태에서 조금씩 움직이므로 낮 동안에는 움직이는 모습을 보기 매우 어렵습니다.

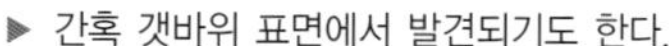
▶ 간혹 갯바위 표면에서 발견되기도 한다.

검은바탕좁쌀무늬고둥

신복족목 좁쌀무늬고둥과

학명 *Nassarius hiradoensis* (Pilsbry)

특징 껍데기 너비 0.5cm, 높이 1cm 내외. 껍데기에는 황갈색 바탕에 검은색 또는 짙은 갈색 띠가 둘러져 있고 세로로 뚜렷한 주름 돌기와 골이 나 있다. 껍데기의 색깔이나 무늬는 개체마다 차이가 크며, 작지만 단단하여 쉽게 부서지지 않는다.

생태 갯바위에 생기는 조수 웅덩이나 수심 5m 이내의 암초 표면, 자갈, 모래 등으로 이루어진 바다 밑바닥에 산다. 주로 다른 동물의 사체를 먹는다.

분포 제주도를 포함한 전 연안

이야기마당

다른 동물의 사체 냄새를 맡는 능력이 매우 뛰어나 주변의 다른 동물보다 먼저 먹이를 찾아냅니다.

▲ 먹이를 찾아 모여든다.

고랑따개비

기안목 고랑따개비과

학명 *Siphonaria japonica* (Donovan)

특징 껍데기 길이 2cm, 높이 1cm 내외. 다른 고둥류와 달리 껍데기가 키틴(chitin)질로 되어 있어서 쉽게 부서진다. 껍데기는 황갈색을 띠며 표면에는 방사상의 뚜렷한 주름이 있다.

생태 주로 갯바위 중간부터 아래쪽에 살며, 공기 중에서 호흡이 가능한 원시적인 허파를 가지고 있다. 봄철에 무리 지어 갯바위 곳곳에 노란색 똬리 모양의 알 덩이를 산란한다.

분포 제주도를 포함한 전 연안

이야기마당

갑각류(게, 새우 등)에 속하는 따개비류와는 관계가 없음에도 불구하고 이름에 '따개비'라는 단어가 들어 있어 갑각류의 따개비로 잘못 알려지기도 합니다.

▲ 키틴질의 껍데기

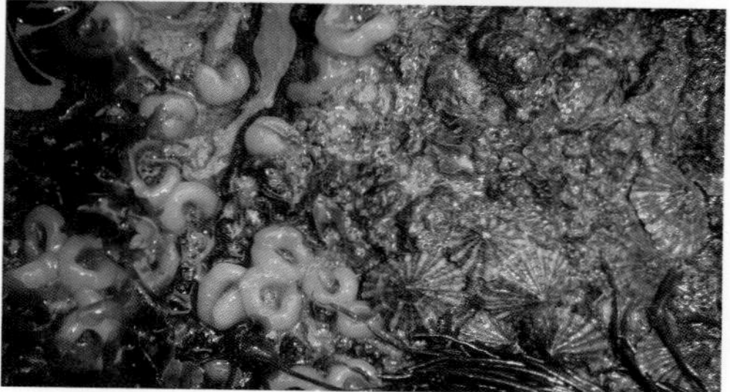

▶ 갯바위 표면에 노란색 알 덩이를 산란한다.

▲ 껍데기 표면에 뚜렷한 세로 주름이 있다.

▲ 다 자란 것은 세로 주름이 닳아 흐릿하다.

꽃고랑따개비 기안목 고랑따개비과

학명 *Siphonaria sirius* Pilsbry

특징 껍데기 길이 2cm, 높이 1cm 내외. 껍데기는 얇고 키틴질 성분이 많아 쉽게 부서지며 황갈색 또는 흑갈색을 띠는데, 어릴 때는 흑갈색을 띠다가 자라면서 밝은 황갈색이 된다. 껍데기 표면에는 15개 내외의 뚜렷한 능선 모양의 방사상 세로 주름이 있다.

생태 매월 음력 보름 전후 밀물 때 혹은 강한 파도로 바닷물이 튀어 겨우 닿을 정도의 갯바위 위쪽에서 주로 발견된다. 공기 중에서 호흡이 가능한 원시적인 허파를 가지고 있다. 봄(4~5월)에는 갯바위 구석진 곳에 무리 지어 따리 모양의 노란색 알 덩이를 산란한다.

분포 제주도를 포함한 전 연안

이야기마당

이 종의 껍데기는 다른 따개비와 달리 석회질보다는 키틴질 성분이 더 많이 포함되어 있습니다.

▲ 여러 줄의 방사상 세로 주름 사이에 작은 주름이 뻗어 있다.

◀ 한곳에 모여 짝짓기와 산란을 한다.

가는줄꽃고랑따개비(신칭) 기안목 고랑따개비과

학명 *Siphonaria atra* Quoy & Gaimard

특징 껍데기 길이 3cm, 높이 1cm 내외. 껍데기는 자갈색 또는 황갈색을 띠고, 표면에는 각정으로부터 8~12개의 능선 모양의 방사상 세로 주름이 뻗어 있다. 어느 정도 자라면 각정과 주름이 마모되어 평편해지기도 한다.

생태 주로 갯바위 위쪽부터 중간 부분에 살며, 강한 파도나 밀물로 물에 잠기는 아래쪽에서는 발견되지 않는다. 공기 중에서 호흡이 가능한 원시적인 허파를 가지고 있다.

분포 제주도를 포함한 전 연안

이야기마당

우리나라에 사는 고둥 중 공기 중에서 호흡이 가능한 몇 안 되는 고둥이며, '꽃고랑따개비'와 같은 곳에서 함께 살고 있는 경우가 많습니다.

굴

굴목 굴과

학명 *Crassostrea gigas* (Thunberg)

특징 껍데기 길이 양식산은 15cm 내외, 자연산은 7cm 내외. 양식산과 자연산(석화)은 같은 종이지만 자라는 환경에 따라 크기와 형태가 다르다. 껍데기는 긴 타원형으로 회갈색을 띠며, 외부로 노출되는 오른쪽 껍데기 표면에는 자라면서 생긴 성장선이 나무껍질처럼 층을 이루고 있다.

생태 갯바위 아래쪽부터 수심 5m 이내의 암초나 콘크리트 제방 같은 단단한 물체에 붙어 산다. 물속의 찌꺼기나 플랑크톤을 걸러 먹는다.

분포 제주도를 포함한 전 연안. 동해보다 남·서해에 더 많이 분포한다.

이야기마당

흔히 먹는 수산물 중 하나입니다. 타우린 함량이 높아서 예로부터 건강식으로 이용되고 있습니다.

▲ 갯바위 표면을 덮고 있다.

▲ 채취한 '석화'의 알맹이를 파내는 모습

▲ 육질부가 자연산보다 월등히 큰 양식산 굴

지중해담치

홍합목 홍합과

학명 *Mytilus galloprovincialis* Lamarck

특징 껍데기 길이 7cm 내외. 껍데기는 검은색을 띠며 삼각형에 가깝다. 자연산은 껍데기가 두껍고 단단하지만, 양식산의 경우 성장 속도가 빠르기 때문에 껍데기가 얇고 쉽게 부서진다.

생태 파도의 영향을 거의 받지 않는 육지 쪽으로 움푹 들어간 바닷가의 갯바위 아래쪽 바위 표면에 붙어 산다. 선착장 옹벽에서도 흔히 발견되며, 몸에서 족사를 내어 바위에 단단히 붙어 살아간다.

분포 제주도를 포함한 전 연안

이야기마당

전 세계적으로 대표적인 해적생물(오손생물)로 알려져 있습니다. 2차 세계대전 이후 서유럽(지중해)에서 국내로 들어온 것으로 추정됩니다. 그동안 '진주담치'로 불려 왔던 종인데, '진주담치'가 국내에는 서식하지 않는다고 주장하는 학자들도 있습니다.

▲ 갯바위 아래쪽 바위 표면에 붙어 있다.

▲ 선착장 옹벽에 붙어 있다.

▲ 어민이 양식산 지중해담치를 수확해 육지로 운반하는 모습

▲ 껍데기 전체가 털로 덮여 있다.

▲ 껍데기 안쪽은 밝은 흰색이며 진주 광택이 있다.

털담치

홍합목 홍합과

학명 *Modiolus kurilensis* F. R. Bernard

특징 껍데기 길이 7cm 내외. 껍데기는 삼각형으로 얇고 쉽게 부서지며, 표면은 옅은 황갈색 또는 자갈색의 각피 또는 각피가 변형된 털로 덮여 있다. 껍데기 안쪽은 밝은 흰색으로 진주 광택이 있다.

생태 갯바위 아래쪽 구석진 틈이나 수심 10m 이내의 암초 표면에 족사를 이용하여 붙어 산다. 물속의 찌꺼기나 플랑크톤을 걸러 먹는다.

분포 제주도를 포함한 전 연안

이야기마당

각피 또는 털에 여러 가지 찌꺼기가 붙어 있어서 지저분한 돌덩이처럼 보이기도 합니다.

틈/새/정/보

족사

족사(足絲)란, 조개류 중 일부(주로 담치류)의 발에서 분비되는 질긴 '실' 모양의 부착 기관을 말한다. 현미경으로 관찰하면 '실' 의 한쪽 끝부분은 단단한 면에 붙을 수 있는 작고 둥근 부착판으로 이루어져 있다. 여러 개의 실이 하나의 뭉치를 형성하여 바위나 그 밖의 단단한 물체에 붙기 때문에 강한 해류나 파도에도 떨어지지 않고 몸을 지탱할 수 있다.

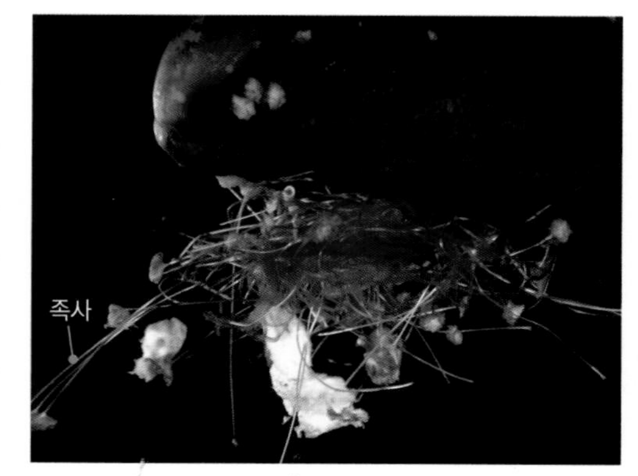

굵은줄격판담치

홍합목 홍합과

학명 *Septifer virgatus* (Wiegmann)

특징 껍데기 길이 4cm 내외. 껍데기는 끝이 뾰족한 긴 타원형으로 작지만 매우 단단하다. 두 장의 껍데기가 서로 붙어 있는 각정 부근에는 여러 개의 굵은 주름이 있다. 각정 부분이 휘어진 정도는 개체마다 차이가 크며, 각정 안쪽에는 얇은 판(격)이 있다.

생태 파도가 강한 갯바위 중간부터 아래쪽에 많은 수가 무리를 이루어 산다. 바위 표면에 붙는 힘이 강해 맨손으로는 떼어 내기 어렵다.

분포 제주도를 포함한 전 연안

이야기마당

'굵은줄격판담치' 라는 이름이 껍데기 표면의 굵은 줄과 안쪽의 작은 판(격)이 있는 이 종의 모습을 매우 잘 나타내고 있습니다.

▲ 껍데기 표면에 굵은 주름이 있다.

▲ 껍데기 내부의 각정 부분에 판(격)이 있다.

▲ 갯바위 아래 표면을 덮고 있다.

▲ 썰물 때 갯바위 아래쪽에서 흔히 발견된다.

관절석회관갯지렁이

꽃갯지렁이목 석회관갯지렁이과

학명 *Crucigera zygophora* (Johnson)

특징 몸통(관) 길이 7cm 내외. 몸통은 둥글게 휘고 옅은 황갈색을 띤다. 평생 석회질로 된 관 속에서 살며, 물에 잠겨 있는 동안에만 머리를 관 밖으로 내밀어 촉수를 펼친다.

생태 갯바위 중간부터 아래쪽에 튜브 모양의 석회질 관을 단단히 붙이고 그 속에서 일생을 살아간다. 보통 수십 개의 관이 서로 엉킨 상태로 무리 지어 산다. 물에 잠기면 촉수를 펼쳐 물속의 찌꺼기나 플랑크톤을 걸러 먹는다.

분포 제주도를 포함한 전 연안

이야기마당

양식장의 여러 구조물이나 그물 등에 잘 붙기 때문에 어민에게 불편을 끼치기도 합니다.

▲ 가슴다리를 이용하여 물속의 플랑크톤을 걸러 먹는다.

거북손

완흉목 부처손과

학명 *Pollicipes mitella* (Linnaeus)

특징 몸통 길이 5cm 내외. 몸통은 껍데기 부분과 자루 부분이 각각 절반씩 차지한다. 껍데기 부분은 황갈색, 자루 부분은 흑갈색이나 자갈색을 띤다.

생태 갯바위에 붙어 사는 대표 생물이다. 갯바위의 구석진 틈에 몸통 자루를 이용하여 매우 단단하게 붙어 있기 때문에 맨손으로는 떼어 내기 어렵다. 물에 잠기거나 파도가 칠 때 가슴다리를 펼쳐서 물속의 플랑크톤을 걸러 먹는다.

분포 제주도를 포함한 전 연안

이야기마당

일부 해안 지방에서는 자루 부분을 삶아 먹기도 하는데, 속살은 약간 단맛이 납니다. 생김새나 빛깔이 거북의 손과 닮았다 하여 '거북손'이라고 합니다.

◀ 몸통이 껍데기 부분과 자루 부분으로 나뉘어 있다.

▶ 갯바위 부착 생물의 대표종이다.

고랑따개비 완흉목 따개비과

학명 *Balanus albicostatus* Pilsbry

특징 밑바닥 너비 1cm 내외로, 좁은 장소에 여러 개체가 모여 사는 경우에는 개체마다 차이가 있다. 껍데기 표면에는 자갈색 바탕에 굵고 뚜렷한 흰색 세로줄이 골을 이루고 있다. '삼각따개비'와 비슷하지만 가운데 구멍 모양이 삼각형인 '삼각따개비'와는 달리 마름모꼴이다.

생태 주로 민물이 흘러드는 하천이나 강 하구의 갯바위 또는 나무 기둥, 기타 단단한 물체 표면에서 발견되지만, 민물이 없는 곳에서도 볼 수 있다.

분포 제주도를 포함한 전 연안

이야기마당

고둥류의 '고랑따개비'(연체동물)와 이름이 같지만 사실은 완전히 다른 종(갑각류)입니다.

▲ 뚜렷한 흰색 세로줄이 있다.

▶ 민물이 흘러드는 갯바위에 붙어 산다.

조무래기따개비 완흉목 조무래기따개비과

학명 *Chthamalus challengeri* Hoek

특징 밑바닥 너비 0.5cm, 높이 0.3cm 내외이지만, 좁은 장소에 여러 개체가 모여 사는 경우에는 부착면 지름이 0.2cm 내외로 작아지고 높이는 높아지는 생존 전략적 형태 변이(길쭉한 원기둥 모양)가 나타난다. 껍데기 표면은 회갈색을 띤다.

생태 갯바위 중간부터 아래쪽에서 매우 흔히 발견되는 종으로, 우리나라 따개비류 중 가장 흔하다. 좁은 장소에 많은 개체가 사는 경우, 높아진 높이로 인해 부착력이 약해져 강한 파도나 통나무 등에 부딪혀 여러 마리가 뭉텅이로 떨어져 나가기도 한다.

분포 제주도를 포함한 전 연안

이야기마당

우리나라 모든 해안에서 발견되는 가장 흔한 따개비류이지만, 크기가 작고 빽빽하게 붙어 있어 얼핏 보면 거친 바위처럼 보입니다.

▲ 갯바위에서 가장 흔히 발견된다.

▶ 좁은 장소에 많은 개체가 사는 경우 높이가 높아진다.

▲ 곳에 따라 한곳에 무리 지어 나타난다.

◀ 껍데기에 굵고 뚜렷한 주름이 나 있다.

구멍따개비

완흉목 사각따개비과

학명 *Tetraclitella chinensi* (Nilsson-Cantell)

특징 밑바닥 너비 1cm 내외. 껍데기는 황갈색을 띠고, 바깥 표면에는 굵고 뚜렷한 주름이 방사상으로 나 있으며 주름 사이에 미세한 주름이 있다. 어린 것은 껍데기 표면의 작은 구멍이 막혀 있는 경우가 흔하지만, 자라면서 점차 많은 구멍이 뚫려 껍데기 표면이 거칠어 보인다.

생태 아열대성 따개비류로, 썰물 때 물이 빠지면 햇빛을 피할 수 있는 갯바위 아래쪽의 그늘진 곳으로 피한다. 한 마리씩 나타날 때도 있지만, 주로 10여 마리가 무리 지어 나타난다.

분포 제주도를 포함하여 난류의 영향을 받는 남해 연안 외곽 섬 지역

이야기마당

외국에서 들어온 아열대성으로, 기후 변화로 인한 바닷물의 온도 상승으로 인해 사는 곳이 점차 북쪽 해안으로까지 확대될 것으로 추정됩니다.

▲ 화산 봉우리와 비슷해 보인다.

◀ 갯바위 아래쪽에 무리 지어 붙어 산다.

검은큰따개비

완흉목 사각따개비과

학명 *Tetraclita japonica* (Pilsbry)

특징 밑바닥 너비 3cm 내외. 우리나라에서는 큰 따개비에 속한다. 옆에서 보면 원뿔 모양이며, 화산 봉우리와 비슷해 보인다. 껍데기의 겉면은 회갈색 또는 흑갈색을 띠고 굵은 세로 주름이 전체를 덮고 있다.

생태 갯바위 아래에 붙어 사는 생물 중 하나로, 지역에 따라 갯바위 표면을 완전히 덮을 정도로 무리 지어 살기도 한다. 붙는 힘이 매우 강해서 맨손으로는 떼어 내기 어렵다.

분포 제주도를 포함한 전 연안

이야기마당

분포 범위가 매우 제한적이어서 갯바위 아래쪽에 일정한 폭으로 띠 모양을 이루어 삽니다.

납작사각따개비 완흉목 사각따개비과

학명 *Tetraclita darwini* (Pilsbry)

특징 밑바닥 너비 1cm 내외. 껍데기의 겉면은 회갈색 또는 옅은 황갈색을 띠며, 전체적으로 굵은 세로 주름이 있다. 가운데 구멍은 마름모꼴이다.

생태 썰물 때 햇빛에 쉽게 노출되지 않는 갯바위 아래쪽 그늘진 곳을 좋아한다. 부착 장소가 마땅치 않을 경우, 다른 고둥이나 조개류의 껍데기 표면에 붙기도 한다.

분포 제주도를 포함하여 난류의 영향을 받는 남해 연안 섬 지역

이야기마당

아열대성 종으로, 바닷물의 온도 상승과 함께 앞으로는 우리나라 북쪽 지역에서도 관찰될 것으로 예상됩니다.

▲ 껍데기 가운데 구멍이 마름모꼴이다.

▶ 다른 고둥(대수리)의 껍데기에 붙어 있다.

틈/새/정/보

따개비의 생존 전략적 형태 변이

물속을 떠다니던 따개비의 어린 새끼(노플리우스 유생)들은 어떤 장소에 한번 붙고 나면 평생 그곳을 떠날 수 없다. 한번 생활 터전에 붙으면 그 후부터는 가슴다리를 펼쳐 물속의 찌꺼기나 플랑크톤을 걸러 먹으며 그곳에서 삶을 이어 간다. 이 유생들은 저마다 주변의 다른 개체보다 높은 키를 유지해야 윗부분을 스쳐가는 물속의 먹이를 쉽게 포획할 수 있다. 이와 같이 개체들이 경쟁적으로 자신의 키를 높여서 물속의 먹이 생물을 효율적으로 쟁취하려는 '키높이 경쟁' 을 하는데, 이러한 경쟁에 의해 전체적인 모습이 변화하는 것을 '생존 전략적 형태 변이' 라고 한다.

▲ 납작하게 자란 정상적인 모습의 따개비(흰색)와 '굵은줄격판담치' 새끼(검은색)

▲ 생존 경쟁으로 높이가 높아져 길쭉한 원통 모양이 되었다.

▲ 밤에 빛을 비추면 더욱 선명하게 보인다.

곤쟁이류

곤쟁이목 곤쟁이과

학명 *Neomysis* sp.

- **특징** 몸통 길이 1cm 내외. 몸통은 황갈색 또는 밝은 노란색을 띤다. 암컷의 배에 둥근 보자기 모양의 보육낭(새끼주머니)이 있다.
- **생태** 갯바위 아래쪽 조수 웅덩이 또는 수심 5m 이하의 얕은 연안에 있는 해조 및 잘피(거머리말 등) 무리 사이에서 주로 발견된다. 보통 수천 마리가 무리 지어 움직인다. 부화 후 성장을 위해 육지 연안으로 이동하는 어린 물고기의 먹이가 된다.
- **분포** 제주도를 포함한 남해 연안

이야기마당

크기가 작을 뿐만 아니라 수명이 짧아 번식률이 높기 때문에 해양 생물 독성 실험에 많이 이용됩니다.

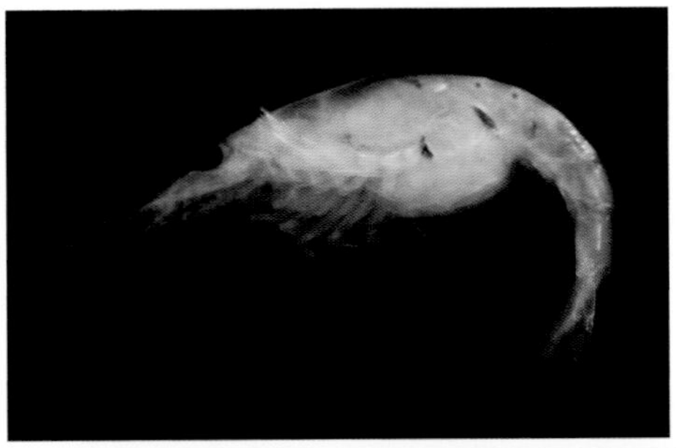

◀ 보육낭과 알

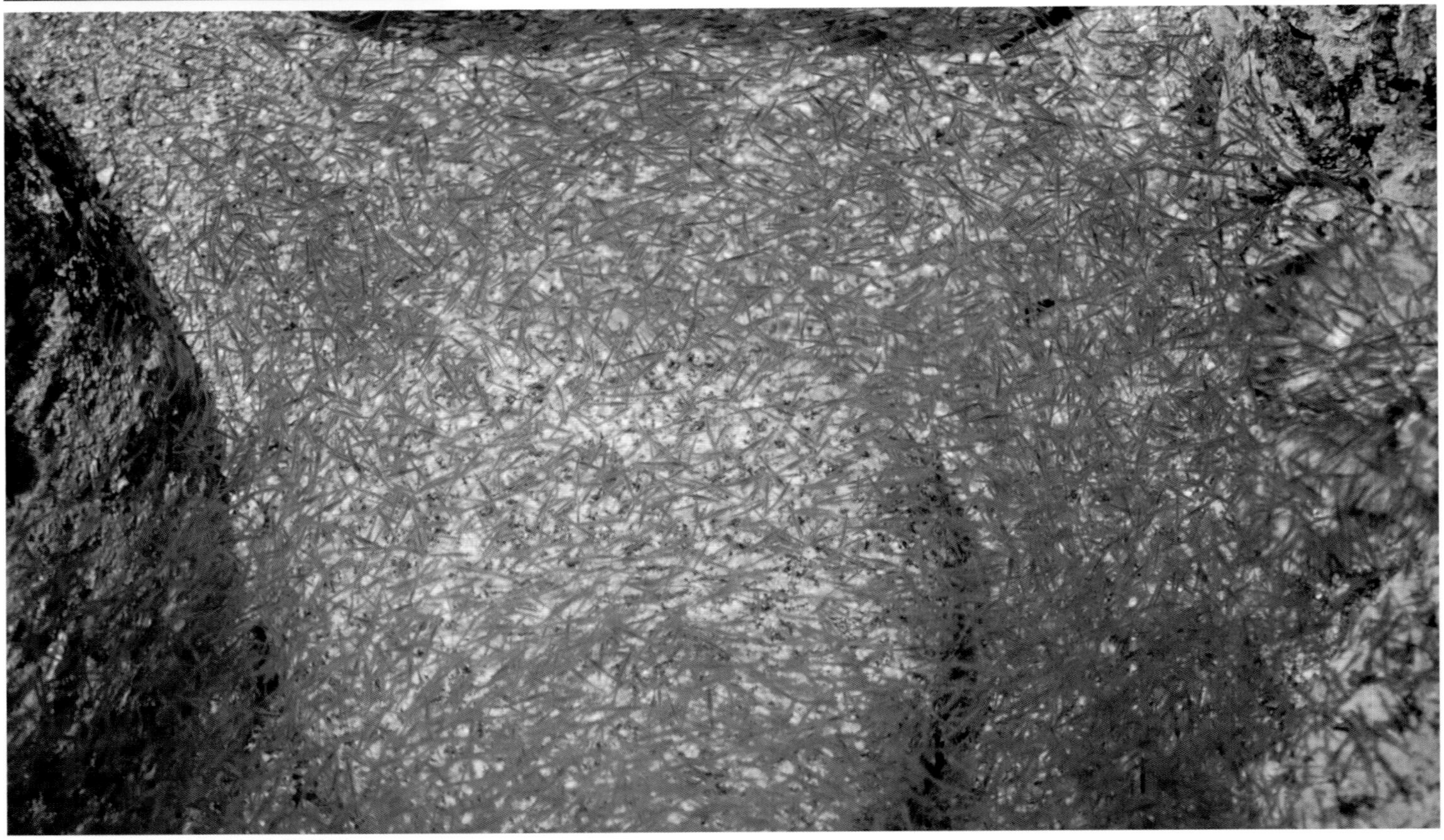

▲ 조수 웅덩이 등에서 무리 지어 움직인다.

틈/새/정/보

보육낭

보육낭(brood pouch)이란, 소형 갑각류 중 일부(예 곤쟁이류, 옆새우류 등)의 암컷에 있는 기관으로, 수정된 알을 어린 새끼가 될 때까지 품고 키우는 역할을 하는 주머니를 말한다. 보통의 다른 바다 생물은 이러한 보육낭이 없기 때문에 알과 정자를 물속에서 수정하거나 몸속에서 수정한 후 바닷물 속으로 내보내는 방법으로 새끼를 낳고 키운다.

▲ 옆새우 보육낭

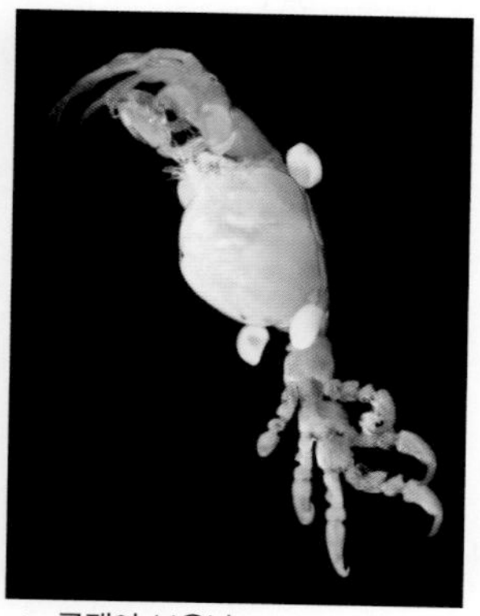

▲ 곤쟁이 보육낭

갯주걱벌레

등각목 주걱벌레과

학명 *Cleantiella isopus* (Miers)

- **특징** 몸통 길이 3cm 내외. 몸은 위아래로 납작하고 적갈색 또는 황갈색 바탕에 짙은 갈색 또는 흑갈색 무늬와 반점이 불규칙하게 흩어져 있다. 한 쌍의 길고 튼튼한 촉수가 있으며, 등껍데기는 단단한 편이다.
- **생태** 주로 갯바위 부근의 자갈 아래나 다소 습한 구석진 틈에 산다. 수중 암초 표면에서도 간혹 발견된다.
- **분포** 제주도를 포함한 전 연안

이야기마당

우리나라에 사는 주걱벌레 종 중 가장 흔한 종입니다.

▲ 물에 젖은 갯바위 표면을 기어 다니며 먹이를 찾고 있다.

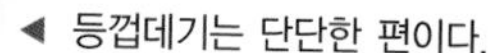

◀ 등껍데기는 단단한 편이다.

▲ 갯바위 표면에서 주변을 경계하고 있다.

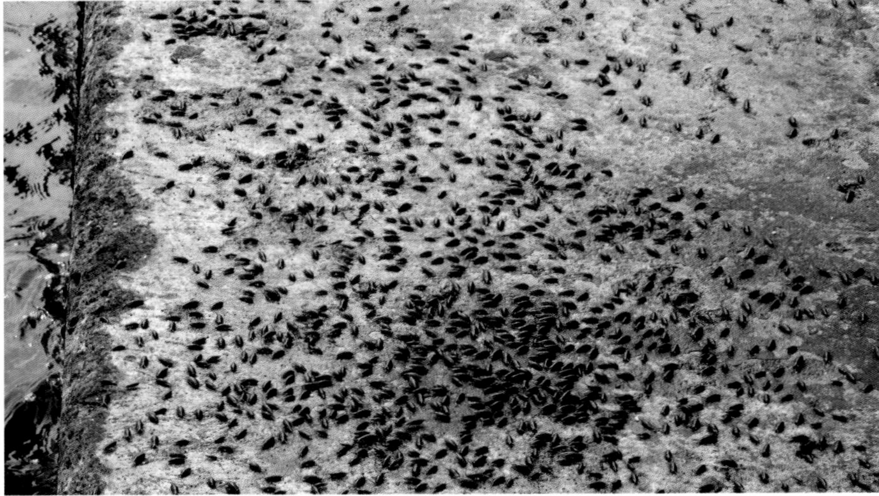
▲ 음식 찌꺼기로 지저분해진 갯바위에 무리 지어 모여드는 모습

갯강구

등각목 갯강구과

학명 *Ligia exotica* Roux

특징 몸통 길이 5cm 내외. 몸은 위아래로 납작하고, 짙은 흑갈색 또는 회갈색 바탕에 다양한 색깔의 얼룩 반점이 흩어져 있다.

생태 단독으로 생활하는 경우는 거의 없으며, 음식 찌꺼기 등으로 지저분해진 갯바위 부근에서 수십~수백 마리가 무리 지어 나타난다. 주변의 환경 변화에 민감하여 사람이 가까이 가면 재빨리 근처 은신처로 몸을 숨긴다.

분포 제주도를 포함한 전 연안

이야기마당

겉모습이 육지의 '강구'와 비슷합니다.

▲ 암초 위에서 주변을 경계하며 먹이를 찾고 있다.

참집게

십각목 집게과

학명 *Pagurus filholi* (De man) *(=P. geminus)*

특징 몸통 길이 1cm 내외. 집게류 중 크기가 작은 편이다. 몸은 녹색 또는 녹갈색을 띠며, 몸 표면에는 짧고 부드러운 털이 나 있다. 집게발의 끝부분은 흰색을 띠며, 걷는다리의 끝부분에는 흰색 띠무늬가 있다.

생태 조수 웅덩이나 수심이 얕은 해안에서 흔히 발견된다. 주변의 환경 변화에 민감하여 사람이 가까이 가면 집(고둥의 빈 껍데기) 속으로 재빨리 숨어든다. 바닥의 다른 작은 동물이나 찌꺼기 등을 먹는다.

분포 제주도를 포함한 전 연안

이야기마당

위험을 느끼면 집 속으로 몸을 매우 빠르게 감춘 채 바닥에 가만히 있기 때문에 움직이는 모습을 관찰하기가 어렵습니다.

바위게

십각목 바위게과

학명 *Pachygrapsus crassipes* Randall

특징 등딱지 너비 4cm 내외. 전체적으로 적갈색 또는 자갈색을 띠며, 다리를 포함한 껍데기가 매우 두껍고 단단하다. 크고 잘 발달된 집게발을 가지고 있다.

생태 갯바위 중간부터 아래쪽이나 구석진 틈에 은신해 있지만 주변에 위협 요소가 없으면 밖으로 기어 나와 먹이를 찾는다. 해조류 및 다른 동물의 사체 또는 살아 있는 작은 동물 등을 먹는다. 움직임이 매우 빨라서 위험을 느끼면 재빨리 구석으로 피하며, 그러기 힘들 경우엔 바닷물에 들어가 위험을 피한다.

분포 제주도를 포함한 전 연안

이야기마당

문어나 낙지를 잡기 위해 통발을 설치하거나 낚시를 할 때 미끼로 이용하기도 합니다.

▲ 갯바위 틈에서 먹이를 찾고 있다.

▲ 위험을 느끼면 갯바위 구석진 틈에 숨는다.

모래 해변과 모랫바닥에 사는 동물

▲ 아이보리색을 띤 군체

◀ 적갈색을 띤 군체

숨은축해면류

해변해면목 축해면과

학명 *Ciocalypta penicillus* Bowerbank

특징 군체 지름 1~3cm, 높이 15cm 내외. 군체는 위로 솟은 속이 빈 원기둥 모양이며, 옅은 황갈색이나 적갈색 또는 아이보리색을 띤다. 군체 위쪽에 있는, 물이 밖으로 빠져나가는 구멍(출수공)의 가장자리는 다른 부분에 비해 특별히 얇다.

생태 수심 15m 내외의 모랫바닥에서 간혹 발견되는 흔치 않은 해면류로서, 모랫바닥에 뿌리를 길이 5cm 정도 박은 채 살아간다. 밖으로 보이는 각 군체는 독립적인 것처럼 보이지만, 인접한 개별 군체끼리 바닥의 뿌리 부분이 서로 연결되어 있는 경우가 많다. 물속의 유기물 찌꺼기나 플랑크톤을 걸러 먹는다.

분포 제주도 연안

이야기마당

보통 한곳에 50개 이상의 개별 군체가 하나의 큰 무리를 이룬 모습으로 발견됩니다.

▲ 가늘고 긴 촉수를 가진 실꽃말미잘

▼ 몸통이 퇴적물 속에 묻혀 있는 모습

▲ 연안의 퇴적물 바닥에서 흔히 발견된다.

실꽃말미잘

꽃말미잘목 꽃말미잘과

학명 *Cerianthus filiformis* Carlgren

특징 몸통 지름 1~2cm, 펼친 촉수 길이 최대 10cm 이상. 몸통은 옅은 황갈색이나 분홍색 등을 띠지만, 촉수는 흰색을 띤 개체가 많으며, 그 색깔은 각 개체마다 상당한 차이를 보인다.

생태 수심 10~50m의 모래 또는 모래가 섞인 펄 바닥에서 비교적 쉽게 발견된다. 펼친 촉수를 이용하여 물속의 플랑크톤이나 작은 동물을 잡아먹는다. 촉수의 감각 기관을 이용하여 주변의 환경 변화를 매우 민감하게 감지한다.

분포 제주도를 포함한 전 연안

이야기마당

사람이 가까이 가면 촉수와 몸통을 재빨리 수축시켜 바닥 속으로 숨기 때문에 관찰하기가 쉽지 않습니다.

줄무늬실꽃말미잘(신칭)

꽃말미잘목 꽃말미잘과

학명 *Cerianthus punctatus* Uchida

특징 몸통 지름 3cm 내외, 펼친 촉수 길이 10cm 내외. 전체적으로 아이보리색을 띠지만, 몸통의 색깔은 다소 짙고 촉수에는 갈색 띠무늬가 일정한 간격으로 있다. 촉수의 끝이 형광빛을 띠기 때문에 화려해 보인다.

생태 수심 10~30m의 모래 또는 모래가 섞인 펄 바닥에서 간혹 발견되며, 바닥의 퇴적물 속에 몸통을 묻고 산다. 촉수의 감각 기관을 이용하여 주변의 환경 변화를 민감하게 감지하므로 위험을 느끼면 재빨리 촉수와 몸통을 수축시켜 바닥 속으로 숨는다.

분포 제주도 해역

이야기마당

아열대성 말미잘류로, 우리나라에서는 아직 학술적인 연구가 부족한 종입니다.

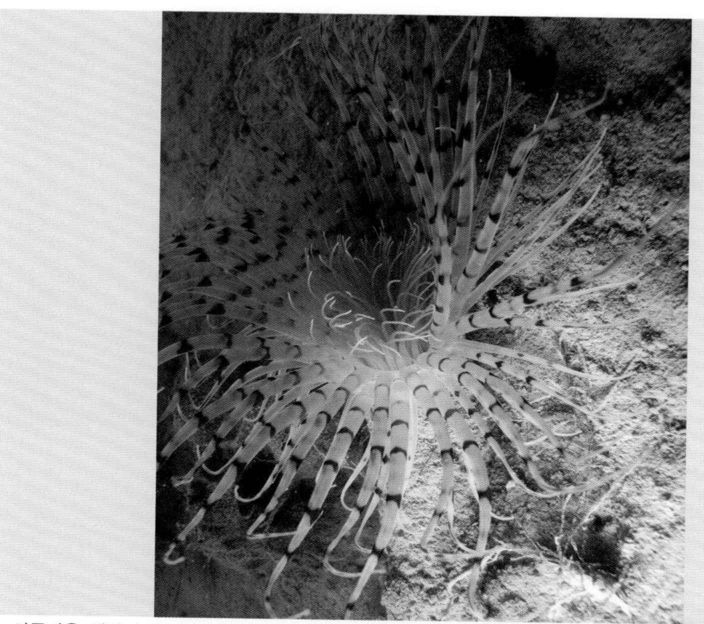

▲ 아름다운 색깔과 무늬를 지닌 줄무늬실꽃말미잘

▶ 촉수의 갈색 줄무늬가 뚜렷하지 않은 것들도 있다.

버들조름류

해세목 버들조름과

학명 *Virgularia* sp.

특징 군체 높이 10cm 내외. 몸통은 흰색 또는 아이보리색을 띠며, 가운데 줄기 부분을 중심으로 왼쪽과 오른쪽으로 많은 촉수를 펼치고 있어 새의 깃털처럼 보인다.

생태 수심 15m 내외의 바닥에서 간혹 발견되는 흔치 않은 종으로, 독특해서 산호 중에서도 별도로 취급된다. 좌우에 있는 가늘고 부드러운 촉수를 이용해 물속의 플랑크톤을 잡아먹는다.

분포 동해와 남해 연안. 동해에 비해 남해에 더 많이 분포한다.

이야기마당

우리나라에서는 아직 많이 알려지지 않은 종이기 때문에 더 많은 연구가 필요합니다.

▲ 부드러운 새의 깃털처럼 보인다.

▲ 촉수를 움츠리면 나무 모양으로 보이기도 한다.

▲ 모랫바닥 위를 느리게 기어 다닌다.

◀ 전체적으로 짙은 흑갈색을 띤다.

갈색끈벌레(신칭)

바늘끈벌레목 연두끈벌레과

학명 *Lineus* sp.-1

- **특징** 몸통 길이 30cm 내외. 몸통은 긴 원통형으로, 전체적으로 짙은 흑갈색을 띠며 별도의 무늬나 반점이 없다. 보통 상태에서 몸통 지름은 0.5cm 내외이다.
- **생태** 수심 10m 내외의 펄이 섞인 모랫바닥 위를 느리게 기어 다닌다. 몸통에서 분비되는 점액질을 사용하여 모래나 펄 입자를 몸통 표면에 붙여 위장하기도 한다.
- **분포** 동해 남부 연안

이야기마당

우리나라에서는 아직 공식적인 보고가 이루어지지 않은 끈벌레류입니다.

▲ 퇴적물 속에 몸통을 묻은 채 촉수만을 펼쳐 먹이활동을 한다.

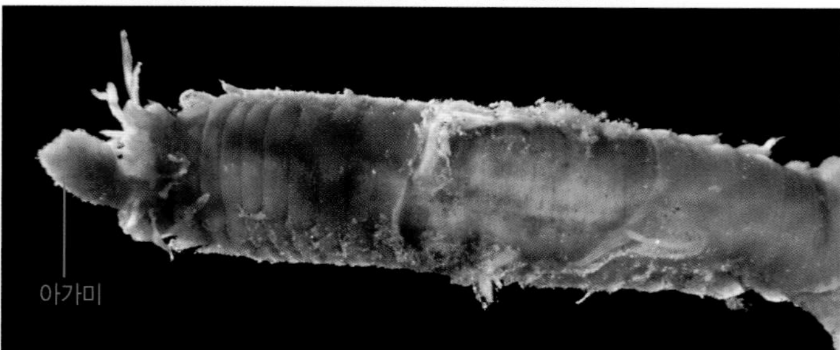

▲ 몸통 앞부분의 모습

총채유령갯지렁이

유령갯지렁이목 유령갯지렁이과

학명 *Pista cristata* (Müller)

- **특징** 몸통 길이 10cm 내외. 몸통은 적갈색 또는 짙은 황갈색을 띠고, 원통형의 관에 몸통의 대부분이 들어가 있다. 머리에 있는 아가미는 자루 끝에 달린 '총채(먼지떨이)' 모양이다.
- **생태** 수심 2~10m의 구석진 바위틈이나 바닥에 산다. 머리 부분을 제외한 몸통의 대부분이 바닥에 묻힌 관 속에 들어가 있으며, 머리의 입 주변으로 흰색의 긴 촉수를 펼친 상태로 발견된다. 유연하고 다소 끈적이는 촉수를 이용하여 바닥에 있는 찌꺼기나 작은 생물을 먹는다.
- **분포** 제주도를 포함한 전 연안

이야기마당

밖으로 드러난 촉수만으로는 비슷한 종류의 다른 갯지렁이와 정확히 구별하기가 어렵습니다.

명주실타래갯지렁이

실타래갯지렁이목 실타래갯지렁이과

학명 *Cirriformia tentaculata* (Montagu)

특징 촉수를 제외한 몸통 길이 5cm 내외. 몸통은 앞뒤가 뾰족한 둥근 막대 모양이며, 짙은 황갈색을 띤다. 몸통 양옆으로 많은 촉수와 아가미가 붙어 있다.

생태 모래가 섞인 갯벌의 아래쪽부터 수심 20m까지의 바닥 환경 중 찌꺼기가 많이 쌓여 있는 곳에서 주로 발견된다. 몸통을 바닥 속에 파묻은 채 촉수(흰색의 가늘고 긴 부분)와 아가미(선홍색의 굵고 돌돌 말린 부분)만 바닥으로 펼쳐 바닥에 쌓인 찌꺼기를 긁어 먹는다.

분포 제주도를 포함한 전 연안. 주로 바닷물의 흐름이 약한 내만 또는 항구·포구 안쪽에 분포한다.

이야기마당

약간 오염된 해저에서 많이 발견되기 때문에 바다 환경 조사 때 바닥 환경의 오염 지표종으로 활용되기도 합니다.

▲ 몸통은 퇴적물 속에 숨긴 채 촉수와 아가미만 펼친 모습

▶ 다소 지저분한 구석진 바위틈에 산다.

털보집갯지렁이

털갯지렁이목 집갯지렁이과

학명 *Diopatra sugokai* Izuka

특징 몸통 길이 7cm 내외. 몸통은 온몸에 가시와 털이 많은 길쭉한 형태로서 황갈색이며, 등 쪽은 약간 짙은 녹갈색을 띤다. 몸통 가운데 양옆 부분의 다리에는 많은 털 가시가 발달해 있다.

생태 모래 또는 펄과 모래가 섞인 갯벌이나 해변 조간대 중·하부에 산다. 가죽 같은 느낌을 주는 튜브 모양의 관은 스스로 분비한 점액질을 이용하여 만들며, 보통 15cm 이상 깊이의 바닥에 단단하게 파묻혀 있다. 밖으로 드러나는 부분에는 주변의 찌꺼기나 모래 알갱이를 붙여 몸을 위장한다.

분포 남해 및 서해 연안

이야기마당

물이 빠지면 이들의 관이 '바닥에 파묻힌 쓰레기 막대' 같은 모습으로 보입니다. 어민들은 이 종을 호미로 캐내어 낚시 미끼로 사용합니다.

▲ 주변의 찌꺼기나 모래 알갱이 등으로 위장되어 있는 털보집갯지렁이의 관

▲ 바닥에서 뽑아낸 털보집갯지렁이의 관

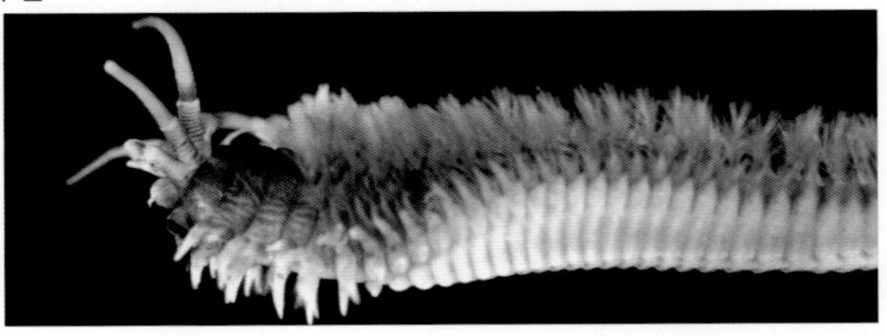

▶ 관 속에 몸을 숨긴 채 살아간다.

▲ 위험을 느끼면 잘 발달한 발을 이용해 바닥을 박차듯 몸을 튕기며 도망친다.

▲ 모랫바닥으로 몸을 숨기는 모습

▲ 지역에 따라 여러 마리가 무리 지어 나타난다.

비단고둥

원시복족목 밤고둥과

학명 *Umbonium costatum* (Kiener)

특징 껍데기 너비 1.5cm, 높이 1cm 내외. 껍데기는 둥글고 위아래로 납작한 모양이며, 아이보리색 바탕에 세로 방향의 흑갈색 또는 검은색 줄무늬가 구불구불하게 연결되어 있다. 껍데기는 단단하여 쉽게 부서지지 않는다.

생태 모래 해변 아래쪽부터 수심 20m 이내의 모랫바닥에서 흔히 발견된다. 야행성으로 낮에는 모래 속에 숨어 있다가 밤에 밖으로 나와 바닥을 기어 다니며 모래 알갱이 사이의 미생물과 찌꺼기를 먹는다.

분포 제주도를 포함한 전 연안

이야기마당

바닷가 주민들은 오래전부터 '비단고둥'을 삶아서 바늘을 사용하여 속살을 파먹었습니다.

황해비단고둥

원시복족목 밤고둥과

학명 *Umbonium thomasi* (Crosse)

특징 껍데기 너비 2cm, 높이 1.5cm 내외. 껍데기는 둥글납작한 삼각형이며, 흑갈색 바탕에 약간 경사진 황갈색 세로줄무늬가 있다. 껍데기는 두껍고 단단하다.

생태 펄이 섞인 모랫바닥에서 흔히 발견된다. 야행성으로 낮에는 모래 속으로 파고들어 숨어 있다가 밤이 되면 밖으로 나와 바닥을 기어 다니며 모래 알갱이 사이의 미생물과 찌꺼기를 먹는다.

분포 서해 연안, 남해 서부 연안에서 발견되기도 한다.

▲ 껍데기에 황갈색 세로무늬가 있다.

이야기마당

식용하며, 전문가가 아닌 경우 보통 '비단고둥'과 같은 종으로 취급합니다.

◀ 썰물이 되면 몸이 마르는 것을 피해 모래 속으로 들어간다.

댕가리

중복족목 갯고둥과

학명 *Batillaria cumingii* (Crosse)

특징 껍데기 너비 0.7cm, 높이 3cm 내외. 껍데기는 긴 원뿔 모양이며, 흑갈색 또는 회갈색을 띤다. 껍데기 표면에는 나사 모양의 골이 일정한 간격으로 나 있으며, 골과 골은 다시 수직 방향의 작은 골과 서로 연결되어 벽돌 모양을 나타낸다. 껍데기는 두껍고 단단해서 쉽게 부서지지 않는다.

생태 펄이 섞인 모래 해변의 아래쪽에 많은 수가 무리 지어 산다. 썰물이 되어 몸이 공기 중에 드러나면 젖은 모랫바닥 속으로 숨어 몸이 마르는 것을 막는다. 바닥을 느리게 기어 다니며 모래 알갱이 사이의 찌꺼기나 바닥의 돌말을 먹는다.

분포 제주도를 포함한 남·서해 연안

이야기마당

갯벌 체험 시 가장 흔히 발견할 수 있는 고둥입니다.

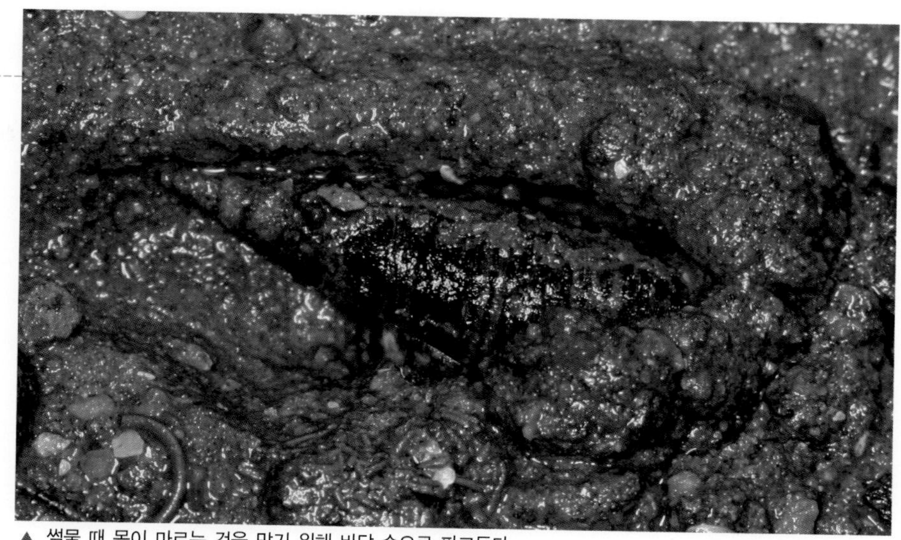

▲ 썰물 때 몸이 마르는 것을 막기 위해 바닥 속으로 파고든다.

▶ 긴 원뿔 모양의 댕가리

▲ 펄이 섞인 모래 해변에서 많은 수가 무리 지어 산다.

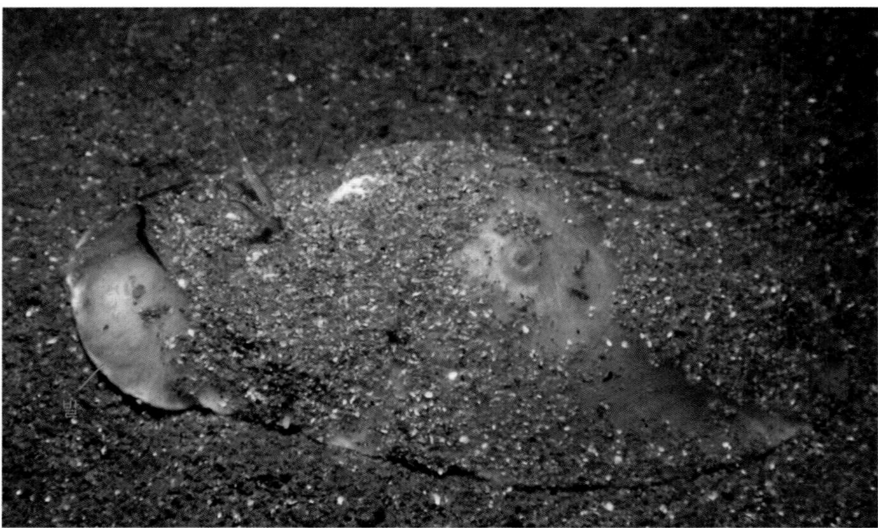
▲ 바닥의 모래를 뒤집어쓰는 위장술로 몸을 숨긴다.

▲ 큰구슬우렁이의 알 덩이

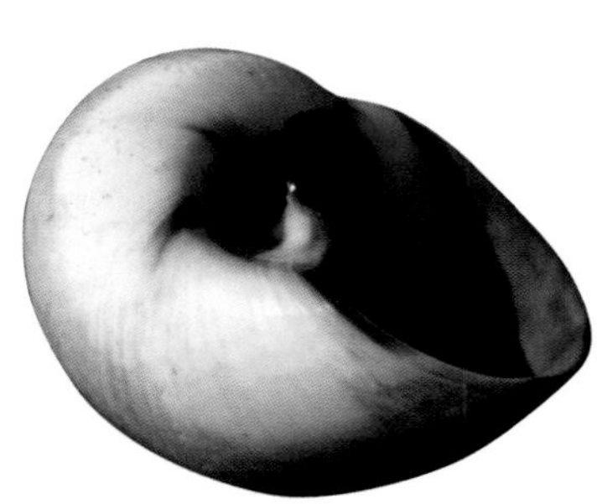
▲ 큰구슬우렁이의 껍데기

큰구슬우렁이 중복족목 구슬우렁이과

학명 *Glossaulax didyma* (Röding)

특징 껍데기 너비 8~9cm, 높이 4~5cm 내외. 껍데기는 둥글고, 위아래로 납작한 모양이다. 윗부분은 짙은 황갈색이고 아랫부분은 아이보리색을 띠며, 두껍고 단단하다. 살아 있는 고둥은 껍데기 전체가 속살의 겉 부분으로 덮여 있으며, 껍데기 크기의 2배 정도 되는 큰 발을 가지고 있다.

생태 모랫바닥 또는 펄이 섞인 모랫바닥에서 비교적 흔히 발견된다. 바닥을 기어 다니며 다른 고둥이나 조개의 껍데기에 구멍을 뚫고 속살을 빨아 먹는다. 봄여름에 둥글게 말린 종잇장처럼 생긴 알 덩이를 낳는다.

분포 제주도를 포함한 전 연안. 동해에 비해 남 · 서해 연안에 더 많이 분포한다.

이야기마당
속살에 점액질이 많아서 많이 먹는 편은 아니지만, 소금물에 잘 씻어서 점액질을 제거한 후 요리하면 맛이 좋은 편입니다.

▲ 은신하기 위해 모랫바닥 속으로 파고든다.

◀ 조개껍데기에 구멍을 뚫은 모습

높은탑이색구슬우렁이

중복족목 구슬우렁이과

학명 *Glossaulax didyma hayashii* (Azuma)

특징 껍데기 너비 4~5cm, 높이 3cm 내외. 껍데기는 둥글고 위아래로 납작한 모양이며, 황갈색을 띤다. 입구 부분이 있는 마지막 층이 거의 껍데기 전부를 차지하고, 입구는 반달 모양이며, 두껍고 단단하다.

생태 수심 3~10m의 모랫바닥에서 비교적 흔히 발견된다. 모랫바닥에 얕게 몸을 파묻은 상태로 바닥을 기어 다니며, 다른 고둥이나 조개의 껍데기에 구멍을 뚫고 속살을 빨아 먹는다.

분포 제주도를 포함한 전 연안. 남·서해 연안에 좀 더 많이 분포한다.

이야기마당
해변에 밀려온 빈 조개껍데기에 작고 동그란 구멍이 뚫려 있는 것은 대부분 이 종을 포함한 구슬우렁이류의 먹이활동 과정에서 만들어진 결과입니다.

긴고둥

신복족목 긴고둥과

학명 *Fusinus perplexus* (A. Adams)

특징 껍데기 너비 3~4cm, 높이 10~15cm 내외. 껍데기는 옅은 갈색 또는 아이보리색을 띠며, 표면 전체가 흑갈색의 얇은 각피로 덮여 있어 자연 상태에서는 흑갈색으로 보인다. 껍데기 전체 길이 중 몸속으로 물을 빨아들이는 수관부의 길이가 거의 절반을 차지한다. 내부가 흰색인 수관부는 길고 곧게 뻗어 있다.

생태 주로 수심 5~15m 정도의 지저분한 펄이 섞인 모래 또는 자갈이 섞인 모랫바닥에 살고 있으며, 다른 동물의 사체를 먹거나 작은 동물을 잡아먹는다. 위험을 느끼거나 은신할 필요가 있을 경우에는 바닥으로 살짝 파고들어 숨기도 한다.

분포 남·서해 연안

이야기마당

속살이 붉어 일부 어민들이 건강식으로 이용하기도 하지만, 일반적으로는 잘 먹지 않습니다.

▲ 수관부의 길이가 껍데기 전체의 거의 절반을 차지한다.

▶ 은신하기 위해 바닥으로 얕게 파고드는 모습

각시수랑

신복족목 물레고둥과

학명 *Volutharpa ampullacea perryi* (Jay)

특징 껍데기 너비 3cm, 높이 5cm 내외. 껍데기는 긴 타원형이고, 옅은 황갈색을 띠며, 얇고 쉽게 부서진다. 껍데기의 겉면에는 각피가 덮여 있지만, 그 위로 다양한 이물질이 쌓여 있어서 별도의 세척 과정 없이는 원래의 황갈색 껍데기나 각피 등을 자세히 관찰하기가 어렵다.

생태 수심 5~15m의 모래나 펄이 섞인 모랫바닥에서 주로 발견되며, 작은 크기의 다른 동물을 잡아먹는다. 포식자로부터 몸을 보호하거나 바닥을 기어 다닐 때 생기는 마찰을 줄이기 위해 많은 점액질을 분비한다.

분포 남·서해 연안

이야기마당

먹을 수 있지만 점액질이 많아서 선호하는 종은 아닙니다.

▲ 접촉면에 점액질을 분비하며 바닥을 기어가고 있다.

▲ 모래를 뒤집어쓰거나 모랫바닥에 얕게 파고든 채 바닥을 기어 다닌다.

▲ 퇴화된 얇은 껍데기를 가지고 있다.

◀ 젤리 성분의 알 덩이는 햇빛을 받으면 탱탱하고 단단해진다.

민챙이

두순목 민챙이과

학명 *Bullacta exarata* (Philippi)

특징 껍데기 길이 2cm, 전체 몸통 길이 5cm 내외. 껍데기는 둥근 타원형으로 흰색 또는 옅은 아이보리색을 띠며, 얇고 쉽게 부서진다. 살아 있을 때에는 대부분 껍데기 전체가 외투막(속살의 가장자리 부분)으로 얇게 덮여 있다.

생태 모래 또는 펄이 섞인 모래 해변의 중간·아래쪽부터 수심 10m까지의 바닥에서 봄여름에 걸쳐 흔히 발견된다. 해변이 공기 중에 드러나면 몸을 바닥 속으로 파묻어 몸이 마르지 않게 한다. 썰물 때 해변에 일시적으로 만들어지는 조수 웅덩이에서도 흔히 발견된다. 주로 5~7월경에 메추리알 크기의 둥근 알 덩이를 낳는다.

분포 제주도를 포함한 전 연안

이야기마당

봄여름에 걸쳐 이 종이 산란한 메추리알 크기의 둥근 알 덩이가 해변 곳곳에서 발견되며, 서해안에서는 이 알 덩이를 '물알'이라고도 부릅니다.

▲ 몸통이 4등분으로 나뉜 것처럼 보인다.

▲ 점액질을 분비하며 바닥을 기어가고 있다.

동양갯달팽이고둥

두순목 갯달팽이고둥과

학명 *Philine orientalis* A. Adams

특징 몸통 길이 5cm 내외. 껍데기는 큰 입구를 가진 반구형이며, 매우 얇고 퇴화되어 외투막 속에 묻혀 있다. 몸통은 흰색 또는 옅은 아이보리색을 띠며, 얼핏 보면 4개의 조각으로 나뉜 것처럼 보인다.

생태 주로 수심 5~15m의 모래 또는 모래가 섞인 펄 바닥에서 발견된다. 몸통 아래에서 분비되는 점액질을 이용하여 바닥을 기어 다니면서 다른 작은 동물을 잡아먹는다.

분포 제주도를 포함해 난류의 영향을 받는 남해 연안 외곽 섬 지역

이야기마당

껍데기가 겉으로 드러나 보이지 않기 때문에 갯민숭달팽이류로 착각할 수 있지만, 실제로는 일반 고둥에 가깝습니다.

줄물고둥

두순목 물고둥과

학명 *Hydatina physis* (Linnaeus)

특징 껍데기 너비 7cm, 높이 15cm 내외. 껍데기에는 옅은 황갈색 바탕에 많은 가로 줄무늬가 있으며, 비교적 두껍고 단단해서 잘 부서지지 않는다. 바닥을 이동할 때에는 외투막을 넓게 펼쳐 화려한 모습을 보인다.

생태 주로 수심 20m 이내의 모랫바닥에 살지만, 자갈이나 펄이 섞인 모랫바닥 등 다양한 환경에서도 발견된다. 바닥을 느리게 기어 다니며 바닥에 살고 있는 다른 작은 동물을 잡아먹는다.

분포 제주도를 포함한 남해 연안 중 난류의 영향을 받는 외곽 섬 지역

이야기마당

몸통 주변으로 넓게 펼쳐지는 외투막 때문에 갯민숭달팽이류로 착각하는 경우가 있습니다.

▲ 외투막을 화려하게 펼친 채 기어가고 있다.

좀쌀알고둥

두순목 쌀알고둥과

학명 *Sulcoretusa minima* (Yamakawa)

특징 껍데기 너비 0.2cm, 높이 0.4~0.5cm 내외. 소형 고둥 종으로, 껍데기는 전체적으로 거의 투명한 흰색을 띠지만, 녹색의 내장 기관이 외부로 비치기 때문에 옅은 초록색으로 보이기도 한다. 껍데기는 얇고 쉽게 부서진다.

생태 수심 10~20m의 모래 또는 펄이 섞인 모랫바닥에서 간혹 발견되는 흔치 않은 고둥으로, 살아 있을 때에는 작은 껍데기가 외투막으로 거의 전부 덮여 있다.

분포 제주도를 포함해 난류의 영향을 받는 남해 연안

이야기마당

'좀쌀알고둥'은 껍데기의 크기와 모양이 마치 '쌀알'을 닮았다고 해서 붙여진 이름입니다.

▲ 껍데기 안으로 수축한 몸통 모습이 '쌀알'처럼 보인다.

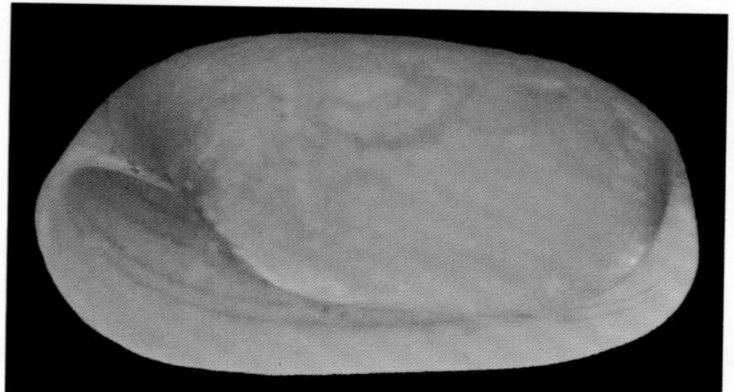

▲ 껍데기는 얇고 쉽게 부서진다.

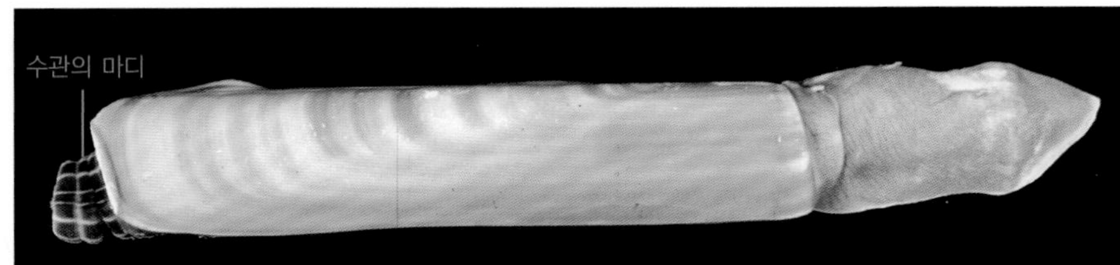

▲ 껍데기는 긴 원통처럼 보인다.

▲ 몸통 뒤쪽의 튼튼한 발을 사용해 모래 속으로 쉽게 파고든다.

▲ 구멍에 소금을 넣어 맛조개를 잡는 모습

맛조개

백합목 죽합과

학명 *Solen strictus* Gould

특징 껍데기 길이 10cm, 높이 1.5cm 내외. 껍데기는 긴 원통형이며, 표면 전체가 밝은 황갈색의 얇은 각피로 덮여 있다. 속살은 아무리 수축해도 껍데기 속으로 다 들어가지 못해 일부가 나와 있다.

생태 주로 찌꺼기가 많지 않은 청정 해역의 모래 해변 중간·아래쪽에 산다. 보통 바닥 속으로 20cm 이상 깊게 파고든 상태에서 해변이 물에 잠기면 수관을 길게 뻗어 호흡과 먹이활동을 한다. 위험을 느끼면 수관의 마디를 하나씩 잘라 버리는 방어 행동을 한다.

분포 남해와 서해 연안

이야기마당

대표적인 식용 조개류 중 하나입니다. 일부 바닷가 마을에서는 갯벌을 찾은 관광객이 '맛조개'를 잡을 수 있도록 맛조개잡이 체험 학습장을 운영하고 있습니다.

▲ 껍데기가 둥근 삼각형이다.

▲ 어린 개체

왕우럭조개

백합목 개량조개과

학명 *Tresus keenae* (Kuroda & Habe)

특징 껍데기 길이 10cm, 높이 7~8cm 내외. 중형 조개이다. 껍데기는 둥근 삼각형이고, 회갈색 또는 황갈색이며, 표면은 녹갈색이나 흑갈색의 각피로 덮여 있다. 각정 부근의 각피는 바닥을 파고드는 과정에서 벗겨지는 경우가 흔해서, 다 자란 개체는 껍데기가 지저분해 보이기도 한다. 껍데기는 두껍고 단단하다.

생태 수심 10~30m의 모래가 섞인 펄 바닥에 산다. 10cm 이상의 깊이로 바닥을 파고든 상태에서 바닥 표면으로 크고 잘 발달한 수관을 길게 뻗어 호흡과 먹이활동을 한다.

분포 동해 남부 및 남해 연안. 그 밖의 지역에서도 발견된다.

이야기마당

식용 조개로, 주로 크고 단단한 근육질인 수관의 살을 먹습니다.

개량조개

백합목 개량조개과

학명 *Mactra chinensis* Philippi

특징 껍데기 길이 4~5cm, 높이 3~4cm 내외. 껍데기는 둥근 삼각형이고, 황갈색을 띠며 비교적 얇고 잘 부서진다. 껍데기 표면에는 자라면서 생긴 선명한 성장선과 함께 옅고 짙음이 반복되는 동심원 모양의 무늬가 있다.

생태 바닥에 찌꺼기가 많지 않은 청정 해역 수심 5~20m의 펄이 섞인 모랫바닥에 산다. 바닥 속으로 파고든 상태에서 긴 수관을 이용하여 호흡과 먹이활동을 한다.

분포 제주도를 포함한 전 연안. 남해 연안에 좀 더 많은 수가 분포한다.

이야기마당

낙동강 하구에 많이 살고 있으며, 흔히 먹는 조개로 속살은 약간 단맛이 납니다.

▲ 어민이 채취한 개량조개

▲ 껍데기 표면에 동심원 모양의 무늬가 있다.

▲ 조개잡이 틀(형망)을 사용해 개량조개를 잡는 모습

동죽

백합목 개량조개과

학명 *Mactra veneriformis* Reeve

특징 껍데기 길이 3~4cm, 높이 3~4cm 내외. 껍데기는 둥근 삼각형이고, 황갈색을 띠지만, 각 조개마다 색이 옅고 짙은 정도에 큰 차이가 있다. 껍데기는 두껍고 단단하며 껍데기의 표면에는 자라면서 생긴 성장선이 흐릿하게 나타난다.

생태 펄이 섞인 모래 해변의 중간·아래쪽부터 수심 5m 이내의 모랫바닥에 산다. 바닥 속으로 얕게 파고든 상태에서 수관을 이용하여 호흡과 먹이활동을 한다.

분포 제주도를 포함한 전 연안

이야기마당

방조제가 생기기 전 새만금 갯벌에서 많이 잡혔던 종이나, 지금은 그 수가 줄어들고 있습니다.

▲ 껍데기 표면에 성장선이 나타난다.

▶ 껍데기가 둥근 삼각형이고 단단하다.

▲ 껍데기 겉면에 성장선이 거칠게 나 있다.

◀ 어민이 채취한 개조개

개조개

백합목 백합과

학명 *Saxidomus purpurata* (Sowerby II)

특징 껍데기 길이 10~12cm, 높이 7~8cm 내외로, 어른 주먹 크기 정도이다. 껍데기는 둥근 모양에 가까우며, 두껍고 단단하다. 표면에는 자라면서 생긴 성장선이 거칠게 나 있고 전체적으로 황갈색을 띤다.

생태 수심 20~50m의 모래가 섞인 펄 바닥에 산다. 바닥 속으로 깊게 파고든 채 물을 빨아들이고 내뿜는 용도로 사용하는 수관을 바닥 위로 길게 뻗어서 호흡과 먹이활동을 한다.

분포 남해 연안. 서해와 제주도 일부 연안에서 발견되기도 한다.

이야기마당
주로 잠수기 어업(머리에 호흡용 헬멧을 쓰고 물속에서 작업하는 어업)에 의해 잡히는 식용 조개입니다.

▲ 모래 속으로 파고 들어가는 모습

▲ 다양한 색깔과 무늬를 띠고 있다.

대복

백합목 백합과

학명 *Gomphina veneriformis* (Lamarck)

특징 껍데기 길이 5~7cm, 높이 3~4cm 내외. 껍데기는 삼각형이며, 두껍고 매우 단단하다. 전체적으로 옅은 황갈색 바탕에 다양한 색깔의 무늬와 반점이 있다. 껍데기 안쪽은 노란색을 띤 흰색이다.

생태 모래 해변 조간대 중간부터 수심 10m 이내의 청정 해역 모랫바닥에 5cm 정도의 깊이로 바닥을 파고든 채 살아간다.

분포 제주도를 포함한 전 연안

이야기마당
동해 연안 일부 지역에서는 '민들조개'라고 부르기도 하며, '바지락'을 대신하여 시원한 국물을 내는 데 사용하기도 합니다.

바지락

백합목 백합과

학명 *Ruditapes philippinarum* (A. Adams & Reeve)

특징 껍데기 길이 3~5cm, 높이 2~3cm 내외. 껍데기는 타원형이고, 각 조개마다 색깔과 무늬 등이 매우 다양하다. 해변에 사는 종은 약간 둥근 타원형이지만, 물속에 사는 종은 해변에 사는 것보다 길쭉한 타원형이다. 껍데기는 비교적 두껍고 단단하다.

생태 약간 굵은 모래 알갱이로 구성된 모래 해변 또는 잔자갈이 약간 섞인 모래 해변 조간대 중간부터 수심 10m 이내의 모랫바닥에 살며, 바닥 속으로 파고든 상태에서 수관을 위로 길게 뻗어 호흡과 먹이활동을 한다.

분포 제주도를 포함한 전 연안

이야기마당

우리 식탁에 흔히 오르는 식용 조개로 다양한 요리에 활용됩니다.

▲ 어민이 채취한 바지락

▲ 물이 빠진 해변에서 바지락을 캐고 있는 모습

▲ 다양한 요리에 활용된다.

두툼빛조개

백합목 자패과

학명 *Nuttalia olivacea* (Jay)

특징 껍데기 길이 5~7cm, 높이 3~4cm 내외. 껍데기는 둥근 모양이며, 흰색을 띠지만 '흙빛자패' 처럼 흑갈색의 두꺼운 각피가 표면을 덮고 있어서 살아 있을 때에는 흑갈색으로 보인다. 각정부에는 잘 발달한 검은색 인대가 불룩하게 나 있다.

생태 모래 해변 조간대 중간부터 수심 5m 이내의 모랫바닥에 산다. 바닥을 10cm 정도의 깊이로 파고든 상태에서 수관을 뻗어 호흡과 먹이활동을 한다.

분포 제주도를 포함한 전 연안. 제주도와 남해 연안에 많이 분포한다.

이야기마당

속살은 먹기도 하지만 주로 물고기를 잡기 위한 낚시 미끼로 이용합니다.

▲ 흑갈색 각피가 껍데기 표면을 덮고 있다.

▶ 물이 빠진 해변에서 두툼빛조개를 캐는 모습

▲ 껍데기가 부채 모양이다.

◀ 강 하구에서 재첩을 잡는 모습

재첩

백합목 재첩과

학명 *Corbicula fluminea* (Müller)

특징 껍데기 길이 1.5~2cm, 높이 1~1.5cm 내외. 껍데기는 부채 모양으로, 옅거나 짙은 황갈색을 띠며 표면에는 자라면서 생긴 선명한 성장선이 있다. 껍데기는 작지만 두껍고 단단하며, 안쪽은 흰색을 띤다.

생태 바닷물과 민물이 만나는 하천 또는 강 하구부터 수심 3m 이내의 모랫바닥에 산다. 바닥 속으로 파고든 채 살아가며, 물속의 찌꺼기나 플랑크톤을 걸러 먹는다.

분포 동해 남부에서 남해 동부 해역

이야기마당

식용 조개이며, 양식하거나 어획하는 양이 부족하여 상당량을 중국 등의 외국으로부터 수입합니다.

▲ 일본재첩 껍데기의 겉과 안

▲ 강물에 의해 재첩이 휩쓸려 가는 것을 방지하기 위한 보호망

일본재첩

백합목 재첩과

학명 *Corbicula japonica* Prime

특징 껍데기 길이 2cm, 높이 3cm 내외. 껍데기는 전체적으로 둥근 부채 모양이다. 주로 황갈색을 띠지만, 모래가 많은 지역에 사는 것은 갈색을 띠고, 펄이 많은 지역에 사는 것은 검은색을 띤다. 껍데기는 작지만 두껍고 단단하며, 안쪽은 보랏빛이 도는 흰색이다.

생태 '재첩'과 마찬가지로, 하천 또는 강 입구의 바닷물과 민물이 만나는 부분(기수역)에서부터 수심 3m 이내의 모랫바닥에 산다. 바닥 속으로 파고든 채 살아가며, 물속의 찌꺼기나 플랑크톤을 걸러 먹는다.

분포 동해 남부와 남해 동부 해역에 주로 살지만, 다른 해역에서도 발견된다.

이야기마당

껍데기를 까 보지 않고는 겉으로 '재첩'과 '일본재첩'을 구별하기는 어렵습니다.

대양조개

백합목 접시조개과

학명 *Heteromacoma irus* (Hanley)

특징 껍데기 길이 5cm, 높이 4cm 내외. 껍데기는 둥근 삼각형으로, 회갈색 또는 황갈색을 띠며, 두껍고 단단해서 쉽게 부서지지 않는다. 껍데기 표면에는 자라면서 생긴 거친 성장선이 동심원 모양으로 나 있다.

생태 주로 작은 크기의 자갈과 펄이 섞인 모래 갯벌 조간대부터 수심 20m 내외의 바닥에서 발견되며, 바닥 속으로 파고든 채 살아간다. 전체 크기에 비해 속살이 많지 않고, 개체 수도 적어 식용으로 이용하지는 않는다.

분포 제주도를 포함한 전 연안

이야기마당

이 종류의 조개는 세계적으로 많은 생태학 연구에 이용됩니다.

▲ 표면에 성장선이 굵고 강하게 나타난다.

▲ 대양조개 껍데기의 겉과 안

큰가리비

굴목 가리비과

학명 *Patinopecten yessoensis* (Jay)

특징 껍데기 길이와 높이 모두 15cm 내외. 껍데기는 부채 모양이며, 기본적으로 흰색 바탕에 황갈색 각피가 얇게 덮여 있다. 껍데기 표면에는 각정으로부터 가장자리 방향으로 세로 주름이 능선과 골의 형태로 나타나지만 그리 강하지는 않다.

생태 차가운 물에 사는 조개로, 수심 10~50m의 모래 또는 모래와 잔자갈이 섞여 있는 바닥에서 주로 발견되며, 바닥 속으로 얕게 파고든 채 살아간다. 속살 가장자리를 따라 나타나는 촉수와, 촉수 아래 빛을 감지하는 안점(眼點)을 통해 주변의 환경 변화를 감지한다. 위험을 느끼면 껍데기를 열고 닫는 제트 추진 방법으로 물을 뿜어내 물속을 헤엄쳐 도망친다.

분포 동해 중·북부

이야기마당

조개구이 집에서 흔히 볼 수 있는 종으로 우리나라에서도 양식하지만, 중국에서 양식한 종을 많이 수입합니다.

▲ 껍데기는 부채 모양으로 세로 주름이 나 있다.

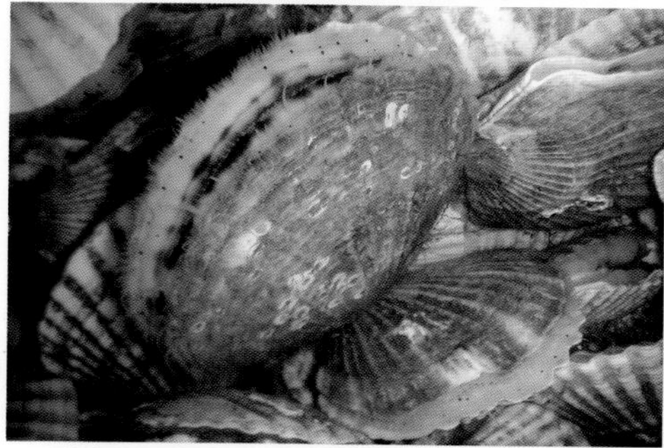

▲ 껍데기를 열고 닫는 방법으로 물속을 헤엄친다.

▲ 속살 가운데 부분의 둥근 근육(폐각근)을 먹는다.

▲ 크고 발달한 수관이 있으며, 모래 속에 파고들어가 산다.

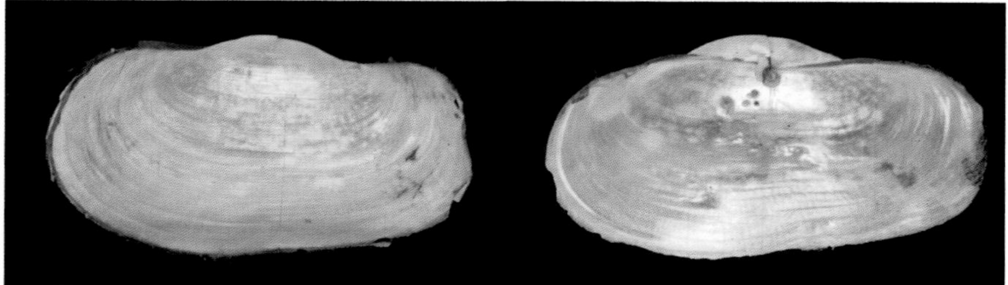
▲ 띠조개 껍데기의 겉과 안

띠조개

석공조개목 띠조개과

학명 *Laternula marilina* (Reeve)

특징 껍데기 길이 5cm, 높이 2.5cm 내외. 껍데기는 타원형이고, 기본적으로 흰색이지만, 펄이 많이 포함된 모랫바닥에서는 회색을 띠기도 하며, 얇고 쉽게 부서진다.

생태 펄이 약간 섞인 모래 해변 조간대 중간부터 수심 5m 이내의 모랫바닥에 10cm 정도의 깊이로 파고든 채 살아간다. 그곳에서 수관을 위로 뻗어 호흡과 먹이활동을 한다.

분포 남해와 서해 연안

이야기마당

모래 해변이나 펄 갯벌을 찾는 철새에게 단백질을 공급해 주는 주요한 먹이가 됩니다.

▲ 위험을 느끼지 않으면 움직이지 않고 정지해 있다.

▲ 밤에 바닥 가까운 곳을 헤엄치고 있다.

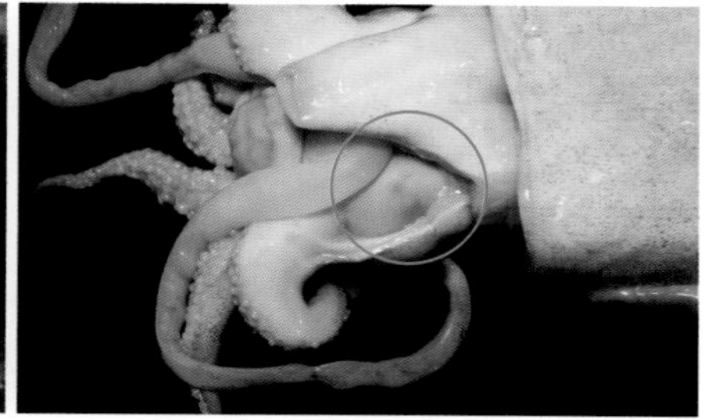
▲ 갑오징어의 촉수 주머니(붉은색 원 부분)

갑오징어류

갑오징어목 갑오징어과

학명 *Sepia tokioensis* Ortmann

특징 팔과 촉수를 제외한 몸통 길이 10cm 내외. 몸통은 전체적으로 긴 타원형이며, 옅은 갈색을 띠지만 주변 환경과 생리적 상태에 따라 다양한 색깔의 반점이 나타나기도 한다. 몸통 가장자리의 왼쪽과 오른쪽에 있는 지느러미는 너비가 비교적 넓은 편이다.

생태 수심 10~50m의 연안 해저 가까운 곳에 산다. 야행성이어서 낮에는 바닥에 몸을 얕게 파묻은 상태로 숨어 있고, 밤에는 바닥 가까운 곳을 헤엄치며 다른 동물을 잡아먹는다.

분포 제주도를 포함해 난류의 영향을 받는 남해 연안 외곽 섬 지역

이야기마당

보통 때는 몸통 속 촉수 주머니에 2개의 긴 촉수를 넣고 있지만, 먹이를 잡거나 짝짓기를 할 때는 길게 뻗어 먹이나 짝을 움켜잡는 데 사용합니다.

참갑오징어

갑오징어목 갑오징어과

학명 *Sepia esculenta* Hoyle

특징 팔과 촉수를 제외한 몸통 길이 15cm 내외. 몸통은 전체적으로 약간 길쭉한 타원형이다. 수컷은 등 쪽에 가로줄무늬가 명확히 나타나지만, 암컷은 그렇지 않다. 갑(일종의 등뼈)의 뒤쪽에는 강한 가시가 있다.

생태 수심 100m 이내의 연안 모랫바닥에 무리 지어 산다. 산란기에는 수심 10m 내외의 얕은 곳으로 회유하여 들어와 해조류나 바위 표면 등에 알 덩이를 산란한다.

분포 제주도를 포함한 남·서해 연안

이야기마당

우리나라에 살고 있는 갑오징어 중에서 가장 흔한 종이며, 등 부분에 '갑(뼈)'이 숨겨져 있어 '갑오징어'라는 이름을 갖게 되었습니다. 예전의 바닷가 마을 주민들은 갑의 석회 성분을 긁어서 지혈제로 사용하기도 하였습니다.

▲ 우리나라에 사는 갑오징어 중 가장 흔한 종이다. [사진/김기준]

▲ 갑을 이용하여 부력을 조절한다.

귀오징어류

갑오징어목 갑오징어과

학명 *Euprymna* sp.

특징 팔과 촉수를 제외한 몸통 길이 3cm 내외. 몸통은 전체가 반원 모양이다. 코끼리의 귀처럼 생긴 지느러미는 몸통 가운데 부분에서 왼쪽과 오른쪽으로 넓게 붙어 있다. 지느러미를 포함한 전체 몸통은 다소 지저분한 황갈색으로 바닥의 모래 색과 비슷하다.

생태 수심 5~20m 되는 오염되지 않은 청정 해역의 모랫바닥에 산다. 야행성으로, 낮에는 모래 속에 파고든 채 숨어 있다가, 밤에 소형 새우 등을 잡아먹는다.

분포 제주도를 포함한 남해 연안

이야기마당

코끼리 귀 모양의 지느러미가 특징입니다. 한꺼번에 많은 양을 잡을 수 있으며, 마른반찬으로 이용하기도 합니다.

▲ 바닥 환경과 비슷하도록 몸통의 색과 무늬를 변화시킨다.

▶ 낮에는 모래 속에 몸을 파묻고 있다.

▲ 해변으로 밀려온 숭어 사체를 먹고 있다.

◀ 몸은 등 쪽으로 동그랗게 솟은 타원형이다.

모래무지벌레 등각목 모래무지벌레과

학명 *Excirolana chiltoni* (Richardson)

- **특징** 몸통 길이 0.25cm 내외. 몸의 형태는 등 쪽으로 동그랗게 솟은 타원형이다. 몸 색깔은 옅은 황갈색이고, 짙은 갈색의 크고 작은 반점이 불규칙하게 흩어져 있다.
- **생태** 얕게 잠긴 물속이나 공기 중에 드러난 모래 해변에 산다. 주로 다른 동물의 사체를 먹는 잡식성으로, 사체가 썩기 전에 이들을 분해하여 다시 생태계로 돌려 주는 중요한 생태적 기능을 한다.
- **분포** 남해 및 서해 연안

이야기마당

여름철 모래사장에 발을 묻고 있으면 뭔가에 찔린 듯한 따끔한 통증을 느끼는 경우가 있는데, 대부분은 '모래무지벌레'가 사람의 다리를 먹이로 잘못 알고 깨문 것입니다.

▲ 주변의 위험 요소에 대한 감지 능력이 뛰어나다. [사진 / 김정년]

▲ 가늘고 긴 집게발을 가지고 있다. [사진 / 김정년]

긴발딱총새우 십각목 딱총새우과

학명 *Alpheus japonicus* Miers

- **특징** 집게발을 제외한 몸통 길이 4cm 내외. 전체적으로 옅은 선홍색을 띤다. 왼쪽 집게발은 가늘고 긴 오른쪽 집게발에 비해 굵고 크며 길이가 짧다.
- **생태** 수심 5~20m의 펄이 섞인 모랫바닥에 굴을 파고 숨어 산다. 비교적 흔히 발견되는 종류이다.
- **분포** 제주도를 포함한 전 연안. 남해 연안에 좀 더 많이 분포한다.

이야기마당

주변의 위험 요인에 대한 감지 능력이 매우 뛰어나기 때문에 바닥에서 '서식굴'은 쉽게 발견되지만, 모습을 직접 보기는 어렵습니다.

가시발새우

십각목 가시발새우과

학명 *Metanephrops thomsoni* (Spence Bate)

- **특징** 집게발을 제외한 몸통 길이 10cm 내외. 몸통은 황갈색을 띠며, 왼쪽과 오른쪽의 크기가 같은 집게발에는 선홍색 띠무늬가 있다. 몸통의 껍질은 매우 단단하여 쉽게 부서지지 않으며, 머리 부분의 가운데와 앞부분에는 강한 가시가 있다.
- **생태** 수심 100m 내외의 바닥에 무리 지어 살고 있지만, 생태적 특징에 대해서는 많은 부분이 아직 알려져 있지 않다.
- **분포** 제주도 및 남해 연안. 남해 연안에 비해 제주도 부근에 더 많이 분포한다.

이야기마당

제주도 인근 해역에서 대량으로 어획되지만, 껍질이 단단하고 날카로운 데 비해 속살이 그리 많지 않기 때문에 즐겨 먹지는 않습니다.

▲ 집게발에 선홍색 띠무늬가 있다. [사진/김정년]

▲ 앞부분에는 강한 가시가 있다.

▶ 먹을 수 있으나 즐겨 찾지는 않는다.

틈/새/정/보

서식굴

'서식굴'이란 다양한 바다 생물이 자신을 위협하는 포식자들이나 주변 환경의 위험 요소로부터 자신을 보호하기 위해 바닥이나 기타 단단한 물체에 구멍이나 굴을 파서 만든 일종의 은신처를 말한다. 생물에 따라 바위를 은신처로 삼기도 하고 바닥의 퇴적물을 은신처로 삼기도 하며, 일시적으로 사용하기도 하고 평생 동안 사용하기도 한다.

▲ 모랫바닥에 있는 '엽낭게'의 서식굴

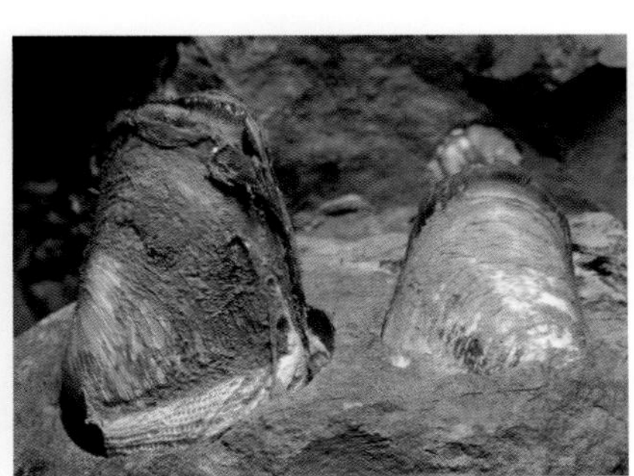

▲ 바위에 있는 '갈매기조개'의 서식굴

▲ 짧은 줄무늬가 온몸에 흩어져 있다. [사진 / 김정년]

산모양깔깔새우 십각목 보리새우과

학명 *Metapenaeopsis dalei* (Rathbun)

특징 몸통 길이 10cm 내외. 암컷이 수컷에 비해 약간 크다. 몸통에는 옅은 아이보리색 바탕에 짙은 갈색 또는 주황색의 짧은 줄무늬가 흩어져 있다. 이마 뿔은 그리 크지 않은 데 비해 눈은 크고 툭 튀어나왔다.

생태 수심 50m 내외의 펄이 섞인 모랫바닥에 무리 지어 산다. 늦봄에서 여름 사이에 산란하고, 부화한 어린 새끼는 그해 가을까지 자라다가 겨울이 되면 수온이 높은 남쪽 바다로 회유해 간다.

분포 서해와 남해 연안. 동해 남부 연안에서 발견되기도 한다.

이야기마당

식용하기 위해 새우 그물(새우 조망)을 사용하여 어획하는 종입니다.

▲ 모랫바닥을 헤집으며 먹이를 찾고 있다.

긴왼손집게 십각목 넓적왼손집게과

학명 *Diogenes nitidimanus* Terao

특징 몸통 길이 4cm 내외. 몸통은 전체적으로 황갈색을 띠며, 왼쪽 집게발이 오른쪽 집게발보다 더 크다. 집게발의 형태는 암수에 따라 다른데, 수컷의 것은 끝이 바깥으로 휘어 있고, 암컷의 것은 넓적하고 뭉툭하다.

생태 수심 3~15m의 모래 또는 모래가 섞인 자갈 바닥에서 흔히 발견된다. 주로 '비단고둥'과 '댕가리'의 빈 껍데기를 집으로 삼아 살며, 행동이 매우 빨라서 조금이라도 위험을 느끼면 재빨리 집 속으로 몸을 숨긴다.

분포 제주도를 포함한 전 연안

이야기마당

'비단고둥'이나 '댕가리'를 잡으면 껍데기 속에 '긴왼손집게'가 들어 있는 경우가 많습니다.

▶ 왼쪽 집게발이 더 크다.

달랑게

십각목 달랑게과

학명 *Ocypode stimpsoni* Ortmann

특징 등딱지 너비 1cm 내외. 몸통과 다리는 황갈색을 띠지만, 번식기인 봄철이 되면 수컷은 아름다운 선홍색과 노란색의 혼인색을 띠기도 한다. 집게발은 모랫바닥에 구멍을 파기 쉽도록 납작한 모양이다.

생태 모래 해변의 육지 쪽 상부 지역에 깊이 30cm 내외의 서식굴을 파고 산다. 밀물과 썰물이 드나들며 바닥에 새로 가라앉는 찌꺼기나 미생물, 돌말 등을 먹는다. 보통은 한 구멍에 한 마리씩 살지만 번식기에는 여러 마리가 들어 있기도 한다.

분포 제주도를 포함한 남해와 서해 연안. 남해 연안에 훨씬 많이 분포한다.

이야기마당

위험을 느끼면 귀신처럼 자신이 파 놓은 굴속으로 재빨리 도망치기 때문에 외국에서는 '귀신게(Ghost crab)' 라고도 합니다.

▲ 혼인색을 띤 수컷 달랑게

▲ 밀물 때문에 막힌 구멍을 다시 파고 있다.

엽낭게

십각목 달랑게과

학명 *Scopimera globosa* De Haan

특징 등딱지 너비 1.5cm 내외. 몸통과 다리는 황갈색 바탕에 짙거나 옅은 갈색의 작은 반점이 불규칙하게 흩어져 있다. 봄철 번식기의 수컷은 화려한 선홍색을 띠기도 한다. 수컷의 집게발이 암컷의 집게발보다 약간 크며, 눈은 눈자루 위에 붙어 있다.

생태 모래 해변의 중간부터 아래쪽 사이의 모랫바닥에 굴을 파고 산다. '달랑게' 와 마찬가지로 주변의 환경 변화에 매우 민감하게 반응한다. 전체적으로 몸 색을 모랫바닥과 비슷하게 위장하고 있어서 눈에 띄지 않는다.

분포 제주도를 포함한 전 연안. 남해 연안에 많이 분포한다.

이야기마당

보통 때는 굴 하나에 한 마리씩 들어가 살지만, 번식기에는 자신에게 맞는 짝을 쉽게 찾기 위해 여러 마리가 들어가 있기도 합니다.

▲ 몸 색깔이 주변 모랫바닥과 거의 비슷하다.

▲ 위험을 느끼면 서식굴에 몸을 숨긴다.

▲ 서식굴 주변 바닥의 유기물이나 미생물 등을 먹고 있다.

▲ 한 쌍의 눈을 곧추세우고 주변을 경계하는 모습

▲ 서식굴 속으로 몸을 숨기고 있다.

▲ 모래 속의 유기물 등을 먹고 모래 알갱이 뭉치를 뱉어 내고 있다.

길게

십각목 달랑게과

학명 *Macrophthalmus abbreviatus* R. B. Manning & Holthuis

특징 등딱지 너비 4cm 내외. 몸통은 적갈색 또는 흑갈색을 띠며, 등딱지는 옆으로 길쭉한 모양이다. 눈은 약 1cm 길이의 긴 눈자루 끝에 붙어 있어서 사방을 잘 살펴볼 수 있다.

생태 모래 해변 또는 모래가 약간 섞인 펄 갯벌에 산다. 모래 해변의 중간부터 아래쪽 사이에 비스듬하게 굴을 파고 그 속에서 사는데, 굴 입구 주변에는 굴을 파면서 쏟아낸 검은색 흙들이 흩어져 있기도 한다. 주로 모래 속이나 바닥 표면의 찌꺼기를 먹으며, 움직임이 그리 빠르지 않아 서식굴로부터 멀리 벗어나지는 않는다.

분포 남해와 서해 연안

이야기마당

일부 지역에서는 게장이나 튀김 요리 등을 해 먹기도 합니다.

▲ 알을 밴 암컷의 등 뒤에서 수컷이 암컷의 배뚜껑을 열어 주고 있다.

◀ 암컷이 품은 알이 산소를 공급받기 위해서는 수컷의 도움이 필요하다.

밤게

십각목 밤게과

학명 *Philyra pisum* De Haan

특징 등딱지 너비 2.5cm 내외. 몸통은 갈색 계통을 띠지만 등딱지는 녹갈색에 가깝고, 다리는 보라색 계열이다. 등딱지는 둥근 모양이며, 매우 두껍고 단단하다.

생태 모래 해변의 중간부터 아래쪽 사이에 만들어진 조수 웅덩이 주변에 산다. 암컷의 배가 매우 단단하고 몸통에 꼭 끼워져 있어서 알을 배게 될 경우, 품고 있는 알에 신선한 바닷물이 잘 공급되지 않는다. 이러한 문제를 해결하기 위해 수컷은 암컷의 등 뒤에서 암컷의 배 뚜껑과 몸통 사이에 걷는다리를 찔러 넣어 암컷의 배와 몸통 사이에 물이 흐를 수 있는 틈을 만들어 준다.

분포 제주도를 포함한 남해와 서해 연안

이야기마당

번식기에 암컷과 수컷이 붙어 있는 모습을 짝짓기 행동으로 오해하기도 하지만, 사실은 수컷이 알에 산소가 잘 공급되도록 암컷을 도와주는 것입니다.

틈/새/정/보

게의 암수 구별

바다 동물 중 어릴 때는 수컷의 역할을 하다가 성장하면서 암컷이 되는 종도 있으나, 일반적으로 게는 암수딴몸의 무리로 취급한다. 보통의 경우, 게는 암컷이 수컷보다 몸통 크기가 더 크지만 이것만으로는 암수를 구별하기가 어렵다. 게의 암수를 구별하는 가장 손쉬운 방법은 배를 살펴보는 것으로, 수컷의 배 뚜껑은 길고 뾰족한 모양이고 암컷은 넓은 삼각형이다.

▲ 암컷

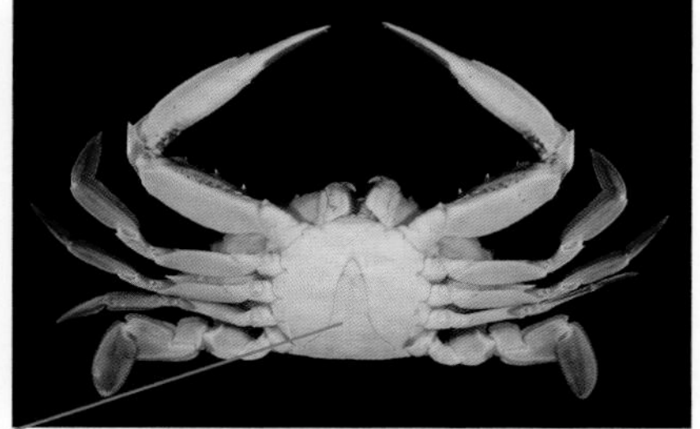

▲ 수컷

배 뚜껑

기수역

'기수역' 이란, 강물과 바닷물이 만나는 강이나 하천의 입구 지역을 일컫는 말이다. 이곳에서는 바닷물과 민물이 만나 특이한 생태계를 구성하기 때문에, 경우에 따라 바다와 강의 생태적 특성이 모두 나타나기도 한다. 밀물 때는 바다 생태계가 나타나고, 썰물 때는 민물 생태계가 나타나기를 반복한다.

▲ 민물이 바다와 만나면서 만들어지는 기수역(붉은색 원 부분)

▲ 껍데기가 상당히 두껍다.

▶ 서식굴에 숨어 주변을 경계하고 있다.

방게

십각목 바위게과

학명 *Helice tridens* (De Haan)

특징 등딱지 너비 3cm 내외. 등딱지는 둥근 모양이고, 전체적으로 흑갈색 바탕에 작은 흰색 반점이 흩어져 있다. 눈은 약간 긴 눈자루 끝에 붙어 있으며, 집게발은 굴을 파기에 적합하도록 끝부분이 납작하다.

생태 민물과 바닷물이 만나는 강이나 하천의 입구(기수역) 모랫바닥에 서식굴을 파고 산다. 비슷한 지역에 사는 '달랑게' 나 '엽낭게' 에 비해 흔하지 않은 종이다. 서식굴 주변의 바닥에 쌓인 찌꺼기나 미생물이 주된 먹이이다.

분포 남해와 서해의 강과 하천의 기수역

이야기마당

일부 지역에서는 식용하기도 하지만, 껍데기가 상당히 두꺼워 대부분의 지역에서는 거의 이용하지 않습니다.

▲ 서식굴 밖으로 조심스럽게 나오고 있다.

◀ 굴을 파고 적을 방어하기에 적합한 크고 강한 집게발을 가지고 있다.

도둑게

십각목 바위게과

학명 *Chironantes haematocheir* (De Haan)

특징 등딱지 너비 4cm 내외. 등딱지는 둥근 사각형이며, 적갈색 또는 붉은색을 띤다. 껍데기는 단단하고 두꺼우며, 한 쌍의 크고 발달한 집게발을 가지고 있다. 눈은 비교적 짧은 눈자루 끝에 붙어 있다.

생태 해안선 가장자리 육지 부분에 50cm 이상의 깊은 서식굴을 파고 산다. 보통의 게들과 달리 아가미에 약간의 수분만 있어도 공기 중에서 며칠씩 호흡이 가능할 정도로 육상 생활에 적응되어 있다.

분포 제주도를 포함한 전 연안

이야기마당

해안가 주택의 화장실이나 부엌에 침입하여 음식 찌꺼기를 먹는 장면이 간혹 목격되기 때문에 '도둑게' 라고 불립니다.

깨다시꽃게

십각목 꽃게과

학명 *Ovalipes punctatus* (De Haan)

- **특징** 등딱지 너비 7cm 내외. 다리를 포함한 몸통에는 전체적으로 옅은 황록색 바탕에 짙은 보라색 작은 점이 흩어져 있다. 등딱지 가운데에는 'H자' 모양의 흰색 무늬가 있다. 집게발은 크고 날카롭게 발달해 있다.
- **생태** 수심 3~300m의 오염되지 않은 청정 해역 모랫바닥에 산다. 주로 밤에 움직이기 때문에 낮에는 모래 속에 얕게 파고든 채 숨어 있다가 밤에 바닥을 기어 다니며 새우 등의 작은 동물을 잡아먹는다.
- **분포** 제주도를 포함한 전 연안. 남해 연안에 많이 분포한다.

이야기마당

꽃게류에 속하지만 꽃게만큼 물속에서 먼 거리를 빠르게 헤엄치지는 못합니다.

▲ 주로 밤에 바닥을 기어 다니며 작은 동물을 잡아먹는다.

▲ 낮이나 위험을 느낄 경우 모랫바닥에 몸을 숨긴다.

▲ 크고 날카로운 깨다시꽃게의 집게발

틈/새/정/보

은신과 위장

'은신'이란, 바다 동물이 주변의 물체를 이용해 자신의 모습이 포식자에게 드러나지 않도록 숨는 행동을 말하는데, '깨다시꽃게'가 낮 동안에 모랫바닥 속에 파고들어가 숨어 있는 것을 예로 들 수 있다. '위장'이란, 바다 동물이 몸 색깔 등을 주변 환경과 비슷하게 하거나 다양한 물체를 이용하여 포식자의 눈에 띄지 않도록 하는 행동으로, '엽낭게'가 주변의 모랫바닥과 거의 구별되지 않도록 몸의 색깔과 무늬를 띠고 있는 것 등을 예로 들 수 있다.

▲ 깨다시꽃게가 은신한 모습

▲ 엽낭게가 위장한 모습

▲ 납작한 몸에 꽃잎 무늬와 길쭉한 구멍이 있다.

◀ 몸통의 털과 가시를 사용해 느리게 기어 다닌다.

구멍연잎성게

연잎성게목 구멍연잎성게과

학명 *Astriclypeus manni* Verrill

특징 몸통 지름 7cm 내외. 몸통은 위아래로 납작하고, 가운데를 중심으로 다섯 방향에 꽃잎 무늬와 길쭉한 구멍이 5개 있다. 전체적으로 옅은 황갈색을 띤다.

생태 수심 1~30m의 모랫바닥에 얕게 파묻힌 상태로 숨어 산다. 몸통 표면의 털과 가시를 이용하여 바닥의 표면을 느리게 이동하면서 모래 속의 작은 동물을 잡아먹는다.

분포 제주도를 포함해 난류의 영향을 받는 남해 연안 외곽 섬 지역. 제주도에 매우 많이 분포한다.

이야기마당

여름철 제주도의 해수욕장에서 발로 바닥을 더듬으면 간혹 이 종을 찾을 수 있습니다.

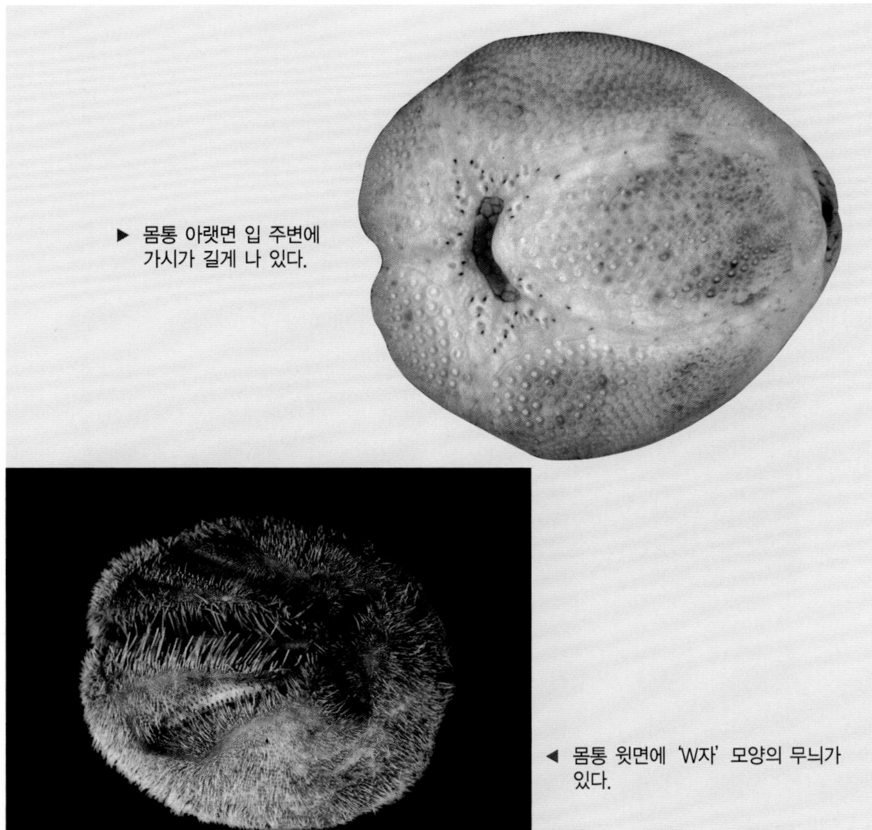

▶ 몸통 아랫면 입 주변에 가시가 길게 나 있다.

◀ 몸통 윗면에 'W자' 모양의 무늬가 있다.

모래무치염통성게

염통성게목 균열염통성게과

학명 *Echinocardium cordatum* (Pennant)

특징 몸통 지름 5cm 내외. 몸통은 전체적으로 감자처럼 보이며, 윗면에 'W자' 모양의 무늬가 있다. 표면은 짧고 부드러운 가시로 덮여 있는데, 몸통을 덮고 있는 가시 중 아래쪽 입 주변의 가시는 다른 가시에 비해 약간 길고, 그 밖의 가시들은 짧다. 껍데기는 매우 얇다.

생태 수심 30~200m의 모래 또는 모래가 섞인 펄 바닥에 얕게 파고든 채 몸통 표면의 가시를 이용해 바닥을 느리게 기어 다니며 모래 알갱이 사이에 있는 작은 동물을 잡아먹는다.

분포 제주도를 포함한 전 연안

이야기마당

껍데기가 매우 얇아서 약한 힘으로도 몸통이 쉽게 부서집니다.

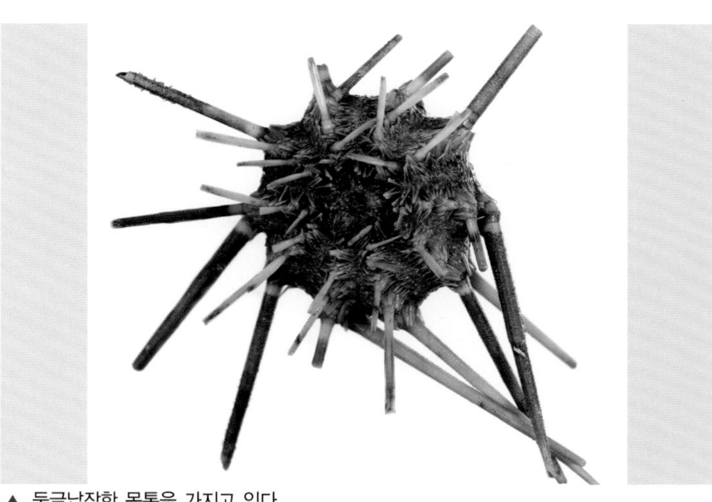

▲ 둥글납작한 몸통을 가지고 있다.

▲ 몸통의 가시를 다리처럼 움직이며 이동한다.

가는관극성게

관극목 관극성게과

학명 *Stereocidaris japonica* (Doderlein)

특징 몸통 지름 3cm 내외. 몸통은 둥글납작하고, 전체적으로 황갈색을 띤다. 몸통의 가장자리를 따라 길이 5cm 내외로 발달한 큰 가시가 있으며, 입 주변의 아래쪽으로는 길이 2cm 내외의 작지만 굵은 가시가 있다.

생태 수심 50~100m의 모래 또는 펄이 섞인 모랫바닥에 산다. 몸통의 가시를 다리처럼 움직여 기어 다니며, 바닥에 사는 작은 동물을 잡아먹는다.

분포 제주도를 포함한 동해와 남해의 먼바다

이야기마당

몸이 모래나 펄 바닥 속으로 가라앉지 않도록 몸통 가장자리의 긴 가시를 다리처럼 움직여 이동합니다.

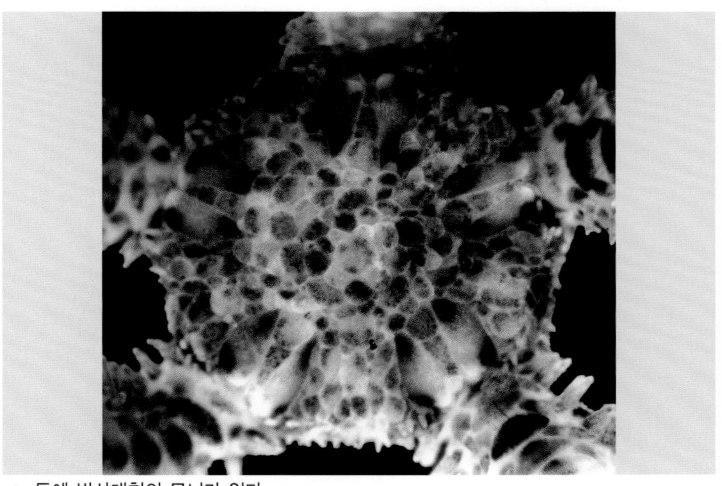

▲ 등에 방사대칭의 무늬가 있다.

▲ 입 주변이 별 모양을 나타낸다.

짧은뺨뱀이거미불가사리

폐사미목 뱀이거미불가사리과

학명 *Ophiactis brachygenys* H. L. Clark

특징 몸통 지름 1cm 내외. 몸통은 전체적으로 회갈색 또는 적갈색을 띤다. 몸통에는 가장자리를 따라 짧지만 강한 가시가 있는 5개의 팔이 붙어 있다.

생태 수심 10~500m의 모래가 섞인 펄 바닥에서 간혹 발견된다. 바닥에 몸통을 얕게 파묻은 상태로 바닥을 느리게 기어 다니며 바닥에 살고 있는 작은 동물을 잡아먹는다.

분포 제주도를 포함한 남해와 서해 연안

이야기마당

흔하지는 않지만, 해저 퇴적물 조사 시 어렵지 않게 발견되는 소형 불가사리류입니다.

펄 갯벌과 펄 바닥에 사는 동물

▲ 껍데기가 녹색의 돌말이나 이끼로 덮여 있다.

큰기수우렁이(신칭)

중복족목 기수우렁이과

학명 *Angustassiminea kyushuensis* S. & T. Habe

특징 껍데기 길이 0.4cm, 높이 0.9cm 내외. 기수우렁이 중 큰 편이다. 껍데기는 삼각형이며 기본적으로 황갈색이지만, 바닥에 사는 미세한 돌말이나 이끼가 덮여 있어서 녹갈색으로 보인다. 껍데기는 두껍고 단단하며, 표면에는 자라면서 생긴 거친 성장선이 세로 주름 형태로 나타난다.

생태 바닷물과 민물이 섞이는 강이나 하천의 하구 갈대밭 아래에서 흔히 발견된다. 바닥을 느리게 기어 다니며 바닥에 가라앉은 미세한 유기물 찌꺼기나 미생물을 먹는다.

분포 남해와 서해 연안

이야기마당

껍데기가 파랗게 보이는 것은 녹조류가 표면을 덮고 있기 때문이며, 주변에 흩어져 있는 원통형의 작은 조각은 바닥의 미세한 찌꺼기를 먹고 배출한 '큰기수우렁이'의 배설물입니다.

▲ 강 하구 바닥에 무리 지어 있다.

기수우렁이

중복족목 기수우렁이과

학명 *Assiminea japonica* Martens (=*A. hiradoensis*)

특징 껍데기 길이 0.7cm 내외. 껍데기는 긴 타원형이고, 황갈색을 띠지만 보통은 표면에 다양한 찌꺼기나 이끼가 덮여 있어 원래의 껍데기 색이 나타나는 경우는 드물다. 껍데기는 작지만 비교적 두껍고 단단하다.

생태 바닷물과 민물이 섞이는 강 하구 펄 갯벌의 갈대밭 아래에서 흔히 발견되는 종으로, 강 하구의 대표적인 고둥류 중 한 종이다. 보통 수십에서 수백 마리가 무리 지어 나타나며, 봄여름철에는 갓 태어난 새끼들도 많이 발견된다. 강의 입구 부근에 쌓이는 각종 찌꺼기나 부서진 갈대 조각을 먹는다.

분포 남해와 서해 연안

이야기마당

강 하구를 찾는 일부 철새의 먹이가 되기도 하지만, 크기가 작고 껍데기가 단단하며 속살이 별로 많지 않아서 철새가 좋아하는 먹이는 아닙니다.

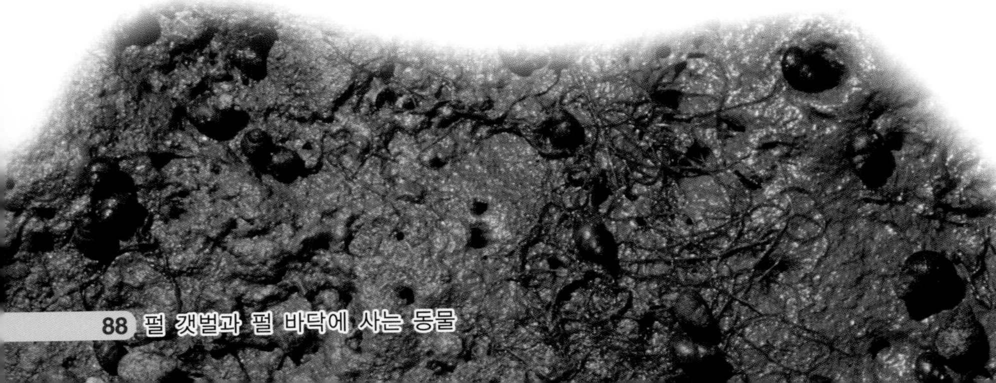
◀ 모래가 섞인 펄 갯벌에 산다.

동다리

중복족목 갯고둥과

학명 *Cerithidea rhizophorarum* A. Adams

특징 껍데기 길이 1cm, 높이 3.5cm 내외. 껍데기에는 흑갈색 바탕에 황갈색 나선형의 줄무늬가 있고, 세로 방향의 주름이 골을 이루고 있다. 다 자란 개체는 각정부가 닳아서 무뎌진 경우가 보통이다.

생태 펄 갯벌의 중간과 위쪽 지역에서 흔히 발견되지만, 위쪽 지역의 갈대밭 아래에서 더욱 쉽게 발견된다. 바닥을 느리게 기어 다니며 쌓여 있는 미세한 찌꺼기를 먹는다.

분포 제주도를 비롯한 남해와 서해 연안

이야기마당

갯벌 체험에서 흔히 볼 수 있으며, 기어 다니며 바닥의 유기물 찌꺼기를 먹기 때문에 갯벌 바닥이 썩지 않고 보존됩니다.

▲ 나선형 줄무늬가 있다.

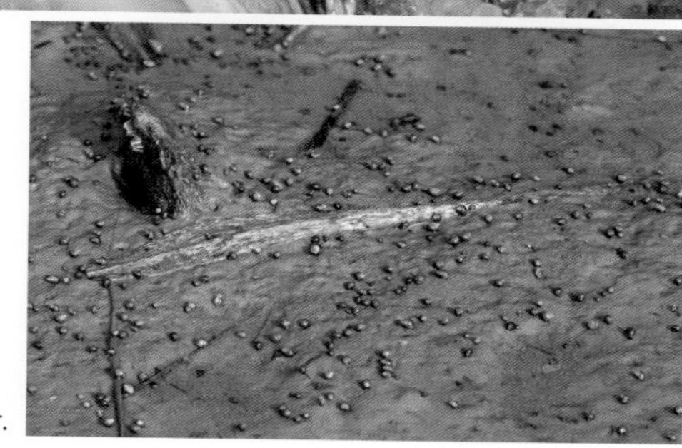

▶ 물이 빠진 펄 바닥에 무리 지어 서식한다.

대추귀고둥

원시유폐목 대추귀고둥과

학명 *Ellobium chinense* (L. Pfeiffer)

특징 껍데기 길이 3cm 내외. 껍데기는 긴 타원형이고, 기본적으로 옅은 회색 또는 흰색이지만, 옅은 황갈색의 얇은 외부 껍질이 껍데기 표면을 덮고 있어서 황갈색으로 보이기도 한다. 껍데기는 두껍고 단단하다.

생태 해안선이 안쪽으로 움푹 들어간 곳에 있는 펄 갯벌 위쪽 지역의 습한 자갈이나 나뭇잎 아래에서 간혹 발견되는 흔치 않은 종이다. 공기 중에서 호흡이 가능한 원시적인 허파를 가지고 있어 대부분의 시간을 바닷물 밖에서 살아간다.

분포 남해와 서해 연안의 일부 지역

▲ 나뭇잎을 들춰내면 몸통이 드러난다.

이야기마당

국가에서 보호하고 있는 종입니다. 따라서 이 종을 마음대로 잡거나 훼손하면 법에 따라 처벌을 받습니다.

[멸종위기야생생물 II급]

▶ 펄 갯벌 위쪽 지역을 주된 삶의 터전으로 한다.

▲ 나무 막대기 모양이다.

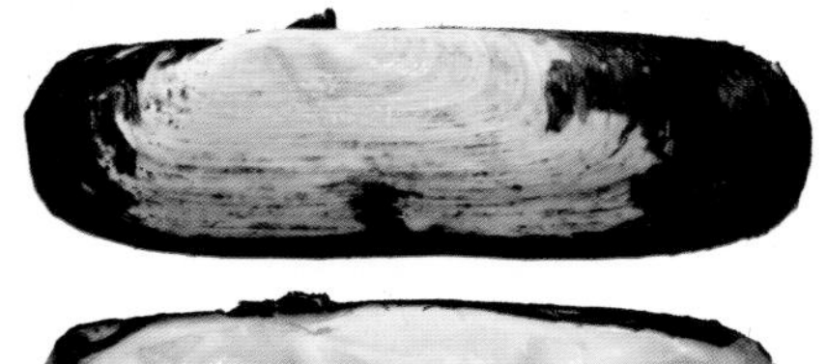
◀ 껍데기의 겉과 안

가리맛조개

백합목 작두콩가리맛조개과

학명 *Sinonovacula constricta* (Lamarck)

특징 껍데기 길이 5cm 내외. 껍데기는 전체적으로 긴 타원형이고, 녹갈색의 얇은 각피(외부 껍질)로 덮여 있으며, 껍데기 자체도 비교적 얇아서 쉽게 부서진다. 앞뒤 양쪽 가장자리는 두 장의 껍데기가 닫힌 상태에서도 완전히 붙지 않는다.

생태 펄 갯벌 중간과 아래쪽에 산다. 갯벌에 깊이 20cm 정도의 구멍을 파고 들어가 바닷물을 빨아들이고 내뿜는 2개의 수관만 표면으로 드러낸 채 호흡하며 물속의 플랑크톤을 걸러 먹는다.

분포 서해와 남해

이야기마당

식용 조개로 맛조개에 비해 맛이 덜합니다.

▲ 펄 갯벌에 사는 종은 크기가 다소 작다. [사진/류상옥]

▲ 서해 갯벌에서 낙지를 잡는 모습

▲ 낙지초무침(요리)

낙지

문어목 문어과

학명 *Octopus minor* (Sasaki)

특징 몸통 길이 5cm 내외. 긴 다리를 포함한 전체 길이 30cm 이상. 몸에는 촉수 역할을 하는 2개의 긴 다리와 6개의 짧은 다리가 있다. 펄 갯벌에 사는 종은 크기가 다소 작으며, 바닷속에 사는 종은 갯벌에 사는 것에 비해 크기가 크다.

생태 주로 펄 갯벌에 구멍을 파고 살지만, 수심 100m 이상의 깊은 바닷속에도 산다. 다른 동물을 잡아먹는 육식성이며, 갯벌 주변을 서성이다가 위험을 느끼면 순식간에 자신의 서식굴로 도망치는 방어 행동을 한다.

분포 남해와 서해 연안

이야기마당

낙지류 중의 하나인 '세발낙지'는 전남 지역에서 봄철에 잡히는 종으로, 덜 자라서 다리가 가늘고 크기가 작습니다.

주꾸미

문어목 문어과

학명 *Octopus ocellatus* Gray

특징 몸통 길이 5cm 내외. 다리를 포함한 전체 길이 20cm 내외. '문어' 나 '낙지' 에 비해 상대적으로 다리가 짧으며, 표면이 까칠한 느낌의 작은 돌기로 덮여 있다. 왼쪽과 오른쪽 눈 아래쪽에 황금색 동그라미 무늬가 있다.

생태 수심 5~50m의 펄 바닥에 살면서 다른 동물을 잡아먹는다. 산란기는 5~6월이며, 어미는 산란한 알을 집(빈 고둥껍데기나 조개껍데기 등) 안쪽에 붙인 상태로 약 한 달간 보살피다가 새끼가 부화하면 죽는다.

분포 제주도를 포함한 전 연안. 서해 연안에 가장 많이 분포한다.

이야기마당

서해 연안에서 많은 양이 어획되어 다양한 음식 재료로 사용되는 대표적인 해산물 중의 한 종류입니다.

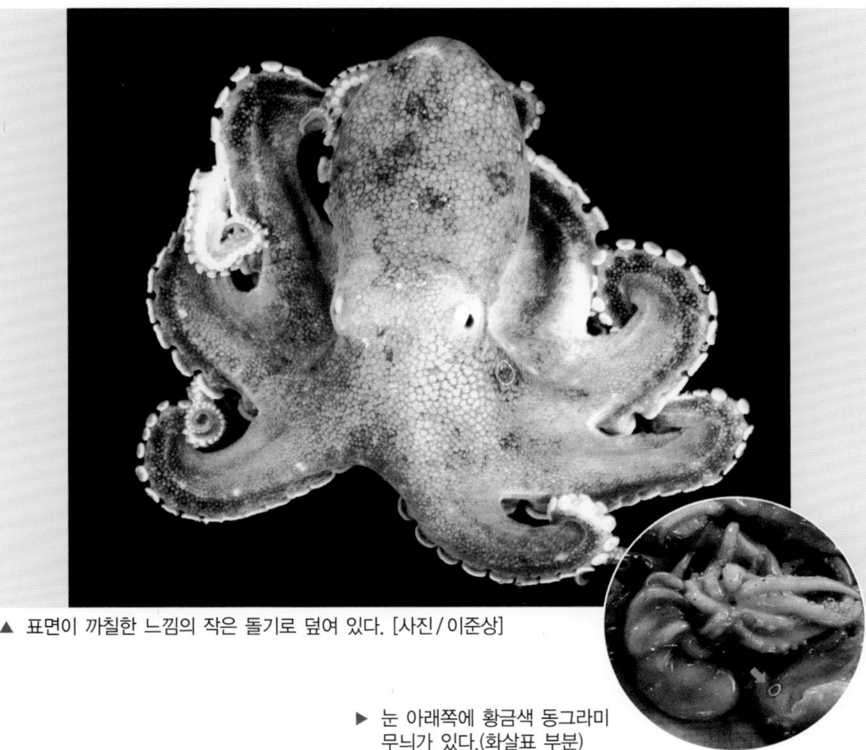

▲ 표면이 까칠한 느낌의 작은 돌기로 덮여 있다. [사진/이준상]

▶ 눈 아래쪽에 황금색 동그라미 무늬가 있다.(화살표 부분)

갯게

십각목 참게과

학명 *Chasmagnathus convexus* (De Haan)

특징 등딱지 너비 4cm 내외. 몸통은 전체적으로 흑갈색을 띤다. 전체 몸통의 크기에 비해 크고 발달한 한 쌍의 집게발을 가지고 있으며, 수컷의 집게발이 암컷의 집게발보다 월등히 크다. 등딱지의 앞과 옆 가장자리는 종잇장처럼 얇게 위로 솟구쳐 있다.

생태 민물이 드나드는 펄 갯벌 가장 위쪽 바닥이나 돌 아래에 구멍을 파고 사는데, 이 구멍은 낙엽이나 기타 다양한 찌꺼기들로 입구가 위장되어 있는 경우가 많다. 위험을 느껴도 크게 당황하지 않으며, 비교적 온순한 편이다. 바닥에 쌓여 있는 찌꺼기와 작은 생물을 먹는다.

분포 남해와 서해 남부 연안

이야기마당

2008년 바위게과에서 참게과로 바뀌었습니다. [멸종위기야생생물 II급]

▲ 바닥의 미세한 찌꺼기를 먹고 있다.

▶ 크고 발달한 한 쌍의 집게발을 가지고 있다.

▲ 한쪽 집게발이 다른 쪽보다 훨씬 큰 수컷

▲ 수컷에 비해 작은 집게발을 가진 암컷

▲ 수컷은 집게발을 자신의 구역을 지키는 것과, 구애 행동에 사용한다.

농게

십각목 달랑게과

학명 *Uca arcuata* (De Haan)

특징 등딱지 너비 3cm 내외. 등딱지는 자갈색 바탕에 흰색의 작은 반점이 흩어져 있다. 수컷의 집게발은 좌우 크기가 달라서 어느 한쪽이 다른 쪽에 비해 월등히 크지만, 암컷의 집게발은 좌우의 크기가 거의 같다. 암수 모두 집게발 아랫부분이 붉은색을 띤다.

생태 펄 갯벌 중에서도 펄이 상당히 부드럽고 무른 곳에 서식굴을 파고 산다. 자신의 굴로부터 그리 먼 곳까지 나가지 않으며, 서식굴 주변 바닥의 미세한 찌꺼기나 미생물, 바닥에 사는 돌말류 등을 먹는다.

분포 서해와 남해 연안. 남해안에 비해 서해안의 개체 수가 월등히 많다.

이야기마당

수컷은 번식기에 큰 집게발을 주기적으로 흔들어 암컷을 유인하는 구애 행동을 합니다. 이 모습이 마치 '바이올린을 켜는 사람'의 모습과 비슷하다고 하여 이 종을 영어로 'Fiddler crab'이라고 합니다.

▲ 서식굴 주변에서 먹이활동 중이다.

▲ 아름다운 옥색을 띤 개체

▲ 서식굴 밖에서 집단으로 집게발을 흔들고 있다.

넓적콩게

십각목 달랑게과

학명 *Ilyoplax pusilla* (De Haan)

특징 등딱지 너비 1cm 내외. 몸통은 전체적으로 황갈색을 띠지만, 앞쪽 옆부분은 밝은 옥색을 띤다. 잘 발달한 한 쌍의 집게발을 가지고 있으며, 눈은 길이 약 1cm의 눈자루 끝에 붙어 있다.

생태 펄 갯벌 위쪽의 갈대밭 아래에 서식굴을 파고 산다. 주변의 환경 변화에 매우 민감하여 조금이라도 위험을 느끼면 재빨리 자신이 파 놓은 굴속으로 몸을 숨긴다. 주로 수십, 수백 개체가 무리 지어 살아간다.

분포 서해와 남해 연안

이야기마당

서식굴 밖에서 무리 지어 집게발을 흔드는 집단 행동을 보이는데, 아직까지 이 행동의 의미를 밝혀내지는 못했습니다.

칠게

십각목 달랑게과

학명 *Macrophthalmus (Mareotis) japonicus* (De Haan)

특징 등딱지 너비 4cm 내외. 등딱지는 옆으로 길쭉한 사각형이며, 흑갈색 또는 자갈색을 띤다. 집게발은 보통의 걷는다리 크기이다. 눈은 길이 1cm 내외의 긴 눈자루 끝에 붙어 있다.

생태 강 하구 근처 펄 갯벌 중간부터 아래 지역 사이에 지름 1cm 정도의 경사진 타원형 굴을 파고 산다. 위험 요소가 없거나 썰물 때 굴 주변의 바닥에 쌓인 유기물 찌꺼기나 미생물을 긁어 먹는다. 굴 밖으로 나와 먹이활동을 할 때에는 눈자루를 곧추세워 멀리 내다보며 주변을 경계한다.

분포 서해와 남해 연안

이야기마당

우리나라의 펄 갯벌에서 가장 흔히 볼 수 있는 게 종류입니다.

▲ 등딱지는 옆으로 길쭉한 사각형이다.

▲ 물이 빠진 펄 갯벌에서 바닥의 유기물 찌꺼기나 미생물을 긁어 먹고 있는 칠게 무리

꽃게

십각목 꽃게과

학명 *Portunus trituberculatus* (Miers)

특징 등딱지 너비 15cm 내외. 등딱지는 녹갈색 또는 자갈색을 띠며, 등딱지의 왼쪽과 오른쪽 가장자리에는 끝이 매우 뾰족한 가시가 있다. 집게발은 매우 크고 잘 발달하여 있으며, 네 번째 걷는다리의 끝부분이 넓적한 '노'처럼 변형되어 물속을 헤엄칠 때 중요한 기능을 한다.

생태 수심 5~100m의 모래나 진흙 바닥 또는 물속을 헤엄치며 사는 대표적인 식용 게이다. 야행성으로, 낮에는 바닥에 몸을 숨기고 있다가 밤에 바닥을 기어 다니며 다른 동물을 잡아먹는다.

분포 서해와 남해 연안

이야기마당

자원의 유지와 보호를 위하여 번식기인 매년 6월 15일~8월 15일은 법적으로 어획을 금지하고 있어서 이때 '꽃게'를 잡으면 처벌을 받게 됩니다.

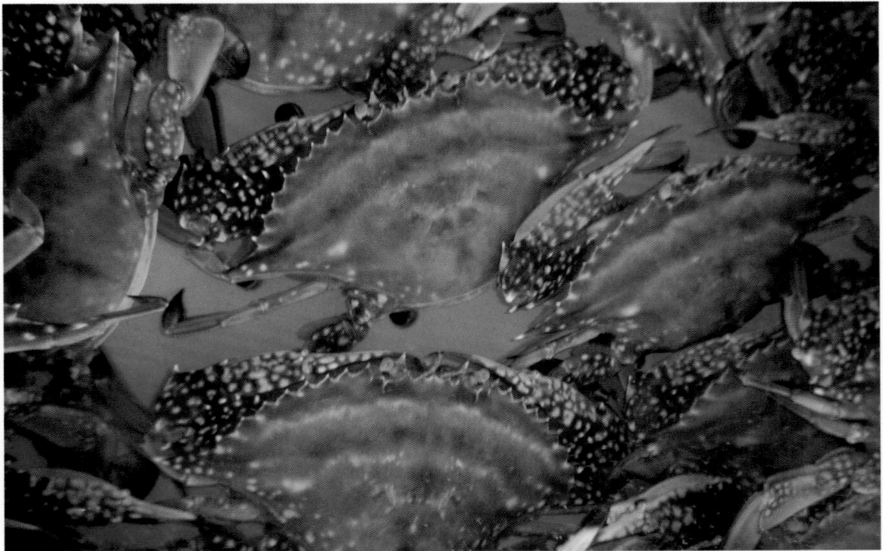

▲ 강한 집게발과 헤엄치기에 적합한 걷는다리가 있다.

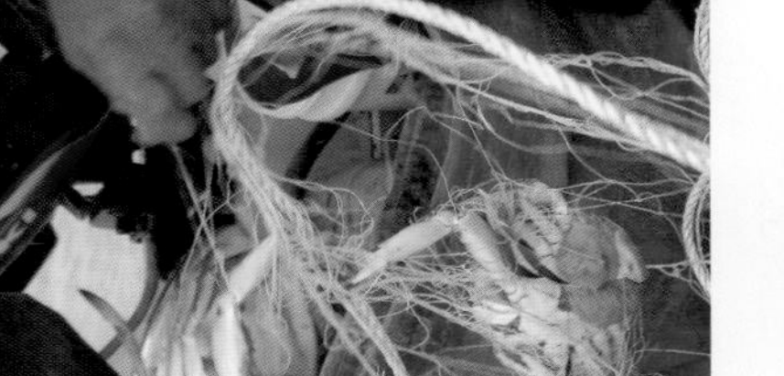

◀ 그물에 걸린 꽃게를 떼어 내고 있다.

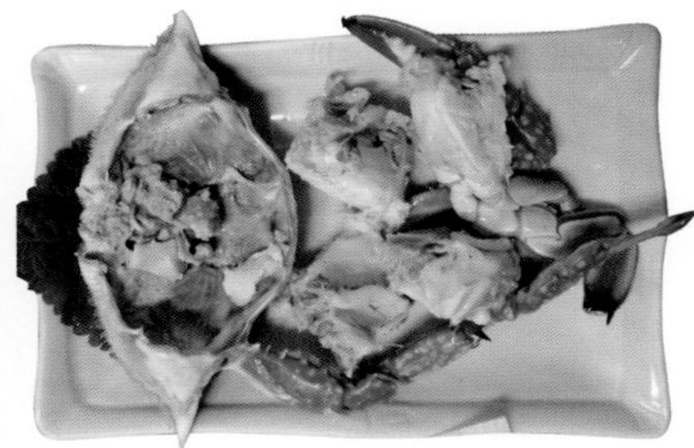

▲ 꽃게찜(요리)

▲ 등에는 돌기가 있다. [사진/황선제]

▲ 삶으면 껍데기 색깔이 빨갛게 변한다.

대게

십각목 물맞이게과

학명 *Chionoecetes opilio* (O. Fabricius)

특징 등딱지 너비 15cm 내외. 몸통의 가장자리에 작은 가시가 늘어서 있고, 등에는 돌기가 있다. 길고 곧은 다리의 길이는 거의 30cm에 달한다. 수컷의 걷는다리는 암컷보다 길고, 살아 있을 때에는 적갈색이지만, 삶거나 찌면 붉은빛이 도는 황갈색이 된다.

생태 수심 600m 이내 연안의 펄 바닥에 무리 지어 살며, 바닥에 쌓인 찌꺼기를 먹는다. 암컷이 껍질을 벗는 여름~가을에 번식한다. 수명은 10년 전후로 알려져 있다.

분포 동해 연안. 남해 연안에서 어획되기도 한다.

이야기마당

다리가 대나무와 같이 곧고 길다고 하여 '대게'라고 합니다. 번식기에는 엄격하게 법으로 어획을 금지하고 있습니다. 수족관에서는 낮은 온도를 유지해야 살 수 있습니다.

▲ 날카롭고 뾰족한 이마뿔이 방어 수단이다. 위 : 암컷, 아래 : 수컷 [사진/김정년]

◀ 몸이 옅은 황갈색을 띤다.

꽃새우

십각목 보리새우과

학명 *Trachysalambria curvirostris* (Stimpson)

특징 집게발을 제외한 몸통 길이 암컷 10cm 내외, 수컷 7cm 내외. 몸은 옅은 황갈색 바탕에 다소 짙은 갈색 띠무늬가 등 쪽에 나타난다.

생태 수심 100m 내외의 모래나 진흙 바닥에 대규모로 무리 지어 산다. 야행성으로, 낮에는 펄 바닥에 몸을 파묻은 상태로 숨어 있다가 밤이 되면 펄 바닥을 기어 다니거나 바닥 가까이를 헤엄치면서 작은 동물을 잡아먹는다. 육식성 포식자이면서 잡식성의 특징도 가진다.

분포 서해와 남해 연안

이야기마당

우리나라의 대표적인 식용 새우류 중 하나입니다.

보리새우 십각목 보리새우과

학명 *Marsupenaeus japonicus* (Spence Bate)

- **특징** 몸통 길이 15cm 내외. 전체적으로 옅은 황갈색 바탕에 짙은 갈색 띠무늬가 규칙적인 간격으로 나 있다. 띠무늬 사이와 가슴다리, 배다리 등에는 형광빛이 나타나 화려하게 보인다.
- **생태** 수심 10~100m의 모래나 진흙 바닥에서 드물게 발견된다. 강한 야행성으로, 낮에는 펄 바닥 속에 숨어 있다가 밤에 바닥을 기어 다니며 미세한 찌꺼기나 작은 동물을 잡아먹는다.
- **분포** 남해와 서해 연안. 동해 남부 해역에서도 발견된다.

이야기마당

'보리새우' 라는 이름은 봄철 들판의 보리가 익을 때 많이 잡히고 맛이 있어서 유래된 것입니다. 신선한 '보리새우' 의 육질에서는 단맛이 납니다.

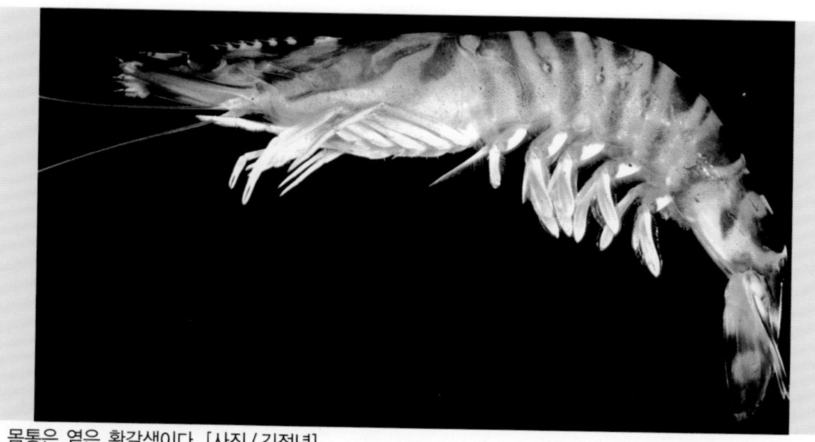

▲ 몸통은 옅은 황갈색이다. [사진 / 김정년]

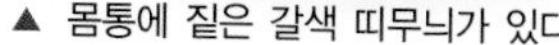

▲ 몸통에 짙은 갈색 띠무늬가 있다.

▲ 가슴다리, 배다리 등이 형광빛을 띤다.

물렁가시붉은새우 십각목 도화새우과

학명 *Pandalopsis japonica* Balss

- **특징** 몸통 길이 12cm 내외. 전체적으로 옅은 선홍색 바탕에 흰색과 붉은색의 줄무늬가 불규칙하게 흩어져 있다. 우리나라 새우류 중에서는 다소 큰 편에 속한다.
- **생태** 수심 200~500m의 물이 차가운 깊은 바다 모래나 모래 진흙 바닥에 무리 지어산다. 차가운 수온으로 인하여 비교적 성장이 느려 수명은 보통 5년 이상이다.
- **분포** 동해 연안 및 대륙붕 지역

이야기마당

동해 연안에 상당히 많은 수가 살고 있어서 많은 양이 어획됩니다. 식용으로의 가치가 높지만, 한살이 기간이 길기 때문에 멸종 위험성도 있습니다.

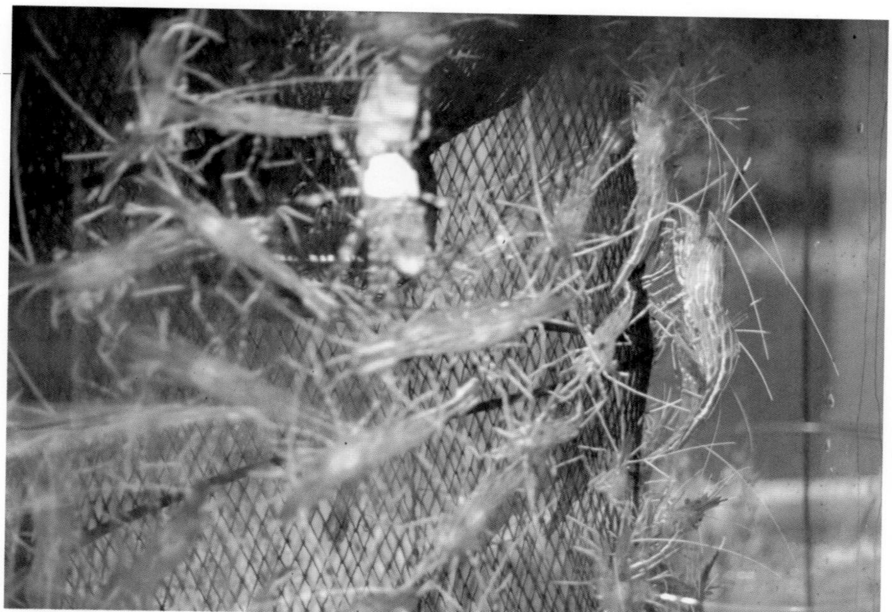

▲ 동해안의 횟집 수족관에서 흔히 볼 수 있다.

▲ 서식굴에서 나와 바닥을 기어가고 있다.

▲ 먹거나 낚시 미끼로 이용한다.

▲ 펄 바닥을 파면 볼 수 있는 'U자' 형 구멍 입구(2개)

쏙

십각목 쏙과

학명 *Upogebia major* (De Haan)

특징 집게발을 제외한 몸통 길이 10cm 내외. 머리는 좌우로 납작하고, 몸통은 아래위로 납작하다. 몸통은 녹갈색 또는 황갈색을 띤다.

생태 모래가 약간 섞인 펄 갯벌 중간 부분이나 아래쪽부터 수심 10m 이내의 바닥에 'U자' 형 구멍을 파고 산다. 구멍 속에 자리를 잡고 꼬리 부분과 배다리를 움직여서 구멍 속으로 바닷물을 끌어들이는데, 이때 바닷물에 휩쓸려 오는 플랑크톤을 걸러 먹는다. 한번 구멍을 파면 수명이 거의 다할 때까지 그 구멍 속에서 산다.

분포 제주도와 남해 및 서해 연안

이야기마당

껍데기가 비교적 얇아서 연안의 물고기들이 좋아하는 먹이이므로 일부 지역에서는 낚시 미끼로 사용하기도 하며, 살이 꽉 찬 봄철에는 먹기도 합니다.

▲ 펄 바닥에 서식굴을 파고 산다.

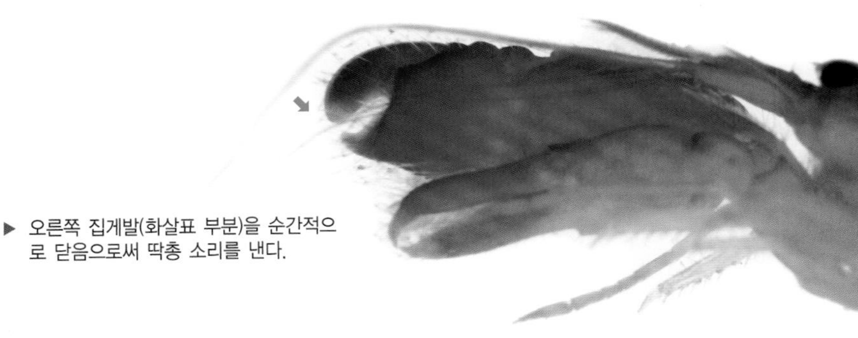
▶ 오른쪽 집게발(화살표 부분)을 순간적으로 닫음으로써 딱총 소리를 낸다.

딱총새우

생이하목 딱총새우과

학명 *Alpheus brevicristatus* De Haan

특징 집게발을 제외한 몸통 길이 4cm 내외. 그중 등딱지가 거의 절반 정도를 차지한다. 딱총 소리를 내는 오른쪽 집게발이 왼쪽 집게발보다 크고, 왼쪽 집게발은 음향 발생(딱총 소리)과는 무관하며, 길다.

생태 가는 모래가 약간 섞인 펄 갯벌 아래쪽(바다 쪽)부터 수심 10m 사이의 펄 바닥에 서식굴을 파고 그 속에서 산다. 우리나라 전 연안의 다양한 펄 또는 모랫바닥에서 흔히 발견되는 종이다.

분포 제주도를 포함한 전 연안

이야기마당

우리나라에 살고 있는 딱총새우류 중 가장 흔한 종입니다.

개불

개불목 개불과

학명 *Urechis unicinctus* (Drasche)

특징 몸통 길이 15cm 내외. 몸통은 단단한 골격이나 뼈대가 전혀 없는 긴 원통 모양이다. 뼈가 없기 때문에 몸통이 줄어들거나 늘어날 수 있는데, 몸통이 늘어날 경우 그 길이가 30cm에 달하기도 한다. 전체적으로 옅은 자갈색 또는 적갈색을 띤다.

생태 수심 5~50m의 모래가 약간 섞인 펄 바닥에 약 30cm 깊이의 'U자' 형 구멍을 파고 산다. 바닷물과 함께 구멍 속을 통과하는 미세한 찌꺼기나 플랑크톤을 먹는다.

분포 남해와 서해 연안. 동해 남부 연안에서 발견되기도 한다.

이야기마당

바다 동물 중 날것으로 먹는 대표적인 종입니다.

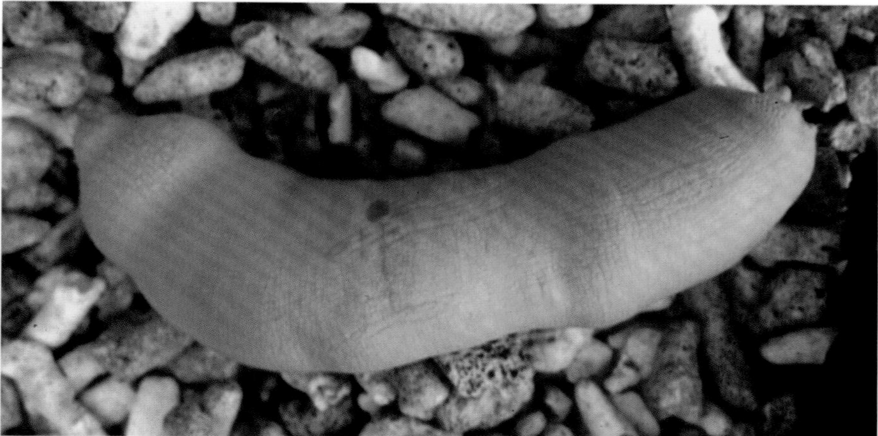

▲ 둥근 막대 모양의 몸통을 늘이고 줄이는 방법을 통해 바닥을 파고 들어간다.

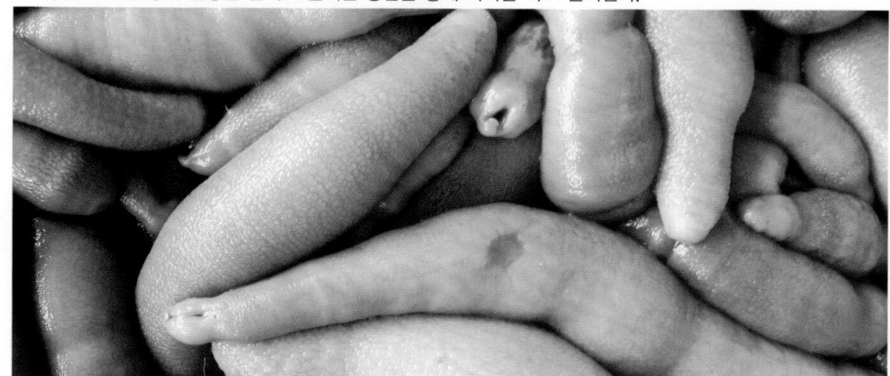

▲ 어민이 포획한 개불

중국수염갯지렁이(신칭)

부채발갯지렁이목 수염갯지렁이과

학명 *Leocrates chinensis* Kingberg

특징 몸통 길이 7cm 내외. 몸통은 형광빛을 띤 적갈색 또는 짙은 황갈색이다. 몸통에는 별다른 무늬나 장식이 없으며, 좌우로 길고 유연한 가시 모양의 다리가 많이 나 있다.

생태 매우 드물게 발견되는 종으로, 수심 5~15m의 바닥을 빠르게 기어 다닌다. 움직이는 동안 머리 앞부분의 촉수를 사용하여 바닥을 더듬고 헤집어 먹이를 찾는다.

분포 남해 연안

이야기마당

현재까지 우리나라에 공식적으로 보고되지 않은 갯지렁이 종입니다. 전체 모습은 '그물등수염갯지렁이'와 비슷하지만, 몸통 색깔과 서식 환경 등에서 차이가 있습니다.

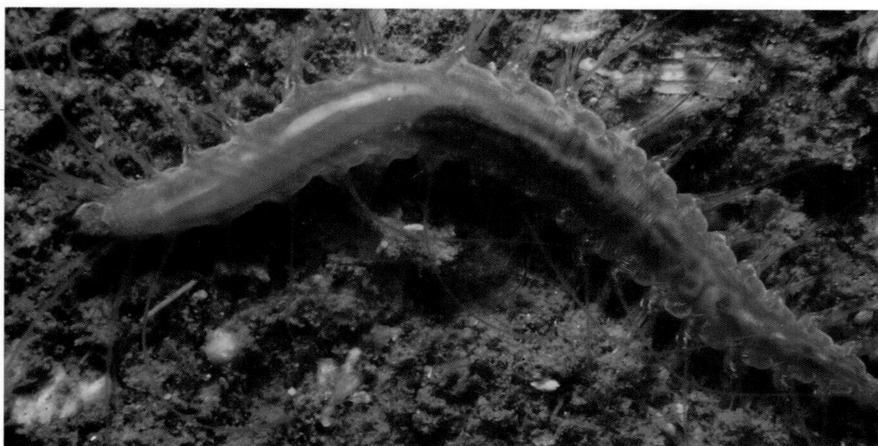

▲ 펄 바닥에서 간혹 발견된다.

▲ 몸통 좌우로 가시 모양의 다리가 나 있다.

북방명주매물고둥

신복족목 물레고둥과

학명 *Neptunea eulimata* (Dall)
(*=N. vladivostokensis*)

특징 껍데기 길이 20cm 내외. 껍데기는 옅은 황갈색 바탕에 미세한 가로줄무늬가 있으며, 비교적 얇고 쉽게 부서진다.

생태 주로 수심 100m 이상의 깊은 펄 바닥에 산다. 산란한 알 덩이를 껍데기 표면에 붙여 부화시키는 난태생 번식 특성을 보이며, 봄가을에 쉽게 관찰할 수 있다.

분포 동해

이야기마당

주요 식용 고둥으로 동해 먼바다에서 통발을 사용하여 어획하지만, 그 양이 많지 않아 유럽 등에서 일부를 수입하기도 합니다.

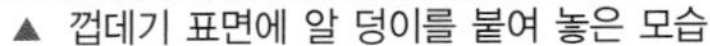
▲ 껍데기 표면에 알 덩이를 붙여 놓은 모습

▲ 북방명주매물고둥의 알 덩이

▲ 동해 연안에서 어획되어 판매되고 있다.

키조개

홍합목 키조개과

학명 *Atrina pectinata* (Linnaeus)

특징 껍데기 길이 35cm 내외. 껍데기는 긴 삼각형이고, 옅거나 짙은 황갈색 또는 회갈색을 띠며, 얇고 쉽게 부서진다. 전체 속살에서 폐각근이 차지하는 부분이 가장 크다.

생태 수심 30~50m의 펄 바닥에 각정부를 박은 채 붙는 힘이 강하지 않은 족사를 사용해 펄 속에 고정하여 살아간다. 간혹, 속살이게들이 껍데기 속의 빈 공간에서 함께 살기도(공생) 한다.

분포 서해와 남해 연안. 동해 남부 연안에서도 발견된다.

이야기마당

예전에는 '키조개'를 *A. chemnitzii*, *A. chinensis*, *A. japonica* 등의 학명으로 부르기도 했습니다.

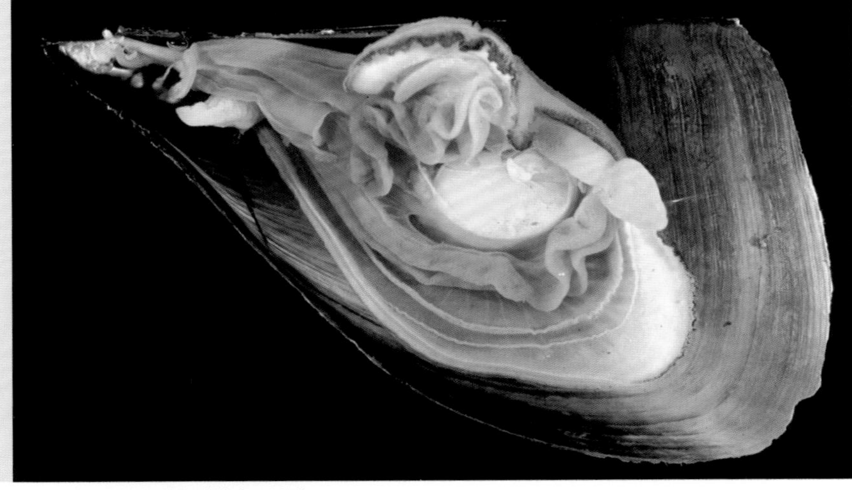
▲ 주 식용 부위인 폐각근(화살표 부분)

▲ 어획되어 판매되는 모습

▲ 펄 바닥에 각정부를 박은 채 살아간다.

피조개

돌조개목 돌조개과

학명 *Scapharca broughtonii* (Schrenck)

특징 껍데기 길이 7cm 내외. 껍데기는 전체적으로 흑갈색 또는 검은색의 겉껍질과 이것이 변형된 가는 털로 덮여 있으며, 표면에는 세로 방향의 강한 골과 주름이 있다. 껍데기는 비교적 두꺼움에도 불구하고 잘 부서진다.

생태 바닥이 다소 오염되고 물이 흐린 곳의 수심 10m 내외의 펄 바닥에 얕게 파묻혀 살아간다. 일반적인 조개류의 호흡 색소가 옅은 녹색의 헤모시아닌인 것과 달리 붉은색 헤모글로빈을 가지고 있다.

분포 남해와 서해 연안

이야기마당

남해 연안에서 많은 양이 양식되고 있으며, 물이 탁한 곳에서 주로 양식됩니다.

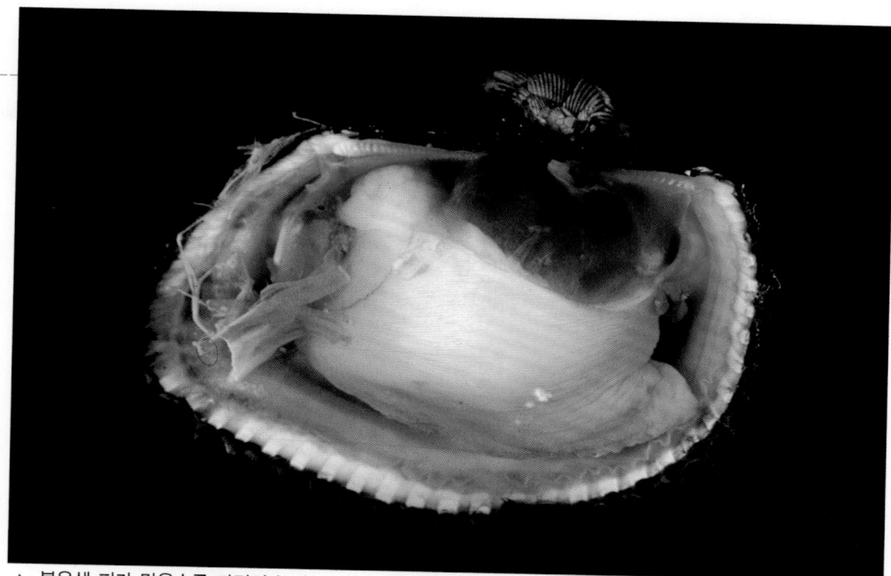

▲ 붉은색 피가 많을수록 가격이 높다.

▶ 회로 먹는 피조개 속살

틈/새/정/보

조개의 폐각근

폐각근이란, 두 장으로 이루어진 조개껍데기를 열고 닫는 기능을 하는 조개의 근육을 말한다. 이 근육은 조개의 왼쪽과 오른쪽에 각각 한 개씩 있는 것이 기본 형태이지만, 종에 따라 왼쪽이나 오른쪽 중 한쪽은 퇴화하고, 나머지 한쪽 근육만 기능을 하기도 한다.(예 가리비)

▲ 가리비의 폐각근(붉은색 원 부분)은 1개이다.

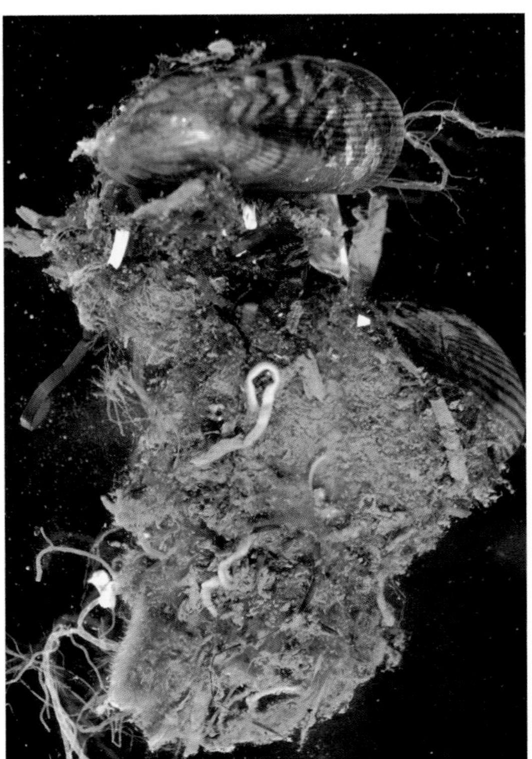
▲ 펄 바닥에 무리 지어 산다.

▲ 종밋 껍데기의 겉과 안

종밋

홍합목 홍합과

학명 *Musculista senhaousia* (Benson)

특징 껍데기 길이 3cm 내외. 껍데기는 전체적으로 둥근 삼각형에 가깝다. 황갈색 또는 황록색 바탕에 짙은 갈색이나 검은색 물결무늬가 나타나며, 얇고 쉽게 부서진다.

생태 약간 오염된 수심 5~30m의 펄 바닥에 족사를 이용하여 매트(mat)를 형성하며, 여러 마리가 무리 지어 산다. 이들이 펄 바닥을 점령하게 되면, 펄 바닥 속에 산소 공급이 어려워지면서 바닥이 점점 오염된다.

분포 제주도를 포함한 전 연안. 주로 남해와 서해의 내만 지역

이야기마당

바닥 환경의 오염 정도를 나타내는 오염 지표종으로 활용됩니다. 이들이 발견되면 바닥 환경이 상당히 오염된 것으로 판단합니다.

▲ 펄 바닥에 얕게 숨거나 기어 다닌다.

◀ 입 부분이 있는 아래쪽 모습

빗살거미불가사리

폐사미목 빗살거미불가사리과

학명 *Ophiura kinbergi* Ljungman

특징 팔 길이 3cm, 몸통 지름 1cm 내외. 전체적으로 어두운 황갈색 바탕에 짙은 흑갈색 반점들이 흩어져 있다. 등 쪽에는 짙은 흑갈색의 작고 편평한 돌기가 나 있으며, 각 팔의 가장자리를 따라서 짧지만 강한 가시가 나 있다.

생태 수심 5~50m의 모래가 섞인 펄 바닥에 산다. 퇴적물 속으로 몸통과 팔이 얕게 묻힌 상태에서 또는 바닥 표면을 기어 다니는 상태에서 바닥에 살고 있는 작은 동물을 잡아먹는다.

분포 제주도를 포함한 전 연안

이야기마당

모래가 섞인 펄 바닥에서 비교적 흔히 발견되는 중간 크기의 불가사리입니다.

전갈가시불가사리

현대목 가시불가사리과

학명 *Astropecten scoparius* Müller & Troschel

특징 팔을 포함한 전체 길이 15cm 내외. 전체적으로 적갈색 또는 자갈색을 띤다. 가운데 부분에 작은 몸통이 있고 여기에 5개의 팔이 달려 있으며, 각 팔의 가장자리를 따라 강한 가시가 있다. 등에는 가시나 돌기가 거의 없다.

생태 펄 바닥이 약간 오염된 지저분한 환경에 주로 산다. 수심 5~30m의 펄 바닥에 얕게 묻힌 상태로 기어 다니면서 바닥에 사는 여러 종류의 작은 동물을 잡아먹는다.

분포 남해와 서해 연안

이야기마당

팔 가장자리에 있는 가시는 끝이 날카롭지 않으나 매우 강해서 잡을 때 손을 찔리는 경우도 있습니다.

▲ 강한 가시로 무장하고 있다.

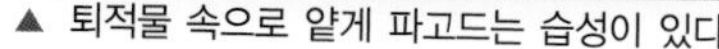

▲ 퇴적물 속으로 얕게 파고드는 습성이 있다.

▲ 팔 가장자리에 강한 가시가 있다.

검은띠불가사리

현대목 검은띠불가사리과

학명 *Luidia quinaria* von Martens

특징 팔을 포함한 전체 길이 20cm 내외. 전체적으로 '전갈가시불가사리'와 모습이 매우 비슷하다. 팔의 가장자리에 나 있는 가시는 '전갈가시불가사리'에 비해 발달 정도가 약하고, 팔도 상대적으로 가늘고 길다.

생태 수심 5m 이내의 모래가 섞인 펄 바닥 또는 바닥 속으로 얕게 파고든 상태로 산다. 일부 지역의 펄 갯벌에서도 발견된다. 펄 바닥에 살고 있는 작은 동물을 잡아먹는다.

분포 서해와 남해 연안

이야기마당

썰물이 진행되는 동안 바닷물과 함께 바다로 이동하지 못한 개체는 갯벌 바닥 속으로 깊게 파고들어 몸이 마르는 것을 막으며 다음 밀물 때까지 기다립니다.

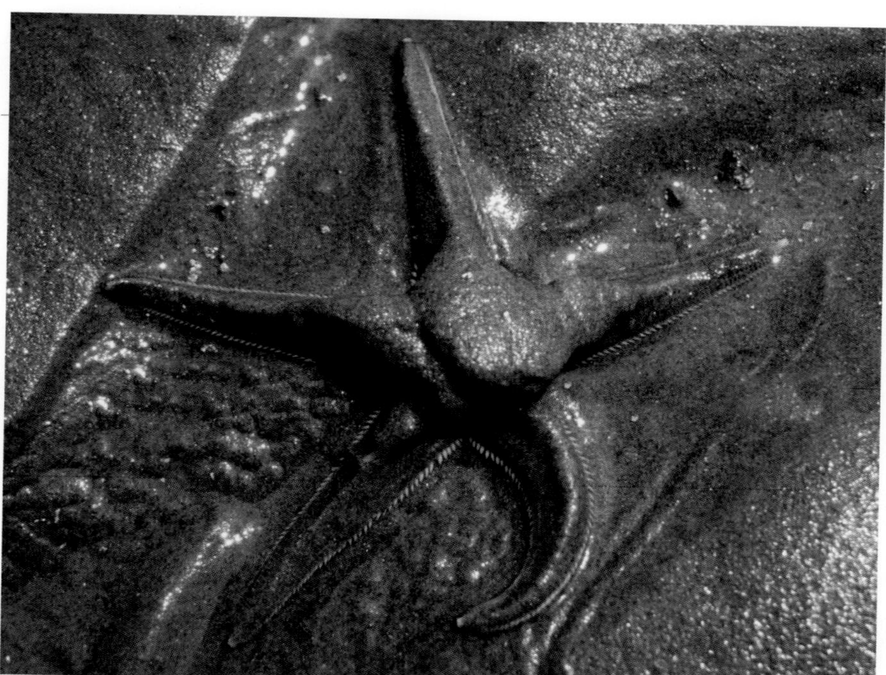

▲ 다음 밀물 때를 기다리기 위해 펄 바닥 속으로 파고들어간다.

자갈 해변과
자갈 바닥에 사는
동물

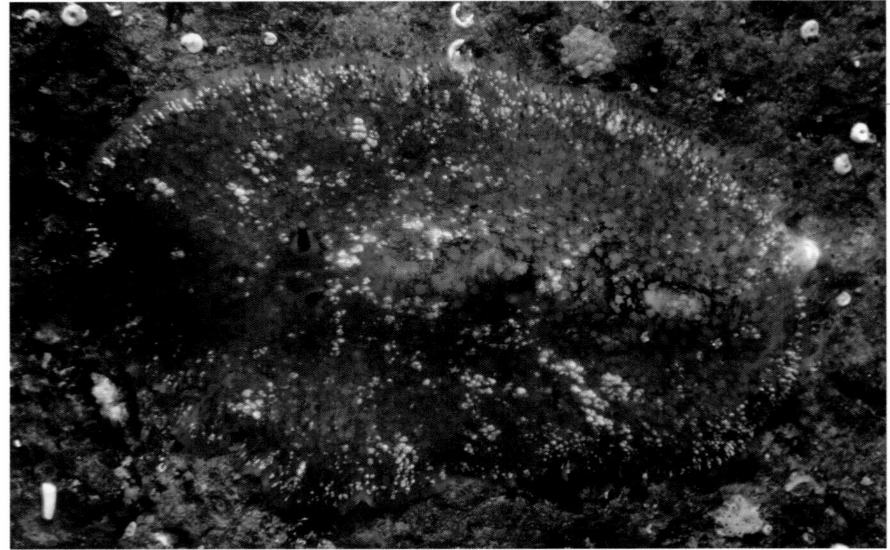

▲ 종잇장처럼 납작한 모습으로 바위 표면에 붙어 이동한다.

◀ 몸통 전체에 검은색 줄무늬와 흰색 점이 흩어져 있다.

다촉수납작벌레

납작벌레목 납작벌레과

학명 *Planocera multitentaculata* Kato

- **특징** 몸통 길이 3cm 내외. 몸통은 납작한 타원형이며, 등 쪽 표면에는 짙거나 옅은 황갈색 바탕에 흰색의 작은 반점이 검은색 줄무늬와 함께 흩어져 있다. 몸통의 앞쪽에는 2~4쌍의 짧은 촉수가 돌기처럼 솟아나 있다.
- **생태** 수심 5~20m의 바닥에 쌓인 자갈 아랫면에 뒤집힌 상태로 붙어 산다. 자갈이나 암초 표면을 기어 다니며 작은 동물(선충, 요각류, 옆새우류 등)이나 해조류 포자 등을 먹는다. 움직임이 매우 빨라서 자갈을 뒤집으면 재빨리 다시 아랫면으로 이동하여 숨어 버린다.
- **분포** 제주도를 포함한 전 연안

이야기마당

동물의 진화 역사에서 최초로 몸통의 앞과 뒤가 구분되는 중요한 분기점에 있는 동물로서, 생물 진화를 연구하는 학자들에게 매우 중요한 동물입니다.

▲ 밖으로 내장 기관이 보이는 투명한 몸통

▶ 바닥의 자갈 아랫면에서 흔히 발견된다.

후방납작벌레류(신칭)

납작벌레목 후방납작벌레과(신칭)

학명 *Notocomplana* sp.

- **특징** 몸통 길이 1.5cm 내외. 몸통은 길쭉한 타원형으로 얇고 납작하며, 흰색 또는 아이보리색을 띤다. 몸통이 투명하여 내장 기관이 모두 밖으로 비쳐 보인다.
- **생태** 수심 5~20m의 바닥에 쌓인 자갈 아랫면에서 흔히 발견된다. 몸통의 크기는 작지만 행동이 매우 민첩하여 위험을 느끼면 재빨리 주변의 구석이나 자신이 살던 자갈 아래쪽으로 돌아가 숨는다.
- **분포** 제주도를 포함한 전 연안

이야기마당

우리나라 전 연안에서 흔하게 발견되는 종이지만, 아직까지 공식적인 보고가 되어 있지 않아 앞으로 연구가 필요합니다.

갑옷납작벌레(신칭)

납작벌레목 갑옷납작벌레과

학명 *Armatoplana* sp.

특징 몸통 길이 2.5cm 내외. 몸통은 긴 타원형으로 위아래로 납작하지만 통통한 편이다. 몸통 가운데 부분에는 길이 방향의 옅은 갈색 줄무늬가 있으며, 짙은 갈색 바탕에 옅은 갈색 또는 아이보리색 그물 무늬가 있다. 앞쪽에는 한 쌍의 촉수 돌기가 있다.

생태 수심 10m 내외의 바닥에 쌓인 자갈 아랫면에서 간혹 발견된다. 낮 동안에는 자갈 아랫면의 은신처에서 거의 몸을 드러내지 않는다. 이동 속도가 느린 편이다.

분포 제주도를 포함한 전 연안

이야기마당

우리나라 바다에 살고 있다는 사실이 공식적으로 보고되지 않은 종으로, 앞으로 연구가 필요합니다.

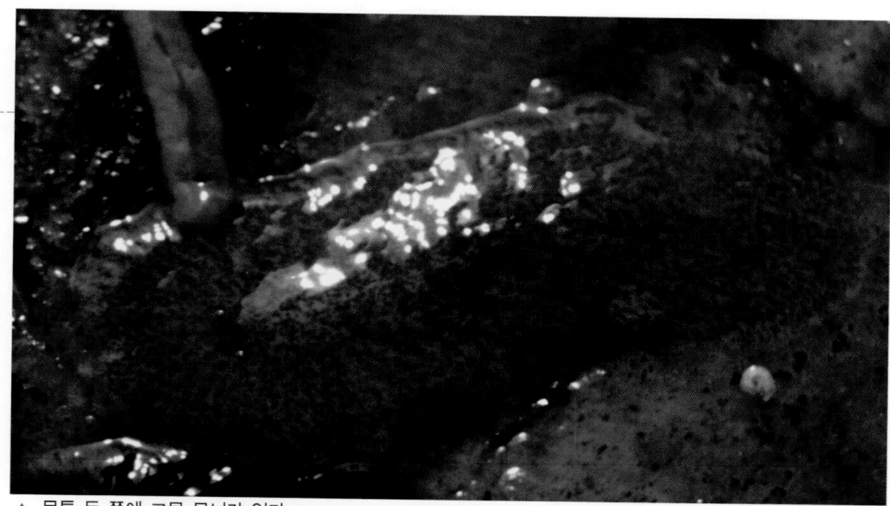

▲ 몸통 등 쪽에 그물 무늬가 있다.

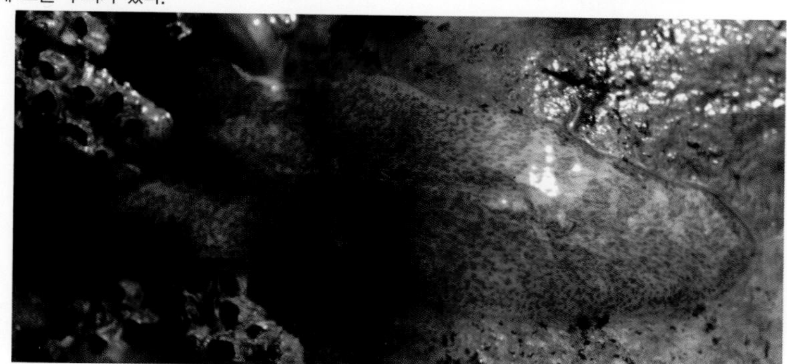

▲ 위험을 느끼면 바닥을 빠르게 미끄러지면서 이동한다.

연두끈벌레

바늘끈벌레목 연두끈벌레과

학명 *Lineus fuscoviridis* Takaura

특징 몸통 길이 25cm 내외. 몸통은 긴 원통형 막대 모양으로 길게 늘어났을 때의 길이가 50cm에 달하기도 한다. 주로 연두색을 띠지만, 어린 개체는 가로띠무늬가 있는 적갈색을 띤다.

생태 주로 수심 10m 내외의 바닥에 쌓인 자갈 아랫면에 숨어 산다. 경우에 따라 암초 표면을 기어 다니며 다른 동물을 잡아먹는다.

분포 제주도를 포함한 전 연안

이야기마당

수중 생태 사진가 고동범(2006)에 의해 자신보다 훨씬 큰 '군소' 종류도 잡아먹을 수 있다는 사실이 알려지게 되었습니다. 몸통에 흰색 띠무늬가 있는 개체의 경우, 일부 학자들은 *L. geniculatus*라는 별개 종류라고 주장하기도 하지만 아직 명확하게 밝혀지지 않았습니다.

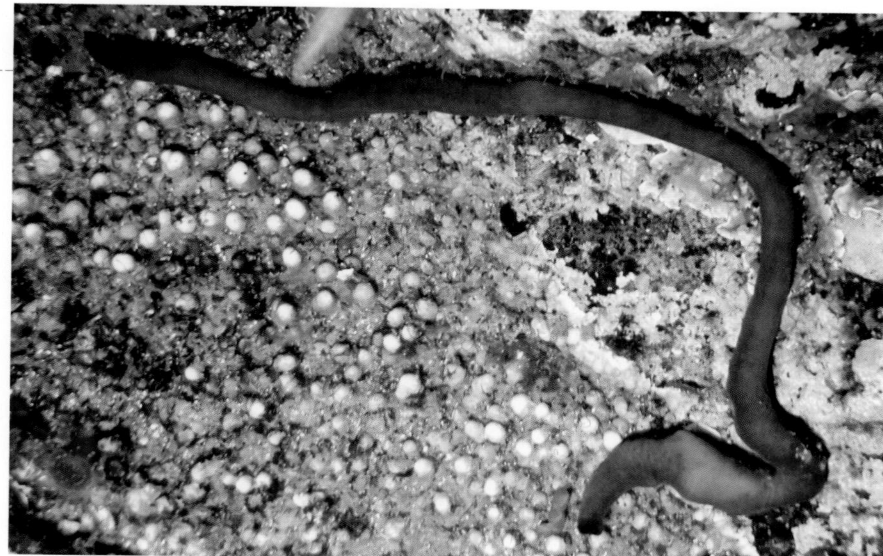

▲ 보통의 상태에서도 길이 30cm 정도의 긴 몸을 가지고 있다.

▶ 띠무늬가 있는 적갈색의 어린 개체

▲ 길이 방향으로 2개의 흰색 줄무늬가 있다.

◀ 움직임이 빨라 위험을 느끼면 재빨리 숨는다.

노란끈벌레 바늘끈벌레목 연두끈벌레과

학명 *Lineus* sp.

특징 몸통 길이 15cm 내외. 몸통은 둥근 원통 모양으로 밝은 노란색 바탕에 길이 방향으로 2개의 흰색 줄무늬가 처음부터 끝까지 나 있다. 흰색 줄무늬 이외의 별다른 무늬나 반점은 없다.

생태 수심 10m 내외의 바닥에 쌓인 자갈 아래나 암초의 구석진 틈에서 매우 드물게 발견된다. 움직임이 빨라서 위험을 느끼면 재빨리 근처의 다른 자갈 아랫면이나 구석진 틈으로 숨는다.

분포 제주도와 독도

이야기마당

아열대성 종으로, 우리나라 바다에 살고 있다는 사실이 공식적으로 보고되지 않은 종으로, 앞으로 연구가 필요합니다.

▲ 군체는 작은 나뭇가지들이 엉켜 있는 모습이다.

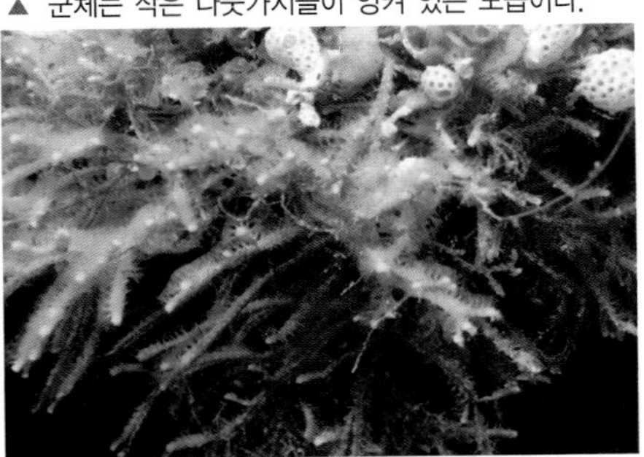

◀ 간혹 솜털 같은 촉수를 펼친 모습을 볼 수 있다.

볼록이은이끼벌레 순구목 사탕이끼벌레과

학명 *Amastigia xishaensis* Liu

특징 가지를 포함한 군체 지름 10cm 내외. 군체는 옅은 황갈색을 띠며, 군체를 구성하는 각각의 가지는 밋밋한 막대기 모양 또는 2개로 나누어진 나뭇가지 모양이다. 가지의 표면은 전체적으로 거칠다.

생태 수심 10m 내외의 바닥에 쌓인 자갈 표면 또는 여러 종류의 조개껍데기나 암초 표면 등에 붙은 상태로 간혹 발견된다. 흔치 않은 종이다.

분포 제주도를 포함하여 주로 난류의 영향을 받는 남해 연안 외곽 섬 지역

이야기마당

다른 이끼벌레류처럼 살아 있을 때조차 각 개충들의 촉수가 잘 관찰되지 않는 종입니다.

민실타래갯지렁이

실타래갯지렁이목 실타래갯지렁이과

학명 *Acrocirrus validus* Marenzeller

특징 촉수를 제외한 몸통 길이 5cm 내외. 전체적으로 짙은 황갈색에서부터 옅은 회갈색에 이르기까지 각 개체에 따라 갈색 계열의 다양한 색깔을 띤다. 몸통은 거의 반투명하여 내장 기관이 밖으로 비쳐 보인다.

생태 수심 5~20m의 바닥에 쌓인 자갈 아랫면에 약간 끈적이는 몸통을 붙인 상태로 촉수만을 밖으로 펼쳐 주변 바닥의 찌꺼기를 긁어 먹거나 작은 동물을 잡아먹는다.

분포 제주도를 포함한 전 연안

이야기마당

몸통이 드러나는 순간 주변 물고기의 좋은 먹잇감이 되기 때문에 보통 자갈 아래 깊숙한 곳에 몸을 숨기고 있습니다.

▲ 주로 바닥의 자갈 아래에서 발견된다.

▶ 몸통에 가시 같은 특별한 방어 무기가 없다.

▲ 전체 몸통에서 육질부가 차지하는 부분이 매우 적은 편이다.

▲ 주변 환경에 따라 다양한 색을 띤다.

포페군부(신칭)

신군부목 연두군부과

학명 *Ischnochiton poppei* Kaas & Van Belle

특징 몸통 길이 5cm 내외. 몸통은 긴 타원형이다. 몸통의 대부분을 8장의 껍데기판이 차지하고, 몸통 가장자리를 따라 너비 0.5cm 정도의 부분만 육질부가 차지하고 있다. 육질부의 표면은 작은 비늘 형태의 돌기로 덮여 있다.

생태 수심 5~15m의 바닥에 쌓인 자갈 아래에 주로 살지만, 간혹 갯바위 아래쪽 습기 찬 곳에서 발견되기도 한다. 보통 때의 움직임은 그리 활발한 편이 아니나, 위험을 느끼면 빠르게 주위에 있는 자갈 아래로 숨는다.

분포 제주도를 포함하여 난류의 영향을 받는 남해 연안 외곽 섬 지역

이야기마당

우리나라 바다에서 흔히 발견되는 종이지만, 이 종에 대한 학술적인 연구는 부족한 편입니다.

▲ 바닥의 자갈 아랫면에 붙어 숨어 있다. (촬영을 위해 자갈을 뒤집은 상태)

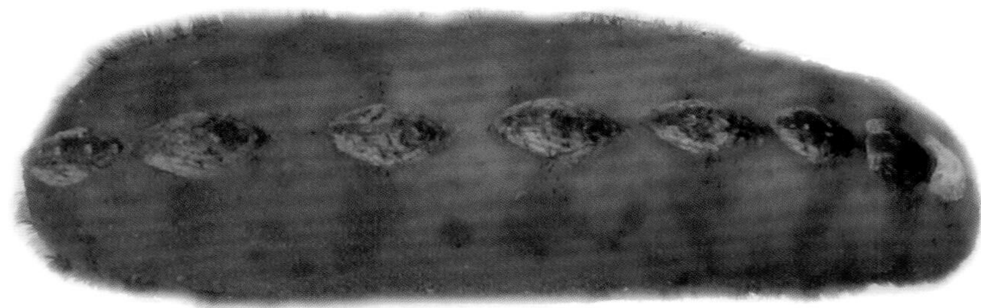
▲ 8개의 껍데기판을 가지고 있다.

벌레군부

신군부목 가시군부과

학명 *Cryptoplax japonica* Pilsbry

특징 몸통 길이 5cm 내외. 몸통은 황갈색 또는 자갈색 바탕에 불규칙한 얼룩무늬가 있으며, 몸통의 대부분은 육질부가 차지한다. 8개의 껍데기판은 육질부 속에 파묻힌 형태로 일부만 밖으로 드러난다.

생태 수심 5~20m의 바닥에 쌓인 자갈 아래나 수중 암초의 구석진 틈에서 흔히 발견된다. 그러나 몸통 표면에 찌꺼기가 붙어 있고, 주변 환경과 몸통의 색깔이 비슷하기 때문에 쉽게 눈에 띄지 않는다.

분포 제주도를 포함하여 난류의 영향을 받는 남해 연안 외곽 섬 지역. 육지 쪽 연안에서 발견되는 경우도 있다.

이야기마당

군부류의 전형적인 모습과는 약간 다르게 마치 벌레처럼 보이는 전체적인 모습 때문에 '벌레군부' 라고 합니다.

▲ 자갈 바닥에서 주로 발견된다.

▲ 주꾸미 포획 도구로 사용되는 빈 껍데기

피뿔고둥

신복족목 뿔소라과

학명 *Rapana venosa* (Valenciennes)

특징 껍데기 길이 10cm, 높이 15cm 내외. 우리나라 바다에 살고 있는 고둥류 중 대형에 속한다. 껍데기는 두껍고 단단하며, 자갈색 또는 황갈색을 띤다. 표면에는 '튜브' 모양의 강한 가시가 나 있다. 껍데기 전체 크기의 2/3 정도가 입구에 해당될 정도로 입구가 매우 넓다.

생태 주로 수심 20m 내외의 자갈 바닥에 살면서 바닥에 살고 있는 여러 종류의 다른 동물을 잡아먹는다. 간혹 수중 암초 표면에서 발견되기도 한다.

분포 주로 서해 연안. 제주도 및 남해와 동해 연안에서도 발견된다.

이야기마당

고둥이나 조개의 빈 껍데기 속에서 알을 낳는 '주꾸미' 의 생태 특성을 이용하여 서해 연안에서는 '주꾸미' 를 잡는 도구로 이 고둥의 빈 껍데기를 이용합니다.

올빼미군소붙이 배순목 군소붙이과

학명 *Pleurobranchea japonica* Thiele

- **특징** 몸통 길이 5cm 내외. 몸통은 황갈색 바탕에 짙은 갈색의 불규칙한 작은 그물무늬나 반점이 있다. 머리 부분에 있는 촉수는 돌돌 말린 종이처럼 내부에 구멍이 나 있는 원통형이다.
- **생태** 주로 수심 3~25m의 자갈 아래 또는 수중 암초 표면에서 발견되지만, 다양한 수심과 지형에서도 발견된다. 봄여름에 바닥에 산란한 알 덩이를 쉽게 발견할 수 있다.
- **분포** 제주도를 포함한 전 연안

이야기마당

바닥을 기어 다니는 동안 등 표면에 지저분한 찌꺼기를 덮어쓴 상태로 위장해 있기 때문에 이들의 존재를 쉽게 알아차리지 못하는 경우가 많습니다.

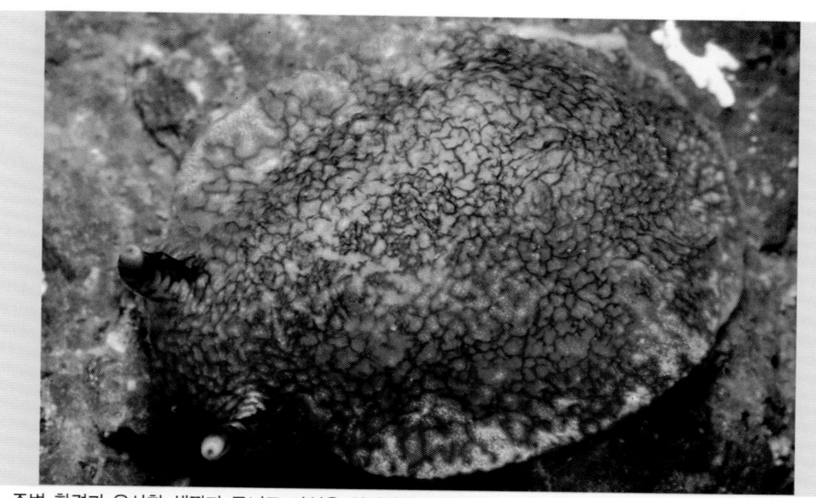

▲ 주변 환경과 유사한 색깔과 무늬로 자신을 위장하여 보호한다.

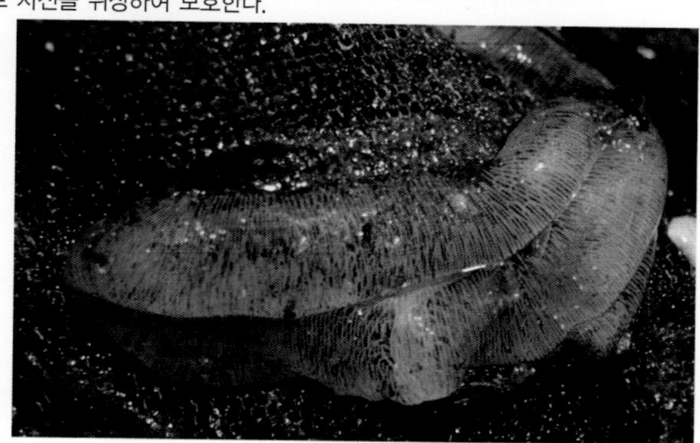

▶ 바다 밑바닥의 어망에 붙어 있는 올빼미군소붙이의 알 덩이

▲ 사기그릇에 금이 간 듯한 모양의 불규칙한 무늬가 있다.

▲ 몸통은 긴 타원형이다.

그물무늬갯민숭달팽이 나새목 수지갯민숭달팽이과

학명 *Doriopsilla miniata* (Alder & Hancock)

- **특징** 몸통 길이 2cm 내외. 몸통은 긴 타원형이며, 흰색 또는 옅은 황갈색을 띤다. 등 쪽 표면에는 사기그릇에 금이 간 형태의 줄무늬가 불규칙하게 흩어져 있다.
- **생태** 수심 3~10m의 자갈 바닥 또는 수중 암초 표면의 해조 숲 아래에 산다. 바닥을 느리게 기어 다니면서 작은 크기의 다른 동물을 잡아먹는다.
- **분포** 제주도를 포함하여 난류의 영향을 받는 남해안 외곽 섬 지역. 최근 바닷물의 온도 상승과 함께 강원도 해안 지역에서 발견되기도 한다.

이야기마당

아열대성 종이지만 기후 변화로 인하여 바닷물의 온도가 높아짐에 따라 점차 이 종의 지리적 분포 지역이 북쪽으로 올라가고 있는 것으로 추정됩니다.

▲ 바닥의 자갈 아래에 숨어 있다.

◀ 물속을 헤엄쳐 이동하는 모습

얇은납작개가리비

외투조개목 외투조개과

학명 *Limaria hirasei* (Pilsbry)

특징 껍데기 길이 4cm 내외. 껍데기는 길쭉한 부채 모양이다. 짙거나 옅은 황갈색을 띠며, 얇아서 쉽게 부서진다. 연체부에 비해 껍데기가 작아 전체 연체부가 껍데기 속으로 완전히 들어가지 못한다.

생태 수심 5~20m의 찌꺼기가 많은 바닥의 자갈 아래에 숨어 산다. 위험을 느끼면 껍데기를 열고 닫는 방법으로 물속을 어느 정도 헤엄쳐 이동할 수도 있다.

분포 제주도를 포함하여 난류의 영향을 받는 남해 연안 외곽 섬 지역

이야기마당

껍데기 가장자리를 따라 밖으로 드러나 있는 촉수를 활짝 펼친 상태로 물속을 헤엄치는 모습이 매우 아름답습니다.

▲ 아름다운 선홍색 몸빛을 지니고 있다.

▲ 다른 딱총새우에 비해 집게발이 유독 크게 발달해 있다.

홈발딱총새우

십각목 딱총새우과

학명 *Alpheus bisincisus* De Haan

특징 몸통 길이 5cm 내외. 전체적으로 적갈색 또는 주홍색을 띤다. 오른쪽 또는 왼쪽 집게발이 다른 한쪽의 것에 비해 두 배 이상 크다.

생태 수심 2~10m의 모래나 펄이 섞인 자갈 바닥에서 주로 산다. 자갈 아래로 서식굴을 파고 낮에는 그 굴속에서 생활한다. 야행성으로 낮 동안에 발견되는 경우는 드물고, 밤에 바닥을 기어 다니며 작은 동물을 잡아먹는다.

분포 제주도를 포함한 남해와 서해 연안. 동해 연안의 크고 작은 항구나 포구 안쪽 지역에 분포하기도 한다.

이야기마당

우리나라에 살고 있는 딱총새우류 중 크기가 작은 종에 속합니다.

매끈등꼬마새우 십각목 꼬마새우과

학명 *Latreutes anoplonyx* Kemp

- **특징** 몸통 길이 3cm 내외. 소형 종에 속한다. 몸통의 색깔과 무늬는 황갈색 또는 선홍색 등 매우 다양하다. 그러나 몸통 전체의 길이 방향을 따라 나타나는 한 줄의 옅은 색 줄무늬는 모든 개체의 공통적인 특징이다.
- **생태** 갯바위 아래쪽 조수 웅덩이에서부터 수심 5m 내외의 모래가 섞인 자갈 바닥 등에서 흔히 발견된다. 낮 동안에는 자갈이나 바위의 아랫면 또는 구석진 틈에 숨어 있는 경우가 많다.
- **분포** 서해와 남해 연안. 동해 남부 연안에서 발견되기도 한다.

이야기마당

우리나라의 일반적인 새우류 중 몸통 크기가 작은 편에 속하기 때문에 '꼬마새우'라는 이름이 따라다닙니다.

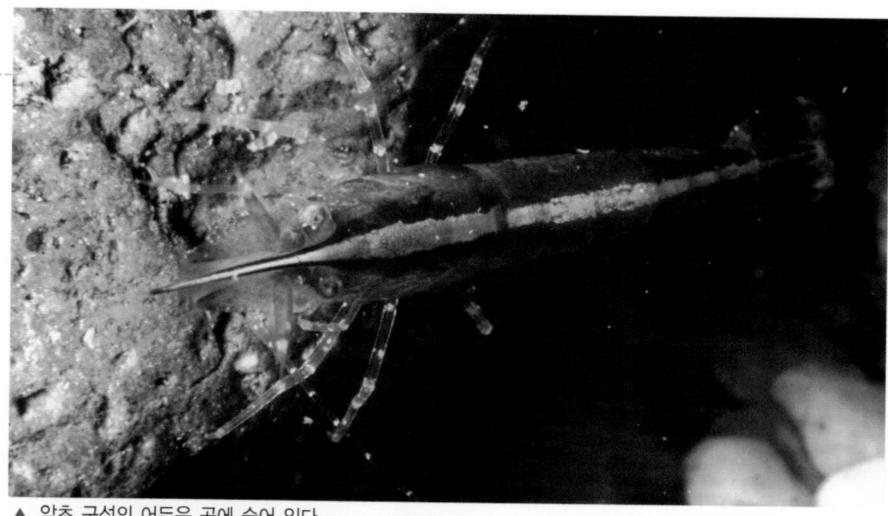

▲ 암초 구석의 어두운 곳에 숨어 있다.

▲ 우리나라 새우류 중 소형에 속한다.

북방도화새우 십각목 도화새우과

학명 *Pandalus prensor* Stimpson

- **특징** 몸통 길이 4cm 내외. 모든 다리를 포함하여 전체적으로 짙거나 옅은 흑갈색 바탕에 흰색 반점 또는 짧은 줄무늬가 불규칙하게 흩어져 있다.
- **생태** 수심 5~15m의 자갈 바닥이나 수중 암초 표면에서 간혹 발견된다. 야행성으로, 낮 동안에는 자갈 아랫면이나 암초 구석진 틈에 몸을 숨기고 있다가 밤에 바닥을 기어 다니며 바닥의 찌꺼기나 작은 동물을 잡아먹는다.
- **분포** 주로 남해 연안. 동해 남부와 서해 남부 연안에서 발견되기도 한다.

이야기마당

식용하지만 개체 수가 그리 많지 않아서 이 종만 대상으로 한 어업 활동은 이루어지지 않고 있습니다.

▲ 큰 자갈 사이나 암초 구석의 어두운 곳에 숨어 있다.

◀ 야행성으로, 밤에 활동한다.

줄새우아재비 십각목 징거미새우과

학명 *Palaemon serrifer* (Stimpson)

특징 몸통 길이 4cm 내외. 몸통은 투명에 가까운 옅은 아이보리색 바탕에 세로 방향으로 검은색 줄무늬와 노란색 작은 반점이 있다. 집게다리를 포함한 모든 다리에는 검은색과 노란색 띠무늬가 서로 교차하면서 나타난다.

생태 갯바위 아래쪽의 조수 웅덩이에서부터 수심 5m 내외의 자갈 바닥 또는 수중 암초 표면에서 흔히 발견된다. 밤과 낮의 구분 없이 바닥을 기어 다니며 바닥의 찌꺼기 조각이나 작은 동물을 먹이로 하는 잡식성이다.

분포 제주도를 포함한 전 연안

▲ 연안의 조수 웅덩이에서도 쉽게 발견된다.

이야기마당

작고 투명한 몸통을 가지고 있기 때문에 움직이지 않고 가만히 있을 때에는 조수 웅덩이 속에 있어도 그 존재를 알아차리기가 어렵습니다.

◀ 살아 있을 때에는 몸통이 거의 투명하다.

북방참집게 십각목 집게과

학명 *Pagurus ochotensis* JF Brandt in Middendorf

특징 몸통 길이 10cm 내외. 몸통은 전체적으로 자갈색을 띤다. 걷는다리에는 흰색 세로줄무늬가 있고, 오른쪽 집게발이 왼쪽 집게발보다 훨씬 크다.

생태 수심 약 250m 이내의 바닥에 주로 살지만 서해의 경우, 수심 10m 이내의 얕은 곳에서도 흔히 발견된다. 강한 집게발로 다른 동물을 잡아먹는 육식성 포식자이면서 바닥에 쌓인 찌꺼기도 먹는 잡식성이기도 하다.

분포 주로 서해와 남해 연안. 동해 연안에서 발견되기도 한다.

▲ 집게발만 떼어 내 요리해 먹는다.

이야기마당

서해안 일부 지역에서는 이 종을 잡아서 집게발만 떼어 내 익힌 후 속살을 식용하기도 하는데, 그 맛은 여느 게살 맛과 비슷합니다.

▲ 번식기인 봄철에 산란한 알 덩이를 몸에 달고 있다.

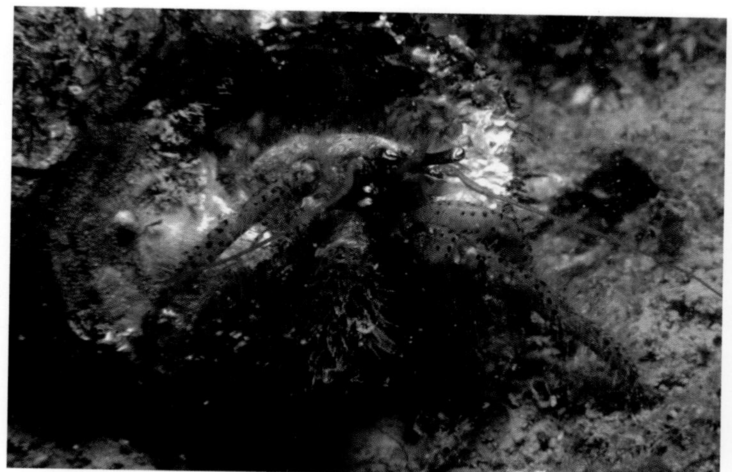

▲ 지저분한 자갈 바닥이나 암초 표면에서 흔히 발견된다.

▲ 집게발과 걷는다리에 있는 털과 긴 더듬이를 이용하여 주변 환경을 감지한다.

가는몸참집게

십각목 집게과

학명 *Pagurus angustus* (Stimpson)

특징 몸통 길이 2.5cm 내외. 중형 종에 속한다. 몸통은 어두운 녹색을 띠고 더듬이만 붉은색을 띤다. 집게발과 걷는다리에는 검은색 점이 있고, 길고 부드러운 털이 덮여 있다. 몸통의 등 쪽 표면에는 길이 방향으로 짙은 녹갈색 줄무늬가 있다.

생태 수심 5~30m의 자갈 바닥에 주로 살지만, 암초 표면에서 발견되기도 한다. 한 쌍의 긴 더듬이를 이용하여 항상 주변의 위협 요소를 경계하며, 위험이 감지되면 빠른 속도로 집 속으로 들어가 숨는다. 바닥에 쌓인 다양한 찌꺼기나 작은 동물을 먹이로 하는 잡식성이다.

분포 제주도를 포함하여 난류의 영향을 받는 남해 연안 외곽 섬 지역 및 울릉도, 독도 등

이야기마당

아열대성 종으로 바닷물의 온도가 낮은 동해 중부와 북부 지역에서는 잘 발견되지 않습니다.

풀게

십각목 바위게과

학명 *Hemigrapsus penicillatus* (De Haan)

특징 등딱지 너비 3cm 내외. 등딱지는 사각형이며, 전체적으로 짙은 녹색 바탕에 많은 검은색 작은 점이 흩어져 있다. 수컷 집게발은 암컷 집게발보다 훨씬 크고, 집게 사이에 털 뭉치가 있다. 보통 주변 환경의 색과 비슷한 위장색을 가지고 있지만, 전체 몸통 색깔의 옅거나 짙은 정도에는 차이가 많다.

생태 자갈과 모래가 뒤섞인 조간대 중간과 아래쪽에서 발견된다. 서식굴을 직접 파지는 않지만 주로 자갈 아랫면에 구멍을 파고 그 속에 숨은 상태로 살아간다. 움직임이 매우 민첩하여 해안가의 돌을 뒤집으면 재빨리 옆의 다른 자갈 아래로 몸을 숨긴다.

분포 제주도를 포함한 전 연안

이야기마당

전국의 자갈 또는 자갈이 섞인 모래 해변과 갯바위 등에서 가장 흔히 볼 수 있는 게류 중 한 종입니다.

▲ 자갈과 모래가 섞인 구석진 곳에 숨어 있다.

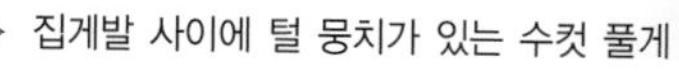

▶ 집게발 사이에 털 뭉치가 있는 수컷 풀게

▲ 썰물 때 바닥의 유기물 조각을 먹고 있다.

▲ 몸통에는 희거나 검은 반점이 흩어져 있다.

납작게

십각목 바위게과

학명 *Gaetice depressus* (De Haan)

특징 등딱지 너비 3cm 내외. 몸통은 납작하고, 녹갈색 바탕에 희거나 검은 반점이 많이 흩어져 있다. 등딱지는 마름모꼴 사각형이며, 가장자리에 튀어나온 가시 외에는 특별한 무늬나 돌기가 없다.

생태 자갈 해변 아래쪽에 있는 자갈 아래에 몸을 숨긴 상태로 산다. 움직임이 민첩하여 위험을 느끼면 주위의 자갈 아래로 재빨리 몸을 숨긴다. 밤낮에 관계없이 썰물이 되면 밖으로 나와 바닥의 찌꺼기나 작은 동물과 사체, 유기물 찌꺼기 등을 먹는 잡식성이다.

분포 제주도를 포함한 전 연안. 제주도 연안에 많이 분포한다.

이야기마당

일부 지역 주민들은 썰물 때 해변의 자갈을 들추어 그 아래에 숨어 있는 '납작게'를 잡아서 식용하기도 합니다.

▲ 주변 환경과 어우러져 마치 돌덩이처럼 보인다.

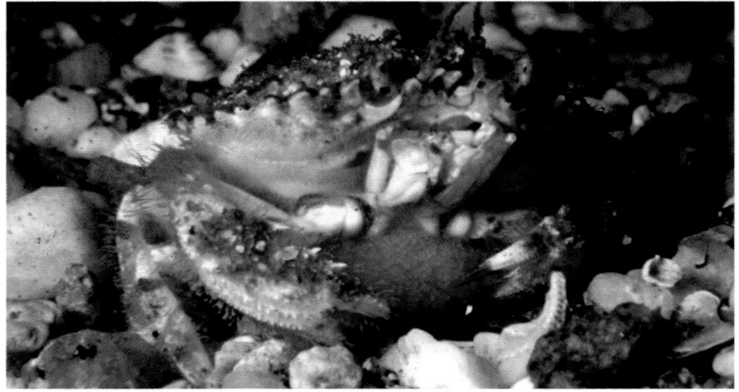
▲ 선홍색 알을 품고 있는 모습 [사진/김정년]

두드러기은행게

십각목 은행게과

학명 *Cancer gibbosulus* (De Haan)

특징 등딱지 너비 5cm 내외. 몸통은 옅거나 짙은 갈색 또는 황갈색 바탕에 지저분한 흰색 무늬가 불규칙하게 흩어져 있다. 등딱지는 부채꼴이며, 표면은 매우 단단하고 울퉁불퉁하다.

생태 수심 5~100m의 자갈, 모래, 모래가 섞인 자갈 바닥에 산다. 구석진 틈에 숨어 있기를 좋아하지만 다른 동물을 잡아먹는 육식성 포식자이다. 움직임이 느려서 위험을 느끼면 죽은 시늉을 하여 자기를 잡아먹으려는 포식자를 속이기도 한다.

분포 동해 북부 연안을 제외한 우리나라 전 해역

이야기마당

주변 환경과 비슷한 위장색을 가지고 있기 때문에 눈에 잘 띄지 않지만, 일단 발견하면 움직임이 느려서 사진 촬영이나 표본 채집이 쉬운 편입니다.

굴속살이게 십각목 속살이게과

학명 *Pinnotheres sinensis* Shen

특징 등딱지 너비 암컷 1cm 내외, 수컷 3.5mm 내외. 몸통과 다리는 전체적으로 아이보리색 또는 흰색을 띤다. 한 쌍의 붉은색 눈은 마치 작은 점처럼 보이고, 걷는다리와 집게발은 거의 같은 굵기로 가늘고 길다.

생태 수심 10m 내외의 자갈 바닥의 구석진 곳이나 굴 껍데기 속에 들어가 산다. 간혹 살아 있는 '홍합'이나 '키조개' 또는 '백합조개' 등 크기가 큰 조개 속에서 발견되기도 한다. 일생 중에서 일부 기간 동안만 조개에 기생하는 것으로 추정된다.

분포 제주도를 비롯하여 난류의 영향을 받는 남해 일부 외곽 섬 지역

전체 모습이 마치 '콩알'처럼 생겼다고 해서, 서양에서는 'Pea crab(콩게)'이라고 합니다.

▲ 자갈 바닥의 구석진 곳에서 조심스럽게 이동하고 있다. [사진/조성환]

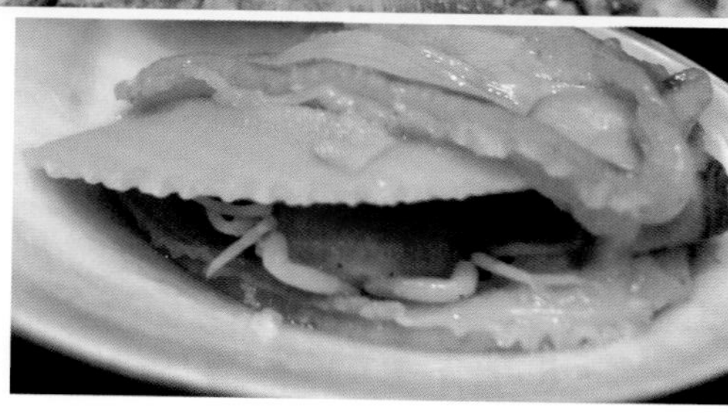

▶ '백합조개' 속에서 발견된 '굴속살이게'

갯가해면치레 십각목 해면치레과

학명 *Cryptodromia tumida* Stimpson

특징 등딱지 너비 1.5cm 내외. 옅은 황갈색을 띠며, 등딱지와 다리 등 몸통 전체는 짧고 부드러운 털로 덮여 있다. 집게발이 잘 발달한 편이지만 억세거나 강하지는 않다.

생태 수심 3~20m의 자갈 바닥에서 간혹 발견되는 흔치 않은 종이다. 등딱지 표면에 '해면', '군체 멍게', '바다딸기' 등을 부착해 몸을 숨긴다. 움직임이 느리며, 위험을 느끼면 움직임을 멈추고 위장하여 위기를 모면하는 습성이 있다.

분포 제주도를 비롯하여 난류의 영향을 받는 남해 연안 외곽 섬 지역

이야기마당

위장술이 뛰어나 움직이지 않고 가만히 있으면 존재를 알아채기가 쉽지 않습니다.

▲ '바다딸기'를 등딱지에 붙여 몸을 위장한 모습

▲ 작은 갈색 반점이 흩어져 있다.

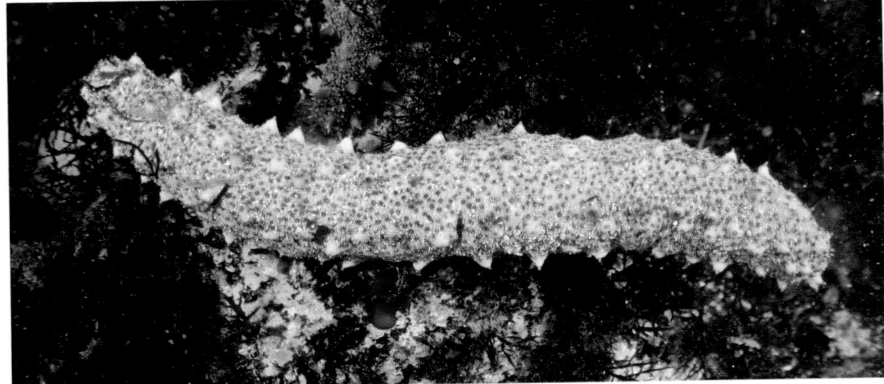

▲ 가시가 있는 나무토막처럼 보인다.

개해삼

순수목 해삼과

학명 *Holothuria monacaria* Lesson

특징 몸통 길이 40cm 내외. 대형 종이다. 몸통은 옅은 황갈색 바탕에 많은 갈색 작은 반점이 흩어져 있다. 전체적인 외부 모습이나 크기는 '얼룩개해삼'과 매우 비슷하지만 '얼룩개해삼'에 비해 몸통이 훨씬 부드럽다.

생태 수심 10m 내외의 큰 자갈로 구성된 바닥에서 간혹 발견된다. 움직임이 비교적 느린 편이다.

분포 제주도를 포함하여 난류의 영향을 받는 남해 연안 외곽 섬 지역과 울릉도, 독도

이야기마당

육질이 단단해서 날것으로 먹는 것은 불가능하여, 삶아서 말린 후 다시 조리하여 먹습니다.

▲ 위험을 느끼고 주변으로 도망치는 모습

코치양비늘거미불가사리

폐사미목 양편거미불가사리과

학명 *Amphipholis kochii* Lütken

특징 몸통 지름 1cm 내외. 팔과 몸통은 옅은 회갈색 또는 황갈색을 띠며, 무늬나 반점은 없다. 몸통에는 몸통 크기의 10배 이상 되는 길이의 긴 팔들이 붙어 있다.

생태 갯바위 아래쪽에서부터 수심 20m 내외까지의 모래나 펄이 섞인 자갈 바닥의 구석진 틈이나 자갈 아랫부분에 몸을 숨기고 산다. 팔 길이가 매우 길지만 쉽게 잘리지는 않는다.

분포 서해와 남해 연안

이야기마당

자갈 아래에 숨어 있는 상태에서 밖을 향해 팔을 뻗으면 뻗은 팔이 꿈틀거리는 갯지렁이처럼 보이기도 합니다.

줄딱지거미불가사리

폐사미목 딱지거미불가사리과

학명 *Ophionereis dubia* (Müller & Troschel)

- **특징** 팔 길이 4cm 내외, 몸통 지름 0.5cm 내외. 몸통에 비해 팔이 매우 길다. 팔은 옅은 회갈색 바탕에 짙은 자갈색 띠무늬가 일정한 간격으로 있으며, 가늘고 길다.
- **생태** 수심 10m 내외의 바닥에 쌓인 자갈 아랫면에서 간혹 발견된다. 움직임이 매우 빨라서 자갈을 뒤집는 순간, 다시 주변의 다른 자갈 밑으로 도망치기 때문에 자세히 관찰하기가 쉽지 않다.
- **분포** 제주도를 포함하여 난류의 영향을 받는 남해 연안 외곽 섬 지역 등

이야기마당

작지만 아름다운 아열대성 거미불가사리류입니다.

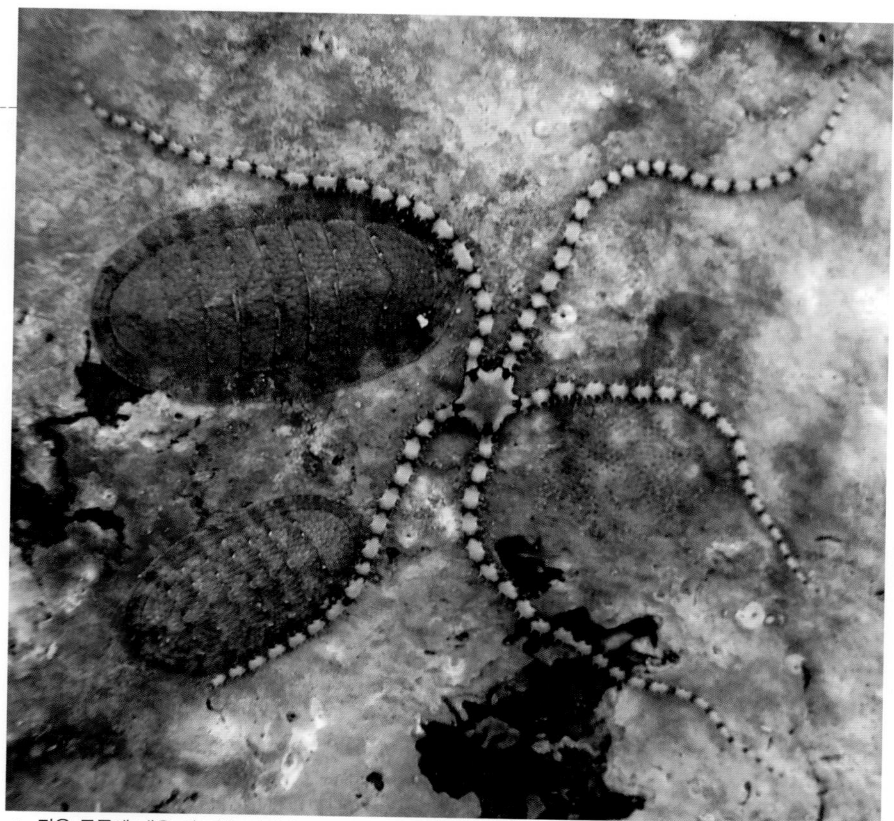

▲ 작은 몸통에 매우 긴 팔을 가졌다.

틈/새/정/보

자갈 환경과 바다 동물

크고 작은 자갈로 이루어진 해저나 해안의 환경은 다양한 환경 조건을 가지고 있어 각기 다른 생활 환경이 필요한 다양한 바다 동물에게 좋은 삶의 터전이 된다. 그러나 너울이나 파도, 해류 등에 의해 움직임이 크다는 또 다른 특징이 그곳에 살고 있는 많은 바다 동물을 죽음으로 몰아갈 수도 있어 생물 다양성이 가장 낮은 곳이 되기도 한다.

암초나 모래로 이루어진 해저나 해안 환경은 자갈 바닥이나 해안에 비해 움직임이 적기 때문에 자갈로 이루어진 환경에 비해 좀 더 안정된 환경이다.

▲ 크고 작은 자갈로 이루어진 해안(왼쪽)과 해저(오른쪽)

수중 암초에 사는 동물

▲ 나뭇가지처럼 사방으로 군체를 뻗어 나간다.

▲ 군체의 곳곳에 출수공이 열려 있다.

길쭉예쁜이해면

단골해면목 예쁜이해면과

학명 *Callyspongia elongata* (Ridley and Dendy)

특징 군체 높이 10cm 내외. 군체는 회갈색이나 옅은 황갈색을 띠며, 나뭇가지 모양으로 솟구치며 자란다. 물이 빠져나가는 각 출수공은 군체의 옆면이나 끝부분 등에 있다.

생태 수심 20m 내외의 암초 표면에서 간혹 발견된다. 주로 암초의 구석진 곳이나 빛이 잘 들지 않는 곳을 좋아한다. 물속의 작은 찌꺼기나 플랑크톤을 걸러 먹는다.

분포 제주도를 포함하여 난류의 영향을 받는 남해 일부 연안 섬 지역과 울릉도, 독도 등. 제주도에 많이 분포한다.

이야기마당

보통의 해면과는 달리 군체가 나뭇가지가 뻗어 나가듯이 자라나는 특징을 가지고 있습니다.

▲ 암초 표면을 덮으며 자란다.

보라해면류-1

단골해면목 보라해면과

학명 *Haliclona* sp.-1

특징 군체 두께 0.5cm 내외. 군체의 면적이나 크기는 매우 다양하다. 군체는 전체적으로 옅은 보라색을 띠며, 암초 표면을 덮으면서 자라고 명확하지는 않지만 물이 빠져나가는 출수공이 곳곳에 있다.

생태 수심 5~10m의 암초 표면에 얇은 피막을 형성하며 산다. 붙는 힘이 그리 강하지 않기 때문에 다른 부착 생물들이 군체 표면에 덧붙을 경우, 해류에 대한 전체의 저항이 커져서 군체 전체가 덧붙은 생물과 함께 떨어져 나가기도 한다. 물속의 작은 찌꺼기나 플랑크톤을 걸러 먹는다.

분포 동해와 남해 연안

이야기마당

연안의 수중 암초 표면에 붙어 자라던 해조가 사라진 자리에 나타나기도 합니다.

보라해면류-2 단골해면목 보라해면과

학명 *Haliclona* sp.-2

특징 군체 높이 5cm 내외. 군체는 몇 개의 공이 서로 연결되거나 합쳐진 모양이며, 분홍색, 선홍색 또는 옅은 보라색을 띤다. 군체 표면에는 흰색의 철골 구조물과 같은 그물 모양의 연결 구조가 있다. 공 모양의 출수공은 군체의 가장 위쪽부터 중앙 부위의 바닥까지 관통하듯 이어져 있다.

생태 아열대성 종으로, 수심 5m 내외의 암초 표면에서 간혹 발견된다. 물속의 작은 찌꺼기나 플랑크톤을 걸러 먹는다.

분포 제주도, 울릉도, 거문도, 독도 등 난류의 영향을 받는 지역

▲ 가지를 치듯이 아름다운 모습으로 자라는 군체

우리나라에서는 드물게 발견되는 해면류로, 어떤 무리에 속하는지, 어떤 생태적 특징을 가지는지 등에 대한 연구가 필요한 종입니다.

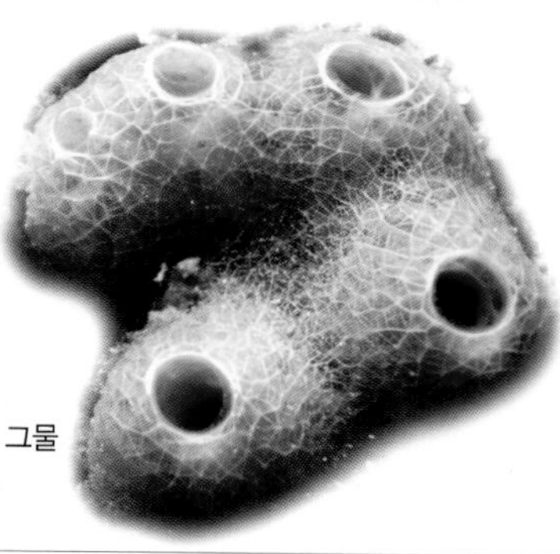

▶ 표면에 철골 구조물 같은 그물 모양의 연결 구조가 있다.

톡사해면류 단골해면목 고삐해면과

학명 *Toxadocia* sp.

특징 군체 높이 3cm 내외. 길쭉한 공 모양의 개별 군체들이 서로 연결되어 하나의 큰 군체를 이루며, 밝은 황갈색 또는 노란색을 띤다. 각 군체의 가장 위쪽에 물이 빠져 나가는 출수공이 있다.

생태 수심 15~25m의 암초 표면에서 간혹 발견되며, 보통 10개 내외의 개별 군체들이 서로 연결되어 있다.

분포 거문도, 가거도 등 난류의 영향을 받는 남해 연안 섬 지역

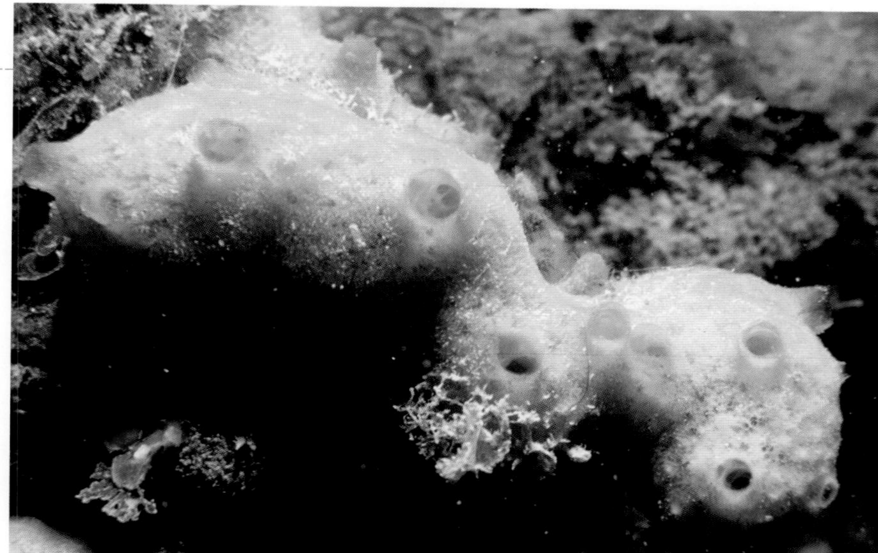

▲ 각 군체의 위쪽에 출수공이 있다.

이야기마당

우리나라 바다에 살고 있지만 우리말 이름이 아직 없습니다. 따라서 앞으로 많은 연구가 필요한 종입니다.

▶ 한 덩어리로 합쳐져 있다.

▲ 긴 원통형 군체가 모여 하나의 큰 군체를 이룬다.

관톡사해면(신칭)

단골해면목 고삐해면과

학명 *Toxadocia cylindrica* Tanita

- **특징** 군체 지름 5cm, 높이 20cm 내외. 군체는 긴 원통형이며, 전체적으로 황갈색을 띠지만 군체 위쪽 출수공의 가장자리는 두께가 얇아서 옅은 황갈색으로 보인다. 보통 5~10개 정도의 군체가 모여 하나의 큰 군체를 이룬다.
- **생태** 바닷물의 흐름이 좋으며, 물이 맑은 곳 수심 10m 내외의 암초 표면에서 주로 발견된다. 물속의 찌꺼기나 플랑크톤을 걸러 먹는다.
- **분포** 남해 연안 일부 섬 지역

이야기마당
서식 환경에 제한이 많아 매우 드물게 발견됩니다.

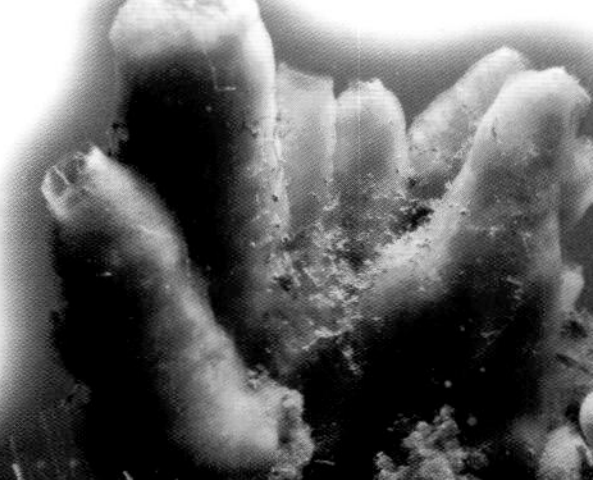

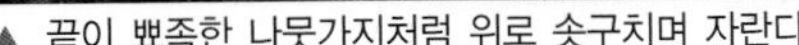
▲ 끝이 뾰족한 나뭇가지처럼 위로 솟구치며 자란다.

▲ 군체의 전체 표면이 부드러운 털로 덮여 있다.

털많은가지해면

단골해면목 털해면과

학명 *Raspailia hirsuta* Thiele

- **특징** 군체 높이 30cm 내외. 군체는 적갈색 또는 황갈색을 띠며, 기본 줄기에서부터 나뭇가지 모양으로 갈라지며 위로 솟구치는 형태이다. 각 가지 끝은 뾰족하지만 날카롭지는 않고, 군체는 부드럽고 물렁물렁한 편이다.
- **생태** 주로 수심 10~30m의 암초 표면 또는 암초와 굵은 자갈들이 섞여 있는 바닥에서 발견된다. 군체 표면의 미세한 털과 거친 표면 때문에 바닷물 속의 작은 찌꺼기가 가라앉아 있거나 붙어 있어 지저분해 보이기도 한다.
- **분포** 남해 연안. 간혹 동해와 서해 연안에서 발견되기도 한다.

이야기마당
전체적으로 잎이 없는 앙상한 나무처럼 보입니다.

잎사귀해면 단골해면목 털해면과

학명 *Raspailia folium* Thiele

특징 군체 너비 10cm, 높이 15cm 내외. 군체는 은행잎 모양이며 선홍색을 띤다. 군체 표면에 있는 출수공은 육안으로 쉽게 관찰하기 어렵다. 군체는 유연한 편이며, 표면은 부드러운 느낌이다.

생태 수심 10m 내외의 암초 표면에서 매우 드물게 발견된다. 주로 물이 흐리고, 약간 오염된 곳에서 발견된다. 물속의 찌꺼기나 플랑크톤을 걸러 먹는다.

분포 난류의 영향을 받는 남해 연안 외곽 일부 섬 지역

이야기마당

군체 모양이 은행잎과 비슷합니다.

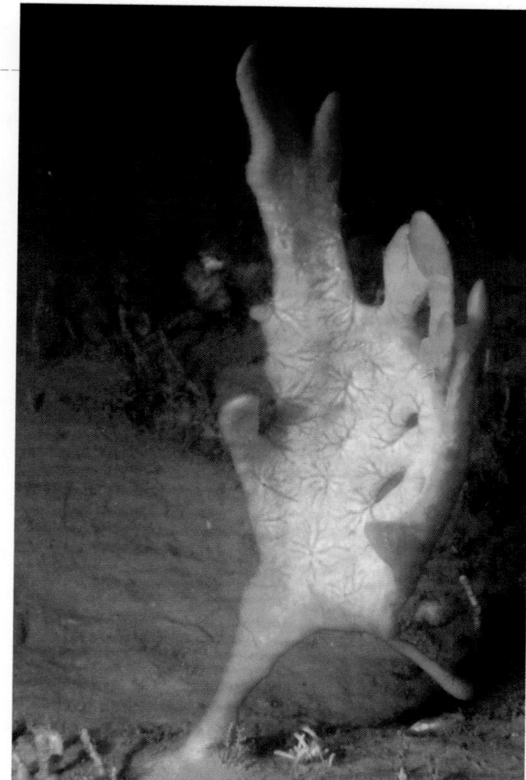

◀ 가장자리가 불규칙하게 확장되면서 전체 군체의 크기가 커진다.

▲ 은행잎 모양의 군체

예쁜이해면 단골해면목 예쁜이해면과

학명 *Callyspongia elegans* (Thiele)

특징 군체 지름 15cm, 높이 30cm 내외. 군체는 납작하고 속이 빈 굴뚝 모양이며, 옅거나 짙은 보라색을 띤다. 출수공은 각 군체의 중심을 지나 위쪽으로 열려 있으며, 표면에 많은 돌기가 있어 거칠어 보인다.

생태 주로 난류의 영향을 받으며 바닷물의 흐름이 강하고 물이 맑은 곳에서 발견된다. 보통 5개 내외의 군체가 무리를 이루어 하나의 큰 군체를 이룬다.

분포 제주도를 포함하여 난류의 영향을 받는 남해 연안 섬 지역

▲ 여러 개의 큰 굴뚝을 연상시키는 군체

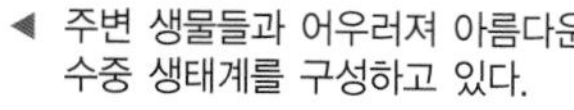

◀ 주변 생물들과 어우러져 아름다운 수중 생태계를 구성하고 있다.

이야기마당

가장 큰 군체는 높이가 거의 1m에 달하기도 하며, 군체의 가운데 부분에 있는 빈 공간에 새우나 게들이 살고 있는 경우도 있습니다.

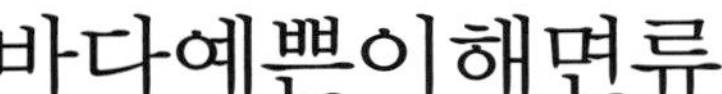
▲ 각 군체는 반구형이다.

▲ 각 군체가 함께 사용하는 출수공

바다예쁜이해면류

단골해면목 예쁜이해면과

학명 *Chondrilla* sp.-1

특징 군체 지름 10cm 내외. 군체는 반구형으로, 짙거나 옅은 갈색을 띠며, 바닥 부분에서 합쳐져 하나의 큰 군체를 이룬다. 위로 솟구친 모양의 출수공은 각 군체의 위쪽 끝부분에 1~2개가 있다.

생태 수심 10m 내외의 암초 표면에 10~20개 정도의 군체가 합쳐진 채 드물게 발견된다.

분포 제주도와 거문도 등 난류의 영향을 받는 남해 연안 일부 섬 지역

이야기마당

우리나라에 살고 있는 것은 확인되었으나, 이 종에 대한 연구는 부족한 상태입니다.

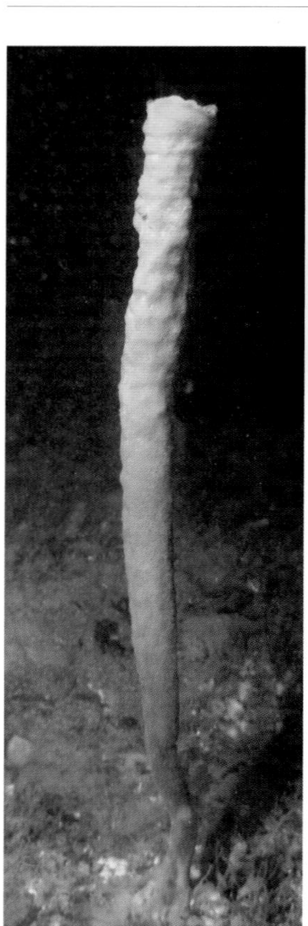
◀ 긴 관 모양의 군체를 암초 표면에 붙여 살아간다.

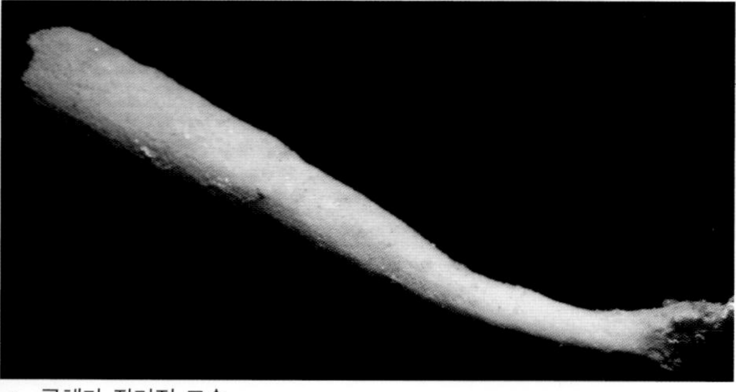
▲ 군체가 잘려진 모습

관발톱해면

단골해면목 발톱해면과

학명 *Esperiopsis uncigera* Topsent

특징 군체 높이 30cm 내외, 윗부분 지름 7cm 내외. 군체는 속이 빈 원통형의 관 모양이며, 바닥에 붙어 있는 아래쪽에서부터 위로 갈수록 지름이 커진다. 군체는 전체적으로 노란색 또는 밝은 황갈색을 띠며, 부드러운 편이다.

생태 수심 20~100m의 암초 표면 또는 큰 자갈 등에 붙어 산다. 바닷물의 흐름이 강하지 않은 곳을 좋아하며, 자주 발견되지 않는 종이다.

분포 난류의 영향을 받는 남해 연안 외곽 섬 지역

이야기마당

얼핏 보면 물속에 작은 나무 기둥이 세워져 있는 것처럼 보입니다.

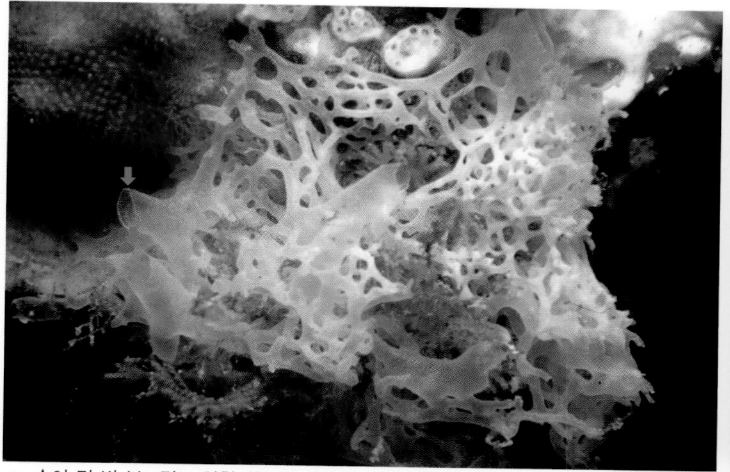
▲ 속이 텅 빈 부드럽고 약한 관으로 이루어져 있다.(화살표 부분은 출수공이 있는 관)

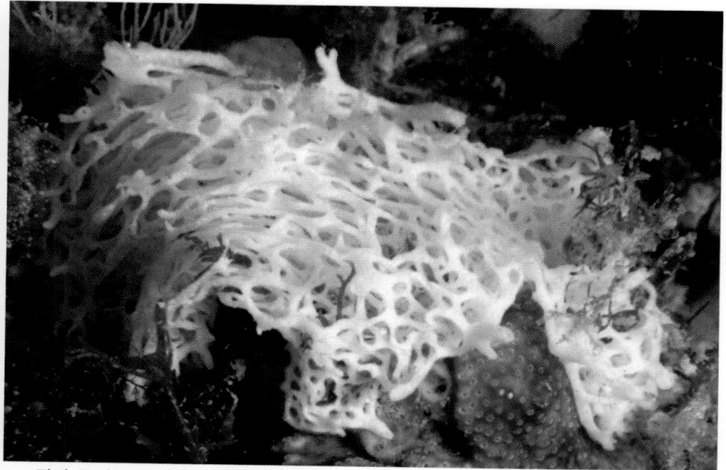
▲ 관이 주변으로 뻗어 나가면서 자란다.

류콘해면류-1

다골해면목 바늘뼈해면과

학명 *Leucosolenia* sp.-1

특징 군체 지름과 높이 15cm, 관 지름 0.5cm 내외. 군체는 속이 빈 관이 마치 거미줄처럼 서로 연결되어 얽혀 있는 모습이며, 옅은 아이보리색을 띤다. 출수공이 있는 관은 다른 관들에 비해 2~3배 정도 굵다.

생태 난류의 영향을 받으며 물의 흐름이 약한 수심 5~10m의 암초 표면에서 간혹 발견된다.

분포 제주도를 포함해 난류의 영향을 받는 남해 연안 외곽 섬 지역

이야기마당

우리나라 제주도나 독도 등에 살고 있지만, 더 많은 연구가 필요한 종입니다.

류콘해면류-2

다골해면목 바늘뼈해면과

학명 *Leucosolenia* sp.-2

특징 군체 지름 20cm 내외. 전체적으로 '류콘해면류-1'과 비슷한 모양이지만, 출수공 지름이 군체의 다른 관들에 비해 별로 크지 않고, 이웃한 관들과 일정하게 연결된 점이 그것과 다르다.

생태 난류의 영향을 받으며, 해류의 흐름이 약한 수심 5~10m의 암초 표면에서 간혹 발견된다.

분포 제주도를 포함하여 난류의 영향을 받는 남해 연안 외곽 섬 지역

이야기마당

우리나라 제주도와 울릉도, 독도 등에 살고 있지만, 정확한 명칭과 생태적 특징 등에 대한 더 많은 연구가 필요한 종입니다.

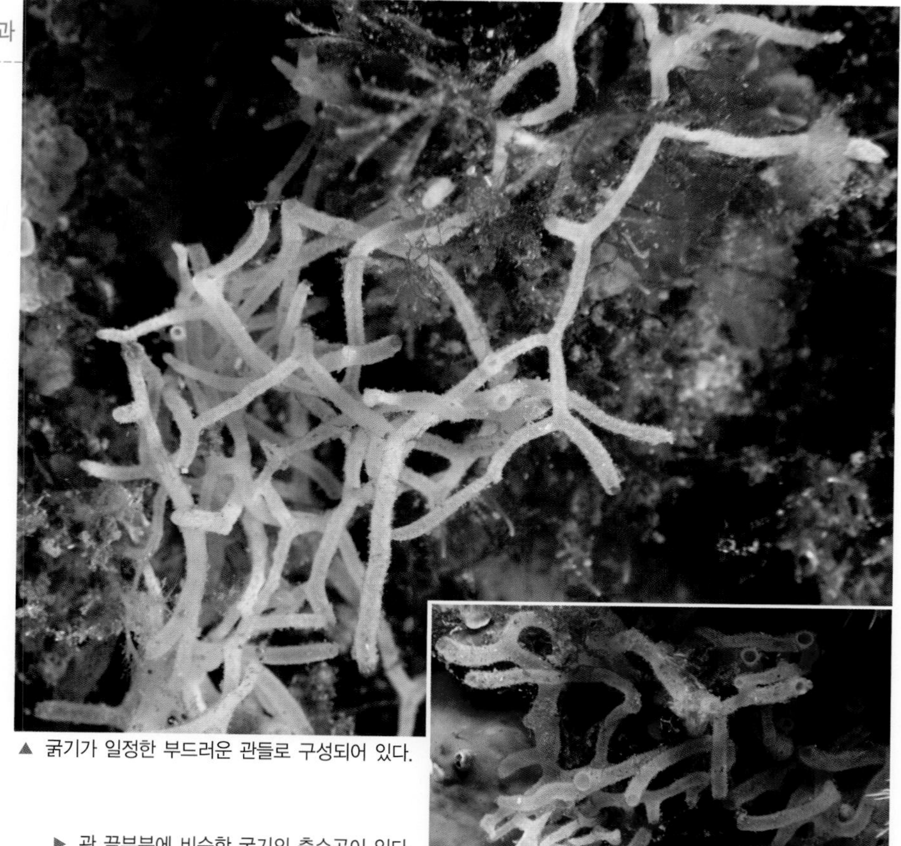
▲ 굵기가 일정한 부드러운 관들로 구성되어 있다.

▶ 관 끝부분에 비슷한 굵기의 출수공이 있다.

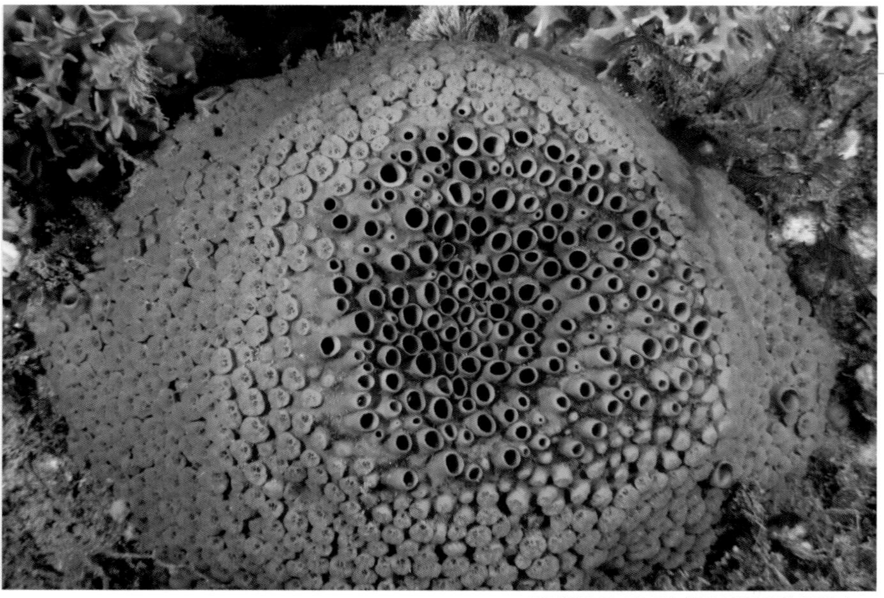
▲ 전체적으로 커다란 호박 덩이처럼 보인다.

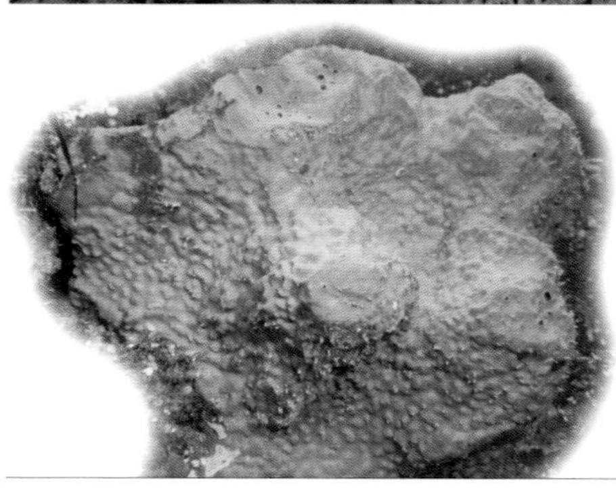
◀ 간혹 호박처럼 둥근 모양이 아닌 경우도 있다.

호박해면

경해면목 호박해면과

학명 *Cliona celata* Grant

특징 군체 지름 50cm, 최대 2m 내외. 군체는 황갈색 또는 회갈색을 띠며, 크기는 일정하지 않다. 대형 해면으로, 주변의 다른 부착 생물을 압도하는 정도의 크기이다. 출수공은 보통 군체의 위쪽 가운데 부분에 여러 개 있는데, 그 수는 오래된 군체일수록 많아진다.

생태 수심 10~30m의 암초 표면에서 비교적 흔히 발견된다. 난류의 영향을 받는 지역을 좋아하지만, 따뜻한 것이 필수적인 생존 요건은 아니다.

분포 제주도를 포함한 전 연안

이야기마당

군체의 표면이 쭈글쭈글한 호박처럼 생겼다는 데에서 '호박해면' 이라는 이름이 유래된 듯합니다.

▲ 뭉툭한 막대기처럼 보인다.

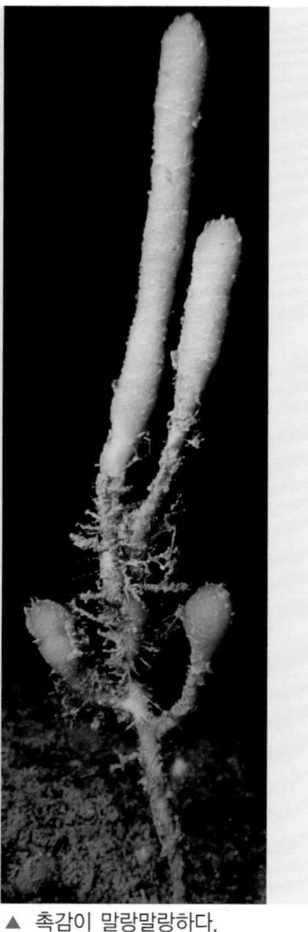
▲ 촉감이 말랑말랑하다.

코르크해면

경해면목 코르크해면과

학명 *Suberites excellens* (Thiele)

특징 군체 지름 3cm, 높이 50cm 내외. 군체는 둥근 나뭇가지 모양이며, 짙거나 옅은 황갈색을 띤다. 군체 내부에 죽은 히드라나 산호 가지가 들어 있기도 하며, 군체가 이들을 감싸듯이 자라나기 때문에 밖으로 드러나지 않는 경우가 많다.

생태 바닷물 흐름이 약한 수심 10m 내외의 암초 표면 또는 큰 자갈 표면에 붙어 사는 흔한 종이다.

분포 제주도를 포함한 전 연안

이야기마당

산호 가지 등을 감싸는 형태로 자라기도 합니다.

축해면

해변해면목 축해면과

학명 *Axinella copiasa* Thiele

특징 군체 너비와 높이 30cm 내외. 군체는 황갈색을 띠며, 바닥에 붙어 있는 하나의 기본 줄기에서 옆과 위로 불규칙하게 자란다. 출수공은 지름 0.5cm 내외로 군체의 옆면에 불규칙하게 자리 잡고 있다.

생태 수심 20m 내외의 바닷물의 흐름이 약한 곳의 암초 표면에서 산다.

분포 제주도, 거문도, 가거도 등 난류의 영향을 받는 남해 연안 일부 섬 지역

이야기마당

이 종에서 사람에게 유익한 활성 물질을 추출하기 위한 연구가 진행되고 있습니다.

▲ 암초 윗부분에 마치 성처럼 군체를 형성한 모습

▶ 덩어리가 불규칙한 방향과 모양으로 자란다.

무희나선꼬리해파리

꽃해파리목 나선꼬리해파리과

학명 *Spirocodon saltatrix* (Tilesius)

특징 몸통 지름 3cm, 촉수를 펼친 길이 20cm 내외. 몸통은 길쭉한 반구형이며, 반투명한 흰색을 띤다.

생태 수심 10m 내외의 수중 암초, 자갈 또는 모랫바닥 근처에 산다. 봄여름철에 주로 발견되며, 느리게 헤엄친다. 전혀 움직이지 않은 채 촉수를 사용하여 바닥에 내려앉아 있기도 한다.

분포 제주도를 제외한 전 연안

이야기마당

물속에서 촉수를 펼치고 몸통을 줄였다 늘였다 하며 느리게 헤엄치는 모습이 매우 아름답습니다. 일부 나라에서는 환자의 정신적 안정을 돕는 목적에 이용하기도 합니다.

▲ 수중 암초 주변에서 헤엄치는 모습

▶ 헤엄치는 모습이 매우 아름답다.

▲ 별다른 장식이나 무늬가 없지만 전체적으로 화려한 황갈색을 띤다.

▲ 수십 개의 군체가 무리를 이룬다.

민숭이깃히드라

민컵히드라충목 깃히드라과

학명 *Gymnangium hians* (Busk)

특징 군체 높이 25cm 내외. 군체는 밝은 주황색 또는 노란색을 띤다. 각 군체는 가운데에 있는 하나의 중심 가지를 축으로 하여 많은 곁가지들이 있는 길쭉한 나뭇잎 모양이다.

생태 바닷물의 흐름이 강한 수심 15m 내외의 암초 표면에 산다. 수십 개의 개별 군체가 하나의 무리를 이루고 있다.

분포 제주도를 포함하여 난류의 영향을 받는 남해 연안 일부 외곽 섬 지역

이야기마당

드물게 나타나지만 화려한 색상 때문에 쉽게 눈에 띕니다.

▲ 각 개충이 촉수를 펼쳐 작은 꽃밭처럼 보인다.

▶ 자루를 포함한 몸통과 촉수 전체가 매우 유연하다.

세로줄물곤봉히드라

민컵히드라충목 물곤봉히드라과

학명 *Hydrocoryne miurensis* Stechow

특징 자루가 늘어난 상태의 지름 0.1cm, 길이 1.5cm 내외. 전체적으로 분홍색 또는 옅은 황갈색을 띤다. 각 개충의 자루 끝에는 끝이 뭉툭한 여러 개의 촉수가 달려 있다. 자루를 포함한 개충은 매우 유연하고 신축성이 뛰어나다.

생태 수심 5m 내외의 암초 표면에서 비교적 흔히 발견된다. 크기는 작지만 여러 개체가 무리 지어 촉수를 펼치고 있기 때문에 꽃밭처럼 보여 눈에 쉽게 띈다.

분포 제주도를 포함해 난류의 영향을 받는 남해 연안 일부 섬 지역과 울릉도, 독도

이야기마당

촉수를 통해 위험을 느끼면 자루와 촉수 전체가 암초 표면에 들러붙을 정도로 수축됩니다.

산호붙이히드라

민컵히드라충목 산호붙이히드라과

학명 *Solanderia secunda* (Inaba)

특징 군체 지름과 높이 각각 50cm 내외. 군체는 나뭇가지 같은 줄기를 중심으로 수많은 히드라의 촉수가 펼쳐지는 모습으로 자라며, 옅거나 짙은 황갈색을 띤다. 흰색의 둥근 덩어리인 생식체는 눈송이 모양으로 붙어 있다.

생태 수심 10m 내외 암초의 수직 절벽 면에 옆으로 붙어 산다. 주로 수온이 높고 물이 맑으며 바닷물의 흐름이 좋은 곳에서 발견된다. 봄 · 여름철에 생식체를 형성한다.

분포 제주도를 포함하여 난류의 영향을 받는 남해 연안 일부 섬 지역

이야기마당

이 종이 무리 지은 곳은 마치 물속의 숲처럼 보이며, 봄여름철의 번식기에는 흰색 생식체 알갱이들이 눈송이처럼 달려 있습니다.

▲ 산호로 오해받을 만큼 산호와 비슷하게 생겼다.

▲ 생식체(흰색의 작은 동그란 물체)를 형성한 모습

▲ 숲을 연상시키는 무리

▲ 가늘고 긴 가지 끝에 흰색의 개충이 붙어 있다.

▲ 작은 꽃처럼 덤불을 이루고 있다.

털꽃히드라

민컵히드라충목 꽃히드라과

학명 *Eudendrium capillare* Alder

특징 군체 높이 3cm 내외. 전체적으로 황갈색의 가늘고 긴 자루 끝에 흰색의 개충들이 자리 잡고 촉수를 펼치고 있다. 촉수를 포함한 개충의 지름은 0.2cm 내외이다.

생태 수심 5m 내외의 암초 표면에서 간혹 발견되는 흔치 않은 종이다. 수온이 높고 바닷물의 흐름이 강하지 않으며, 물이 맑은 곳을 좋아한다.

분포 제주도를 포함하여 난류의 영향을 받는 남해 연안 일부 섬 지역

이야기마당

군체의 크기가 작아 암초 표면을 자세히 관찰하지 않으면 발견하기 어렵습니다.

▲ 암초의 구석진 곳을 좋아한다.

눈꽃히드라

민컵히드라충목 꽃히드라과

학명 *Aequorea coerulescens* (Brandt)

특징 군체 높이 1.5cm 내외. 군체는 전체적으로 흰색을 띠며, 가운데 줄기를 중심으로 좌우에 곁가지가 생겨나면서 그 위에 개충들이 자리 잡고 있다. 각 군체의 바닥 부분은 서로 연결되어 있다.

생태 수심 5m 내외의 암초 표면 구석진 곳이나 절벽 아래 어두운 곳에서 살며, 보통 20~30개의 군체가 무리 지은 상태로 발견된다. 바닷물의 흐름이 강하지 않고 물이 약간 흐린 곳을 좋아한다.

분포 제주도를 포함한 전 연안

이야기마당

우리나라 전 연안에서 살고 있지만, 크기가 작아서 얼핏 보면 암초 위의 찌꺼기처럼 보입니다.

◀ 군체는 흰색을 띤다.

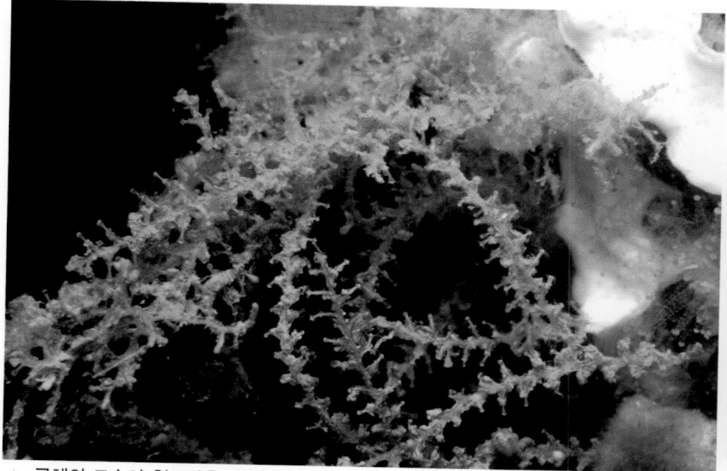

▲ 군체의 모습이 철조망을 연상시킨다.

▲ 엇갈리게 자란 좌우의 곁가지 끝에 개충이 자리 잡고 있다.

고또테히드라

컵히드라충목 테히드라과

학명 *Sertularella gotoi* Stechow

특징 개충을 포함한 군체 길이 5cm, 너비 0.5cm 내외. 군체는 옅거나 짙은 황갈색을 띤다. 중심 가지 양옆으로 곁가지가 엇갈리게 자라고, 각 가지 끝에 개충이 자리 잡고 있어 전체적으로 철조망을 연상시킨다.

생태 수심 5m 내외의 암초 표면에서 흔히 발견되며, 바닷물의 흐름이 약하고 물이 흐린 곳을 좋아한다. 각 개충의 촉수는 작고 투명하여 육안으로는 거의 관찰할 수 없다.

분포 제주도를 포함한 전 연안

이야기마당

이 종의 우리말 이름은 학명 '고토(*gotoi*)'에서 따온 것입니다.

흰깃히드라

컵히드라충목 깃히드라과

학명 *Aglaophenia whiteleggei* Bale

특징 군체 높이 10cm 내외. 군체는 갈색의 가지 좌우로 흰색을 띤 가는 곁가지들이 펼쳐진 모습이며, 오래된 군체의 경우 높이가 30cm에 달하기도 한다.

생태 수심 5~15m의 암초 표면에서 흔히 발견된다. 바닷물의 흐름이 좋고 물이 맑은 곳을 좋아하지만, 육지 연안에서도 쉽게 발견된다. 각 군체가 독립적으로 서식하기도 하지만 보통은 5~10개의 군체가 하나의 집단을 이루고 있다. 봄철에 노란색 쌀알 같은 생식 기관이 형성된다.

분포 제주도를 포함한 전 연안

▲ 쌀알 같은 생식 기관이 생긴 모습

이야기마당

우리나라 연안에서 가장 흔히 발견되는 히드라류 중 하나입니다.

▶ 가지 좌우로 곁가지가 깃털처럼 펼쳐진다.

자색깃히드라 컵히드라충목 깃히드라과

학명 *Macrorhynchia phoenicea* (Busk)

특징 군체 높이 20cm 내외. 군체는 자갈색 또는 녹갈색을 띠며, 가운데 가지 좌우로 곁가지들이 뻗어 나오고, 여기서 다시 잔가지가 뻗어 있다.

생태 수심 5~15m의 암초 표면에서 흔히 발견된다. 보통 5~10개의 군체가 무리 지어 있다.

분포 제주도를 포함하여 난류의 영향을 받는 남해 연안 일부 외곽 섬 지역

▲ 군체가 나뭇잎 모양이다.

◀ 수십 개의 군체가 무리를 이룬다.

이야기마당
전체적으로 선명한 나뭇잎 모양입니다.

방사해변말미잘 해변말미잘목 해변말미잘과

학명 *Epiactis japonica* (Verrill)

특징 몸통 지름 5cm 내외. 몸통은 적갈색 또는 짙은 황갈색을 띠며, 아랫부분은 암초 표면에 강하게 붙어 있다. 촉수는 보통 100개 이상이며, 늘어난 길이는 약 20cm이고, 흰색과 갈색이 번갈아 나타난다.

생태 바닷물의 흐름이 좋은 수심 10m 내외의 암초 표면에서 간혹 발견된다. 위험을 느끼면 촉수와 몸통이 완전히 수축하는데, 이때 촉수의 모습이 밖으로 전혀 나타나지 않고 하나의 검붉은 돌덩이처럼 보인다.

분포 남해 연안

▲ 알록달록한 말갈기를 연상시킨다.

◀ 많은 촉수가 있다.

이야기마당
촉수가 많고 그 길이가 길 뿐만 아니라 흰색과 갈색이 섞여 있어 말갈기와 비슷한 모습입니다. 우리나라에서는 드물게 발견됩니다.

호리병말미잘 해변말미잘목 빛말미잘과

학명 *Parasicyonis actinostoloides* Wassilieff

특징 촉수를 펼친 상태의 몸통 윗부분 지름 40cm 내외, 몸통 길이 20cm 이상. 기본적으로 녹갈색을 띠지만 각 개체마다 색깔에 차이가 있다. 전체 모습이 '깔때기'와 비슷하며, 자루 모양의 몸통과 그 위의 촉수로 명확히 구분된다. 몸통에 해당되는 자루 부분은 암초 구석이나 바닥에 깊숙이 박힌 채 수축되어 있기 때문에 보통의 경우 바닥에 펼쳐진 촉수 부분만을 볼 수 있다.

생태 물이 맑고 흐름이 좋은 암초 또는 큰 자갈 바닥에서 간혹 발견된다. 지역에 따라 쉽게 발견하기도 하지만, 전반적으로는 그렇지 않다.

분포 제주도

이야기마당
하나하나의 촉수 끝부분이 부풀어 오르면 '호리병'처럼 보인다고 해서 이와 같은 이름이 유래되었습니다.

▲ 긴 자루 모양의 몸통을 가졌다.

▶ 암초 구석에 몸통을 숨긴 채 촉수만 펼치고 있다.

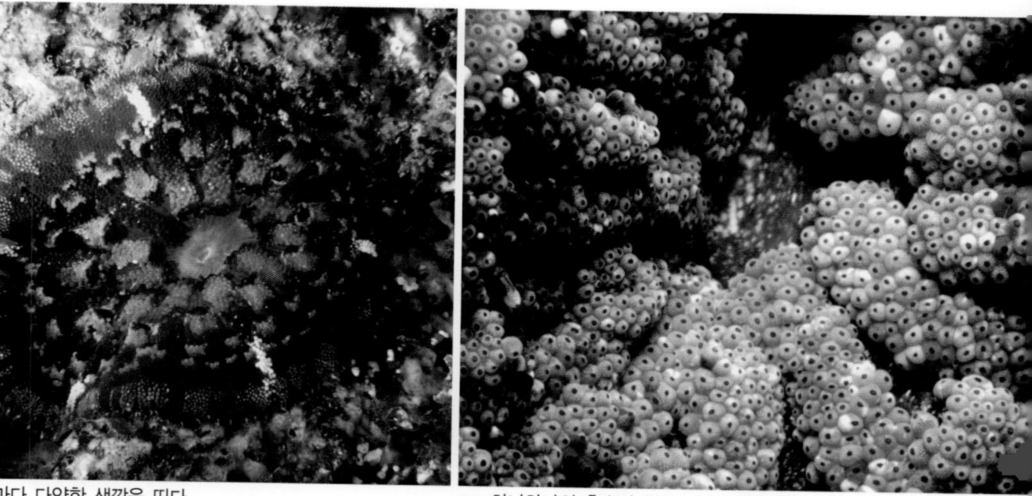

▲ 넓적한 접시 모양이다.

▲ 각 말미잘마다 다양한 색깔을 띤다.

▲ 하나하나의 촉수가 둥근 구슬 모양이다.

융단안장말미잘 해변말미잘목 안장말미잘과

학명 *Stichodactyla haddoni* (Saville-Kent)

특징 촉수를 펼친 상태의 몸통 윗부분 지름 50cm 내외. 몸통은 암초 표면의 구석진 곳에 박혀 있어 밖으로 드러나지 않는다. 촉수는 전체적으로 넓적한 접시 모양이다. 각각의 촉수는 매우 다양한 색깔을 띠며, 둥글고 작은 구슬 모양이어서 전체적으로 카펫처럼 보인다.

생태 수심 10~30m의 암초 표면에서 흔히 발견된다. 수온이 높고, 물이 맑으며, 바닷물이 잘 흐르는 곳을 좋아한다. 자극에 대한 반응이 느리기 때문에 촉수에 손을 대면 수축하는 과정을 관찰할 수 있다.

분포 제주도

이야기마당
촉수를 펼친 상태에서의 지름이 50cm에 달해, 우리나라 말미잘류 중에서는 크기가 큰 편입니다.

▲ 주름 잡힌 촉수 받침에 수많은 촉수(아이보리색)가 펼쳐진다.

◀ 갈색을 띤 촉수

섬유세닐말미잘

해변말미잘목 섬유세닐말미잘과

학명 *Metridium senile* (Linnaeus)

특징 촉수를 펼친 상태의 군체 지름 10cm, 높이 15cm 내외. 몸통은 짙은 황갈색 또는 갈색을 띠고, 촉수는 옅은 갈색 또는 아이보리색을 띤다. 촉수는 몸통 하나에서 5~10개씩 무더기로 나누어져 있다.

생태 수심 10~30m의 바닷물의 흐름이 강하고 물이 맑은 곳의 암초 표면 윗부분에서 무리 지은 상태로 발견된다.

분포 동해 연안. 남해 일부 섬 지역에서도 발견된다.

이야기마당

수온이 낮은 곳을 좋아하기 때문에 수온이 높은 곳에서는 거의 볼 수 없습니다.

▲ 개충들이 각각 8개의 촉수를 펼치고 있는 모습

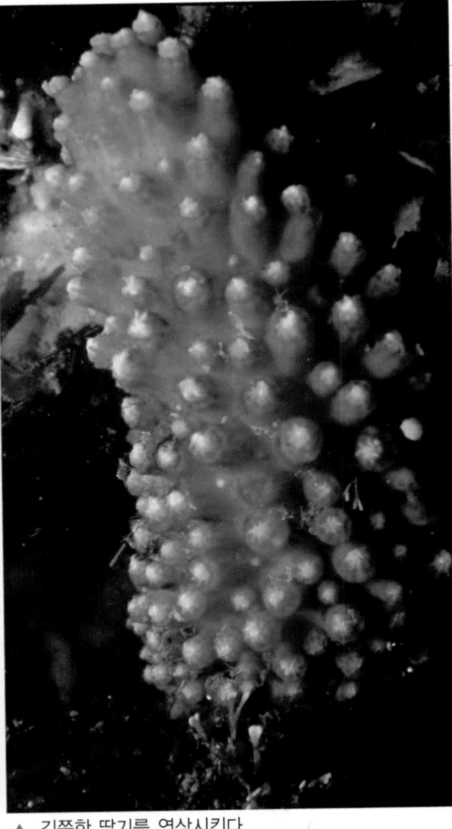

▲ 길쭉한 딸기를 연상시킨다.

곤봉바다딸기

해계두목 바다맨드라미과

학명 *Bellonella rigida* Putter

특징 촉수를 펼친 상태의 군체 지름 3cm, 높이 8cm 내외. 군체 표면 전체에 걸쳐 뭉툭한 가시가 솟아 있으며 선홍색의 딸기처럼 보인다. 군체 표면에는 많은 돌기가 있고, 각 돌기마다 8개의 촉수가 있다.

생태 수심 5~15m의 암초 표면에서 흔히 발견된다. 바닷물의 흐름이 비교적 약하고 물이 맑은 곳을 좋아한다.

분포 제주도를 포함한 전 연안

이야기마당

촉수를 수축시킨 선홍색의 군체가 길쭉한 '딸기'를 닮았다고 하여 '곤봉바다딸기'라고 합니다.

가시수지맨드라미

해계두목 곤봉바다맨드라미과

학명 *Dendronephthya spinulosa* (Gray)

특징 군체 높이 50cm 내외. 군체는 전체적으로 튼튼한 나무처럼 보인다. 군체의 절반 아래는 기둥이고, 그 위는 사방으로 뻗은 촉수이다. 각 개충의 촉수 색깔은 군체마다 상당히 다르다.

생태 수심 20m 내외의 암초 표면 윗부분에서 발견된다. 촉수에 있는 독침을 이용하여 물속의 플랑크톤을 먹는다. 우리나라에 서식하는 수지맨드라미류(연산호류) 중 크기가 큰 편이다.

분포 제주도를 포함하여 난류의 영향을 받는 남해 연안 일부 섬 지역

이야기마당

기둥 부분에 붙어 사는 '히드라' 때문에 솜털이 묻은 것처럼 보입니다.

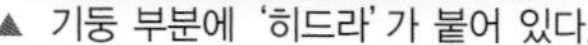

▲ 기둥 부분에 '히드라'가 붙어 있다.

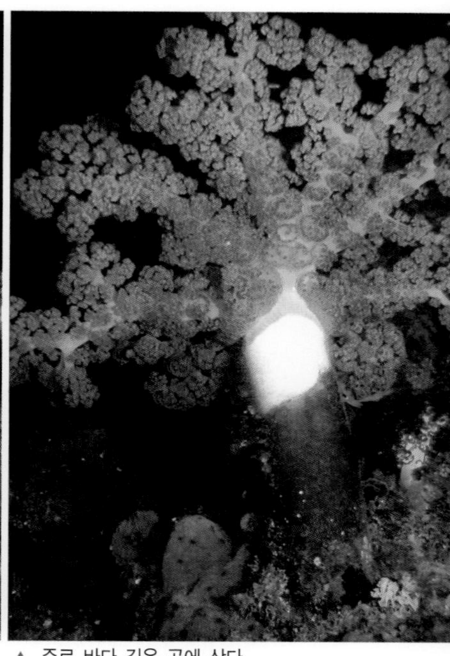

▲ 주로 바다 깊은 곳에 산다.

▲ 암초 표면을 덮으며 자라는 모습

▲ 촉수를 펼치면 '거품돌산호'와 비슷해 보인다.

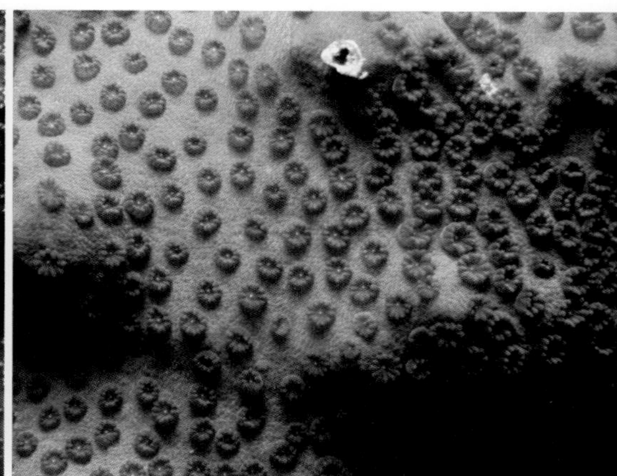

▲ 군체 표면에 각 개충의 입구가 솟아 있다.

그물코돌산호

돌산호목 덩어리산호과

학명 *Psammocora profundacella* Gardiner

특징 군체 지름 1m, 두께 1cm 내외. 군체는 녹갈색을 띠며, 단단한 석회질로 이루어져 있다. 군체 표면에는 각 개충이 자리 잡고 있는 무수히 많은 구멍이 작은 점처럼 나 있다. 각 개충이 촉수를 펼치고 있을 때의 모습은 제주 바다에서 가장 흔한 산호인 '거품돌산호'와 비슷하다.

생태 수심 5m 내외의 암초 표면을 덮으며 자라는 돌산호로서 흔치 않은 종이다. 온도가 약간 높고, 흐름이 원활하며, 맑은 바다를 좋아한다.

분포 제주도를 포함하여 난류의 영향을 받는 남해 연안 일부 섬 지역

이야기마당

군체 표면에 각 개충의 몸통 입구가 솟아 있어서 전체적으로 거칠어 보입니다.

▲ 어린 시기의 모습은 '영지버섯'을 닮았다.

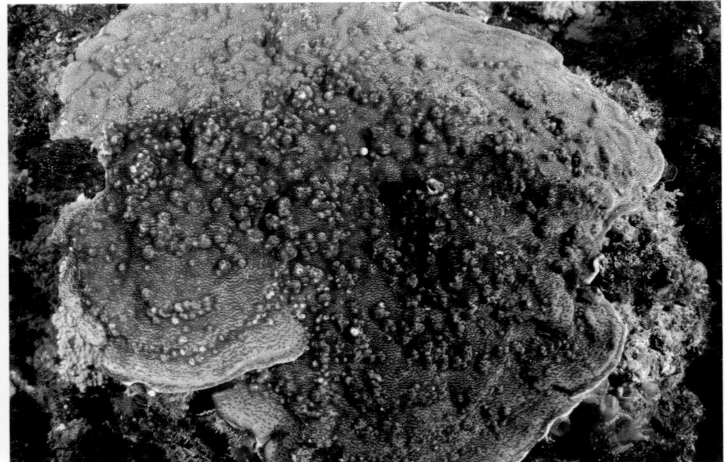
▲ 일반적으로 녹갈색을 띠지만, 군체마다 차이가 있다.

빛단풍돌산호

돌산호목 단풍돌산호과

학명 *Montipora trabeculata* Bernard

특징 군체 지름 1m 내외. 군체는 녹갈색을 띠며, 단단한 석회질로 이루어져 있다. 군체는 암초 표면을 덮으며 자라고, 열은 갈색을 띠는 가장자리는 몇 개의 층을 이루기도 한다.

생태 수심 5~15m의 암초 표면에 살며, 암초 표면을 덮으며 자라는 흔치 않은 종이다. 온도가 약간 높고, 흐름이 원활하며, 맑은 바다를 좋아한다.

분포 제주도를 포함하여 난류의 영향을 받는 남해 연안 일부 섬 지역

이야기마당

군체가 자라기 시작하는 어린 시기에는 나무 기둥에 붙어서 자라는 '영지버섯'과 비슷한 모습입니다.

▲ 수심이 깊은 곳에서 드물게 발견된다.

긴가지해송

각산호목 해송과

학명 *Myriopathes lata* (Silberfeld)

특징 군체 너비와 높이 각각 1m 내외. 가지와 촉수를 포함하여 전체적인 색깔은 적갈색, 회갈색, 황갈색 등 다양하다. 가운데 가지를 중심으로 곁가지들이 평평하게 자란다.

생태 수심 25m 내외의 암초 표면에서 드물게 발견되며, 각 군체는 대부분 독립적으로 존재한다. 흐름이 비교적 약하고 맑지만 빛이 잘 들지 않는 바다를 좋아한다.

분포 제주도를 포함하여 난류의 영향을 받는 남해 연안 일부 섬 지역

이야기마당

잠수하기에는 다소 깊은 바다에 살기 때문에 일반인들은 쉽게 볼 수 없습니다. [천연기념물 제457호]

◀ 전체적으로 황갈색 또는 적갈색을 띤다.

▲ 전체 모습이 소나무처럼 보인다.

▲ 하나의 가지에서 다시 여러 개의 가지가 뻗어 나가기도 한다.

해송

각산호목 해송과

학명 *Myriopathes japonica* (Brook)

특징 군체 높이 70cm 내외(최대 약 1.5m). 군체는 대부분 흰색 또는 옅은 회색을 띠지만, 군체마다 약간의 차이는 있다. 전체 모습이 한 그루의 소나무 같다.

생태 수심 15~30m의 암초 표면에서 간혹 발견되는 흔치 않은 종이다. 흐름이 다소 강하고, 맑은 바다를 좋아한다.

분포 제주도를 비롯하여 난류의 영향을 받는 일부 남해 연안 외곽 섬 지역

이야기마당

소나무와 닮아 '바다의 소나무'라는 뜻에서 '해송(海松)'이라고 합니다. [천연기념물 제456호. 멸종위기야생생물 II급]

둥근컵산호

해양목 총산호과

학명 *Calicogorgia granulosa* Kükenthal and Gorzawsky

특징 군체 너비와 높이 50cm 내외. 군체는 촉수가 옥빛 또는 자줏빛을 띠기 때문에 전체적으로 옥빛 또는 자줏빛으로 보인다. 촉수를 제외한 군체의 골격 부분은 선홍색이다. 가지는 부드러운 곡선을 그리며 옆 또는 위로 자란다.

생태 수심 15m 내외의 암초 표면에서 드물게 발견되는 흔치 않은 종이다. 여러 개의 군체가 무리를 짓기도 하지만 주로 독립된 군체로 발견된다.

분포 제주도를 포함하여 난류의 영향을 받는 남해 연안 일부 섬 지역

이야기마당

각 군체가 촉수를 모두 펼치면 형광빛을 띠는 화려한 모습을 볼 수 있습니다.

▲ 각 개충이 촉수를 모두 펼쳐 빼곡해지면 평평하게 보인다.

▶ 촉수를 수축시키면 군체 가지를 정확히 관찰할 수 있다.

곧은진총산호 해양목 총산호과

학명 *Euplexaura rexta* (Nutting)

특징 군체 가지 지름 1cm 내외. 군체의 가지는 옅은 황갈색 또는 아이보리색이고, 촉수는 형광빛이 도는 보라색 또는 푸른색이다. 위로 곧게 자라고, 끝은 둥글고 뭉툭하며, 촉수가 펼쳐지면 매우 화려해 보인다.

생태 수심 10m 내외의 암초 표면에서 간혹 발견되는 흔하지 않은 종이다. 흐름이 원활하고 맑으며, 수온이 약간 높은 바다를 좋아한다.

분포 제주도를 포함하여 난류의 영향을 받는 남해 연안 일부 외곽 섬 지역

이야기마당
다른 산호에 비해 전체적으로 화려한 모습을 하고 있습니다.

▲ 끝이 둥근 모양의 가지가 위로 솟으며 자란다.

◀ 형광빛이 도는 화려한 촉수를 펼치고 있다.

▲ 각 개충이 촉수를 펼치고 있다.

▲ 노란색을 띤 군체

▲ 붉은색을 띤 군체

바늘산호류 해양목 뿔산호과

학명 *Acabaria* spp.

특징 군체 너비와 높이 각각 15cm 내외. 군체는 선명한 노란색 또는 붉은색 골격에 흰색의 작은 촉수를 가지고 있다. 군체 골격의 표면에 솟아 있는 작은 돌기들 끝에서 각각의 산호들이 촉수를 펼친다.

생태 수심 5~10m의 수직 절벽에서 군체가 옆으로 뻗어 나가며 자란다. 흐름이 강하고 흐린 물을 좋아한다.

분포 서해와 남해 연안. 서해보다 남해 연안에 더 많이 분포한다.

이야기마당
바늘산호류에는 전체적인 모습이 매우 비슷한 몇몇 종이 있으며, 같은 종에서도 색깔에 많은 차이가 있습니다.

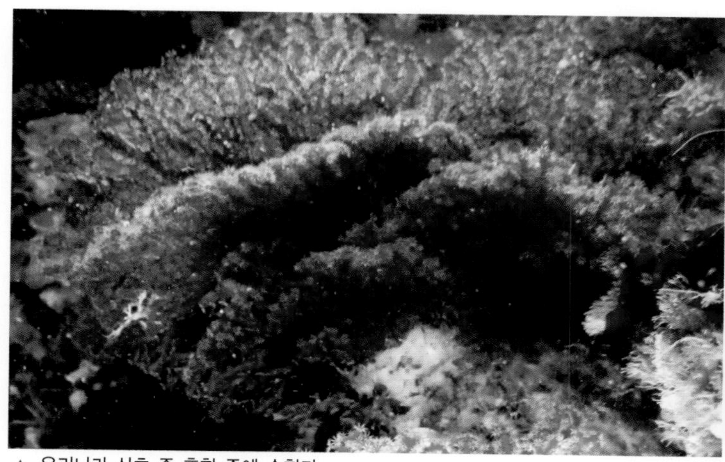
▲ 우리나라 산호 중 흔한 종에 속한다.

▲ 무리 지어 나타난다.

부채뿔산호

해양목 뿔산호과

학명 *Melithaea flabellifera* (Kükenthal)

특징 군체 너비 20cm, 높이 22cm 내외. 군체의 가지는 선홍색이지만 각 개충의 촉수는 흰색을 띤다. 곁가지는 전체적으로 평평하게 자란다. 가지의 표면에는 볼록하게 약한 돌기가 있는데, 이 돌기마다 개충이 자리 잡고 있다.

생태 수심 5~10m의 암초 표면에서 흔히 발견된다. 간혹 하나의 군체만 단독으로 발견되는 경우도 있지만 보통 10~30개 정도의 군체가 무리를 이룬 모습으로 발견된다. 암초의 아랫부분이나 빛이 잘 들지 않는 어두운 곳을 좋아한다.

분포 제주도를 포함한 전 연안

이야기마당

우리나라 바다에 살고 있는 산호류 중 가장 흔한 종입니다.

▲ 촉수를 펼친 모습이 활짝 핀 꽃 같다.

▲ 촉수를 수축하면 마치 바위에 붙은 찌꺼기처럼 보인다.

꽃이끼산호

근생목 꽃이끼과

학명 *Cornularia komaii* Utinomi

특징 각 산호의 높이 1cm, 몸통 지름 0.5cm 내외. 소형 산호이다. 몸통은 주황색을 띠고 촉수는 흰색을 띤다. 각각 독립된 것처럼 보이지만, 바닥 부분이 연결되어 있으며, 여러 마리가 하나의 군체를 이룬다.

생태 수심 5m 내외의 암초 표면에서 흔히 발견된다. 작지만 아름다운 촉수를 펼치기 때문에 쉽게 눈에 띈다. 각 개충의 촉수를 이용하여 플랑크톤을 먹는다.

분포 제주도를 비롯하여 난류의 영향을 받는 남해 연안 일부 섬 지역과 울릉도, 독도 등

이야기마당

전체적으로 골격을 가진 산호처럼 보이지만, 몸통과 촉수 모두 단단하지는 않습니다.

▲ 진화 과정에서 다세포 동물 중 처음으로 몸통의 앞과 뒤가 생겨난 종이다.

▶ 몸통은 수축하면 타원형이다.

민무늬납작벌레

납작벌레목 후방납작벌레과

학명 *Notoplana humilis* (Stimpson)

특징 몸통 길이 3cm 내외. 몸통은 긴 타원형이고, 납작하지만 다소 두꺼운 편이다. 전체적으로 녹갈색 또는 황갈색을 띤다. 몸통의 가운데 부분에는 내장 기관이 비추어 보이고, 앞쪽에는 한 쌍의 촉수 돌기가 있다.

생태 수심 5~10m의 암초나 해조 아래에서 간혹 발견되는 흔치 않은 종이다. 몸통 크기는 작지만 움직이는 속도가 빨라서 위험을 느끼면 재빨리 해조의 뿌리(부착기) 아래 공간이나 구석진 틈으로 숨어 버린다.

분포 제주도를 포함하여 난류의 영향을 받는 남해 연안 섬 지역

이야기마당

우리나라 해저의 크고 작은 암초 아래에서 흔히 발견되지만, 공식적으로 우리나라에 살고 있다는 사실이 보고되지 않은 종입니다.

▲ 몸통 가장자리가 레이스처럼 주름진 모습이다.

◀ 몸통을 휘저으며 물속을 헤엄치는 모습

검은반점헛뿔납작벌레(신칭)

납작벌레목 헛뿔납작벌레과

학명 *Pseudobiceros* sp.-2

특징 몸통 길이 5cm, 너비 2.5cm 내외. 몸통은 타원형이고, 납작하지만 다소 두꺼운 편이다. 등 쪽에는 흰색 바탕에 검은 반점이 불규칙하게 나 있다. 몸통의 가장자리에는 레이스 주름 같은 굴곡이 있고, 이 주름의 가장자리에는 황갈색과 흰색의 줄무늬가 번갈아 있다.

생태 수심 5m 내외의 암초 표면이나 대형 해조의 잎에서 드물게 발견되며, 암초나 해조 표면에 붙어 사는 작은 동물을 잡아먹는다. 위험을 느끼거나 이동을 할 때에는 몸통을 휘저으며 물속을 헤엄친다.

분포 제주도

이야기마당

물속에서 헤엄치는 모습이 매우 아름다워서 '스페인 무희(Spanish dancer)' 라는 별명으로 불리고 있습니다.

틈/새/정/보

납작벌레의 진화

바다 동물은 지구상에 처음 생명체가 나타난 이후, 가장 원시적인 형태(해면)에서부터 매우 발달한 형태(어류)로 진화해 왔다. 이 진화 과정에서 포식자나 위험한 상황으로부터 살아남기 위해서는 빠르고 효과적으로 도망치는 것이 필요하였으며, 그 결과 몸의 앞뒤가 생겨나 신경과 감각기관이 집중된 머리 부분과 머리의 통제와 지시를 받는 꼬리 등의 부분으로 구분되었다.

납작벌레(편형동물)는 진화 과정에서 최초로 몸의 앞뒤가 구분되고 머리와 꼬리가 나타난 동물이다. 그 이전의 하등한 종류(㉑ 해면, 해파리 등)에서는 몸의 위아래는 구분되지만 납작벌레와 같이 몸의 앞과 뒤는 구분되지 않고 있다.

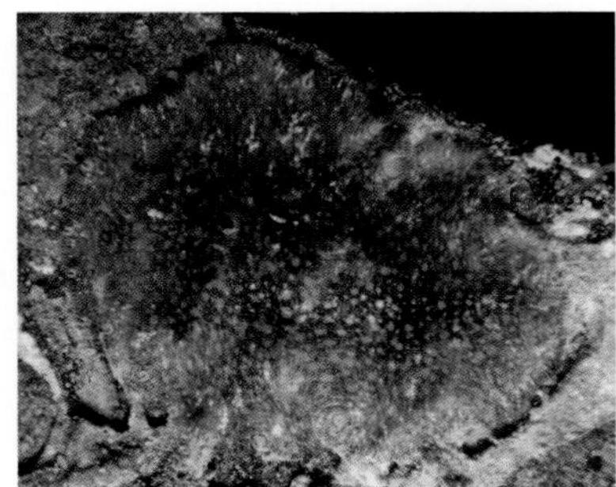
▲ 예쁜이해면

▲ 노무라입깃해파리

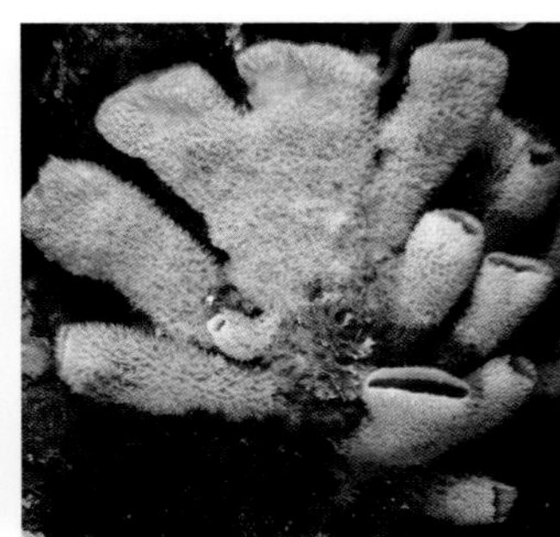
▲ 다촉수납작벌레

해조 숲 또는 해조 군락

'해조 숲' 또는 '해조 군락'이란, 다양한 해조류(바닷말)가 모여서 육지의 작은 숲과 비슷한 모습을 이룬 것을 말한다. 보통 모자반, 감태, 미역, 다시마 등과 같이 전체 길이가 1m 이상 되는 큰 종들이 주축이 되고, 그 곁으로 작은 크기의 해조들이 전체 군락을 이룬다. 썰물 때 물이 빠진 갯바위 아래쪽에서도 볼 수 있지만, 대부분의 해조 군락은 바닷물 속에 늘 잠겨 있으며, 빛이 잘 드는 수중 암초에 주로 서식한다.

▲ 모자반

▲ 감태로 이루어진 수중 암초의 해조 군락

▲ 몸통을 휘저으며 헤엄친다.

▲ 등 쪽에 흰색 반점이 흩어져 있다.

주름납작벌레(신칭)

납작벌레목 헛뿔납작벌레과

학명 *Phrikoceros* sp.

특징 몸통 길이 5cm 내외. 몸통은 타원형으로, 납작하지만 다소 두꺼운 편이다. 등 쪽은 짙은 황갈색으로, 작은 흰색 반점이 흩어져 있으며, 아랫면은 옅은 황갈색 또는 아이보리색이다.

생태 수심 10~20m의 암초 표면이나 대형 해조의 잎 표면에서 간혹 발견되는 흔치 않은 종이다. 위험을 느끼거나 이동할 경우 몸통을 휘저어 물속을 어느 정도 헤엄칠 수 있다.

분포 제주도, 독도

이야기마당

제주도 남쪽을 비롯하여 난류의 영향을 받는 곳에서 간혹 발견되지만, 공식적으로 우리나라 바다에 살고 있다는 사실이 알려져 있지 않은 종입니다.

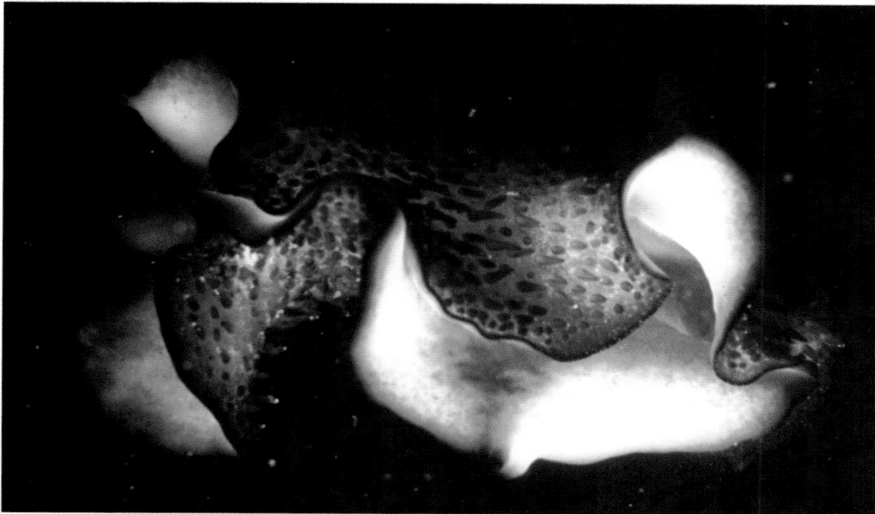

▲ 등에 많은 돌기가 있다.

◀ 바닥을 기어 다니며 작은 동물을 잡아먹는다.

부로치납작벌레

납작벌레목 헛뿔납작벌레과

학명 *Thysanozoon brocchii* Grube

특징 몸통 길이 3cm 내외. 몸통은 전체적으로 타원형이고 납작하다. 등 쪽에는 흑갈색 바탕에 길이 2~3mm 정도 되는 작은 돌기가 많이 나 있으며, 아래쪽은 흰색을 띤다. 등 쪽에 있는 돌기의 끝은 흰색이고, 몸통의 가장자리에는 검은색 띠가 있다.

생태 수심 5m 내외의 암초 표면이나 바닥의 자갈 표면에서 드물게 발견된다. 바닥을 기어 다니며 작은 동물을 잡아먹으며, 이동 중에 위험을 느끼면 물속을 헤엄쳐 도망치기도 한다.

분포 제주도를 포함한 남해 연안 일부 섬과 울릉도, 독도

이야기마당

아열대성으로, 등의 돌기가 카펫을 연상시켜 영어로는 'Carpet flatworm' 이라고 합니다.

등줄헛뿔납작벌레

납작벌레목 헛뿔납작벌레과

학명 *Pseudoceros* sp.-1

특징 몸통 길이 5cm 내외. 등 쪽은 옅은 갈색이고, 몸통의 중앙부를 따라 짙은 갈색 줄무늬가 길게 나타나며, 아래쪽은 옅은 회갈색을 띤다. 몸통의 가장자리는 레이스 주름같이 물결치듯 휘감기는 모습이며, 가장자리를 따라 검은색 띠가 있다.

생태 수심 5~15m의 암초 표면에서 간혹 발견되는 흔치 않은 종으로, 바닥을 느리게 기어 다니며 작은 동물을 잡아먹는다. 위험을 느끼거나 이동할 때는 몸통을 휘저으며 물속을 헤엄치기도 한다.

분포 제주도를 포함하여 난류의 영향을 받는 남해 연안 섬 지역과 울릉도, 독도

이야기마당

아열대성으로, 독도와 울릉도 등의 한정된 곳에서만 발견됩니다.

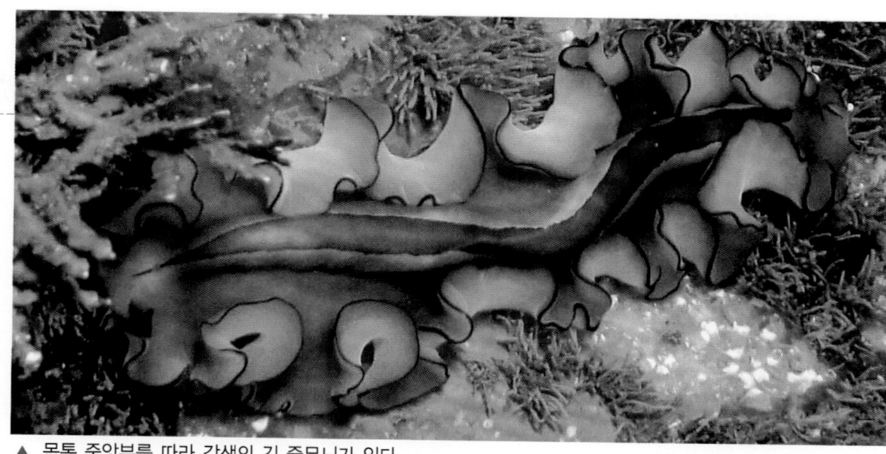

▲ 몸통 중앙부를 따라 갈색의 긴 줄무늬가 있다.

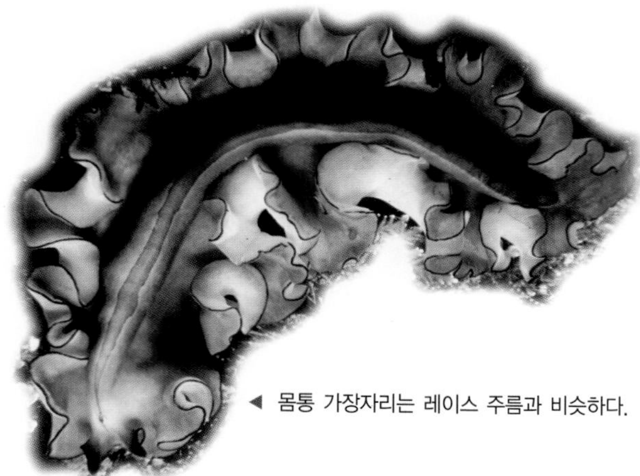

◀ 몸통 가장자리는 레이스 주름과 비슷하다.

세로줄조개사돈

종혈목 고려조개사돈과

학명 *Coptothyris grayi* (Davidson)

특징 껍데기 길이와 너비 각각 2cm 내외. 껍데기는 위아래 두 장이며, 부채 모양이다. 표면은 적갈색 또는 황갈색을 띠며, 각정으로부터 가장자리 방향으로 굵은 주름이 나 있다. 위쪽 껍데기는 아래쪽 껍데기에 비해 편평하다.

생태 수심 2~5m의 암초 표면에서 흔히 발견된다. 물이 약간 흐리고, 강한 해류의 흐름이 없는 곳을 좋아한다. 한 마리가 단독으로 있기도 하지만, 대부분 5~10마리 정도가 무리 지어 서식한다.

분포 제주도를 포함한 전 연안

이야기마당

껍데기가 두 장이어서 조개로 오해하는 경우가 많지만 조개와는 전혀 다른 종입니다.

▲ 연안에서 흔히 발견된다.

▲ 조개와 비슷하게 생겼다.

▲ 암초 표면에 붙어 산다.

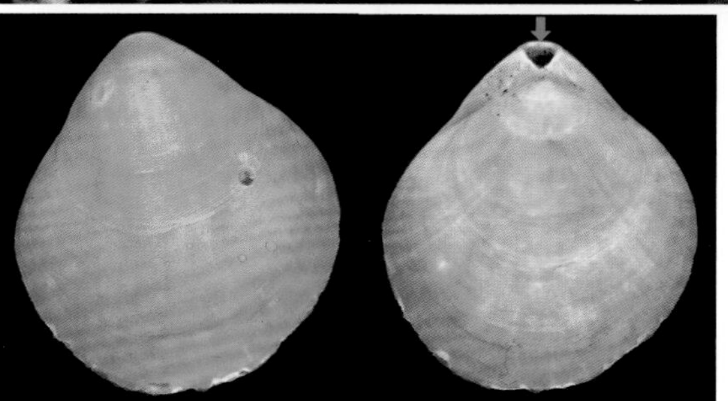

◀ 껍데기는 별다른 무늬 없이, 선홍색을 띤다(화살표 부분은 자루가 돌출되는 구멍).

붉은빛조개사돈

종혈목 붉은빛조개사돈과

학명 *Laqueus rubellus* (Sowerby)

특징 껍데기 길이와 너비 각각 1.5cm 내외. 껍데기는 위아래 두 장으로 구성되어 있다. 껍데기 표면에는 밝은 적갈색 또는 황갈색 바탕에 자라면서 생긴 옅은 갈색의 성장선이 흐릿하게 있고, 별도의 무늬나 반점은 없다. 아래쪽 껍데기는 아래로 볼록하게 휘어 있고, 위쪽 껍데기는 거의 편평하다.

생태 수심 5m 내외의 암초 표면에서 간혹 발견된다. 물빛이 흐리고, 미세한 찌꺼기가 많으며, 흐름이 강하지 않은 곳을 좋아한다.

분포 거문도, 독도

이야기마당

두 장의 껍데기로 구성되어 있다는 점은 조개와 비슷하지만, 껍데기 뒤쪽에 암초 표면에 붙기 위한 용도의 돌출된 구멍이 있다는 점이 다릅니다.

▶ 몸통 표면이 까칠까칠하다.

◀ 굴 껍데기 사이에 숨어 있다.

상어껍질별벌레

등촉수별벌레목 등촉수별벌레과

학명 *Phascolosoma scolops* (Selenka & deman)

특징 몸통은 늘어날 때의 길이가 5cm 내외로 가늘고 길지만, 수축할 때의 길이는 2cm 정도로 짧고 굵다. 전체적으로 둥근 막대 모양이며, 황갈색을 띤다. 몸통 뒤쪽 겉 표면은 작은 돌기로 덮여 있다.

생태 갯바위 아래쪽부터 수심 20m 내외의 암초 또는 다양한 여러 동물의 석회질 껍데기 등에서 발견된다. 몸통의 꼬리 부분은 구석진 틈이나 구멍 속에 단단히 박은 채 몸통 윗부분만 밖으로 뻗어 살아간다.

분포 제주도를 포함한 전 연안

이야기마당

입 주변의 돌기들이 펼쳐지면 '별 모양'으로 보여 '별벌레'라고 합니다.

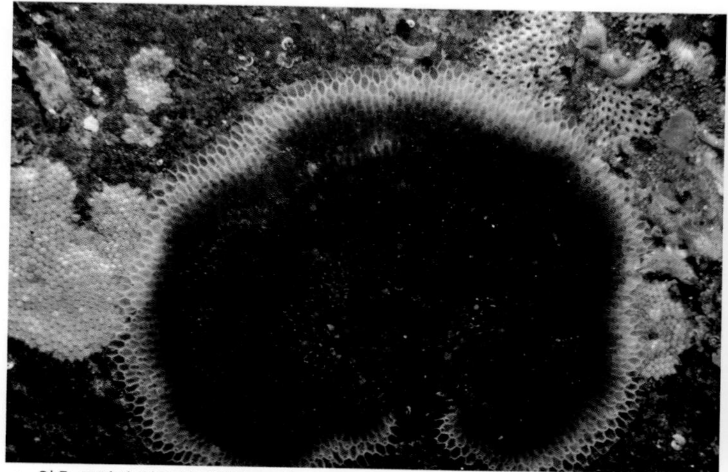

▲ 암초 표면의 얼룩 반점처럼 보이는 군체

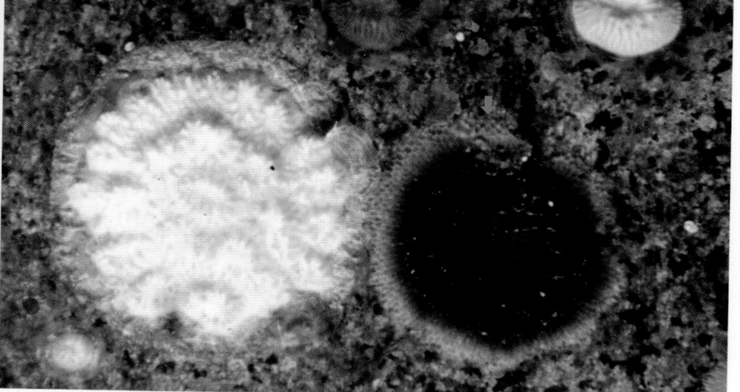

▲ 새로 생기는 개체는 황갈색을 띤다.(화살표 부분)

큰말바위이끼벌레 순구목 바위이끼벌레과

학명 *Hippopetraliella magna* (d'Orbigny)

특징 군체 지름 2cm 내외. 군체는 보통 보라색을 띠지만 가장자리를 따라 새롭게 생기는 개체는 밝은 황갈색을 띤다. 초기에 군체를 이룰 때에는 중심부로부터 동심원 모양으로 퍼져 가지만, 자라면서 점점 위로 솟구치기도 한다.

생태 수심 5~10m의 암초 표면에서 주로 발견되지만, 대형 해조의 잎이나 빈 조개껍데기 표면에서도 발견된다.

분포 주로 제주도를 포함하여 난류의 영향을 받는 남해 연안 외곽 섬 지역

이야기마당

이끼벌레 중 우리나라 바다에 살고 있는 것이 최근에 확인된 종입니다.

보리이끼벌레 순구목 사탕이끼벌레과

학명 *Caberea boryi* (Audouin)

특징 군체 너비와 높이 각각 10cm 내외. 군체는 녹갈색이나 황갈색 등 비교적 다양한 색깔을 띤다. 대부분 부채 모양이지만 동심원 모양을 나타내기도 한다.

생태 수심 3~10m의 암초 표면에서 비교적 흔히 발견된다. 가장 먼저 생긴 개충으로부터 가지가 뻗어 나가며 자라는데, 새롭게 생긴 개충은 처음 생긴 개충에 비해 촉수를 펼치며 먹이활동을 활발하게 한다.

분포 제주도를 포함하여 주로 난류의 영향을 받는 남해 연안 외곽 섬 지역. 난류의 영향이 없는 곳에서도 간혹 발견된다.

▲ 군체가 규칙적인 배열을 이루며 가지를 쳐서 자라난다.

이야기마당

우리나라에 살고 있는 이끼벌레류 중 매우 흔한 종입니다. 동물임에도 불구하고 일반인들은 해조류로 잘못 알기도 합니다.

▶ 군체가 녹갈색, 황갈색 등 다양한 색깔을 띤다.

▲ 부챗살 모양으로 자라는 모습

▲ 군체가 부드러워 물살에 쉽게 흔들린다.

라타이끼벌레

순구목 사탕이끼벌레과

학명 *Caberea lata* Busk

특징 군체 너비 10cm, 높이 5cm 내외. 군체는 밝은 황갈색 또는 적갈색을 띠며, 부챗살 모양 또는 동심원 모양이지만 간혹 반달 모양도 있다. 군체가 처음 자라기 시작할 때에는 가지 하나로 시작하지만, 그 후 일정한 모습으로 가지가 좌우 2개씩 점점 퍼져 나간다.

생태 주로 수심 5~10m의 암초 표면에서 발견되지만, 간혹 바닥의 자갈이나 빈 조개껍데기에 붙어 있기도 한다.

분포 제주도를 포함한 전 연안

이야기마당

건조된 상태에서도 부채 모양이 유지되며, 유연성이 있어 쉽게 부서지지 않습니다.

▲ 나무 덤불처럼 보이는 군체

세방가시이끼벌레

순구목 사탕이끼벌레과

학명 *Tricellaria occidentalis* (Trask)

특징 군체 너비 10cm, 높이 7cm 내외. 군체는 나무 덤불처럼 생겼으며, 밝은 황갈색 또는 옅은 황록색을 띤다. 군체의 각 가지는 끝부분으로 가면서 동그랗게 안쪽으로 말려드는 모습을 한다.

생태 수심 5m 내외의 암초 표면에서 흔히 발견된다. 물의 흐름에 따라 출렁거리는 모습이 얼핏 해조류처럼 보이기도 한다.

분포 제주도를 포함하여 난류의 영향을 받는 남해 연안 외곽 섬 지역과 울릉도, 독도

이야기마당

취미 생활로 잠수를 하는 일반 스쿠버 다이버의 경우 동물에 속하는 이 종을 해조류의 한 종으로 잘못 알고 있기도 합니다.

◀ 군체가 무리 지어 있다.

줄기다발이끼벌레류-A

순구목 다발이끼벌레과

학명 *Caulibugula* sp.-A

특징 각 군체 너비 5cm, 높이 7cm 내외. 군체는 짙은 아이보리색 또는 옅은 황갈색을 띤다. 하나의 줄기 끝에서 새로운 가지가 부챗살 모양으로 펼쳐지며, 각 가지에는 개충들이 자리 잡고 있다.

생태 매우 드물게 발견되는 종으로, 수심 10m 내외의 암초 표면에 산다.

분포 남해 서부 연안의 몇몇 외곽 섬 지역

이야기마당

우리나라 바다에는 비슷한 종류인 '줄기다발이끼벌레'가 살고 있습니다.

▲ 가지가 부챗살 모양으로 자라 하나의 군체가 된다.

치상이끼벌레

순구목 다발이끼벌레과

학명 *Bugula dentata* (Lamouroux)

특징 군체 너비 10~15cm, 높이 5cm 내외. 군체는 나무 덤불 모양이며, 전체적으로 녹갈색을 띤다. 2개의 가지로 나누어진 많은 가지로 하나의 군체가 구성된다.

생태 주로 수심 10m 내외의 암초 표면에서 발견되지만, 간혹 바닥의 자갈이나 빈 조개껍데기 표면에서도 발견된다.

분포 제주도를 포함하여 난류의 영향을 받는 남해 연안 외곽 섬 지역. 간혹 난류의 영향이 없는 곳에서 발견되기도 한다.

이야기마당

현미경으로 보면 각 개충의 표면에 이빨 또는 가시 모양 돌기가 관찰되기 때문에 영어로 *'dentata* (=teeth, 이)', 우리말로 '치상이끼벌레'라고 합니다.

▲ 지역에 따라 많은 수가 모여 있기도 한다.

▶ 솜털이 덮여 있는 나뭇가지처럼 보인다.

▲ 군체가 자라 작은 덤불처럼 보이기도 한다.

◀ 가지들은 부드러워서 물결에 쉽게 흔들린다.

꽃다발이끼벌레

순구목 다발이끼벌레과

학명 *Bugula subglobosa* Harmer

특징 군체 너비 15cm, 높이 10cm 내외. 군체는 나무 덤불 모양이며, 엷거나 짙은 황갈색을 띤다. 암초 표면에서 시작된 가지들은 다시 연속적으로 나뉘어 최종 덤불 모양의 군체를 이룬다.

생태 수심 5m 내외의 암초 표면에서 흔히 발견되며, 여러 개의 군체가 하나의 큰 집단을 이룬다. 군체의 가지는 비교적 부드러워서 물결에 쉽게 흔들린다.

분포 제주도를 포함하여 난류의 영향을 받는 남해 연안 외곽 섬 지역

이야기마당

아마추어 잠수부 중 어떤 사람들은 물속의 바위 표면에서 너울거리는 이 종의 모습을 보고 해조류로 착각하기도 합니다.

▲ 암초 표면에 꽃이 피어나듯 나타난다.

▲ 솜털처럼 보이는 가장자리의 군체

줄기다발이끼벌레류-B

순구목 다발이끼벌레과

학명 *Caulibugula* sp.-B

특징 각 군체 너비와 높이 모두 7cm 내외. 군체는 밝은 황갈색을 띤다. 암초 표면에 처음 부착하여 생긴 하나의 가지는 자라는 과정에서 여러 개의 가지로 나누어진다. 각각의 가지 끝에 솜털 같은 잔가지가 붙어서 전체적으로 '솜사탕'처럼 보이기도 한다.

생태 수심 5~10m의 암초 표면에서 드물게 발견된다. 가운데 줄기에서 뻗어 나간 가장자리의 군체는 해류의 흐름에 따라 부드러운 솜털처럼 흔들린다.

분포 제주도를 포함해 난류의 영향을 받는 남해 연안 외곽

이야기마당

우리나라에서는 연구가 많이 이루어지지 않아 잘 알려지지 않은 종입니다.

▲ 갯바위 아래쪽에 기름 찌꺼기처럼 붙어 있다.

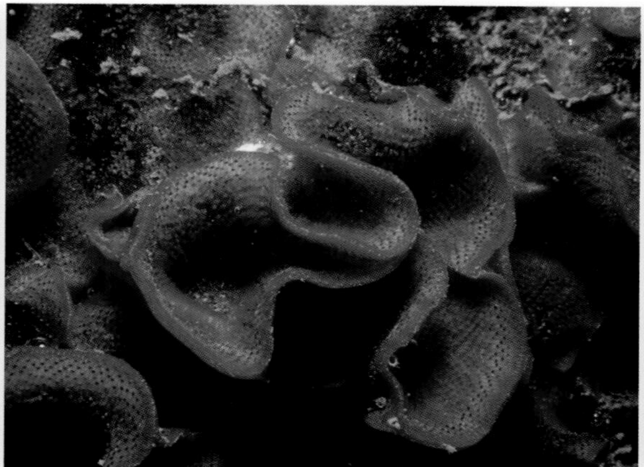

▲ 성장하면서 주름 잡힌 레이스처럼 위로 솟구친다.

▲ 죽은 개체는 회갈색 또는 회색을 띤다.

보라빛이끼벌레

순구목 물구멍이끼벌레과

학명 *Watersipora subovoidea* (d'Orbigny)

특징 군체 두께 1mm, 너비 7cm, 높이 1cm 내외. 군체는 형성 초기에는 수중 암초나 큰 자갈 표면을 덮으며 성장하다가, 너비가 5cm 정도 되면 주름이 잡히면서 위로 솟구치며 자란다. 죽은 개체는 짙은 회갈색이나 회색을 띠고, 손으로 만지면 쉽게 부서진다. 살아 있는 개체에서 볼 수 있는 표면의 작고 검은 점들은 각 개충의 뚜껑이다.

생태 주로 수심 5m 내외의 암초 표면에서 살지만, 썰물 때 갯바위 아래쪽에서 발견되는 경우도 흔하다.

분포 제주도를 포함한 전 연안

이야기마당

갯바위 조간대에서 가장 흔히 볼 수 있는 종이며, 우리나라의 대표적인 해적생물(오손생물)입니다.

틈/새/정/보

해적생물(오손생물)

바다에 살고 있는 모든 생물은 해양 생태계를 구성하는 데 있어 반드시 필요하며, 어느 종도 쓸모없는 것은 없다. 그러나 경제적 또는 환경적 관점에서 볼 때 인류에게 피해를 주는 생물이 있는데, 이를 '해적생물' 또는 '오손생물'이라고 한다. 대표적인 무리에는 선박의 아랫부분에 붙어서 선박 운항 시 물의 저항을 높여 연료를 더 많이 소모시키는 '따개비', '담치', '석회관갯지렁이'가 있고, 일부 이끼벌레류도 작게나마 피해를 끼친다. 그렇기 때문에 선박들은 정기적으로 배 아래에 붙어 있는 이러한 해적생물을 제거해 주는 번거로운 작업을 하기도 한다.

▲ 배 밑바닥에 붙어 있는 해적생물은 배의 속도를 떨어뜨리기 때문에 주기적으로 긁어내야 한다.

▲ 바다의 부표 아래에 많은 수의 '담치'가 붙게 되면 그 무게 때문에 부표가 물속으로 가라앉는다.

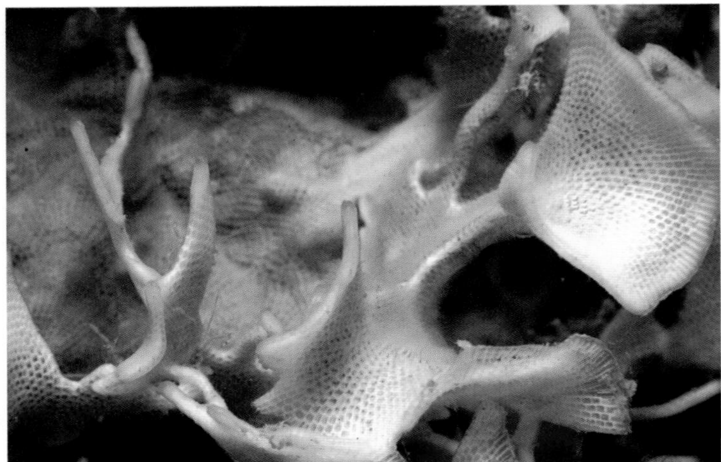

▲ 수컷 순록의 넓적한 뿔처럼 보이기도 한다.

▲ 개충이 납작한 가지 모양으로 위로 자라면서 군체를 이룬다.

미끈안방이끼벌레

순구목 안방이끼벌레과

학명 *Thalamoporella lioticha* (Ortmann)

특징 군체 너비와 높이 각각 30cm 내외. 보통 높이보다는 너비가 좀 더 크다. 군체는 밝은 황갈색을 띠며, 전체 모습이 순록의 뿔처럼 생겼다. 각 개충이 규칙적인 배열로 자라나 군체를 이룬다.

생태 수심 10m 내외의 암초 표면이나, 죽은 산호 또는 '산호붙이히드라'의 가지 등에서 간혹 발견된다. 군체는 석회질이 많아 손으로 만지면 쉽게 부서진다.

분포 제주도를 포함하여 난류의 영향을 받는 남해 연안 외곽 섬 지역

이야기마당

최초의 개충이 단단한 물체의 표면에 자리를 잡으면 새로운 개충이 옆이나 위로 생겨나 군체를 계속 키워 나가기도 하지만 한편으로는 죽기도 합니다.

▲ 가운데 가지로부터 양옆으로 곁가지를 일정하게 뻗으며 자란다.

▲ 둥근 모양의 봉우리처럼 많은 군체가 무리 지어 산다.

넓적부리이끼벌레

순구목 아데오넬라과

학명 *Adeonella platalea* (Busk)

특징 군체 너비 50cm, 높이 30cm 내외. 군체는 반구형으로, 황록색 또는 황갈색을 띠며, 수많은 곁가지로 구성되어 있다. 어린 군체는 유연성이 있어 부드럽지만, 자라면서 석회질이 많아지면 손으로 만져도 쉽게 부서진다.

생태 수심 5~10m의 수직 절벽 등에서 흔히 발견되며, 여러 개의 군체가 무리를 짓는 경우가 많다.

분포 제주도를 포함하여 난류의 영향을 받는 남해 연안 외곽 섬 지역

이야기마당

많은 군체가 무리 지어 수중 절벽에 붙어 있는 모습이 잘 꾸며진 정원의 손질한 나무와 비슷해 보입니다.

은협이끼벌레 순구목 창구멍이끼벌레과

학명 *Calyptotheca wasinensis* (Waters)

특징 군체 두께 0.1~0.2cm, 지름 3~5cm 내외. 군체는 황갈색 또는 적갈색을 띠며, 대부분 부채 모양이지만, 붙어 있는 바닥의 모양에 따라 다양한 모습을 나타내기도 한다. 각 개충은 다소 불규칙한 모습으로 서로 연결되어 있지만 한 마리 한 마리의 구분은 명확하다.

생태 아열대성 종으로, 우리나라 바다에서는 쉽게 볼 수 없다. 주로 암초 표면의 구석진 곳에 산다.

분포 제주도를 포함하여 난류의 영향을 받는 남해 연안 외곽 섬 지역

이야기마당

각 개충의 크기가 비교적 크기 때문에 이끼벌레류에 대한 연구나 학습에 이용하기 좋습니다.

▲ 군체는 부채 모양이다.

▶ 개충의 모양이 일정하지 않지만 기본적으로는 긴 타원형이다.

나뭇잎꼬인이끼벌레(신칭) 순구목 꼬인이끼벌레과

학명 *Flustra foliacea* (Linnaeus)

특징 군체 너비와 높이 각각 5cm 내외. 전체적인 외형이 은행잎과 비슷하며, 황갈색을 띤다. 각 군체의 끝부분은 다시 나뉘어 부채 모양으로 펼쳐지며, 각 군체에는 검은 점 모양의 개충이 나타난다.

생태 수심 3~15m의 암초나 바닥의 자갈, 빈 조개껍데기 등 여러 가지 단단한 물체의 표면에서 발견된다.

분포 제주도를 포함하여 난류의 영향을 받는 남해 연안 외곽 섬 지역

이야기마당

동남아시아 바다에서는 흔히 발견되지만 우리나라에서는 제주도에서도 찾아보기 어렵습니다.

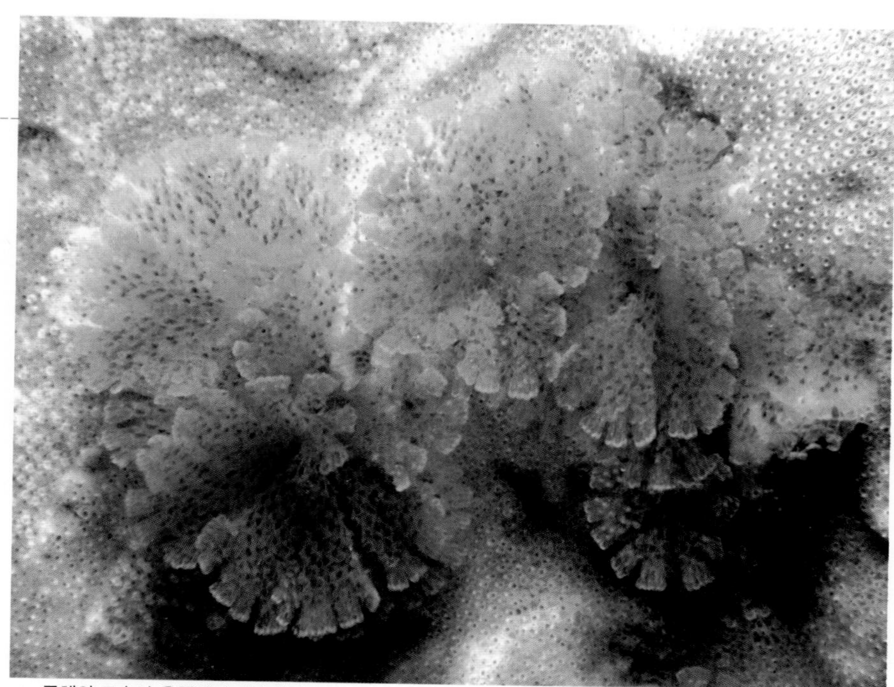

▲ 군체의 모습이 은행잎과 비슷하다.

▲ 분홍색을 띤 군체

▲ 흰색을 띤 군체

태양연구멍이끼벌레

순구목 연구멍이끼벌레과

학명 *Phidolopora pacifica* (Robertson)

특징 군체 너비 7cm, 높이 5cm 내외. 군체의 외형은 주름 잡힌 망사 천과 비슷하다. 색깔은 분홍색에서부터 흰색에 이르기까지 다양하며, 군체가 공기 중에 드러나 물기가 마르면 대부분 흰색이 된다.

생태 갯바위 아래쪽부터 수중 암초, 그물, 선박 표면 등 바닷속에 있는 단단한 물체에서 흔히 발견된다.

분포 제주도를 포함한 전 연안

이야기 마당

이끼벌레 중 여러 활동에 나쁜 영향을 주는 대표적인 해적생물입니다.

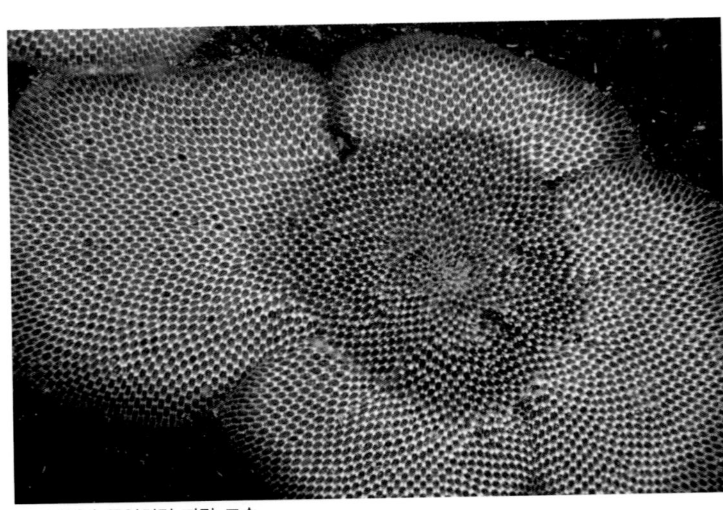

▲ 군체가 꽃잎처럼 자란 모습

▲ 중앙부에서 시작된 개충이 수를 늘리면서 동심원 모양으로 전체 군체를 만든다.

관막이끼벌레

순구목 막이끼벌레과

학명 *Membranipora tuberculata* Bosc

특징 군체 지름 5cm 내외. 군체는 붙어 있는 물체에 따라 다양한 모양으로 나타나지만, 가장자리 부분은 가운데 부분에 비해 색깔이 옅어서 늘 바닥 색이 비쳐 보인다. 각 개충은 하나하나가 명확히 구분되며, 대개 처음으로 군체가 형성되는 중심에서부터 방사상으로 뻗어 나간다.

생태 수심 5m 내외의 암초 표면이나 미역, 감태 등과 같은 대형 갈조류의 잎 등 해저의 단단한 물체에서 흔히 발견된다.

분포 제주도를 포함한 전 연안

이야기 마당

성장하면서 개체의 몸에 석회질이 축적되면 군체의 전체 표면이 거칠어 보입니다.

톱니막이끼벌레 순구목 막이끼벌레과

학명 *Membranipora serrilamella* Osburn

특징 군체 지름 5~7cm, 큰 개체의 경우 10cm 내외. 직사각형의 각 개충이 모여 동심원 모양으로 퍼져 가며 군체가 되는 것이 일반적이지만, 붙어 있는 물체에 따라 모양이 다양하게 나타나기도 한다. 전체적으로 순백색을 띠며, 가까이에서 관찰하면 각각의 개충이 흰색 벽으로 명확히 구분되어 보인다.

생태 수심 3~10m의 수중 암초에 붙어 사는 '감태'나 '다시마' 등과 같은 여러 종류의 대형 갈조류 잎을 덮으며 자란다.

분포 제주도를 포함하여 난류의 영향을 받는 남해 연안이나 섬. 난류의 영향을 받지 않는 곳에서도 간혹 발견된다.

이야기마당

톱니막이끼벌레가 양식하는 '미역'이나 '다시마' 표면을 덮을 경우 상품 가치가 떨어지기 때문에 어민에게는 해적생물로 여겨집니다.

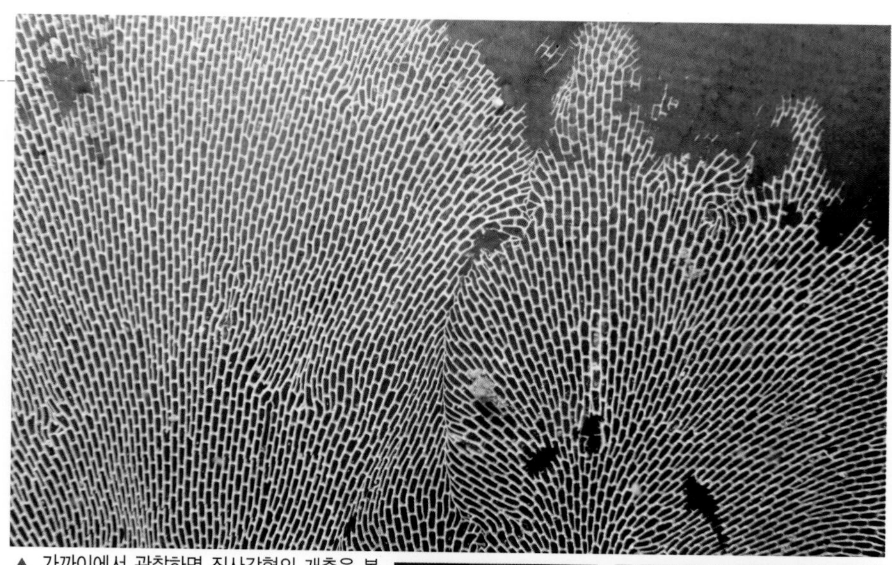

▲ 가까이에서 관찰하면 직사각형의 개충을 볼 수 있다.

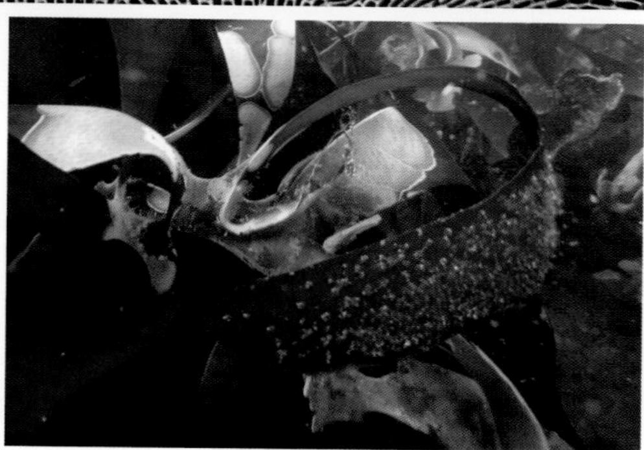

▶ 대표적인 이끼벌레 종으로 미역, 다시마 등의 잎을 덮으며 자란다.

▲ 군체의 끝이 부드러운 아기 손가락과 비슷하다.

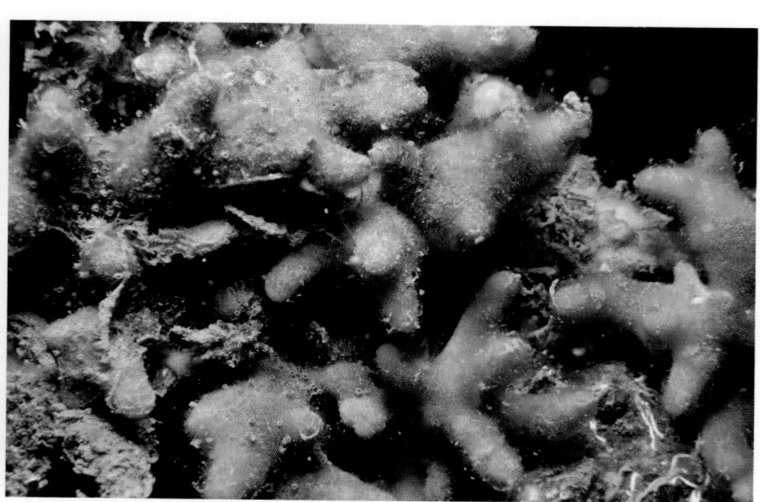

▲ 각 군체는 보통 한곳에 이웃하여 나타난다.

사가미스펀지이끼벌레 즐구목 스펀지이끼벌레과(신칭)

학명 *Alcyonidium sagamianum* Mawatari

특징 군체 너비 10cm, 높이 5cm 내외. 군체는 동그란 원통형 가지 모양으로 위로 솟구치며, 불규칙한 방향으로 자란다. 전체적으로 짧은 손가락 모양이고, 밝은 황갈색 또는 적황색을 띠며, 각 군체의 끝부분은 다소 붉은색이다.

생태 주로 수심 3~5m의 암초 표면에서 발견된다.

분포 제주도, 남해 연안

이야기마당

현재까지는 제주도를 포함한 우리나라 남해 연안과 일본에만 살고 있는 것으로 보고되었습니다.

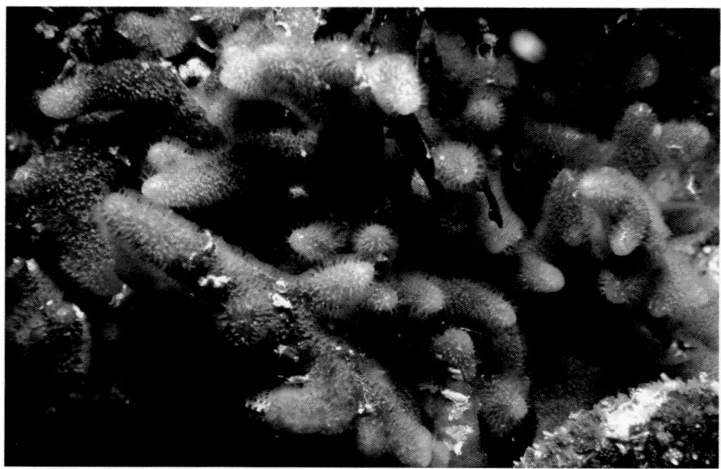

▲ 전체적으로 부드러운 느낌을 준다.

▲ 가까이에서 관찰하면 각 개충이 펼친 촉수를 볼 수 있다.

흰스펀지이끼벌레 즐구목 스펀지이끼벌레과(신칭)

학명 *Alcyonidium hirsutum* (Fleming)

특징 군체 최대 높이 5cm 내외. 군체는 위로 솟구치며 불규칙한 가지 모양으로 자란다. 전체적으로 밝은 황갈색을 띠며, 각 개충이 촉수를 펼치면 군체의 전체 표면이 융단처럼 보인다.

생태 수심 5~10m의 암초 표면에서 흔히 발견된다. 각 개충은 촉수를 사용하여 물속의 작은 찌꺼기나 플랑크톤을 잡아먹는다.

분포 동해 남부, 남해 연안

이야기마당

이끼벌레류 중에서는 드물게 군체가 유연하고 부드럽습니다.

▲ 군체의 곳곳이 볼록하게 솟아올라 있다.

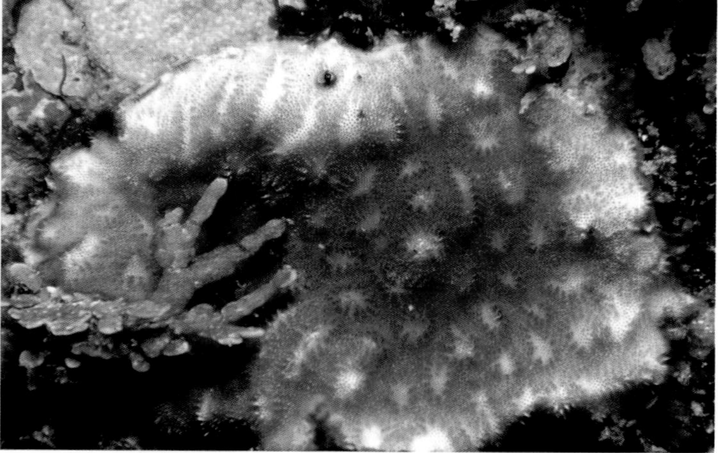

▲ 군체가 긴 타원형으로 자라기도 한다.

봉우리접시이끼벌레(신칭) 원구목 접시이끼벌레과

학명 *Disporella neapolitana* (Waters)

특징 군체 지름 10cm 내외. 군체는 둥근 모양으로 보라색 또는 밝은 황갈색을 띠며, 곳곳에서 위로 솟구치는 돌기(또는 화산 봉우리) 모양이 나타난다.

생태 수심 10m 내외의 암초 표면에서 드물게 발견되는 전형적인 아열대성 종으로, 얼핏 산호처럼 보이기도 한다. 암초 표면에 매우 단단히 붙어 있기 때문에 별도의 도구를 사용하더라도 군체의 전체 모습을 훼손시키지 않은 채 바위에서 떼어 내기는 쉽지 않은 일이다.

분포 제주도를 포함하여 난류의 영향을 받는 남해안 외곽 섬 지역과 독도

이야기마당

우리나라에서는 공식적으로 알려져 있지 않은 종으로, 앞으로 많은 연구가 필요합니다.

마당비유령갯지렁이

유령갯지렁이목 유령갯지렁이과

학명 *Thelepus setosus* (Quatrefages)

특징 촉수를 제외한 몸통 길이 10cm 내외. 몸통은 밝은 황갈색을 띤다. 머리 부분의 등쪽에는 선홍색 아가미가 있으며, 앞쪽에는 머리카락 같은 흰색의 촉수 다발이 있다.

생태 주로 갯바위 아래쪽부터 수심 15m 사이 자갈 바닥, 암초 지대의 구석진 틈이나 자갈 아래에 산다. 자신이 분비한 점액질과 주변의 찌꺼기를 사용하여 원통형 관을 만든 후, 그 속에서 평생 살아간다. 흰색의 길고 유연한 촉수를 사용하여 관 주변 바닥에 쌓인 찌꺼기나 작은 생물을 먹는다.

분포 제주도를 포함한 전 연안

이야기마당

촉수는 물속에서도 끈적거리는 성질을 잘 발휘하여 먹이를 잡거나 긁어모으는 데 문제가 없습니다.

▲ 촉수를 펼쳐서 먹이활동을 한다.

▶ 암초 표면에 만든 원통 모양의 관

긴자루석회관갯지렁이(신칭)

꽃갯지렁이목 석회관갯지렁이과

학명 *Semiserpula longituba* Imajima

특징 촉수를 제외한 몸통 길이 3cm 내외. 몸통은 옅은 황갈색을 띤다. 다양한 색깔의 아름다운 촉수를 가지고 있다. 몸통과 촉수를 수축시켜 석회질 관 속에 숨으면 눈에 띄지 않는다. 촉수를 펼치면 다양한 색깔의 아름다운 모습을 관찰할 수 있다.

생태 아열대성 종으로, 수심 3~40m의 암초 표면에서 간혹 발견되는 흔치 않은 종이다. 촉수를 포함한 감각 기관을 이용하여 주변의 환경 변화를 매우 빠르게 감지하기 때문에 가까운 거리에서 관찰하기가 매우 어렵다.

분포 제주도를 포함하여 난류의 영향을 받는 남해 연안 외곽 섬 지역과 울릉도, 독도

이야기마당

종 동정 과정, 즉 채집한 생물을 개별 종으로 구분할 때 이 종의 경우 석회질 관의 뚜껑(화살표 부분)이 중요한 기준으로 작용합니다.

▲ 아름다운 촉수를 가지고 있다.

▶ 촉수를 펼친 모습은 같지만, 촉수의 색깔은 다양하다.

▲ 현미경으로 확대한 모습

◀ 거머리말이나 해조류 잎에서 흔히 발견된다.

동그라미석회관갯지렁이

꽃갯지렁이목 석회관갯지렁이과

학명 *Dexiospira foraminosus* (Bush)

특징 몸통 길이 0.25cm, 관 지름 0.3cm 내외. 몸통은 황갈색을 띤다. 관은 흰색 석회질로 되어 있으며 보통 1~1.5번 꼬여 있고, 표면에 2~3줄의 굵은 줄무늬가 있다.

생태 대형 해조류의 잎에 붙어 사는데, 대부분 수십에서 수백 마리가 빽빽하게 붙어 있다. 주변 환경으로부터의 위험 요소가 없을 경우, 관 입구로 촉수를 펼쳐 물속의 찌꺼기나 플랑크톤을 걸러 먹는다.

분포 제주도를 포함한 전 연안

이야기마당

크기가 매우 작아 약간 먼 거리에서는 해조 잎에 있는 작은 흰색 점으로 보입니다.

▲ 많은 개체가 촉수와 아가미를 한꺼번에 펼치고 있다.

▲ 촉수와 아가미를 관 속으로 수축시킨 모습

솜털석회관갯지렁이

꽃갯지렁이목 석회관갯지렁이과

학명 *Filograna implexa* Berkeley

특징 관 지름 0.1cm 내외. 석회질 관 속에 살며, 촉수는 옅은 갈색, 아가미는 선홍색을 띤다.

생태 수심 1~10m의 암초 표면이나 기타 수중의 콘크리트 기둥 등 단단한 물체에 보통 수백 또는 수천 마리가 무리 지어 산다. 주변 환경의 변화에 매우 민감하여 사람이 조금만 가까이 다가가도 순식간에 촉수를 수축시켜 관 속에 넣는다.

분포 제주도를 포함한 전 연안

이야기마당

약간 먼 거리에서 살펴보면 부드러운 솜털에 둘러싸인 나무 덤불처럼 보입니다.

꽃갯지렁이류 꽃갯지렁이목 꽃갯지렁이과

학명 *Megalomma acrophthalmos* Grube

특징 촉수를 펼쳤을 때의 지름 3cm 내외. 개체마다 짙거나 옅은 보라색부터 적갈색에 이르기까지 다양한 색깔을 띤다. 촉수는 2개의 동그라미가 연결된 모양이다.

생태 아열대성 종으로, 수심 5~20m의 암초 표면에서 간혹 발견된다. 주변의 환경 변화에 매우 민감하게 반응하여 촉수를 수축시킨다.

분포 제주도를 포함하여 난류의 영향을 받는 남해 연안 외곽 섬 지역과 울릉도, 독도

이야기마당

우리나라에서는 연구가 거의 이루어지지 않은 종입니다. 세계 각지에서 새로운 종이 많이 발견되고 있으므로 우리나라도 많은 관심을 가지고 연구를 진행해야 할 것으로 생각됩니다.

▲ 주로 암초 구석진 곳에서 발견된다.

깔때기꽃갯지렁이

꽃갯지렁이목 꽃갯지렁이과

학명 *Myxicola infundibulum* (Renier)

특징 촉수를 제외한 몸통 길이 5cm 내외. 몸통은 옅은 황갈색을 띤다. 펼친 촉수는 깔때기 모양이며, 짙은 적갈색을 띠고 지름은 1.5cm 내외이다. 촉수와 촉수 사이는 전체가 반투명한 막으로 연결되어 있다. 몸통은 암초 구석이나 틈 사이에서 자신이 분비한 점액질로 만들어진 거의 투명한 관 속에 들어 있다.

생태 펼쳤던 촉수는 주변 환경의 변화에 매우 민감하게 반응하여 수축한다. 촉수의 점착성을 이용하여 물속의 작은 동물이나 플랑크톤을 잡아먹는다.

분포 제주도를 포함하여 난류의 영향을 받는 남해 연안 외곽 섬 지역과 울릉도, 독도

이야기마당

촉수는 젤리 같은 막으로 싸여 있으며, 점착성을 갖는데, 촉수를 움츠리면 겉면에 점액질이 덮여 촉수를 보호합니다.

▲ 끈적이는 촉수를 펼친 모습

▲ 펼친 촉수는 깔때기 모양이다.

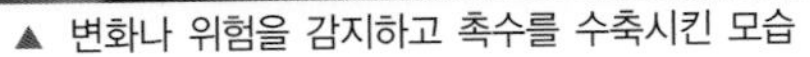
▲ 변화나 위험을 감지하고 촉수를 수축시킨 모습

▲ 촉수를 펼친 모습

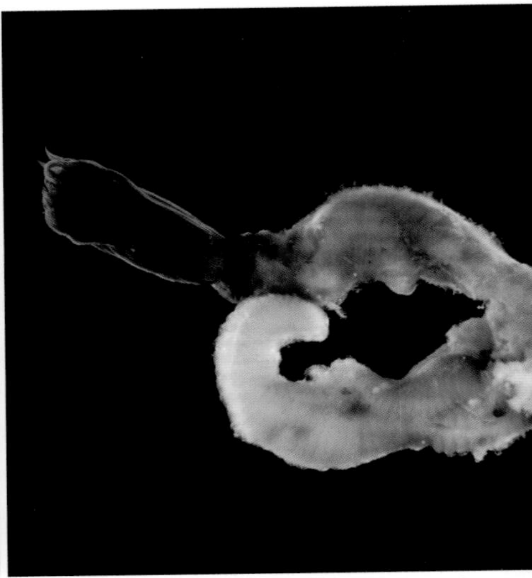
▲ 관을 제거한 상태에서 몸통과 촉수만 드러난 모습

솜털꽃갯지렁이

꽃갯지렁이목 꽃갯지렁이과

학명 *Sabellastarte japonica* (Marenzeller)

특징 촉수를 제외한 몸통 길이 8cm 내외. 몸통은 주로 옅은 황갈색을 띤다. 몸통 색깔은 이 종에 속하는 모든 개체가 서로 비슷하지만 촉수 색깔은 황갈색, 담황색, 보라색 등 개체마다 다르다.

생태 수심 3~20m에 있는 암초 표면의 구석진 곳에 산다. 질긴 가죽 같은 관을 만들어 그 속에 몸통을 넣고 촉수만 펼쳐서 물속의 플랑크톤을 걸러 먹는다.

분포 제주도를 포함한 전 연안

이야기마당

촉수에 있는 감각 기관을 이용하여 주변 환경의 변화나 위험을 감지하는데, 그 능력이 매우 뛰어나 작은 변화에도 재빨리 촉수를 수축시켜 관 속에 넣습니다.

▲ 암초 표면에서 간혹 발견된다.

옆눈비늘갯지렁이

부채발갯지렁이목 비늘갯지렁이과

학명 *Harmothoë imbricata* (Linné)

특징 몸통 길이 5cm 내외. 몸통의 등 쪽을 덮고 있는 15쌍의 비늘은 길이 방향의 가운데 부분과 좌우 가장자리로 구분되어, 가운데 부분은 흑갈색, 가장자리는 옅은 갈색을 띤다.

생태 수심 2~5m의 암초 표면이나 해조 숲 아래 또는 바닥의 자갈 아래 등에서 간혹 발견된다. 바위나 구석진 틈에서 매우 빠른 속도로 움직인다.

분포 제주도를 포함한 전 연안

이야기마당

우리나라에서는 흔치 않을 뿐만 아니라 크기도 작아 눈에 쉽게 띄지 않습니다.

두드럭비늘갯지렁이(신칭)

부채발갯지렁이목 비늘갯지렁이과

학명 *Lepidonotus spiculus* (Treadwell)

특징 몸통 길이 6cm 내외. 몸통은 적갈색을 띠는 12쌍의 비늘로 덮여 있다. 각 개체가 주변 환경의 색깔과 비슷하게 비늘 색깔을 변화시키기 때문에 비늘 색깔은 서식지의 주변 환경에 따라 다르게 나타난다.

생태 아열대성 종으로, 수심 5~10m의 암초 표면에서 매우 드물게 발견된다. 몸통 비늘의 색깔은 주변 환경과 비슷하고, 움직임도 활발하지 않아서 관찰하기가 쉽지 않다.

분포 제주도를 포함하여 난류의 영향을 받는 남해 연안 외곽 섬 지역과 독도

이야기마당

우리나라에서는 아직 공식적으로 보고되지 않은 종으로, 좀 더 깊이 있는 연구가 필요합니다.

▲ 주변 환경에 따라 비늘 색깔이 개체마다 약간씩 다르다.

얼굴예쁜이비늘갯지렁이

부채발갯지렁이목 비늘갯지렁이과

학명 *Lepidonotus tenuisetosus* (Gravier)

특징 몸통 길이 2cm 내외. 몸통 앞부분에는 한 쌍의 둥근 비늘이 덮여 있고, 몸통 윗부분에는 12쌍의 흑갈색 비늘이 덮여 있다. 꼬리 부분에는 1쌍의 항문 수염이 있다.

생태 수심 1~15m의 암초 표면에서부터 해조 숲 아래나 자갈 사이 등 매우 다양한 환경에 산다. 비늘의 전체적인 색깔과 무늬가 주변 환경과 비슷하여 움직이지 않고 있으면 눈에 쉽게 띄지 않는다.

분포 제주도를 포함한 전 연안

이야기마당

우리나라에 사는 비늘갯지렁이류 중 '짧은미륵비늘갯지렁이'와 함께 가장 흔히 발견되는 종입니다.

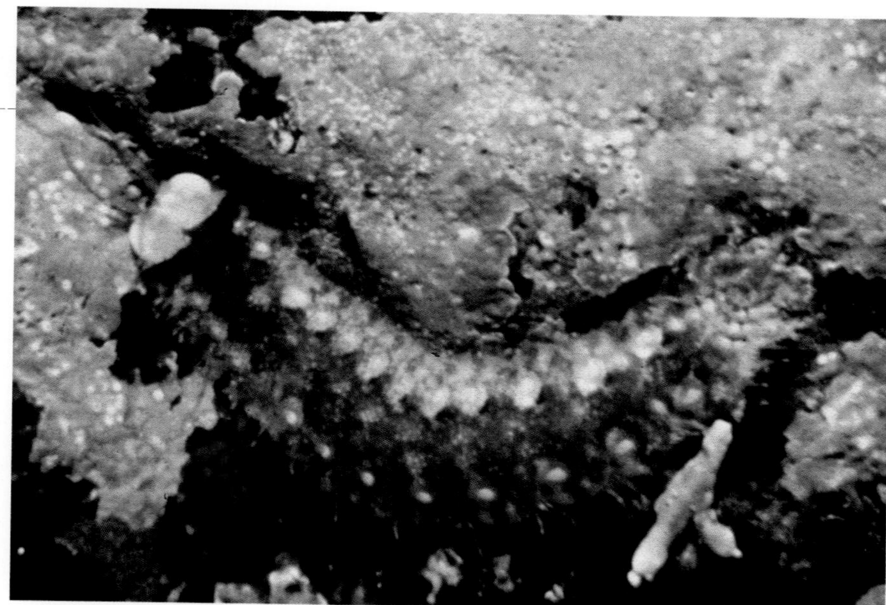

▲ 머리 부분을 덮는 한 쌍의 둥근 비늘이 특징이다.

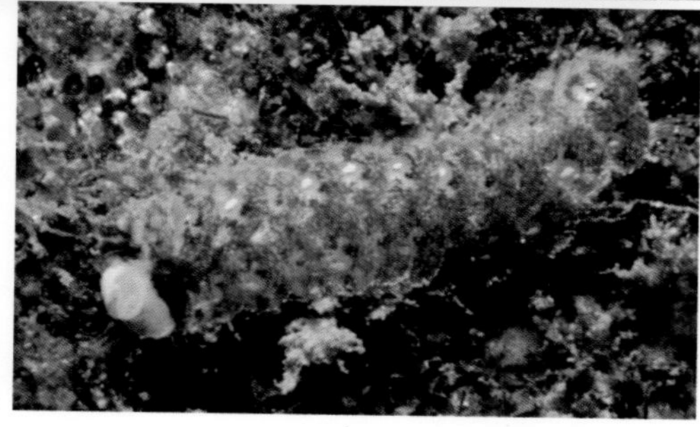

▶ 주변 환경과 비슷한 색으로 위장하고 있다.

▲ 암초 표면에서 간혹 발견된다.

녹색부채발갯지렁이

부채발갯지렁이목 부채발갯지렁이과

학명 *Eulalia viridis* (Linnaeus)

- **특징** 몸통 길이 7cm 내외. 몸통은 짙거나 옅은 녹갈색을 띤다. 다리의 끝부분은 뾰족하며 납작한 부채 모양으로 변형되어 있다.
- **생태** 수심 5~20m의 암초 표면이나 해조숲 아래에서 간혹 발견되며, 움직임이 매우 빠르다.
- **분포** 제주도를 포함하여 난류의 영향을 받는 남해 연안 외곽 섬 지역과 울릉도, 독도

이야기마당

변형된 발 끝부분이 부채와 비슷하여 '부채발' 이라는 이름을 갖게 되었습니다.

▲ 긴 몸통으로 암초 표면을 기어 다닌다.

녹색불꽃부채발갯지렁이

부채발갯지렁이목 부채발갯지렁이과

학명 *Eumida sanguinea* (Örsted)

- **특징** 몸통 길이 15cm 내외. 갯지렁이류 중 크기가 큰 편이다. 몸통은 황록색 또는 연두색 계통의 색깔을 띤다. 다리 끝은 뾰족하며 납작한 부채 모양으로 변형되어 있다.
- **생태** 수심 10m 내외의 해저 바닥에 놓인 자갈 아래나 암초 표면에서 간혹 발견되는 상당히 드문 종류이다. 움직임이 그리 빠르지 않다.
- **분포** 제주도를 포함하여 난류의 영향을 받는 남해 연안 외곽 섬 지역과 울릉도, 독도

이야기마당

우리나라 바다에 살고 있지만, 생태적 특성이 잘 알려져 있지 않아서 많은 연구가 필요합니다.

톱날염주발갯지렁이

부채발갯지렁이목 염주발갯지렁이과

학명 *Typosyllis ehlersioides* Marenzeller

- **특징** 몸통 길이 4cm 내외. 몸통의 등 쪽 각 마디에는 짙은 갈색 띠무늬가 있고 띠무늬를 중심으로 앞쪽으로는 다소 옅은 갈색 띠무늬가, 뒤쪽으로는 흰색 띠무늬가 있다. 다리는 염주알 같은 작은 구슬 모양의 마디로 길게 연결되어 있다.
- **생태** 주로 갯바위 아래쪽부터 수심 10m 사이의 해조 숲 아래에 살지만, 간혹 모래나 자갈 바닥에서도 발견된다.
- **분포** 제주도를 포함하여 난류의 영향을 받는 남해 연안 외곽 섬 지역과 울릉도, 독도

이야기마당

난류의 영향을 받더라도 오염된 곳에서는 발견되지 않는 것으로 보아 오염 정도를 나타내는 지표종으로 활용할 수 있을 것으로 보입니다.

▲ 등에는 여러 가지 색의 띠무늬가 있다.

▶ 현미경으로 확대한 몸통의 일부

그물등수염갯지렁이

부채발갯지렁이목 수염갯지렁이과

학명 *Hesione reticulata* Marenzeller

- **특징** 몸통 길이 5cm 내외. 몸통 좌우에 길고 부드러운 가시 모양의 다리가 있다. 전체적으로 약간 형광빛을 띤 옅은 갈색 바탕에 갈색 그물무늬가 있다.
- **생태** 수심 5~15m의 암초 표면에서부터 자갈, 모랫바닥 등 다양한 바닥 환경에 산다. 몸통 양옆으로 나 있는 긴 수염 같은 털은 움직임이 매우 빠르며, 주변 환경을 감지하는 감각 기능을 담당한다.
- **분포** 제주도를 포함하여 난류의 영향을 받는 남해 연안 외곽 섬 지역과 울릉도, 독도. 간혹 다른 연안에서 발견되기도 한다.

이야기마당

몸통 전체에 딱딱한 부분이 거의 없어 손으로 잡으면 물컹한 느낌이 듭니다.

▲ 암초 표면에서 빠르게 움직이고 있다.

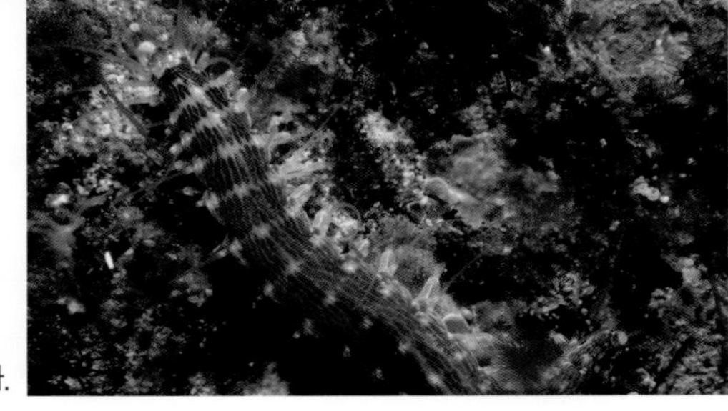

▶ 몸통 양옆에 긴 수염 같은 털이 나 있다.

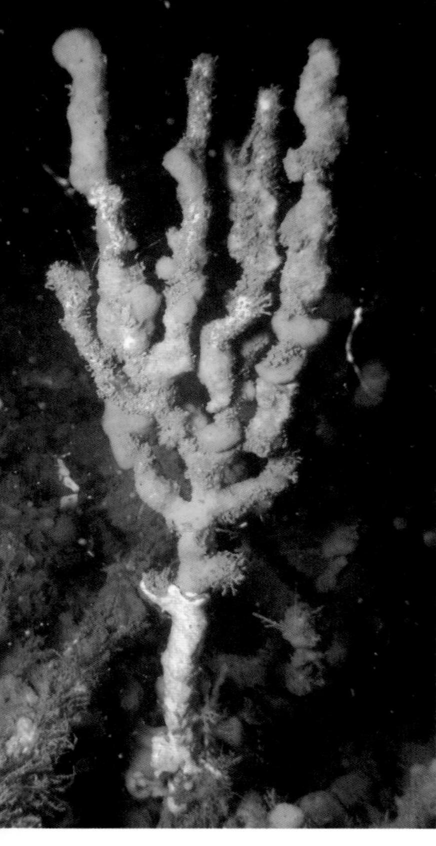

◀ 관의 전체 모습이 산호처럼 보인다.

▲ 지역에 따라 많은 수가 한곳에서 나타나기도 한다.

시칠리아길쭉털갯지렁이

털갯지렁이목 털갯지렁이과

학명 *Palola siciliensis* (Grube)

특징 관 높이 30cm 내외. 관은 하나의 바닥 가지에서 위로 솟으며 포크 또는 나뭇가지처럼 여러 갈래로 나뉘며, 옅은 갈색 또는 아이보리색을 띤다.

생태 우리나라 바다에 사는 갯지렁이류 중 대표적인 관 형성 갯지렁이로서, 여러 갈래로 나누어진 관 속에는 단 한 마리의 갯지렁이만 살고 있다.

분포 제주도를 포함한 전 연안

이야기마당

바닷가 주민들은 갯지렁이 관을 뜯어 그 속에 있는 갯지렁이를 잡아 낚시용 미끼로 사용하기도 합니다.

▲ 앞뒤 빨판을 사용하여 몸을 이동한다.

▲ 녹갈색을 띤 개체

붉은눈바다거머리

부리거머리목 바다거머리과

학명 *Pontobdella bimaculata* Oka

특징 몸통 길이 7cm 내외. 몸통은 회갈색이나 녹갈색을 띤다. 표면에는 삼각형 돌기가 많이 나 있으며, 몸통의 뒤쪽이 앞쪽(머리 쪽)보다 더 가늘고 빨판의 크기도 작다.

생태 몸통 전체를 길게 늘여 앞부분의 빨판을 바닥에 붙이고 뒷부분 빨판을 당기는 방법으로 앞으로 이동한다. 앞쪽의 빨판을 사용하여 민물 거머리처럼 다른 동물의 체액을 흡입하는 방법으로 먹이를 섭취한다.

분포 서해와 남해 연안

이야기마당

우리나라 바다에 사는 것으로 알려진 유일한 바다 거머리로, 다른 동물의 체액을 빨아 먹습니다.

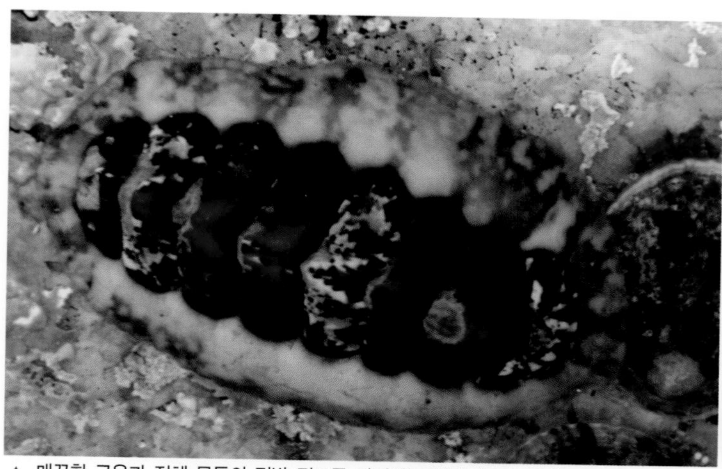

▲ 매끈한 근육과 전체 몸통의 절반 정도를 차지하는 껍데기판이 있다.

▲ 껍데기판과 근육은 각각 다양한 색깔을 띤다.

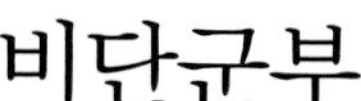

비단군부

신군부목 군부과

학명 *Onithochiton hirasei* Pilsbry

특징 몸통 길이 5cm 내외. 몸통은 타원형이고 8장의 껍데기판이 전체 몸통의 절반 정도를 차지하고 있다. 껍데기판과 가장자리의 근육 부분 색깔은 개체마다 차이가 있다. 껍데기판을 둘러싸고 있는 근육 부분의 표면은 매끈하다.

생태 수심 3~5m의 수중 암초 표면 또는 구석진 틈이나 자갈 아랫면 등에서 흔히 발견된다. 보통 때는 움직임이 활발하지 않지만 위험을 느끼면 재빠르게 주변의 은신처로 도망가 숨는다.

분포 제주도를 포함한 전 연안

이야기마당

근육 부분의 표면이 비단처럼 매우 아름답고 매끈해서 '비단군부' 라고 합니다.

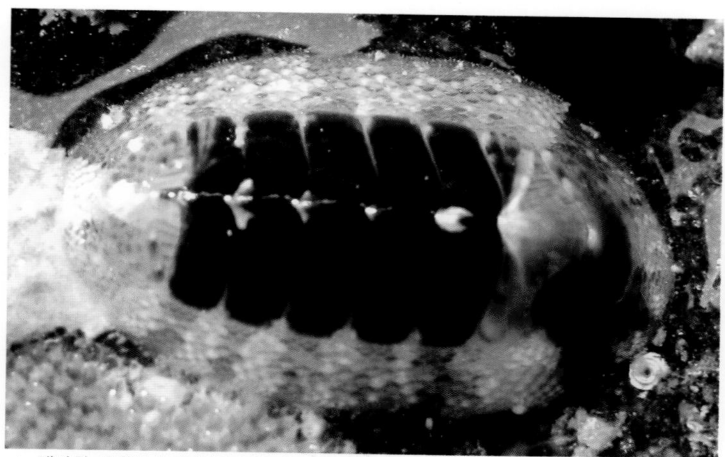

▲ 갯바위 아래쪽 물에 젖은 부위에서 발견된다.

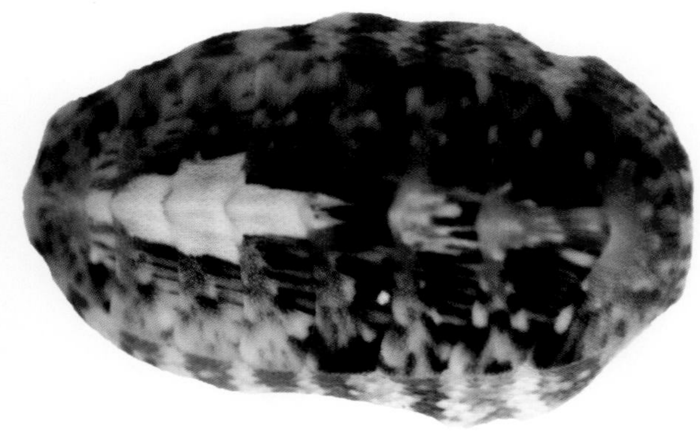

▲ 개체마다 다양한 색깔을 띤다.

꼬마군부

신군부목 군부과

학명 *Rhyssoplax kurodai* (Is. & Iw. Taki)

특징 몸통 길이 2cm 내외. 우리나라에 사는 군부류 중 소형종에 속한다. 몸통은 타원형에 가깝고, 전체 몸통에서 8장의 껍데기판이 차지하는 비율은 절반을 조금 넘는다. 껍데기판과 가장자리의 근육 색깔은 개체마다 다양하지만, 보통 분홍색이나 선홍색 계통의 색깔을 띤다.

생태 주로 수심 3m 내외의 수중 암초 표면에 살지만, 갯바위 아래쪽에서 발견되기도 한다. 바위 위를 빠르게 움직이며 바닥의 돌말이나 해조를 갉아 먹는다.

분포 제주도를 포함하여 난류의 영향을 받는 남해 연안 섬 지역

이야기마당

우리나라에 서식하는 군부류 중 크기가 작은 편이기 때문에 '꼬마군부' 라고 합니다.

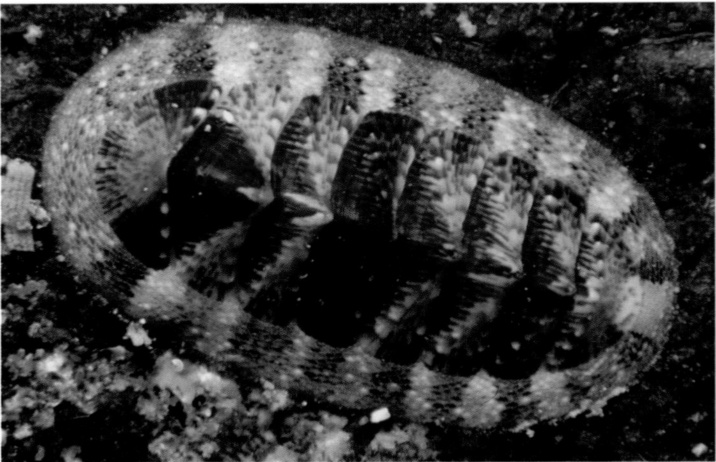
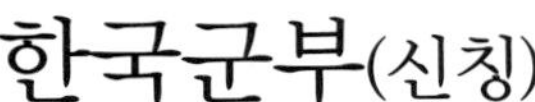
▲ 근육 부분에 띠무늬가 있다.

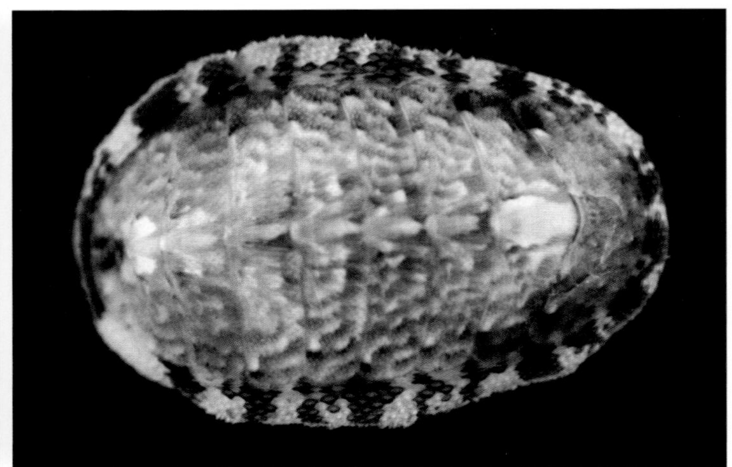
▲ 띠무늬를 포함한 몸통의 색깔이 다양하다.

한국군부(신칭)

신군부목 연두군부과

학명 *Lepidozona coreanica* (Reeve)

특징 몸통 길이 4cm 내외. 몸통은 타원형이고, 전체 몸통의 3/4 정도를 8장의 껍데기판이 덮고 있다. 껍데기판 가장자리의 근육 부분 표면은 비늘 같은 조각으로 덮여 있다. 전체 색깔은 개체마다 상당히 다르지만, 모든 개체가 근육에 근육 색과는 다른 색의 띠무늬가 있다.

생태 수심 5~10m의 암초 표면이나 바닥의 자갈 아랫면에서 간혹 발견되는 흔치 않은 종이다. 움직임이 매우 빨라서 위험을 느끼면 재빨리 자갈 밑이나 바위틈으로 도망친다.

분포 제주도를 포함하여 난류의 영향을 받는 남해 연안 섬 지역

이야기마당

학명에 우리나라 이름(*coreanica*)이 붙었음에도 불구하고 아직 공식적인 우리말 이름이 없습니다.

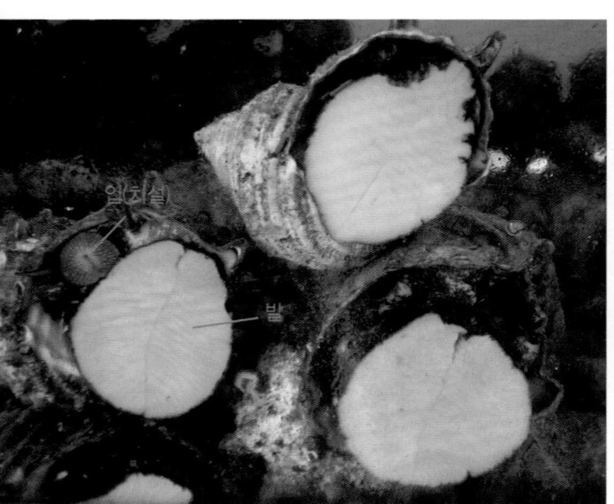

▲ 치설을 이용하여 해조를 갉아 먹는다.

▲ 단단한 석회질 뚜껑이 있다.

▲ 수중 암초 표면에서 흔히 발견된다.

소라

원시복족목 소라과

학명 *Turbo cornutus* (Lightfoot)

특징 껍데기 높이 10cm 내외. 껍데기는 두껍고 단단하며, 표면에는 강한 가시 모양의 돌기가 있지만, 가시가 없는 것도 있다. 가시의 발달과 존재 유무의 원인에 대해서는 아직도 명확히 밝혀진 것이 없다.

생태 주로 수심 2~20m의 수중 암초 표면에 산다. 약간 따뜻한 물을 좋아하는 종으로, 차가운 바다에서는 살지 않는다. 입 속에 있는 치설을 이용하여 해조를 갉아 먹는다.

분포 제주도를 포함하여 난류의 영향을 받는 동해 남부, 남해 및 서해 연안과 섬 지역

이야기마당

식탁에서 접할 수 있는 친숙한 바다 동물 중 한 종으로, 주로 해녀들이 잠수하여 잡습니다.

바퀴고둥

원시복족목 소라과

학명 *Astralium haematragum* (Menke)

- **특징** 껍데기 너비와 높이 3cm 내외. 껍데기 표면 각 층의 가장자리를 따라 가시 모양의 돌기가 있지만, 오래된 경우 여러 생물이 껍데기 표면을 덮어 보이지 않기도 한다. 비슷한 종인 '바퀴밤고둥'과 전체적인 겉모습이 매우 비슷하지만 껍데기 아래 중앙부에 구멍이 없다는 점이 다르다.
- **생태** 아열대성으로, 수심 5~10m의 수중 암초 표면에 살며, 해조를 갉아 먹는다.
- **분포** 제주도를 포함하여 난류의 영향을 받는 남해 연안 섬 지역과 울릉도

이야기마당

대부분 껍데기가 석회질의 해조나 해면 또는 이끼벌레 등에 의해 덮여 있어서 실제로 이 종의 껍데기 모습이 그대로 나타나는 것을 발견하기 어렵습니다.

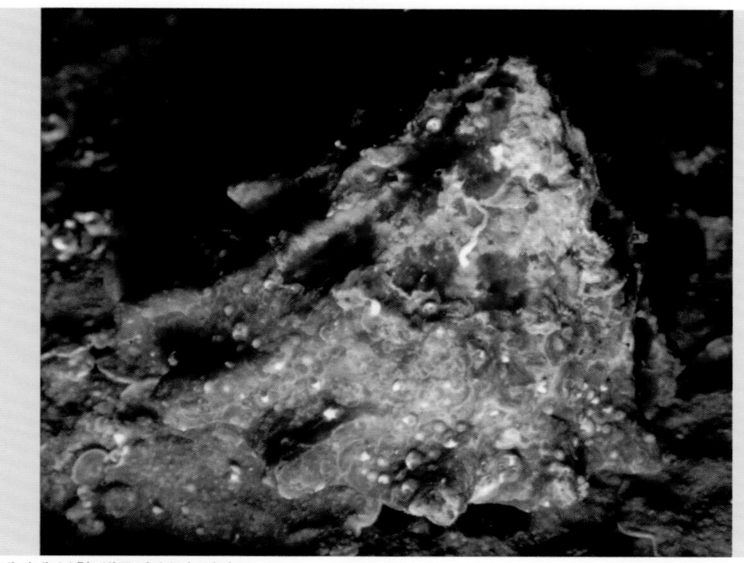

▲ 껍데기에 부착 생물이 붙어 있다.

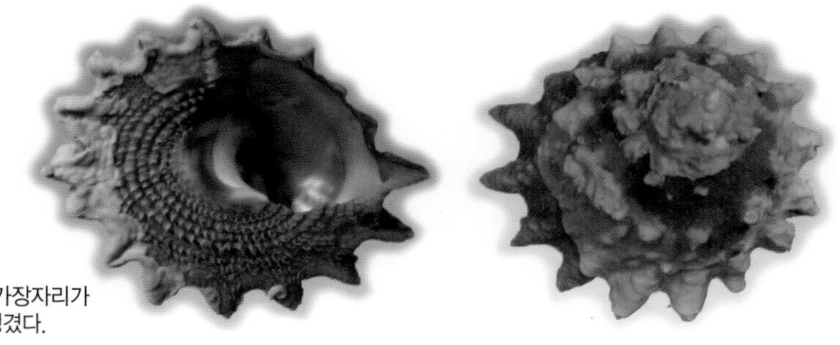

▶ 껍데기 바닥의 가장자리가 톱니바퀴처럼 생겼다.

팥알고둥

원시복족목 소라과

학명 *Homalopoma nocturnum* (Gould)

- **특징** 껍데기 너비 0.7cm 내외. 껍데기는 선홍색이고, 특별한 무늬는 없으나 표면에 나선형의 주름이 있다. 껍데기 안쪽은 흰색을 띤다.
- **생태** 주로 갯바위 아래쪽부터 수심 5m 이내의 해조 숲 아래에 산다. 해조 숲이 없는 수중 암초에서는 잘 발견되지 않는다.
- **분포** 제주도를 포함한 전 연안

이야기마당

크기가 작지만, 껍데기가 선명한 선홍색이기 때문에 물이 빠져 갯바위가 드러날 때 조금만 주의를 기울여 살펴보면 갯바위 아래의 해조에서 쉽게 발견할 수 있습니다.

▲ 작고 단단한 껍데기가 팥 알갱이를 닮았다.

▶ 껍데기를 이루는 층이 뚜렷하게 보이지 않는 것도 있다.

▲ 위아래로 납작한 모양이다.

◀ 껍데기 가장자리에 톱니바퀴 모양의 가시가 있다.

납작소라

원시복족목 소라과

학명 *Pomaulax japonicus* (Dunker)

특징 껍데기 높이 10cm 내외. 중형 종으로, 껍데기는 위아래로 납작한 모양이다. 껍데기를 구성하는 각 층의 가장자리를 따라 강한 가시가 톱니바퀴 모양으로 나 있지만 성장 과정에서 닳거나 부서지기도 한다.

생태 수심 10m 내외의 암초 표면에서 간혹 발견된다. 야행성이어서 낮에는 움직이는 모습을 관찰하기 어렵다.

분포 동해 중·남부 해역

이야기마당

우리가 즐겨 먹는 소라를 위아래로 눌러놓은 것처럼 납작하게 생겼습니다.

▲ 껍데기 색이 주변 환경과 거의 비슷하다.

◀ 껍데기 속의 발을 넓게 펼쳐 바닥을 빠르게 기어 다닌다.

오분자기

원시복족목 전복과

학명 *Sulculus diversicolor supertexta* (Lischke)

특징 껍데기 길이 5cm 내외. 전복류 중 소형에 속하며, 껍데기 색은 주변 환경과 거의 비슷하다. 등에 6~7개의 호흡공이 있다. 자라면서 생긴 껍데기 표면의 성장선과 나선형 주름이 비슷한 종류인 '마대오분자기'에 비해 상대적으로 부드럽다.

생태 야행성이어서 낮에는 수심 5~15m의 구석진 암초 틈이나 큰 자갈 아래에 숨어 있고, 밤에는 밖으로 기어 나와 암초 또는 자갈 표면의 돌말이나 해조를 갉아 먹는다.

분포 제주도를 포함하여 난류의 영향을 받는 남해 섬 지역과 울릉도, 독도, 경상북도와 강원도 일부의 동해안

이야기마당

속살에 해당되는 근육은 전복과 맛이 비슷하지만, 전복에 비해 개체 수가 적어 전복보다 귀하게 여깁니다.

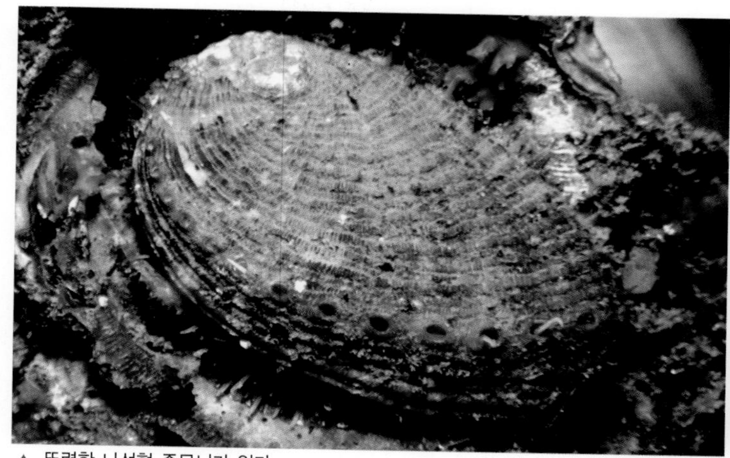
▲ 뚜렷한 나선형 줄무늬가 있다.

▲ 성장이 빠른 개체는 나선형 줄무늬가 뚜렷하지 않기도 하다.

마대오분자기

원시복족목 전복과

학명 *Sulculus diversicolor diversicolor* (Reeve)

특징 껍데기 길이 5cm 내외. 등에는 나선형의 주름과 6~7개의 호흡공이 있다. 전체적으로 '오분자기'와 비슷하나 껍데기 표면은 그에 비해 거칠다.

생태 야행성으로, 낮에는 수심 5~15m의 구석진 암초 틈이나 큰 자갈 아래에 숨어 있다가, 밤에 기어 나와 바위나 자갈 표면의 돌말이나 해조를 갉아 먹는다.

분포 제주도를 포함하여 난류의 영향을 받는 남해 연안 외곽 섬 지역과 울릉도, 독도. 강원도 지역 동해안에서도 간혹 발견된다.

이야기마당

껍데기 표면의 거친 정도만 제외하면 전체 모양이 '오분자기'와 거의 비슷하여 같은 종이라고 주장하는 학자도 있습니다.

▲ 낮에는 암초 구석에 숨어 있다.

▲ 양식산 북방전복. 양식한 개체의 껍데기는 녹색을 띤다.

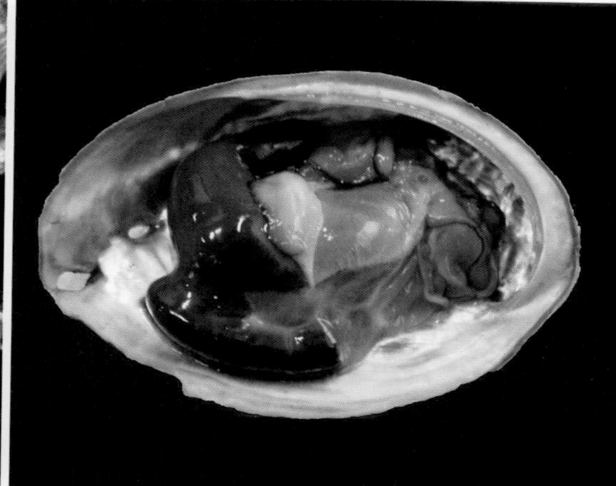
▲ 내장은 젓갈로 이용된다.

북방전복

원시복족목 전복과

학명 *Nordotis discus hannai* (Ino)

특징 껍데기 길이 10cm 내외. 납작한 한 장의 껍데기처럼 보이지만 각정은 일반 고둥류처럼 꼬여 있다. 껍데기의 등 면에는 4~5개의 호흡공이 있다. 사람 손에 자란 개체의 경우, 껍데기 색깔은 전체적으로 녹색이다.

생태 주로 3~10m의 암초 표면에 산다. 야행성으로, 낮에는 구석진 바위틈이나 큰 자갈 밑에 숨어 있다. 껍데기 색깔이 주변의 환경과 거의 비슷하기 때문에 눈에 잘 띄지 않는다.

분포 제주도를 포함한 전 연안

이야기마당

우리에게 매우 친숙한 바다 생물로, 고둥류 중 가장 원시적인 형태를 띠는 종입니다. 단단한 속살뿐만 아니라 내장도 '개오젓'이라는 이름의 젓갈로 가공됩니다.

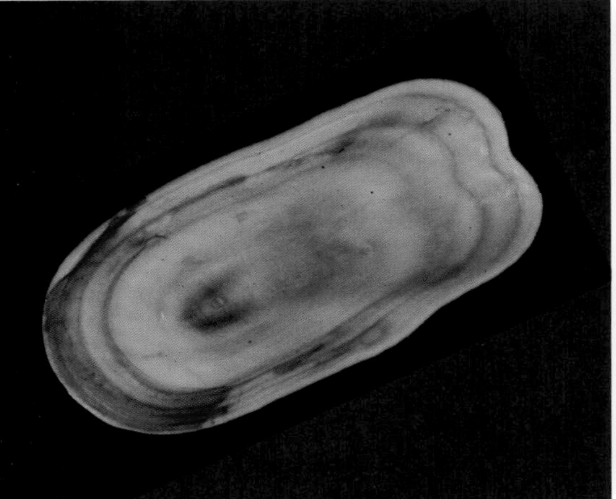

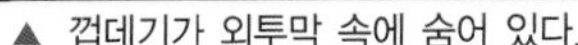
▲ 껍데기가 외투막 속에 숨어 있다.

▲ 외투막이 몸 전체를 감싸고 있다.

▲ 바닥의 자갈 밑에 산다.

비단구멍삿갓조개

원시복족목 구멍삿갓조개과

학명 *Scutus sinensis* (Blainville)

특징 껍데기 길이 4cm 내외. 껍데기는 납작한 모양이고, 다른 고둥처럼 꼬임이나 돌기, 가시 같은 장식이 없다. 살아 있을 때에는 껍데기 전체가 외투막에 덮여 있기 때문에 밖으로 드러나지 않는다. 껍데기 색깔은 비교적 일정하지만 몸통의 근육 색깔은 각 개체마다 다르다.

생태 수심 10m 내외의 암초 표면이나 자갈 바닥에서 간혹 발견된다. 주변의 해조나 바닥의 돌말을 갉아 먹는다.

분포 제주도를 포함한 남해 및 동해 남부 연안

이야기마당

살아 있을 때에는 껍데기가 외부로 드러나지 않기 때문에 갯민숭달팽이류로 착각하기도 합니다.

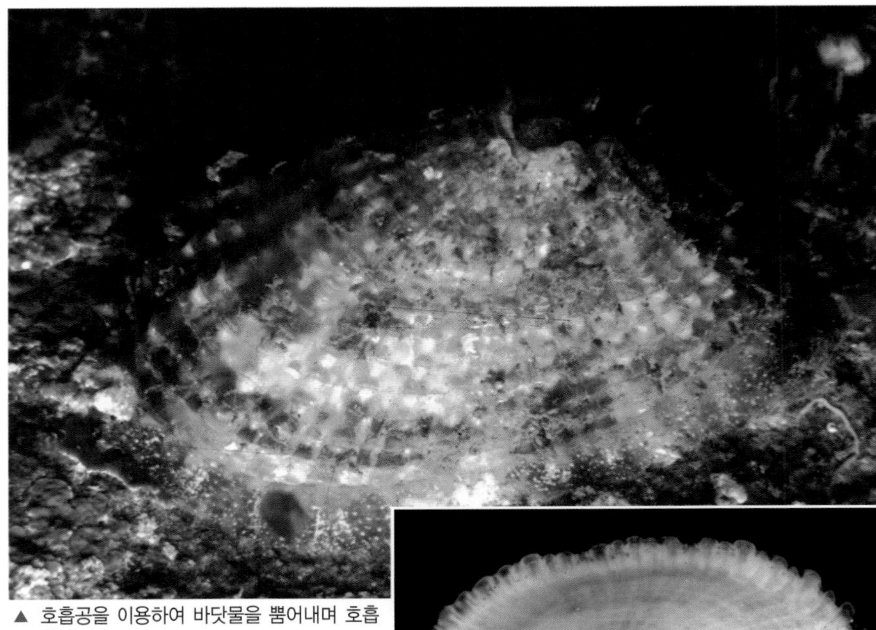
▲ 호흡공을 이용하여 바닷물을 뿜어내며 호흡한다.

▶ 빈 껍데기에서는 각정의 구멍을 명확하게 볼 수 있다.

주름구멍삿갓조개

원시복족목 구멍삿갓조개과

학명 *Diodora quadriradiatus* (Reeve)

특징 껍데기 길이 3cm 내외. 옅은 갈색 또는 아이보리색 바탕에 1개의 구멍이 뚫려 있는 각정으로부터 아래쪽 방향으로 짙은 갈색 줄무늬가 있다.

생태 아열대성 종이다. 주로 갯바위 아래쪽부터 수심 5m 이내의 암초 표면 또는 자갈 바닥에 산다.

분포 제주도를 포함하여 난류의 영향을 받는 남해 연안 섬 지역

이야기마당

아열대성 종으로, 동해 중·북부 연안에서 매우 드물게 발견되었지만, 최근 해수 온도가 오르고 있어 서식지가 점점 북쪽으로 이동하고 있습니다.

▲ 몸통이 껍데기에 비해 훨씬 크다.

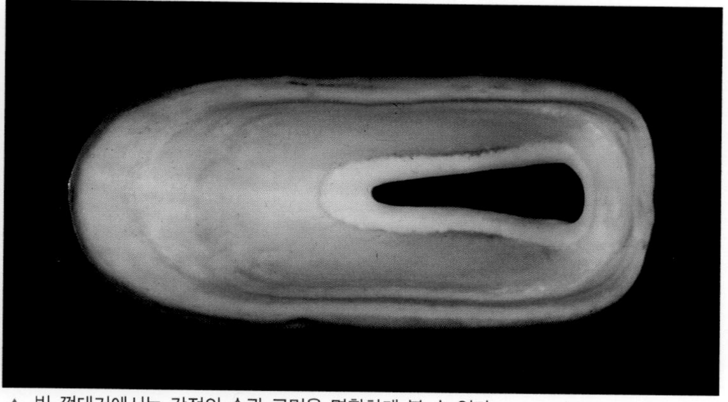

▲ 빈 껍데기에서는 각정의 수관 구멍을 명확하게 볼 수 있다.

구멍삿갓조개

원시복족목 구멍삿갓조개과

학명 *Macroschisma sinense* A. Adams

특징 껍데기 길이 3cm 내외. 전체적으로 길고 납작하면서 가운데가 약간 솟아 있으며, 껍데기가 마치 큰 덩어리의 몸통 앞쪽에 얹혀 있는 모습이다. 껍데기의 솟아 있는 가운데 부분으로부터 뒤쪽으로 길게 수관이 통과하는 구멍이 뚫려 있다.

생태 주로 수심 3~5m 부근의 암초 표면 또는 해조 숲 부근에 산다.

분포 제주도를 포함한 전 연안

이야기마당

호흡에 사용한 물과 함께 몸속의 노폐물을 수관을 통해 몸 뒤로 뿜어내므로 한 번 사용한 물은 몸통 속으로 다시 흡입되지 않습니다.

부리구멍삿갓조개

원시복족목 구멍삿갓조개과

학명 *Puncturella nobilis* (A. Adams)

특징 껍데기 길이 2cm 내외. 껍데기는 흰색이나 아이보리색을 띠지만, 죽으면 갈색을 띠기도 한다. 뾰족하게 솟은 각정은 끝부분에서 다소 뒤로 젖혀져서 새의 부리처럼 보인다. 각정으로부터 껍데기 아래쪽 방향으로 30개 내외의 주름이 있다.

생태 수심 5~10m에 있는 암초 표면에서 발견되기도 하지만, 주로 수심 20m 이상의 깊은 곳에 살기 때문에 살아 있는 개체를 발견하기가 매우 어렵고, 퇴적물과 함께 죽은 껍데기를 채집하는 경우가 많다.

분포 제주도를 포함한 전 연안

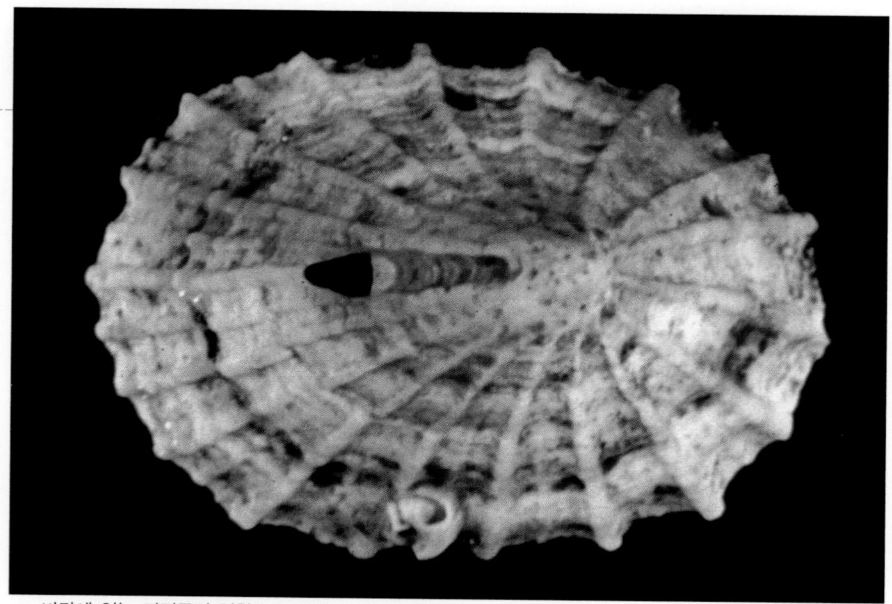

▲ 바닥에 있는 퇴적물의 영향으로 껍데기 일부가 황갈색으로 물들어 있다.

이야기마당

호흡에 사용한 바닷물은 몸에서 배출된 다양한 노폐물과 함께 껍데기 윗부분에 뚫려 있는 호흡공을 통해 밖으로 빠져 나갑니다.

▲ 껍데기는 기본적으로 흰색을 띤다.

◀ 이끼벌레와 석회 조류로 덮여 있는 모습

흰삿갓조개 원시복족목 흰삿갓조개과

학명 *Acmaea pallida* (Gould)

특징 껍데기 길이 5cm 내외. 껍데기는 두껍고 단단하며, 흰색 또는 옅은 갈색 바탕에 특별한 무늬는 없다. 각정에서부터 아래쪽으로 굵은 주름이 많이 나 있다.

생태 수심 2~10m의 암초 또는 큰 자갈 표면에서 흔히 발견된다. 껍데기는 '이끼벌레' 등 다양한 종류의 다른 생물로 덮여 있는 경우가 많다. 바닥의 돌말이나 해조를 갉아 먹는다.

분포 제주도를 포함한 전 연안

이야기마당

비교적 흔한 원시 형태의 고둥이지만, 주로 밤에 움직이기 때문에 낮에는 활동하는 모습을 보기가 쉽지 않습니다.

▲ '바퀴고둥'과 달리 가운데 부분에 구멍이 있다.

▶ 껍데기 가장자리에 나 있는 돌기가 톱니바퀴와 비슷하다.

바퀴밤고둥 원시복족목 밤고둥과

학명 *Trochus sacellum rota* (Dunker)

특징 껍데기 너비 3cm 내외. 껍데기에는 적갈색 바탕에 흰색의 불규칙한 반점이 있고, 각 층의 가장자리에는 잘 발달한 돌기가 톱니바퀴 모양으로 나 있다. 전체적인 모습은 '바퀴고둥'과 비슷하지만 아래 가운데 부분에 구멍이 있다는 점에서 그것과 구분된다.

생태 주로 수심 5m 내외의 수중 암초 표면에 산다. 야행성으로, 낮에는 구석진 바위틈이나 자갈 사이에 숨어 있다가, 밤에 주위를 기어 다니며 해조를 갉아 먹는다.

분포 제주도를 포함하여 난류의 영향을 받는 남해 연안 섬 지역과 울릉도

이야기마당

껍데기를 뒤집어 구멍의 유무를 확인하면 '바퀴고둥'과 구별할 수 있습니다.

명주고둥

원시복족목 밤고둥과

학명 *Chlorostoma xanthostigma* A. Adams

- **특징** 껍데기 너비 4cm 내외. 껍데기는 녹갈색 바탕에 특별한 무늬나 돌기가 없이 매끈하다. 겉모습이 비슷한 다른 고둥에 비해 표면의 밋밋함이 이 종의 특징이기도 하다.
- **생태** 주로 갯바위 아래쪽부터 수심 5m 부근의 암초 표면이나 해조 아래에 산다. 야행성으로, 밤에 바닥을 기어 다니며 주변의 해조나 바닥의 돌말을 갉아 먹는다.
- **분포** 제주도를 포함한 전 연안

이야기마당

해녀들이 잠수하거나 썰물 때 갯바위에서 채취하며, 먹기도 하는 고둥입니다.

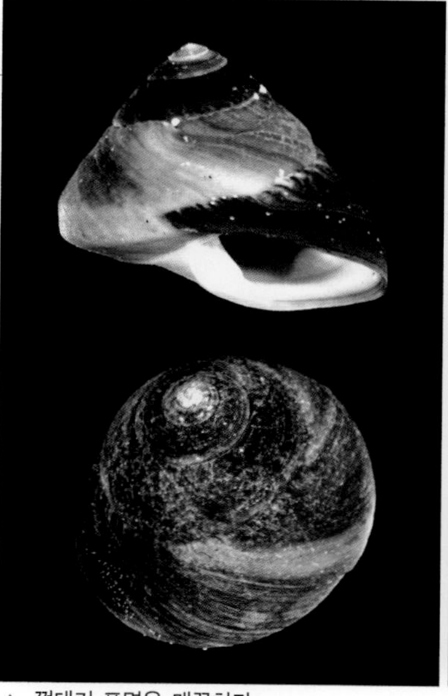

▲ 껍데기 표면은 매끈하다.

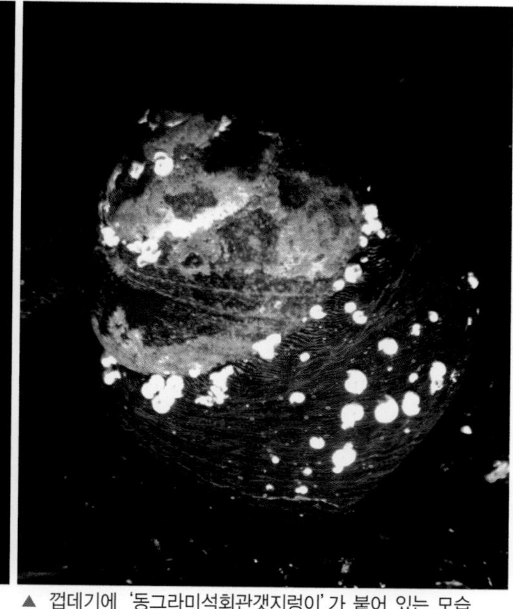

▲ 껍데기에 '동그라미석회관갯지렁이'가 붙어 있는 모습

뾰족얼룩고둥

원시복족목 밤고둥과

학명 *Komaitrochus pulcher* Kuroda & Iw. Taki

- **특징** 껍데기 높이 1cm 내외. 전체적으로 끝이 뾰족한 원뿔 모양이다. 껍데기는 기본적으로 옅거나 짙은 황갈색이지만 표면의 무늬나 색깔은 개체마다 다양하다.
- **생태** 밤과 낮을 가리지 않고 빠른 속도로 암초 표면을 기어 다니며 바닥의 돌말이나 해조를 갉아 먹는다. 바닥을 기어 다닐 때에는 껍데기 입구 주변의 긴 촉수를 사방으로 뻗어서 주변의 위험을 화학적으로 감지한다.
- **분포** 제주도를 포함하여 난류의 영향을 받는 남해 외곽 섬 지역과 울릉도, 독도

이야기마당

껍데기의 전체 모습은 다른 얼룩고둥과 비슷하지만, 다른 얼룩고둥에 비해 꼭짓점 부분이 매우 뾰족하기 때문에 쉽게 구별할 수 있습니다.

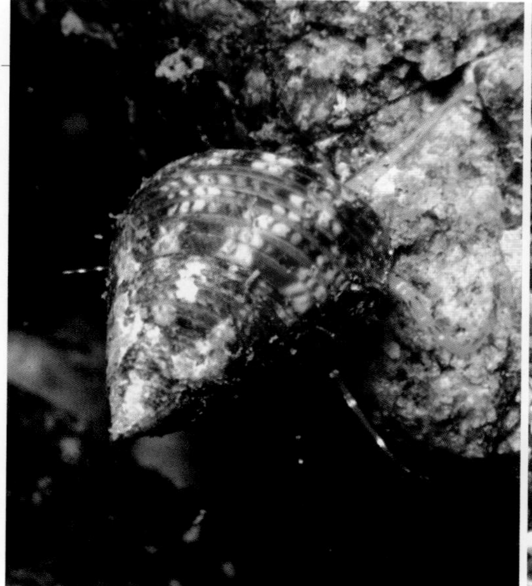

▲ 촉수를 사방으로 펼친 채 바닥을 기어 다닌다.

▲ 모랫바닥에서도 간혹 발견된다.

둥근입얼룩고둥 원시복족목 밤고둥과

학명 *Cantharidus jessoensis* (Schrenck)

- **특징** 껍데기 높이 1cm 내외. 껍데기는 기울어진 원뿔 모양이며, 작지만 단단해서 쉽게 부서지지 않는다. 껍데기의 표면은 밝은 황갈색을 띠며, 다양한 크기의 반점과 줄무늬가 있다. 지역에 따라 반점과 무늬의 선명한 정도에 차이가 있다.
- **생태** 수심 2~5m의 암초나 해조의 잎 표면에서 흔히 발견되며, 움직임이 활발하고 이동 속도가 빠른 편이다. 바닥의 돌말이나 해조를 갉아 먹는다.
- **분포** 제주도를 포함한 전 연안

이야기마당

전문가가 아니면 이 종을 '남방얼룩고둥', '얼룩고둥' 및 '두줄얼룩고둥' 과 구별하기 어렵습니다.

▲ 껍데기 색깔이 주변 환경과 비슷해 눈에 잘 띄지 않는다.

◀ 껍데기는 기울어진 원뿔 모양이다.

▲ 암초에 무리 지어 산다.

▲ 암초에 있는 돌말을 갉아 먹으며 흔적을 남기고 있다.

구멍밤고둥 원시복족목 밤고둥과

학명 *Chlorostoma turbinata* (A. Adams)

- **특징** 껍데기 너비 3cm 내외. 짙은 흑갈색 또는 황갈색 바탕에 특별한 무늬는 없지만 각정으로부터 아래쪽으로 굵은 세로 주름이 뻗어 있다.
- **생태** 야행성으로 알려져 있지만, 실제로는 밤낮에 관계없이 바닥을 기어 다니며 해조나 바닥의 돌말을 갉아 먹는다. 몸의 크기에 비해 상당히 많은 양의 해조를 갉아 먹기 때문에 연안 해조 숲의 규모를 줄어들게 하기도 한다.
- **분포** 제주도를 포함한 전 연안

이야기마당

주로 밤에 모습을 드러내며 움직이기 때문에 밤고둥류에 속하고, 껍데기 아랫부분의 가운데에 구멍이 있기 때문에 '구멍' 이라는 이름이 붙었습니다.

보말고둥

원시복족목 밤고둥과

학명 *Omphalius rusticus* (Gmelin)

특징 껍데기 너비와 높이 2.5cm 내외. 껍데기는 둥근 모양으로, 옅은 황갈색 바탕에 갈색 세로줄무늬가 있으며, 두껍고 단단해서 쉽게 부서지지 않는다.

생태 밤고둥류에 속하며, 다른 종에 비해 야행성이 그리 강하지 않아서 낮에도 바위나 해조의 잎에서 쉽게 발견된다. 경우에 따라 여러 마리가 함께 하나의 잎에 붙어서 해조를 갉아 먹기도 한다.

분포 제주도를 포함한 전 연안

이야기마당

'보말'은 제주도 지방의 사투리로 '고둥'을 뜻합니다. 제주도 지방의 해녀들이 육지로 진출하면서 고둥을 '보말'이라 불렀고, 육지에 사는 사람들은 자신들의 고둥과 구별하기 위해 이 종을 '보말고둥'이라 부르기 시작한 것으로 추정됩니다.

▲ 껍데기는 전체적으로 둥근 모양이다.

▶ 감태를 갉아 먹고 있다.

팽이고둥

원시복족목 밤고둥과

학명 *Omphalius pfeifferi carpenteri* (Dunker)

특징 껍데기 높이 5cm 내외. 껍데기는 바닥 부분이 평평해서 팽이를 뒤집어 놓은 것처럼 생겼다. 전체적으로 흑갈색 또는 녹갈색을 띠고, 표면에 세로 방향의 굵고 명확한 주름이 있으며, 두껍고 단단하다.

생태 야행성이 그리 강하지 않아서, 낮에도 암초 표면을 기어 다니는 모습을 쉽게 발견할 수 있다. 암초 표면의 돌말이나 해조를 갉아 먹는다.

분포 제주도를 포함한 전 연안

이야기마당

썰물 때 바닷물이 빠지면 지역 주민이 이 고둥을 잡아서 삶아 먹기도 합니다.

▲ 껍데기가 바위에 붙으면 바위 표면과 껍데기 사이에 틈이 거의 없다.

▶ 껍데기 모양이 끝이 뾰족한 팽이와 비슷하다.

▲ 암초 표면을 빠르게 기어 다닌다.

◀ 다양한 부착 생물이 붙어 껍데기가 지저분해 보인다.

방석고둥

원시복족목 밤고둥과

학명 *Calliostoma unicum* (Dunker)

특징 껍데기 높이 3cm 내외. 껍데기는 황록색 또는 황갈색 바탕에 옅거나 짙은 갈색 세로줄무늬가 불규칙하게 나 있다. 개체에 따라 특별한 무늬가 전혀 없는 경우도 있다.

생태 주로 수심 2~10m의 암초 표면이나 해조 숲 부근에 살며, 주변의 해조를 갉아 먹는다. 발달한 큰 발이 있어 움직임이 활발하고, 이동 속도도 빠른 편이다.

분포 제주도를 포함한 전 연안

이야기마당

우리나라 연안에서 비교적 흔히 발견되는 초식성 고둥류입니다. 식용이 가능하지만 개체 수가 많지 않아 일부러 잡아먹지는 않습니다.

▲ 껍데기 각 층의 어깨 부분이 약간 각져 있다.

▲ 껍데기의 줄무늬가 또렷하게 솟아 있다.

얼룩방석고둥

원시복족목 밤고둥과

학명 *Calliostoma multiliratum* (G. B. Sowerby Ⅲ)

특징 껍데기 너비와 높이 2.5cm 내외. 개체마다 껍데기의 모양과 색깔, 무늬 등에 약간의 차이가 있지만, 기본적으로 옅은 황갈색 바탕에 짙은 갈색 또는 주황색의 반점 또는 흰색과 교차하는 띠 모양의 반점이 있다.

생태 주로 수심 3~10m의 암초 표면에 산다. 밤에는 주변을 멀리 돌아다니면서 해조를 갉아 먹는다.

분포 제주도를 포함한 전 연안

이야기마당

껍데기 각 층의 어깨 부분(화살표 부분)이 날카롭게 각진 것과 그렇지 않은 것이 있으며, 표면의 주름이 명확한 것과 그렇지 않은 것이 함께 발견됩니다.

꼬마고무신고둥

원시복족목 넓은입고둥과

학명 *Stomatella planulata* Lamarck

특징 껍데기 너비 0.5cm, 높이 1cm 내외. 껍데기는 긴 타원형이며, 아래쪽의 입구가 넓어 옆에서 보면 긴 원을 반으로 잘라 놓은 것처럼 보인다. 두껍고 단단하며, 표면에는 녹갈색 바탕에 흰색 또는 옅은 황갈색 반점이 불규칙하게 있다.

생태 수심 5m 내외의 암초 표면에서 간혹 발견된다. 껍데기 크기에 비해 상대적으로 크고 발달한 촉수와 발이 있어서 바닥을 빠르게 기어 다닌다.

분포 제주도 연안

이야기마당
껍데기 모양과 색깔이 아름다워 조개껍데기 수집가에게 인기가 많지만, 눈에 잘 띄지 않는 종입니다.

▲ 수중 암초 표면을 기어 다니지만 크기가 작아 눈에 잘 띄지 않는다.

갈색줄홀쭉이고둥

중복족목 홀쭉이고둥과

학명 *Diffalaba picta* (A. Adams)

특징 껍데기 높이 0.7cm 내외. 껍데기는 얇고 쉽게 부서지며, 옅은 황갈색 바탕에 짙은 갈색 실선 또는 점선의 가로줄무늬가 있다.

생태 주로 암초 표면의 해조 숲 아래에 살며, 바닥에 쌓인 찌꺼기를 먹는다. 자연에 많은 수가 살고 있지만 크기가 작고, 해조 뿌리(부착기) 아래에 살기 때문에 눈에 잘 띄지는 않는다.

분포 제주도를 포함한 남해 연안 중 난류의 영향을 받는 남해 연안과 외곽 섬 지역

이야기마당
흔한 편이지만 크기가 작고 해조 숲 아래에 살고 있어 어민들의 관심을 끌지는 못합니다.

▲ 많은 개체가 모여 사는 모습

▲ 암초 표면의 해조 숲 아래에 숨어 있다.

깜장짜부락고둥

중복족목 짜부락고둥과

학명 *Cerathium dialeucum* Philippi

특징 껍데기 높이 2cm 내외. 껍데기는 긴 원뿔 모양이며, 녹갈색 바탕에 나선형의 황갈색 줄무늬와 돌기가 있다. 비교적 두껍고 단단하다.

생태 수심 5~20m의 암초 표면에서 간혹 발견되는 종으로, 주로 해조 숲 아래의 구석진 곳에서 발견된다.

분포 제주도 연안, 남해 연안 외곽 섬 지역

이야기마당

껍데기 입구가 찌그러진 모양이어서 '깜장짜부락고둥' 이라고 합니다.

▲ 다른 생물이 껍데기를 덮어 회색으로 보인다.

◀ 거미줄 같은 점액질 포획망을 분비하고 있다.

큰뱀고둥

중복족목 뱀고둥과

학명 *Serpulorbis imbricatus* (Dunker)

특징 똬리 지름 10cm 내외. 껍데기는 전체적으로 뱀이 똬리를 튼 것처럼 보이며, 옅은 황갈색을 띤다. 껍데기의 아랫부분은 바위에 매우 단단히 붙어 있으며, 껍데기에 다른 생물들이 붙어 있어서 원래의 모습과 색깔이 잘 드러나지 않는다.

생태 갯바위 아래쪽부터 수심 10m 내외까지의 암초 표면에서 흔히 발견된다. 30분마다 껍데기 입구 구멍에서 거미줄 같은 점액질의 포획망을 분비하여 물속의 플랑크톤과 찌꺼기를 걸러 먹는다.

분포 제주도를 포함한 전 연안

이야기마당

껍데기가 뱀의 '똬리' 처럼 생겨서 '큰뱀고둥' 이라고 합니다.

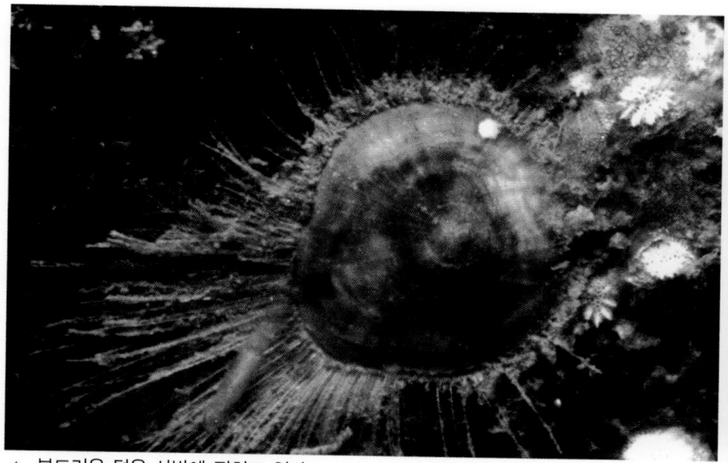

▲ 부드러운 털을 사방에 펼치고 있다.

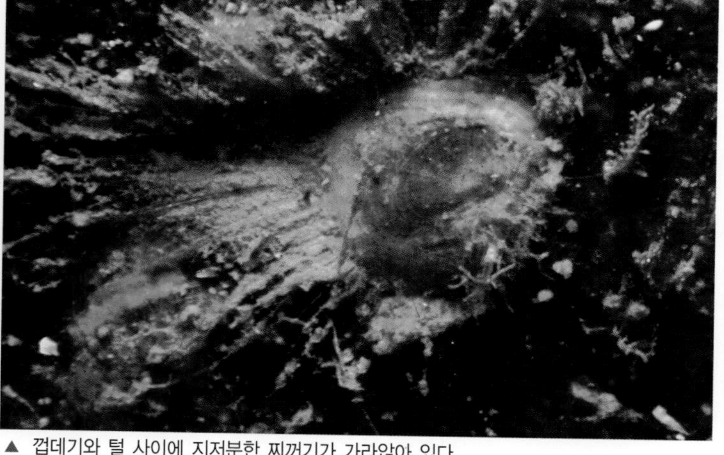

▲ 껍데기와 털 사이에 지저분한 찌꺼기가 가라앉아 있다.

둥근배고둥 중복족목 둥근배고둥과

학명 *Cheilea equestris* (Linnaeus)

특징 껍데기 너비 2cm 내외. 껍데기는 가운데가 살짝 위로 솟은 동그랗고 납작한 모양으로, 황갈색을 띤다. 살아 있는 개체는 껍데기의 바깥 껍질이 변형된 가늘고 부드러운 긴 털이 껍데기 가장자리를 따라 사방으로 뻗어 있다.

생태 수심 10m 내외의 암초 표면에서 드물게 발견된다. 이동하지 않고 한곳에 머무르며 물속의 플랑크톤과 찌꺼기를 걸러 먹는다.

분포 제주도를 포함하여 난류의 영향을 받는 남해 연안 섬 지역

이야기마당

껍데기와 털 사이에 찌꺼기가 가라앉으면 쓰레기처럼 보입니다.

뚱뚱이짚신고둥 중복족목 배고둥과

학명 *Crepidula onyx* G. B. Sowerby I

특징 껍데기 너비 3cm 내외. 껍데기는 위로 약간 볼록하면서 길쭉한 타원형이다. 각정은 껍데기의 뒤쪽에 있으며, 입구가 껍데기의 대부분을 차지하고 있다. 껍데기는 키틴질로 되어 있으며, 짙은 황갈색을 띤다.

생태 갯바위 아래쪽부터 수심 10m 이내의 암초 표면에 이르기까지 흔히 발견된다. 어릴 때는 수컷의 역할을 하다가 성장하면 암컷의 역할을 하는 대표적인 성 전환 종으로, 우리나라 연안에서 최근 개체 수가 점차 늘어나고 있다.

분포 제주도를 포함한 전 연안

이야기마당

시기는 정확하지 않지만 외국에서 유입된 종으로, 우리나라의 고유종인 '굴' 등과 서식 공간과 먹이에 대해 경쟁하고 있습니다.

▲ 암초 표면에 무리 지어 붙어 있다.

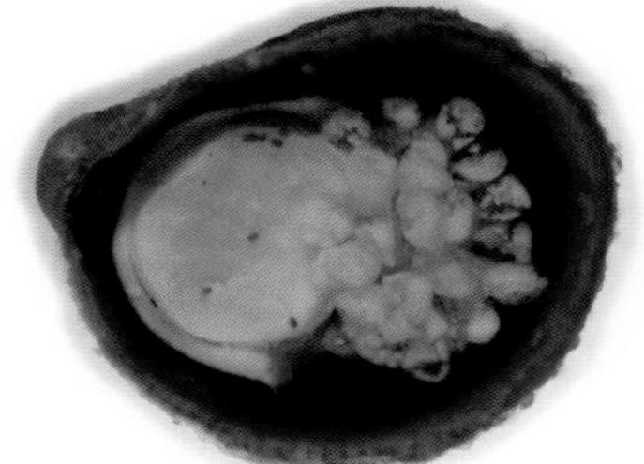

▲ 암컷이 산란한 알 덩이를 품고 있다.

▲ 짚신 모양이다.

▲ 수중 암초의 구석진 틈에 무리 지어 숨어 있다.

▲ 껍데기의 색깔과 모양이 아름답다.

제주개오지

중복족목 개오지과

학명 *Ponda vitellus* (Linnaeus)

특징 껍데기 너비 5cm 내외. 껍데기는 긴 타원형이다. 껍데기는 황갈색 바탕에 짙은 갈색 띠 모양의 줄무늬가 흐릿하게 있고, 줄무늬를 포함한 전체 껍데기에 흰색의 작은 반점이 있다.

생태 수심 5~15m의 암초 표면 구석진 틈에서 간혹 발견된다. 야행성으로, 밤에 바위를 기어 다니며 먹이활동을 한다.

분포 제주도 연안, 난류의 영향을 받는 남해 연안 섬 지역

이야기마당

껍데기의 색깔과 모양이 아름다워 조개껍데기 수집가에게 인기가 많습니다.

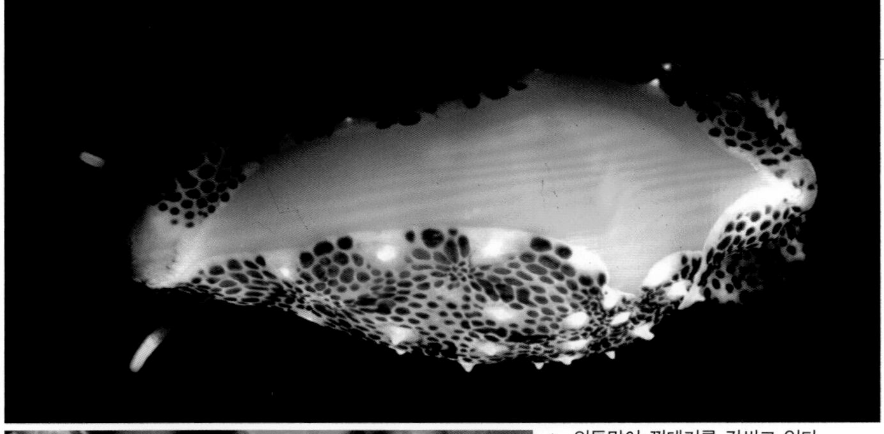

▲ 외투막이 껍데기를 감싸고 있다.

◀ 숙주인 뿔산호류와 색깔이 비슷해 눈에 잘 띄지 않는다.

주홍토끼고둥

중복족목 개오지붙이과

학명 *Aperiovula takae* C. N. Cate

특징 껍데기 너비(긴 축) 0.8cm 내외. 껍데기는 양 끝이 뾰족한 타원형이고, 선홍색을 띠며, 두껍고 단단하다. 살아 있는 개체는 껍데기 전체가 얼룩무늬의 육질부로 덮여 있으며, 앞쪽에는 잘 발달한 한 쌍의 촉수가 있다.

생태 수심 3~15m의 산호나 히드라 가지에서 간혹 발견된다. 붙어 있는 산호나 히드라 색깔 또는 무늬와 비슷하게 위장하고 있고 크기도 작아 눈에 쉽게 띄지 않는다.

분포 제주도를 포함한 전 연안

이야기마당

살아 있을 때에는 껍데기가 외투막으로 덮여 있어 표범 같은 얼룩무늬가 보이지만, 위험을 느껴 몸을 수축시키거나 죽어서 껍데기만 남으면 얼룩무늬 외투막을 볼 수 없게 됩니다.

각시수염고둥

중복족목 수염고둥과

학명 *Monplex parthenopeum* (S. Marschlins)

특징 껍데기 높이 15cm 내외. 껍데기는 황갈색이고, 표면 전체가 얇은 껍질과 껍질이 일부 변형된 털로 덮여 있으며, 두껍고 단단하다. 껍데기 입구의 가장자리를 따라서 톱니 모양의 굵은 주름이 있다.

생태 아열대성 종으로, 수심 10m 내외의 암초 표면에서 드물게 발견된다. 껍데기 표면의 얇은 껍질과 털에 물속 찌꺼기가 가라앉아 주변 환경과 비슷한 모습을 하고 있어 눈에 잘 띄지 않는다.

분포 제주도를 포함하여 난류의 영향을 받는 남해 연안 외곽 섬 지역

이야기마당

살아 있는 개체의 경우, 껍질과 껍질이 변형된 털 그리고 거기에 붙거나 가라앉아 있는 많은 찌꺼기 때문에 전체적으로 지저분해 보입니다.

▲ 껍데기 표면의 많은 털에 퇴적물을 가라앉게 하여 위장한 모습

▶ 껍데기 입구에는 톱니 모양의 주름이 있다.

나팔고둥

중복족목 수염고둥과

학명 *Charonia lampas* (Linnaeus)

특징 껍데기 높이 25cm 내외. 우리나라에 살고 있는 고둥 중 가장 큰 종에 속하며, 껍데기는 두껍고 단단하다. 껍데기에는 옅은 갈색 바탕에 나선형의 갈색 줄무늬와 반점이 불규칙하게 있다. 속살은 아이보리색 바탕에 선홍색 반점이 있어 전체적으로 붉게 보인다.

생태 수심 20~40m에 있는 암초 구석이나 자갈 바닥 등에서 매우 드물게 발견된다. 불가사리를 잡아먹는다.

분포 제주도를 포함한 남해 연안 중 난류의 영향을 받는 섬 지역

이야기마당

불가사리를 잡아먹는 포식자로 유명한 대형 종으로 매우 드물게 발견됩니다. [멸종위기야생생물 Ⅰ급]

▲ 속살이 붉게 보인다.

▶ 우리나라의 고둥류 중 가장 큰 종에 속한다.

▲ 껍데기 각 층은 직각에 가깝게 꺾여 있다.

◀ 주로 암초 표면에서 발견된다.

관절매물고둥 신복족목 물레고둥과

학명 *Neptunea arthritica* (Valenciennes)

특징 껍데기 높이 15cm 내외. 껍데기는 황갈색 또는 자갈색을 띠며, 두껍고 단단하다. 껍데기 표면은 특별한 무늬나 돌기가 없어 매끈하다. 껍데기 각 층은 직각에 가깝게 꺾여 있어 뚜렷하게 구분된다.

생태 주로 수심 5~50m의 암초 표면에서 발견되며, 다른 동물을 잡아먹는다. 후각에 의해 먹잇감을 찾고, 여러 마리가 거의 동시에 몰려들어 함께 잡아먹는다.

분포 제주도를 포함한 전 연안

이야기마당

'갈색띠매물고둥'과 함께 수산 시장에서 흔히 볼 수 있는 식용 종입니다. 강한 육식성 포식자이지만, 수가 많지 않아 심각한 해적생물은 아닙니다.

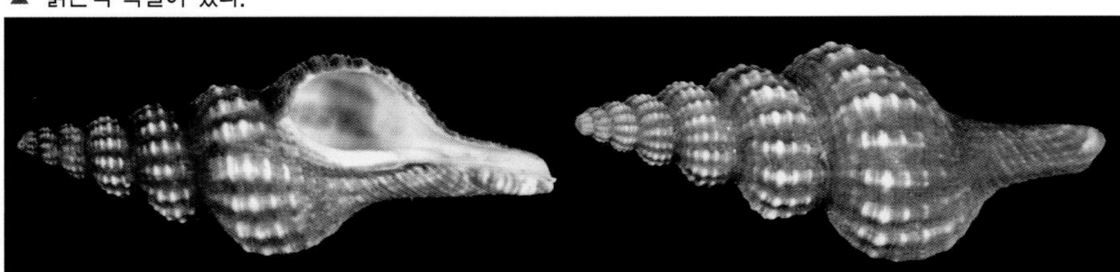

▲ 붉은색 속살이 있다.

▲ 껍데기 표면에 마디가 일정하게 나 있다.

큰긴뿔고둥 신복족목 긴고둥과

학명 *Fusinus forceps* (Perry)

특징 껍데기 높이 7cm 내외. 껍데기는 옅은 황갈색을 띠며, 표면은 짙은 갈색의 껍질로 덮여 있다. 개체마다 껍데기 주름이 발달한 정도와 수관 길이 등에 차이가 있다. 몸통은 옅은 붉은색이며, 부드럽다.

생태 주로 수심 30m 이내의 암초 표면에 살지만, 자갈이나 모래가 섞인 자갈 바닥에서 발견되기도 한다. 죽어 가거나 갓 죽은 다른 동물의 사체를 주로 먹는다.

분포 제주도를 포함한 전 연안

이야기마당

속살이 붉어 일부 어민들이 건강식으로 즐겨 먹지만, 일반적인 식용 대상은 아닙니다.

나가사키긴뿔고둥

신복족목 긴고둥과

학명 *Latirulus nagasakiensis* (E. A. Smith)

특징 껍데기 높이 5cm 내외. 껍데기는 짙은 흑갈색을 띠며, 표면에는 굵고 선명한 세로 방향의 주름이 있다. 다른 부착성 생물에 덮여 있으면 껍데기의 원래 색깔과 주름을 알아보기 어려운 경우가 많다.

생태 수심 5~10m 부근의 수중 암초 틈이나 구석진 곳에서 간혹 발견된다. 야행성으로 알려져 있지만 밤에도 움직임이 활발하지는 않다.

분포 제주도를 포함한 남해 연안 중 난류의 영향을 받는 외곽 섬 지역

▲ 껍데기가 긴 원뿔 모양이다.

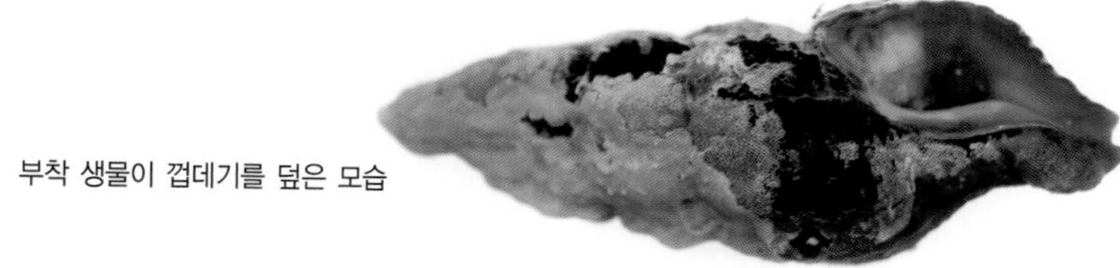

▶ 부착 생물이 껍데기를 덮은 모습

이야기마당

대부분 움직임이 거의 없고, 다른 생물로 덮여 있기 때문에 눈에 잘 띄지 않습니다.

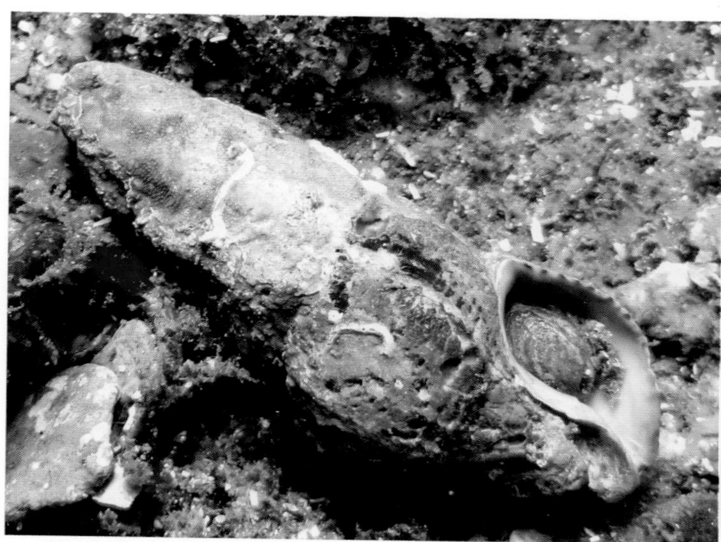

▲ 매우 단단한 긴 원통형 껍데기를 가지고 있다.

▲ 껍데기가 석회 조류로 두껍게 덮여 있다.

가로줄긴뿔고둥(신칭)

신복족목 긴고둥과

학명 *Latirulus turritus* (Gmelin)

특징 껍데기 높이 5cm 내외. 껍데기는 흑갈색을 띠며, 두껍고 단단해서 잘 부서지지 않는다. 껍데기 표면은 석회 조류 같은 다양한 생물이 덮고 있어 원래 색깔이 거의 드러나지 않는다.

생태 수심 10~20m의 암초 표면이나 자갈 바닥 등에서 간혹 발견된다. 움직임이 매우 느릴 뿐만 아니라, 거의 움직이지 않아 활동하는 모습을 관찰하기가 매우 어렵다.

분포 제주도를 포함한 남해 연안 중 난류의 영향을 받는 외곽 섬 지역

이야기마당

주로 밤에 움직이기 때문에 낮에는 활동하는 모습을 보기 어렵습니다.

▲ 껍데기는 두껍고 단단하다.

배달긴고둥

신복족목 긴고둥과

학명 *Fusolatirus coreanicus* (E. A. Smith)

특징 껍데기 높이 3cm 내외. 껍데기는 황갈색을 띠며, 두껍고 단단하다. 껍데기의 각 층에는 굵은 세로줄 돌기와 가로줄 모양의 굵고 가느다란 많은 선이 있다. 껍데기 안쪽의 속살은 선홍색을 띤다.

생태 주로 수심 10m 내외의 암초 표면에 살며, 다른 동물을 잡아먹는다. 야행성으로, 낮에는 거의 움직이지 않는다.

분포 제주도를 포함한 남해 연안 중 난류의 영향을 받는 외곽 섬 지역

이야기마당

껍데기가 두꺼우며 육질이 적어 먹지 않습니다. 흔하지 않으며 겉모습이 예뻐서 조개껍데기 수집가에게 인기가 많습니다.

▲ 주로 암초 구석진 곳에서 발견된다.

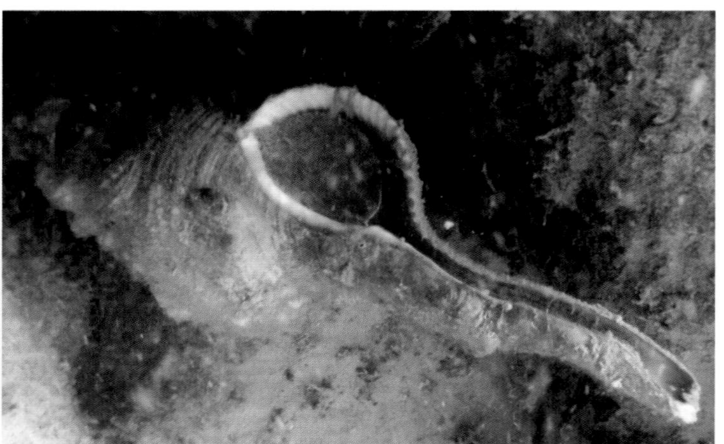
▲ '긴고둥'과 달리 수관부가 약간 휘어 있다.

꼬리긴뿔고둥

신복족목 긴고둥과

학명 *Fusinus longicaudus* (Lamarck)

특징 껍데기 높이 10cm 내외. 껍데기는 옅은 갈색 또는 아이보리색을 띠지만, 자연 상태에서는 흑갈색 껍질로 덮여 있어 '긴고둥'처럼 흑갈색으로 보인다. 껍데기는 비교적 두껍고 단단하다. 수관부가 껍데기 전체 길이의 1/2~1/3 정도를 차지하며, 중간 부분이 약간 휘어 있어 '긴고둥'과 구별된다.

생태 주로 수심 10m 내외의 암초 표면 또는 자갈 바닥의 구석진 곳에 산다. 죽어 가거나 갓 죽은 다른 동물의 사체를 먹거나 거의 움직이지 않는 다른 동물을 잡아먹는다.

분포 남·서해 연안과 동해 연안 중 구석진 내만의 안쪽이나 항구 또는 포구 부근

이야기마당

흔한 종이며, 독성이 있는 것은 아니지만 즐겨 먹지는 않습니다.

보리무륵

신복족목 무륵과

학명 *Mitrella bicincta* (A. Gould)

특징 껍데기 높이 1cm 내외. 껍데기에는 옅은 황갈색 바탕에 다양한 무늬가 있으며, 각 개체마다 색깔과 무늬에 차이가 크다. 어릴 때에는 껍데기가 얇아서 쉽게 부서지지만 자라면서 점차 두꺼워져서 잘 부서지지 않게 된다.

생태 수심 30m 이내의 암초 표면을 비롯하여 자갈, 모래, 조수 웅덩이 등 매우 다양한 환경에 산다. 화학적 감지 능력이 매우 뛰어나 죽어 가는 동물이 탐지되면 그 주변으로 순식간에 여러 마리가 모여든다.

분포 제주도를 포함한 전 연안

이야기마당

갯바위 아래쪽부터 수중 암초 등 거의 모든 바닥에서 매우 흔히 발견되는 종입니다.

▲ 수관을 길게 뻗어 바닥을 기어가고 있다.

▶ 껍데기가 얇은 어린 개체

진보살고둥

신복족목 무륵과

학명 *Anachismisera polynyma* Pilsbry

특징 껍데기 높이 1.5cm 내외. 껍데기에는 짙은 갈색 바탕에 흰색 또는 옅은 황갈색 반점이 불규칙하게 있으며, 작지만 두껍고 단단하다. 개체마다 전체적인 모양이나 무늬 그리고 색깔 등에 조금씩 차이가 있다.

생태 주로 수심 5m 이내의 암초 표면에서 발견되지만, 간혹 갯바위의 조수 웅덩이 등에서도 발견된다. 죽어 가는 동물이나 움직임이 느린 다른 동물을 잡아먹는다.

분포 제주도를 포함한 전 연안

이야기마당

바닥을 기어가는 속도가 몸집에 비해 매우 빠릅니다.

▲ 껍데기가 작지만 단단하다.

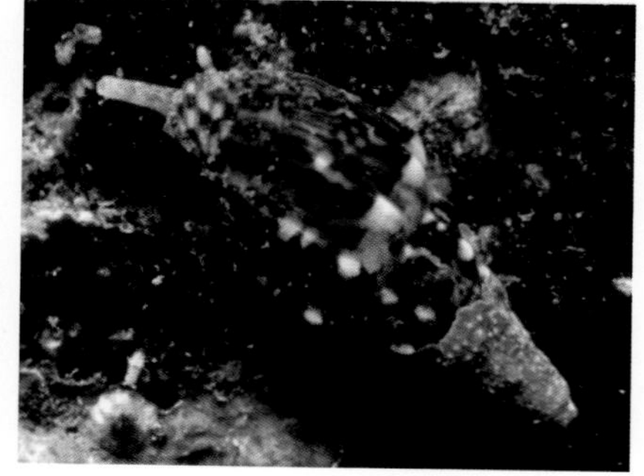

▶ 수관을 뻗은 채 바닥을 기어간다.

▲ 껍데기가 작지만 단단하고 화려하다.

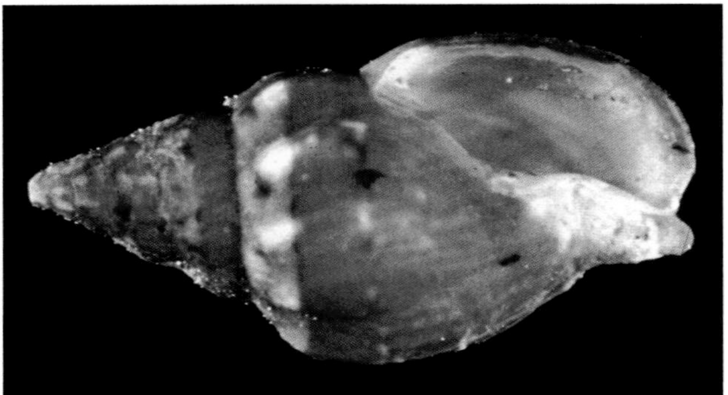
▲ 껍데기에는 가로 방향으로 파인 고랑이 일정하게 나 있다.

보살고둥

신복족목 무륵과

학명 *Anachis miser miser* (G. B. Sowerby I)

특징 껍데기 높이 1cm 내외. 껍데기에는 옅은 황갈색 바탕에 짙은 갈색 무늬가 불규칙하게 있으며, 가로 방향의 얕게 파인 고랑이 일정하게 나 있다. 또한, 작지만 두껍고 단단하며, 껍데기의 색깔과 무늬는 개체마다 다르다.

생태 주로 수심 5m 내외의 암초 표면에 살지만, 갯바위 하부의 해조 아래나 바위틈에서도 발견되는 흔한 종이다.

분포 제주도를 비롯한 남해 연안 중 난류의 영향을 받는 외곽 섬 지역

이야기마당

'진보살고둥'과 닮았으나 껍데기의 색깔이 훨씬 화려하고 아름답습니다. 크기에 비해 속살이 작아서 먹지는 않습니다.

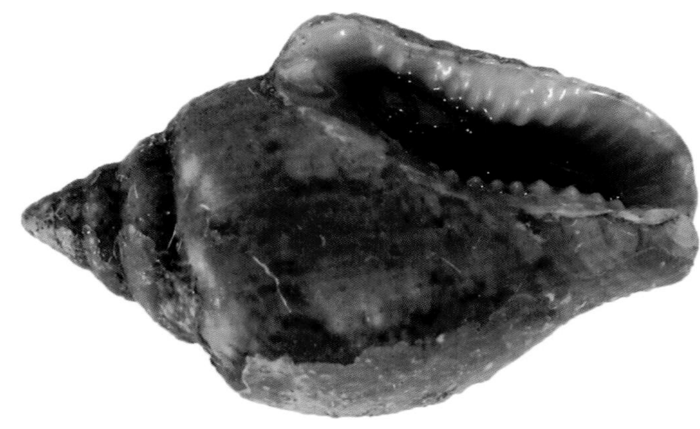
▲ 껍데기의 입구 좌우에는 강한 주름이 돋아나 있다.

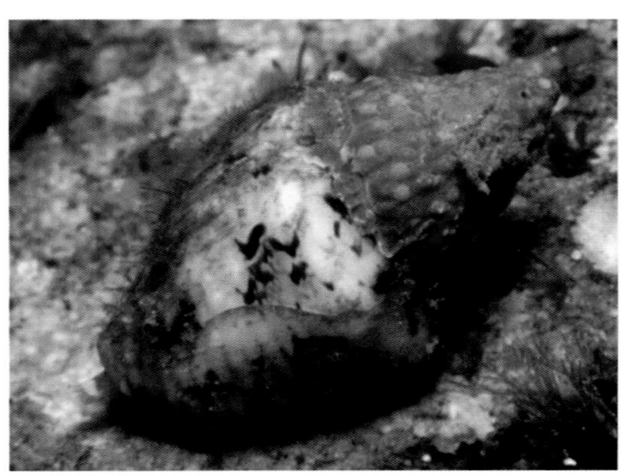
◀ 껍데기가 매우 두껍고 단단하다.

무늬무륵

신복족목 무륵과

학명 *Euplica scripta* (Lamarck)

특징 껍데기 높이 1cm 내외. 껍데기에는 흰색 바탕에 갈색 계통의 다양한 무늬가 불규칙하게 있다. 껍데기는 각 개체마다 무늬가 다르며, 매우 두껍고 단단하다.

생태 수심 5m 내외의 암초 표면에서 간혹 발견되는 흔치 않은 종으로, 작은 크기의 다른 동물을 잡아먹는다. 다른 무륵류에 비해 움직임이 그리 활발하지 않다.

분포 제주도를 포함한 남해 연안 중 난류의 영향을 받는 외곽 섬 지역

이야기마당

껍데기가 두껍고 단단해서 이 종을 잡아먹을 수 있는 포식자가 많지 않을 것으로 생각됩니다.

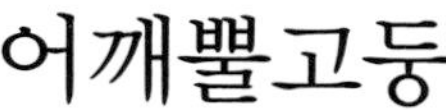
▲ 암초 표면에 붙어 있다.

▲ 어깨뿔고둥의 알 덩이

어깨뿔고둥

신복족목 뿔소라과

학명 *Ceratostoma inornatum* (Récluz)

특징 껍데기 높이 5cm 내외. 껍데기는 옅은 흑갈색을 띠며, 두껍고 단단하다. 껍데기 각 층의 가장자리로 이어지는 세로 방향의 주름 위에는 작은 돌기가 뿔처럼 솟아 있다.

생태 주로 수심 5m 정도까지의 암초 표면에서 발견되지만, 갯바위 아래쪽 구석진 틈에서 발견되는 경우도 많다. '담치', '굴' 등 움직임이 느리거나 바위에 붙어 있는 작은 동물을 잡아먹는다.

분포 제주도를 포함한 전 연안

이야기마당

번식기인 봄과 여름 사이에 갯바위나 수중 암초 아래를 보면 '어깨뿔고둥' 이 산란한 노란색 알 덩이를 쉽게 찾을 수 있습니다.

뿔두드럭고둥

신복족목 뿔소라과

학명 *Thais luteostoma* (Holten)

특징 껍데기 높이 4cm 내외. 껍데기에는 회갈색 바탕에 짙은 보라색의 몇몇 작은 반점이 있다. 껍데기는 두껍고 단단하며, 표면에 전체적으로 굵은 돌기가 일정한 간격으로 솟아 있다.

생태 주로 갯바위 아래쪽부터 수심 5m까지의 암초 표면에 산다. '굴', '담치', '따개비' 등 암초 표면에 붙어 사는 다른 동물을 잡아먹는다. 번식기인 봄철에는 짝을 쉽게 찾기 위해 수십 또는 수백 마리가 한곳에 모여 집단을 이루기도 한다.

분포 제주도를 포함한 전 연안

이야기마당

일부 지역에서는 삶아서 먹기도 하며, '맵사리' 처럼 속살은 약간 매운맛이 납니다.

▲ 암초의 구석진 곳에 모여 있다.

▶ 삶아서 요리해 먹는다.

▲ 껍데기에 굵은 세로 주름과 가는 가로 주름이 있다.

▲ 먹이를 먹기 위해 한곳에 모여들고 있다.

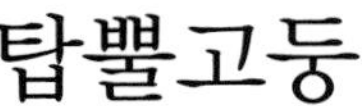

탑뿔고둥

신복족목 뿔소라과

학명 *Ergalatax contractus* (Reeve)

특징 껍데기 높이 2cm 내외. 껍데기는 황갈색을 띠며, 두껍고 매우 단단하다. 껍데기 표면에는 굵고 선명한 세로 주름과 가늘고 미세한 많은 가로 주름이 교차되어 있다.

생태 수심 2~20m의 다양한 수심과 바닥 환경에 살며, 단독으로 생활하기보다 5~10마리씩 무리 지어 산다. 죽어 가는 동물을 먹거나 움직임이 느린 다른 동물을 잡아먹는다.

분포 제주도를 포함한 전 연안

이야기마당

화학적 감지 능력이 뛰어나 주변에 있는 먹잇감을 쉽게 찾아내어 먹어 치웁니다.

▲ 세뿔고둥의 알 덩이

세뿔고둥

신복족목 뿔소라과

학명 *Ceratostoma fournieri* (Crosse)

특징 껍데기 높이 5cm 내외. 껍데기는 지저분한 회갈색 또는 흑갈색을 띠며, 두껍고 단단하다. 껍데기에는 각각 다른 세 방향의 지느러미 모양 돌기가 있지만, 성장 과정 중 닳는 경우가 많아 전체적으로 뭉툭해 보인다.

생태 갯바위 아래쪽부터 수심 5m까지의 암초 표면에서 흔히 발견되는 육식성 고둥류이다. 번식기인 5~8월에는 여러 마리가 집단을 이루어 짝짓기와 산란을 한다.

분포 제주도를 포함한 전 연안

이야기마당

지역에 따라 삶아 먹기도 하지만, 속살이 매워 즐겨 찾지는 않습니다.

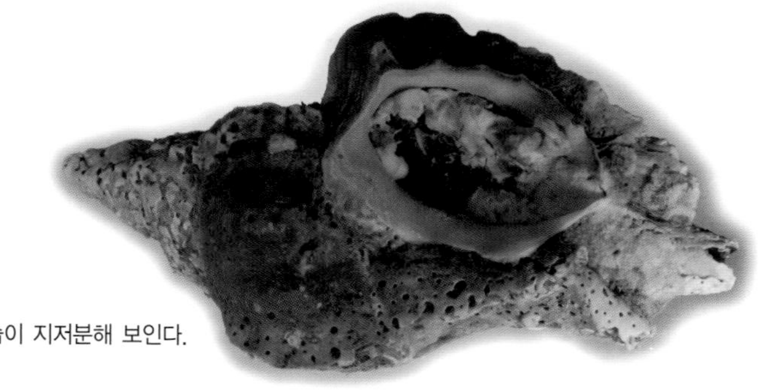

▶ 겉모습이 지저분해 보인다.

입뿔고둥

신복족목 뿔소라과

학명 *Ceratostoma burnettii* (A. Adams & Reeve)

특징 껍데기 높이 10cm 내외. 껍데기에는 짙거나 옅은 황갈색 바탕에 세로 방향의 지느러미 모양 돌기가 3개 있다. 껍데기는 두껍고 단단하며, 각 지느러미 모양 돌기의 가장자리에는 강한 주름이 있다.

생태 수심 5~15m의 암초 표면에서 흔히 발견된다. 야행성이기 때문에 낮에는 거의 움직이지 않으며, 주로 밤에 다른 동물을 잡아먹는다.

분포 제주도를 포함한 전 연안

이야기마당

물속에서 파도 등에 의해 아래로 떨어질 때 껍데기에 있는 지느러미 모양의 돌기가 껍데기의 입구 방향이 바닥을 향하도록 하는 방향타 역할을 합니다.

▲ 암초 표면에 붙어 있다.

▶ 물속에서 방향타 역할을 하는 지느러미 모양의 돌기

▲ 껍데기에 강한 돌기가 있다.

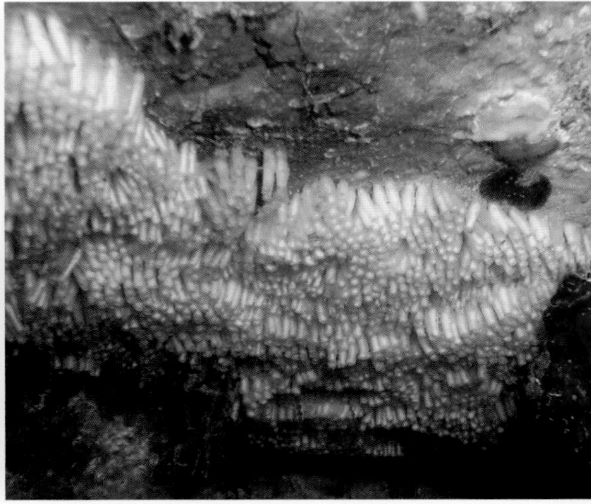

▲ 두드럭고둥의 알 덩이

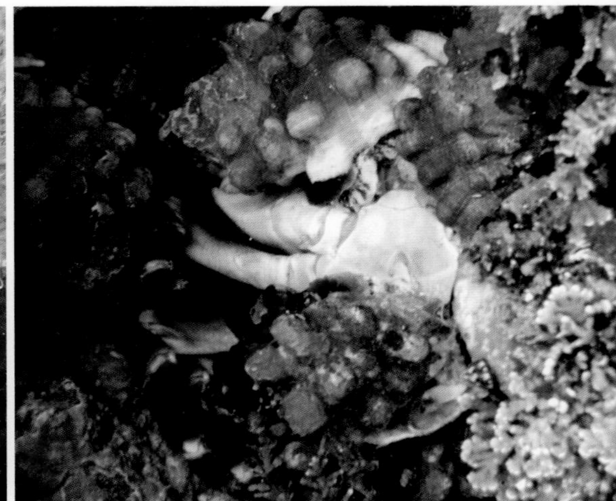

▲ 무리 지어 죽어 가는 게를 먹고 있다.

두드럭고둥

신복족목 뿔소라과

학명 *Thais bronni* (Dunker)

특징 껍데기 높이 5cm 내외. 껍데기는 옅은 황갈색을 띠며, 두껍고 단단하다. 껍데기에는 크고 둥근 돌기가 많이 솟아 있는데, 다 자란 개체의 경우 솟아오른 돌기가 이웃하여 맞닿아 있다.

생태 주로 수심 5m 내외의 암초 표면에 살지만, 자갈 바닥에서 발견되는 경우도 많다. 번식기에는 많은 수가 집단을 이루어 짝짓기와 산란을 한다. 암초에 붙어 살아가는 다른 부착 동물이나 움직임이 느린 작은 크기의 동물을 잡아먹는다.

분포 제주도를 포함한 전 연안

이야기마당

수중 암초나 갯바위에서의 최고 포식자 중 한 종으로, 근처에 서식하는 다른 부착 동물의 밀도를 조절하는 역할을 합니다. 간혹 삶아 먹기도 하지만 즐겨 찾지는 않습니다.

▲ 암초 표면에 붙어 있는 모습

▲ 반달 모양의 흰색 알 덩이

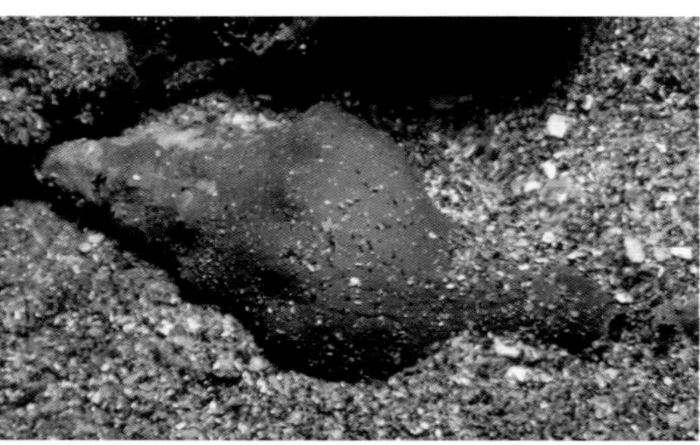
▲ 바닥의 모래 속에 숨어 있다.

매끈이고둥 신복족목 물레고둥과

학명 *Kelletia lischkei* Kuroda

특징 껍데기 높이 12cm 내외. 껍데기는 녹갈색을 띠며, 두껍고 단단해서 쉽게 부서지지 않는다. 껍데기 표면에는 각 층마다 둥근 돌기가 선명하게 솟아 있으며, 나선형의 미세한 가는 줄무늬가 희미하게 나 있다.

생태 번식기인 5~8월에는 반달 모양의 흰색 알 덩이를 암초 표면에 붙여 산란한다. 야행성으로, 낮에는 모래나 자갈이 섞인 모랫바닥에 얕게 파고들어 숨어 있다. 움직임이 느린 다른 동물을 잡아먹는다.

분포 제주도를 포함한 전 연안

이야기마당
먹을 수는 있지만 맛이 없어서 즐겨 찾지 않습니다.

▲ 암초 표면에 붙어 있는 흑줄돼지고둥

▲ 껍데기에 다양한 부착 생물이 붙어 있다.

흑줄돼지고둥 신복족목 물레고둥과

학명 *Siphonaria concinna* A. Adams

특징 껍데기 높이 15cm 내외. 껍데기는 녹갈색을 띠며, 두껍고 단단하다. 겉모습은 '매끈이고둥' 과 비슷하지만, 각 층의 돌기가 짧고 둥글게 솟아 있는 '매끈이고둥' 에 비해 길게 세로로 뻗어 있다는 점이 다르다.

생태 수심 5~20m의 암초 표면에서 간혹 발견된다. 움직임이 느린 동물을 잡아먹거나 다른 동물의 사체를 먹는다.

분포 남해 연안

이야기마당
식용하는 고둥이지만, 우리나라 바다에 개체 수가 많지는 않습니다.

날씬이돼지고둥 신복족목 물레고둥과

학명 *Siphonaria* sp.

특징 껍데기 높이 3cm 내외. 껍데기에는 옅은 황갈색 바탕에 짙은 갈색과 흰색 반점이 흩어져 있다. 껍데기는 두껍고 단단하며, 껍데기를 구성하는 각 층의 가운데 부분에는 둥근 돌기가 나 있다. 위로 솟구친 수관구를 통해 물이 밖으로 배출된다.

생태 수심 5m 내외의 암초 표면에서 간혹 발견되는 흔치 않은 종이다. 야행성이어서 낮에는 거의 움직이지 않는다.

분포 동·남해 연안. 서해에서도 간혹 발견된다.

이야기마당

즐겨 찾지는 않지만, 먹을 수 있는 종입니다.

▲ 수관구 부분이 위로 솟구쳐 있다.(화살표 부분)

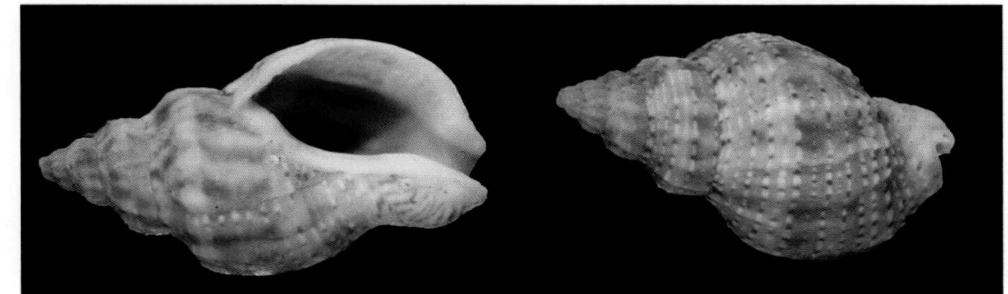

▲ 껍데기 전체에서 입구가 차지하는 비율이 절반을 넘는다.

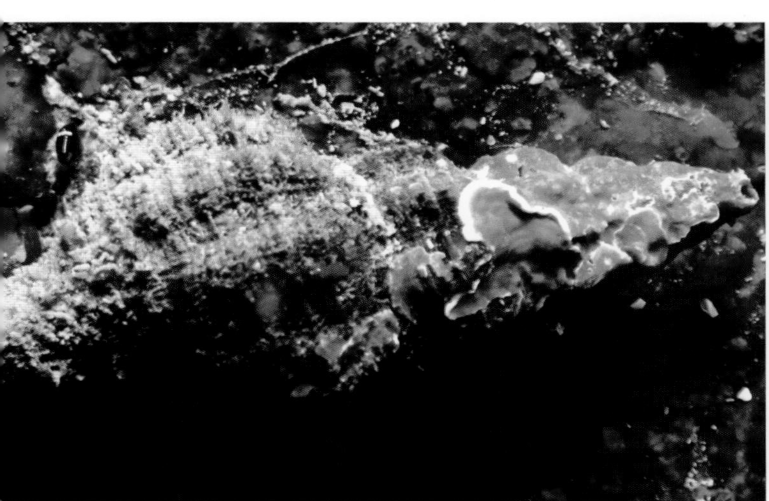

▲ 껍데기 전체가 흑갈색 각피로 덮여 있다.

▲ 껍데기는 작지만 두껍고 단단하다.

긴뿔매물고둥 신복족목 물레고둥과

학명 *Searlesia modesta* (A. Gould)

특징 껍데기 높이 4cm 내외. 껍데기에는 갈색 바탕에 황갈색 껍질이 덮여 있으며, 굵고 뚜렷한 세로 주름과 가늘지만 분명한 가로 주름이 있다. 껍데기의 안쪽은 흑갈색 또는 은갈색을 띤다.

생태 수심 5~10m의 암초 표면에서 흔히 발견된다. 움직임이 느린 다른 동물을 잡아먹는다.

분포 제주도를 포함한 전 연안

이야기마당

비교적 흔하지만 껍데기 크기에 비해 속살의 양이 적어서 먹지는 않습니다.

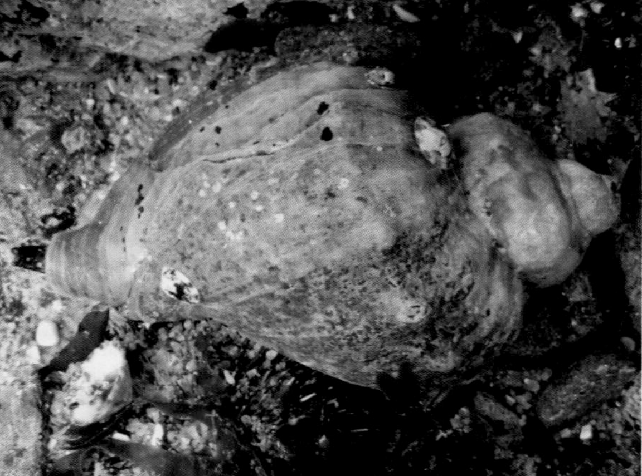

▲ 암초 표면에 붙어 있다.

▲ 먹이를 찾아 모여든 모습

▲ 흔한 식용 고둥이다.

갈색띠매물고둥

신복족목 물레고둥과

학명 *Neptunea cumingii* Crosse

특징 껍데기 높이 15cm 내외. 껍데기에는 옅은 황갈색 바탕에 갈색 가로 방향의 줄무늬가 많이 있다. 껍데기는 얇지만 단단해서 쉽게 부서지지 않으며, 껍데기를 구성하는 각 층의 가장자리를 따라 뭉툭한 돌기가 뿔처럼 솟아 있다.

생태 주로 수심 5~30m의 암초 표면에서 발견되지만, 자갈이나 모래가 섞인 자갈 바닥 등에서도 발견된다. 다른 동물을 잡아먹는 육식성 포식자로, 상당히 많은 개체가 사는 지역도 있기 때문에 어민의 어획 대상이 된다.

분포 제주도를 제외한 동·서·남해 전 연안

이야기마당

흔한 식용 고둥류로 수산 시장에서도 쉽게 볼 수 있습니다.

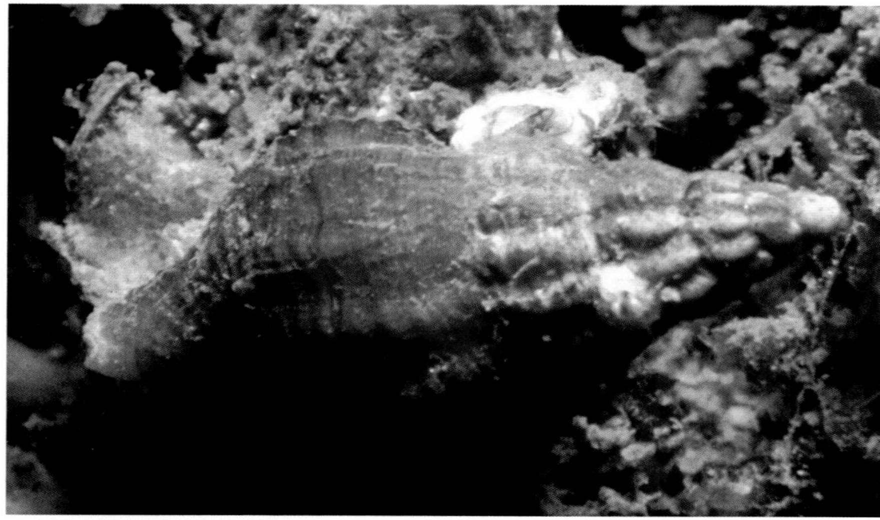

▲ 껍데기에 굵은 세로 주름이 있다.

못고둥

신복족목 물레고둥과

학명 *Microfusus acutispirata* (Sowerby) (=*M. acuminata, M. shimajiriensis, M. pygmaeus*)

특징 껍데기 높이 2.5cm 내외. 껍데기에는 가로 방향의 주름 돌기가 길게 나 있으며, 이 가로 주름을 가로질러 세로 방향의 주름이 직각으로 배열되어 있다. 껍데기는 비교적 두껍고 단단해서 쉽게 부서지지 않는다.

생태 수심 10~50m의 암초 표면, 자갈, 모래가 섞인 자갈 바닥 등 다양한 바닥 환경에서 흔히 발견된다. 다른 동물을 잡아먹는 육식성 포식자이다.

분포 동해와 남해 연안

이야기마당

흔한 편이지만, 다소 깊은 곳에 살기 때문에 어린이를 포함한 일반인이 관찰하기에는 어려움이 있습니다.

▲ 껍데기에 부착 생물이 붙어 있는 모습

▲ 발달한 발을 사용하여 바닥을 빠르게 기어 다닌다.

▲ 먹이를 찾을 때 화학적 탐지 능력을 이용한다.

모눈좁쌀무늬고둥

신복족목 좁쌀무늬고둥과

학명 *Telasco sufflatus* (Gould)

특징 껍데기 높이 2cm 내외. 껍데기에는 짙은 황갈색 바탕에 세로 방향의 흰색 줄무늬와 물결무늬가 불규칙하게 있다. 껍데기는 작지만 단단하며, 바닥에 붙는 발은 넓고 표면에 검은색 반점이 있다.

생태 수심 10m 이내의 암초, 자갈, 펄이 섞인 모랫바닥 등 다양한 바닥 환경에서 흔히 발견된다. 먹이나 주변의 환경 변화를 감지하는 화학적 탐지 능력이 뛰어나다. 죽어 가거나 움직임이 느린 동물을 잡아먹는다.

분포 제주도를 포함한 전 연안

이야기마당

크고 잘 발달한 발을 사용하여 바닥을 빠르게 기어 다닙니다.

꽃좁쌀무늬고둥

신복족목 좁쌀무늬고둥과

학명 *Zeuxis castus* (Gould)

특징 껍데기 높이 2.5cm 내외. 껍데기는 옅은 황갈색 바탕에 흑갈색 곰팡이 같은 반점으로 덮여 있으며, 두껍고 단단하다. 표면에는 굵고 뚜렷한 세로 방향의 주름이 있으며, 물을 몸속으로 빨아들이는 수관과 이 수관의 통로인 수관구는 위로 솟구쳐 있다.

생태 수심 10m 이내의 암초 표면, 자갈, 모래 및 모래가 섞인 갯벌 바닥 등 거의 모든 종류의 바닥 환경에서 흔히 발견된다. 다른 동물의 사체를 먹거나, 움직임이 느린 동물을 잡아먹는다.

분포 제주도를 포함한 전 연안

이야기마당

긴 수관을 통해 흡입되는 물속의 화학 성분을 탐지하는 능력이 매우 뛰어나 다른 동물의 사체 냄새를 매우 빨리 맡을 수 있습니다.

▲ 긴 수관을 위로 뻗은 채 바닥을 기어 다닌다.

▲ 세로 방향의 줄무늬가 뚜렷이 나 있다.

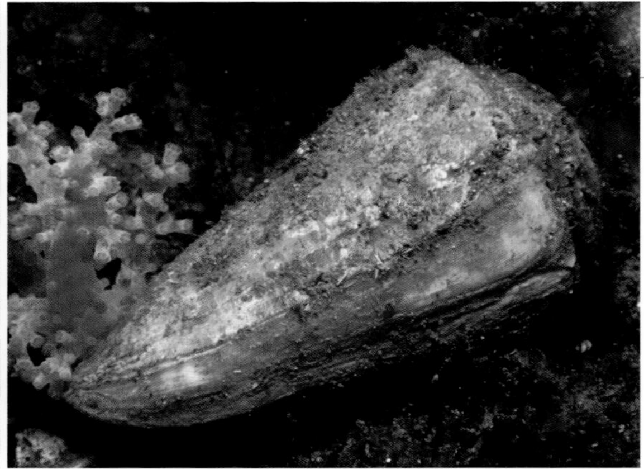

▲ 낮에는 구석진 암초 틈에 숨어 있는 경우가 많다.

◀ 바닥 속에 들어가 숨어 있는 모습

상감청자고둥 신복족목 청자고둥과

학명 *Virgiconus flavidus* (Lamarck)

특징 껍데기 높이 7cm, 너비 4cm 내외. 껍데기는 원뿔 모양이며, 입구의 길이가 전체 길이의 4/5 정도를 차지한다. 껍데기는 황갈색을 띠며, 매우 두껍고 단단하다.

생태 아열대성 종으로, 수심 5~10m의 암초 표면에서 드물게 발견된다. 낮에는 주로 바위틈 구석진 곳에 숨어 있는 경우가 많다.

분포 제주도를 비롯한 남해 연안 중 난류의 영향을 받는 외곽 섬 지역

이야기마당

강한 독성을 이용하여 다른 동물을 잡아먹는 육식성 고둥으로 유명합니다. 열대나 아열대 지역에 살고 있는 일부 종류는 사람에게도 치명적인 독성을 가지고 있습니다.

▲ 노란색을 띤 개체

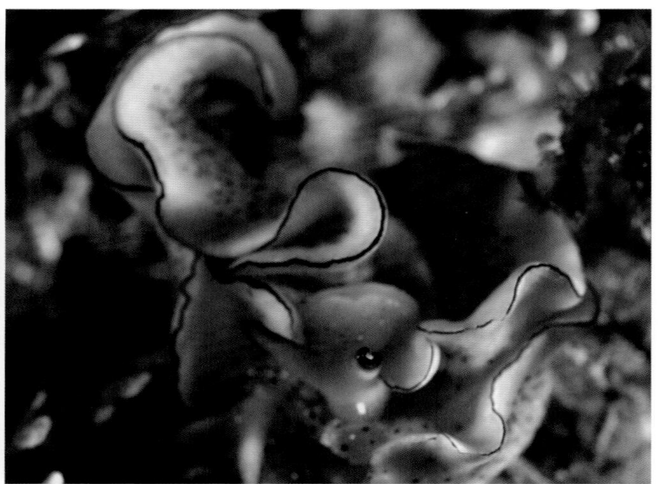

▲ 짝짓기 중인 연두색을 띤 개체

파래날씬이갯민숭붙이

낭설목 날씬이갯민숭붙이과

학명 *Elysia ornata* (Swainson)

특징 몸통 길이 3cm, 너비 1.5cm 내외. 몸통은 옅거나 짙은 녹색 바탕에 일정하지 않은 크기의 흰색 반점이 흩어져 있고, 몸통 가장자리를 따라 노란색 테두리가 있다. 개체마다 전체적인 색상과 무늬에 상당한 차이가 있어 노란색이나 연두색을 띠는 개체도 있다.

생태 암초 표면의 해조 숲 사이에 주로 산다. 해조류 중에서 '파래' 와 같은 녹조류를 갉아 먹는다.

분포 제주도를 포함하여 난류의 영향을 받는 남해 외곽 섬 지역

이야기마당

대부분의 갯민숭이류가 작은 동물을 잡아먹는 육식성 포식자인 것과 달리, 이 종은 해조를 갉아 먹는 몇 안 되는 초식성 종입니다.

무딘날씬이갯민숭붙이

낭설목 날씬이갯민숭붙이과

학명 *Elysia obtusa* Baba

특징 몸통 길이 2.5cm, 너비 1cm 내외. 몸통에는 밝은 황갈색 바탕에 흰색 작은 반점이 불규칙하게 흩어져 있다. 위로 접힌 옆발의 가장자리를 따라 흰색 띠무늬가 있다.

생태 수심 5~15m에 있는 암초 표면이나 해조 숲 등에서 발견되며, 해조를 갉아 먹는다. 크기는 작은 편이지만 몸통 색깔이 밝아 눈에 쉽게 띈다.

분포 제주도를 포함하여 난류의 영향을 받는 남해 연안 외곽 섬 지역

이야기마당

해조류와 바닥의 돌말을 갉아 먹는 갯민숭달팽이류 중 몇 안 되는 초식성 종입니다.

▲ 갯민숭이류 중 소형에 속한다.

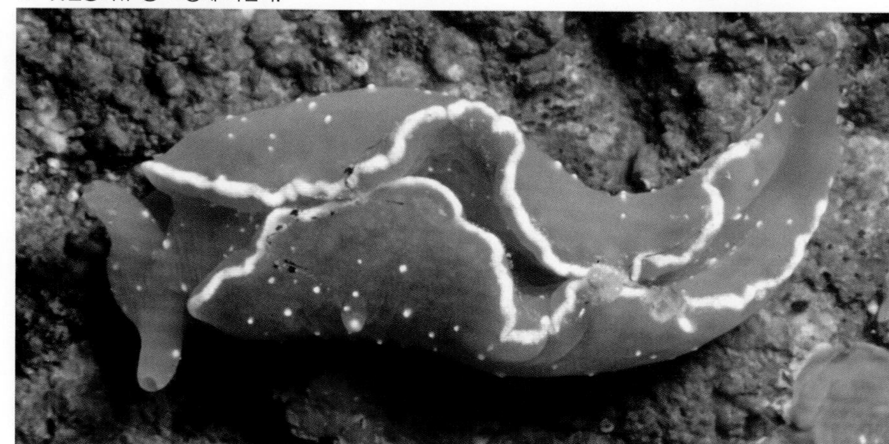

▲ 몸통을 비틀며 발로 기어가는 모습

검은돌기갯민숭붙이

낭설목 돌기갯민숭붙이과

학명 *Aplysiopsis nigra* (Baba)

특징 몸통 길이 2cm, 높이 1.5cm 내외. 몸통은 검은 바탕에 끝부분이 흰색인 많은 수의 아가미 돌기가 있고, 머리 쪽에 촉수를 가지고 있다. 각 촉수와 돌기에는 가늘고 긴 흰색 줄무늬가 있다. 전체 몸통에서 아가미 돌기가 차지하는 부분이 상당히 크다.

생태 수심 5m 내외의 해조 숲 아래에서 간혹 발견된다. 작은 동물을 잡아먹는 육식성 포식자이다.

분포 제주도

이야기마당

수중 상태 사진가 고동범(2006)에 의해 우리나라에 살고 있는 것이 처음으로 확인된 종으로, 앞으로 이 종의 생태적 특징에 대한 많은 연구가 필요합니다.

▲ 몸통이 아가미 돌기로 덮여 있다.

▶ 아가미 돌기의 흰색 끝부분이 특징이다.

▲ 위로 접힌 옆다리의 가장자리를 따라 검은색 띠무늬가 있다.

▲ 집단 산란 중인 모습

검은테군소

무순목(군소목) 군소과

학명 *Aplysia parvula* Mörch

특징 몸통 길이 15cm, 너비 5cm, 높이 5cm 내외. 몸통에는 흑갈색 또는 주황색 바탕에 작은 점이 모여 이루어진 약간 큰 크기의 흰색 반점이 곳곳에 흩어져 있다. 위로 접힌 옆다리의 가장자리에 검은색 띠무늬가 있다.

생태 수심 1~10m의 암초 표면에 있는 해조 숲에서 봄~가을에 걸쳐 흔히 발견된다. 주로 미역, 다시마 등의 갈조류를 섭취하여 그 속에 있는 색소를 몸에 축적해 두었다가 위험을 느끼면 갈색 또는 보라색의 분비물을 뿜어내는 방어 행동을 한다. 봄여름의 번식기에는 여러 마리가 집단을 이루어 국수 가락같이 생긴 알 덩이를 산란한다.

분포 제주도를 포함한 전 연안

이야기마당

국수 가락처럼 생긴 알 덩이는 다른 종류의 군소 알과 비슷하여 구별하기가 어렵습니다.

▲ 앞쪽 촉수가 마치 토끼의 귀처럼 보인다.

▲ 수중의 모자반을 기어오르며 먹이활동 중이다.

▲ 군소의 알 덩이

군소

무순목(군소목) 군소과

학명 *Aplysia kurodai* Baba

특징 몸통 길이 30cm, 너비 10cm, 높이 10cm 내외. 대형 종으로, 몸통은 흑갈색 또는 검은색 바탕에 무수히 많은 흰색 반점이 흩어져 있다. 앞부분에는 토끼의 귀를 닮은 두 쌍의 촉수가 있다.

생태 수심 30m 이내의 연안 암초 표면에 서식하는 전형적인 연안 바다 생물로, 갈조류를 주로 갉아 먹는다. 봄여름의 번식기에는 여러 마리가 집단을 이루어 국수 가락 같은 알 덩이를 한꺼번에 산란한다.

분포 제주도를 포함한 전 연안

이야기마당

바닷가 어민들은 '군소'를 삶은 후 건조하여 보관하였다가 먹기 전에 물에 다시 불려 조리해 먹습니다.

말군소

무순목(군소목) 군소과

학명 *Aplysia juliana* Quoy & Gaimard

특징 몸통 길이 30cm, 너비 10cm, 높이 10cm 내외. 대형 종으로, 몸통은 옅은 갈색 또는 황갈색 바탕에 흰색 반점이 곳곳에 흩어져 있다. 앞부분에는 토끼의 귀를 닮은 두 쌍의 촉수가 있다.

생태 수심 3~10m의 암초 표면이나 해조류 군락 부근에서 흔히 볼 수 있지만, '군소' 보다는 드물게 발견된다. 주로 미역이나 다시마 같은 갈조류를 갉아 먹는다. 다른 군소류와 마찬가지로 봄여름에 집단을 이루어 산란하는데, 산란한 알 덩이는 다른 군소 종류의 알 덩이와 비슷하여 구별하기 어렵다.

분포 제주도를 포함한 전 연안

이야기마당

경우에 따라 몸통 길이가 40cm나 되는, 매우 큰 개체도 발견됩니다.

▲ '말군소'가 갉아 먹어서 줄기만 남은 미역

▶ 봄에 무리 지어 집단으로 산란한다.

▲ 몸통에 별다른 무늬가 없다.

▲ 미역 줄기에 매달려 미역을 갉아 먹는 모습

갈색군소

무순목(군소목) 군소과

학명 *Aplysia sagamiana* Baba

특징 몸통 길이 10cm, 너비 5cm, 높이 5cm 내외. 몸통은 다른 군소류와 달리 황갈색 또는 녹갈색이며, 특별한 반점이나 무늬는 없다. 전체적인 모습은 다른 군소류와 매우 비슷하나 각 개체마다 몸통 색깔의 짙고 옅음에는 차이가 있다.

생태 주로 수심 5~10m의 암초 표면에 있는 해조 숲 부근에서 발견된다. '미역'이나 '감태' 등과 같은 갈조류를 갉아 먹는다.

분포 제주도를 포함한 전 연안

이야기마당

다른 군소류에 비해 몸통 크기가 다소 작기 때문에 식용으로 잘 이용하지 않습니다.

▲ 크기는 작지만 몸통 색이 밝아 눈에 쉽게 띈다.

◀ 귤 색깔을 띤다.

귤색군소붙이

배순목 군소붙이과

학명 *Berthellina citrina* (Ruppell & Leuckart)

특징 몸통 길이 3cm, 너비 2cm 내외. 몸통은 긴 타원형으로 주홍색을 띤다. 몸통에는 별도의 돌기나 무늬가 없다. 머리 부분에만 2개의 뚜렷한 촉수가 돌출해 있다.

생태 수심 5~15m의 암초 표면에 주로 살며, 봄가을에 매우 쉽게 볼 수 있다. 작은 크기의 '이끼벌레', '군체멍게' 등 다른 부착성 동물을 잡아먹는다.

분포 제주도를 포함한 전 연안

이야기마당

몸통이 귤색을 띠어 '귤색군소붙이' 라는 이름이 붙었습니다.

▲ 작은 동물을 잡아먹는 육식성 포식자이다.

돌기불꽃갯민숭이

나새목 불꽃갯민숭이과

학명 *Okenia echinata* Baba

특징 몸통 길이 1cm, 너비 1cm, 높이 1cm 내외. 몸통에는 옅은 갈색 또는 아이보리색 바탕에 흰색 반점이 흩어져 있고, 등 쪽에는 많은 돌기가 있는데, 그 끝부분은 주홍색을 띤다. 몸통 아래 발 쪽 부분의 가장자리에는 노란색 테두리가 있다.

생태 수심 10m 내외의 암초 표면에서 봄여름에 주로 발견된다. '해면' 이나 '옆새우' 등 바닥에 사는 작은 동물을 잡아먹는다.

분포 동해와 남해 연안

이야기마당

그리 흔하지 않은 갯민숭이류입니다.

잔가지능선갯민숭이

나새목 능선갯민숭이과

학명 *Kaloplocamus ramosus* (Cantraine)

특징 몸통 길이 5cm, 너비 2cm, 높이 1.5cm 내외. 개체마다 몸통 색깔은 선홍색부터 황갈색에 이르기까지 다양하다. 촉수 끝부분은 곤봉 모양이고, 머리 앞부분에는 많은 아가미 돌기가 있다. 머리 앞부분과 등에 있는 돌기 끝부분에 발광 세포가 있어 빛을 낼 수 있다.

생태 수심 2~10m의 암초, 자갈 및 펄이 섞인 모랫바닥에 살고 있지만, 쉽게 발견되지는 않는다. 바닥의 작은 동물을 잡아먹는다.

분포 제주도를 포함하여 난류의 영향을 받는 남해 외곽 섬 지역. 동해 연안에서 발견되기도 한다.

이야기마당

깜깜한 밤에 물속에 랜턴을 비춰 촬영할 때 발광하는 모습을 잘 볼 수 있습니다.

▲ 아가미 돌기의 끝부분에서 형광빛을 낸다.

▲ 곤봉 모양의 촉수 한 쌍을 가지고 있다.

금빛버들잎갯민숭이

나새목 버들잎갯민숭이과

학명 *Janolus toyamaensis* Baba & Abe

특징 몸통 길이 10cm 내외. 갯민숭이류 중 비교적 큰 편이다. 전체적으로 밝은 황갈색이며, 등 쪽에 있는 황금빛의 수많은 아가미 돌기로 인해 화려해 보인다. 각 아가미의 끝부분은 검은색 또는 짙은 갈색을 띤다.

생태 주로 수심 10m 내외의 암초 표면이나 해조 숲 아래에서 발견된다. 해면이나 히드라 등 작은 동물을 잡아먹는다.

분포 제주도를 포함하여 난류의 영향을 받는 남해 연안 외곽 섬 지역

이야기마당

'위험을 느끼면 아가미 돌기의 끝부분이 부러지면서 화학 물질이 분비되는 방어 행동을 한다.' 고 알려져 있습니다.(고동범, 2006)

▲ 밝은 황갈색을 띤다.

▶ 살아 있을 때에는 몸통 전체에서 형광빛이 난다.

▲ 번식기에 여러 마리가 무리 지은 모습

여왕갯민숭달팽이

나새목 수지갯민숭달팽이과

학명 *Dendrodoris denisoni* (Angas)

특징 몸통 길이 5cm, 너비 4cm, 높이 3cm 내외. 몸통에는 밝은 황갈색 바탕에 형광 빛의 녹색 또는 푸른색 반점이 흩어져 있고, 등에는 다양한 모양과 크기의 돌기가 무리 지어 있다.

생태 주로 수심 5~10m의 암초 표면에 사는데, 해면 위에 있는 모습이 자주 관찰되는 것으로 보아 해면을 갉아 먹는 것으로 추정된다. 보통 2~5마리 정도가 무리 지은 모습으로 발견된다.

분포 제주도를 포함한 전 연안

이야기마당

등에 있는 형광 색 반점과 아가미 다발이 매우 아름다워 '여왕갯민숭달팽이' 라는 이름이 붙었습니다.

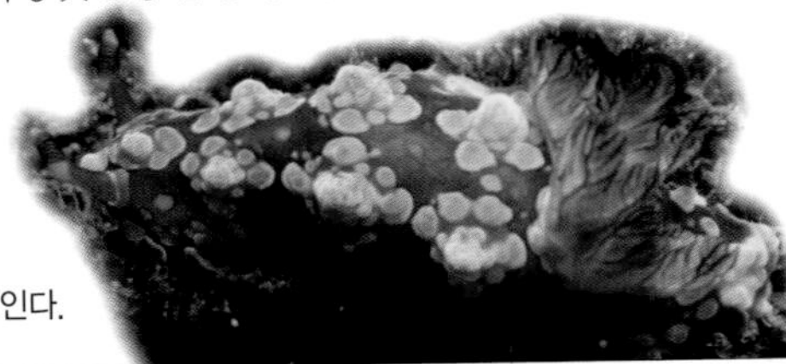

▶ 전체적으로 화려한 모습을 보인다.

▲ 각 개체마다 색깔이 다양하다(선홍색을 띤 개체).

▲ 황갈색을 띤 개체

꼬리갯민숭달팽이

나새목 갯민숭달팽이과

학명 *Ceratosoma tenue* Abraham

특징 몸통 길이 7cm, 너비 4cm, 높이 5cm 내외. 몸통 색깔은 선홍색부터 황갈색에 이르기까지 다양하며, 전체적인 색깔과 모습이 매우 아름답다. 등 쪽에는 그물 무늬가 있고, 꼬리는 뒤쪽으로 길게 뻗어 있다.

생태 수심 10m 내외의 암초 표면에서 간혹 발견되는 흔치 않은 종이다. '히드라', '군체멍게', '이끼벌레' 등을 잡아 먹는다.

분포 제주도 연안

이야기마당

봄~가을에 제주 연안에서만 간혹 발견되는 흔치 않은 종입니다.

점점갯민숭달팽이

나새목 갯민숭달팽이과

학명 *Chromodoris aureopurpurea* Collingwood

특징 몸통 길이 3cm, 너비 2.5cm, 높이 1.5cm 내외. 몸통에는 흰색 또는 아이보리색 바탕에 노란 점이 불규칙하게 배열되어 있다. 몸통의 가장자리에는 옅고 짙은 보라색 점이 띠 모양으로 있는데, 몸을 길게 늘였을 때 훨씬 선명하게 드러난다.

생태 봄~가을에 걸쳐 수심 10m 내외의 암초 표면에서 흔히 발견된다. 암초 위의 해조 숲이나 자갈 바닥 등에서도 관찰된다.

분포 제주도를 포함한 전 연안

이야기마당

우리나라 바닷속에서 흔히 발견되는 갯민숭달팽이 종입니다.

▲ 번식기에는 여러 마리가 함께 모여 있는 모습을 쉽게 볼 수 있다.

▶ 뚜렷한 보라색 띠무늬가 있다.

망사갯민숭달팽이

나새목 갯민숭달팽이과

학명 *Chromodoris tinctoria* (Rüppell & Leuckart)

특징 몸통 길이 3cm, 너비 1.3cm, 높이 1cm 내외. 몸통에는 흰색 바탕에 붉은색 줄무늬가 불규칙한 그물 모양으로 배열되어 있다. 몸통 가장자리에는 노란색 띠무늬가 있고, 띠무늬와 그물 무늬 사이에는 흰색의 공백이 있다.

생태 수심 5~20m 부근의 암초 표면 또는 모랫바닥이나 해조 숲 부근에서 봄여름에 흔히 발견된다. 수중 환경과 다른 몸통의 선명하고 화려한 색깔로 눈에 잘 띈다.

분포 제주도를 포함하여 난류의 영향을 받는 남해 연안 외곽 섬 지역과 울릉도, 독도

이야기마당

몸통이 다양한 무늬와 색깔을 띠어 아름답기 때문에 수중 촬영 다이버들에게 인기가 많습니다.

▲ 개체마다 생긴 모습은 비슷하지만 색깔이 조금씩 다르다.

▲ 등 쪽에 그물 모양의 무늬가 있다.

▲ 몸에는 검은색 반점이 4~5줄 있다.

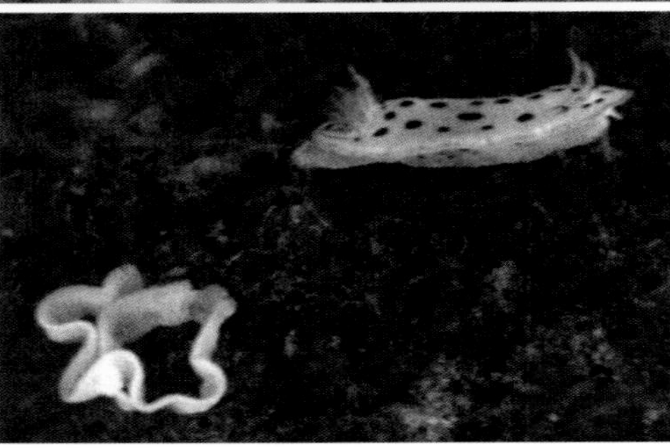
▶ 알 덩이(흰색 덩어리)를 산란한 후 이동하고 있다.

흰갯민숭이

나새목 갯민숭달팽이과

학명 *Chromodoris orientalis* Rudman

특징 몸통 길이 2cm, 너비 1cm, 높이 1cm 내외. 몸통은 긴 타원형이고, 보통 흰색 바탕에 검은색 반점이 4~5줄 있다. 반점의 배열과 크기는 개체마다 차이가 크며, 몸통의 가장자리에는 노란색 띠무늬가 있다.

생태 수심 2~20m 부근의 암초 표면을 비롯해 다양한 바닥 환경에서 살지만, 암초 표면에서 발견되는 경우가 가장 많다. 번식기에는 여러 마리가 무리 지어 함께 모여드는 번식 회유 현상을 보인다.

분포 제주도를 포함한 전 연안

이야기마당

우리나라에서 발견되는 갯민숭달팽이류 중 매우 흔한 종입니다.

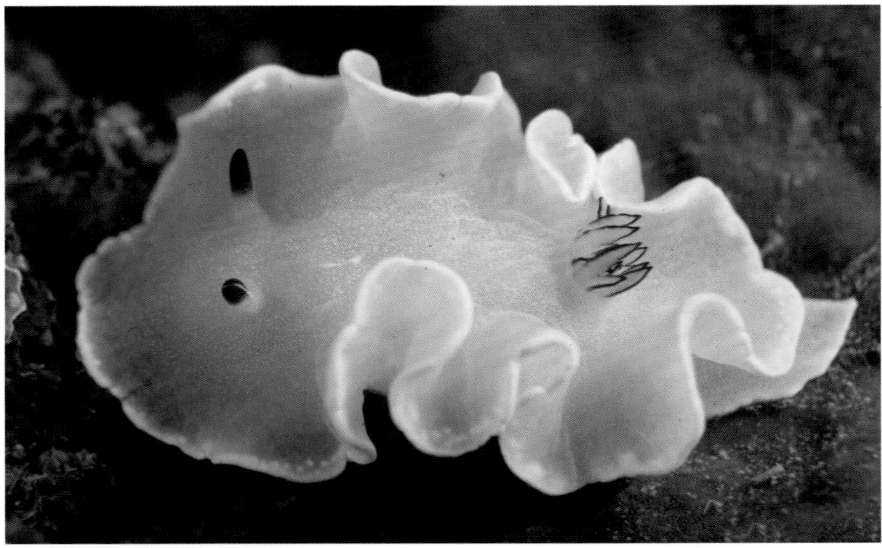
▲ 전체 모습이 얇은 종이처럼 보인다.

꼬마흰갯민숭달팽이

나새목 갯민숭달팽이과

학명 *Glossodoris misakinosibogae* Baba

특징 몸통 길이 2cm, 너비 1.5cm, 높이 1cm 내외. 몸통에는 옅은 회색 바탕에 작은 돌기가 수없이 많이 흩어져 있다. 몸통의 가장자리를 따라서 밝은 흰색 띠무늬가 있으며, 촉수와 아가미 다발의 끝부분은 검은색을 띤다.

생태 수심 5m 부근의 암초 표면 또는 해조류의 잎에서 매우 드물게 발견된다.

분포 제주도

이야기마당

전 세계에서 우리나라 제주도와 일본 중부 지역에서만 서식하는(고동범, 2006) 매우 드문 종입니다.

파랑갯민숭달팽이

나새목 갯민숭달팽이과

학명 *Hypselodoris festiva* (A. Adams)

특징 몸통 길이 3cm, 너비 1.5cm, 높이 1cm 내외. 몸통은 타원형이고, 파란색 바탕에 선명한 노란색 반점과 줄무늬가 있으며, 촉수와 아가미 다발은 선홍색을 띤다.

생태 다양한 수심의 암초 표면에서 봄~가을에 매우 흔히 발견된다. 번식기에는 여러 마리가 한곳에 모여 집단으로 산란한다.

분포 제주도를 포함한 전 연안

이야기마당

우리나라에 사는 갯민숭이류 중 '흰갯민숭이'와 함께 매우 흔히 발견되는 종입니다.

▲ 번식기가 되면 여러 마리가 집단을 이룬다.

▲ 기어 다닐 때는 꼬리를 길게 늘이기도 한다.

▲ 돌기와 입 등이 해조류 잎처럼 보인다.

▲ 깔때기 모양의 입을 펼쳐 물속의 플랑크톤을 잡아먹는다.

잎갯민숭이

나새목 잎갯민숭이과

학명 *Melibe papillosa* (de Filippi)

특징 몸통 길이 3~5cm, 너비 1cm 내외. 몸통은 가늘고 긴 원통형이고, 좌우에 8쌍의 납작한 돌기가 있다. 몸의 앞부분에 있는 입은 크고 둥근 깔때기 모양이다. 몸통은 투명해서 내장이 밖으로 비쳐 보인다.

생태 봄여름 동안 제한된 시기에만 발견된다. 갯민숭이 중 특이하게 깔때기 모양의 입을 이용하여 물속의 플랑크톤을 잡아먹는다. 적이 나타나면 몸통 좌우의 돌기를 스스로 잘라내 먹이로 제공하고 그 사이 도망치는 방어 전략을 가지고 있다.

분포 제주도를 포함한 전 연안

이야기마당

몸통 좌우로 튀어나와 있는 돌기가 마치 종잇장처럼 보인다고 하여 종이를 뜻하는 그리스어인 '파피루스(*papillosa*)'라고 부릅니다.

▲ 등 표면이 울퉁불퉁해 거친 갑옷과 비슷하다.

▲ 수축과 이완에 의해 돌기의 튀어 나온 정도가 달라진다.

갑옷갯민숭달팽이

나새목 갑옷갯민숭달팽이과

학명 *Hoplodoris armata* (Baba) (=*Carminodoris armata*)

특징 몸통 길이 7cm, 너비 5cm, 높이 2cm 내외. 몸통은 납작한 타원형이다. 등 쪽에는 다양한 크기의 돌기가 많이 나 있다. 외투막의 가장자리가 전체 몸통의 2/3 이상을 차지한다.

생태 수심 10m 부근의 암초 표면에서 간혹 발견된다. 전체적인 색깔 및 형태가 주변 환경과 비슷해 발견하기가 쉽지 않다.

분포 난류의 영향을 받는 남해 연안 외곽 섬 지역

이야기마당

우리나라에 살고 있다는 사실이 수중 생태 사진가 고동범(2003)에 의해 처음 확인되었으나, 이 종의 생태적 특징에 대한 연구는 아직 부족한 실정입니다.

▲ '이끼벌레' 무리 사이를 이동하는 모습

갑옷갯민숭달팽이류

나새목 갑옷갯민숭달팽이과

학명 *Dorididae* sp.

특징 몸통 길이 2cm, 너비 1.5cm, 높이 1cm 내외. 촉수와 아가미 등을 포함하여 전체적으로 오렌지색을 띤다. 어느 부분에서도 몸통과 다른 색의 반점이나 무늬는 찾아보기 힘들다.

생태 수심 5m 부근의 해조 숲 또는 '이끼벌레' 무리 사이에서 간혹 발견된다. 이 사실로 미루어 볼 때 갑옷갯민숭달팽이류가 '이끼벌레'의 촉수를 갉아 먹는 것으로 추정된다.

분포 남해 연안 및 동해 남부 연안

이야기마당

지금까지 우리나라에 알려진 갯민숭달팽이류와 다른 별개의 종으로, 이에 대한 연구가 더 필요할 것으로 보입니다.

점박이붉은갯민숭달팽이

나새목 갑옷갯민숭달팽이과

학명 *Aldisa cooperi* Robilliard & Baba

특징 몸통 길이 2.5cm, 너비 1cm, 높이 1cm 내외. 몸통은 밝은 선홍색을 띠고, 등 쪽에는 수많은 작은 돌기가 솟아나 있다. 등의 가운데를 따라 2~4개 정도의 검은색 작은 반점이 있다.

생태 수심 10m 내외의 암초 표면에서 간혹 발견되는 흔치 않은 종이다.

분포 제주도를 포함한 전 연안

이야기마당

등 쪽에 나 있는 돌기 중 일부에서 화학 물질이 분비되어 위험한 상황으로부터 몸을 보호하는 것으로 알려져 있습니다.

▲ 등에 작은 돌기가 울퉁불퉁하게 나 있다.

노랑납작갯민숭달팽이

나새목 갑옷갯민숭달팽이과

학명 *Platydoris tabulata* (Abraham)

특징 몸통 길이 5cm, 너비 3cm, 높이 1cm 내외. 몸통에는 황갈색 계통의 바탕색에 짙은 갈색 또는 검은색의 작은 점이 흩어져 있다. 등 쪽의 가운데 부분 좌우로 3~4쌍의 동그랗고 큰 흰색 반점이 있다.

생태 수심 5~10m의 암초 표면에서 흔히 발견된다. 위험을 느껴 촉수를 움츠리면 '납작벌레(편형동물)' 처럼 보이기도 한다.

분포 제주도를 포함한 전 연안

이야기마당

옆에서 보면 위아래로 납작하기 때문에 '납작' 이라는 이름이 붙었습니다.

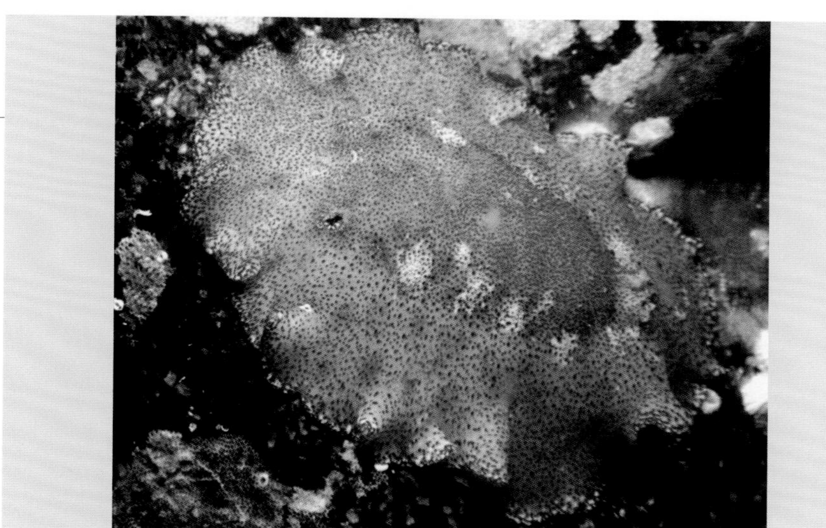

▲ 촉수를 움츠리면 '납작벌레' 로 착각하기도 한다.

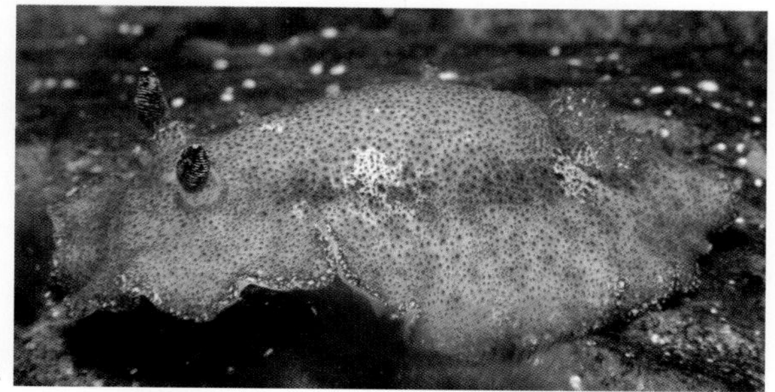

▶ 갈색 점이 흩어져 있다.

▲ 등 쪽에 수많은 돌기가 솟아나 있다.

◀ 전체 모습이 주변의 암초와 잘 어울린다.

두드럭갯민숭달팽이

나새목 갑옷갯민숭달팽이과

학명 *Homoiodoris japonica* Bergh

- **특징** 몸통 길이 5cm, 너비 3.5cm, 높이 3cm 내외. 몸통은 황갈색 또는 노란색 바탕에 끝이 다소 짙은 갈색 돌기가 많이 나 있다. 특히 등 쪽 가운데의 돌기는 주변의 다른 돌기보다 더 크게 솟아 있다.
- **생태** 주로 수심 5~10m의 암초 표면에서 발견되며, 해면을 갉아 먹는다. 흔히 볼 수 있는 종이지만, 전체적인 색깔과 형태가 주변의 암초와 비슷해 눈에 잘 띄지 않는다.
- **분포** 제주도를 포함한 전 연안

이야기마당

위험을 느껴 촉수와 아가미 다발이 수축하면 거친 표면의 돌덩이처럼 보이기도 합니다.

▲ 아이보리색을 띤 개체

▶ 몸 색은 개체마다 다르지만 그물 모양의 무늬는 같다.(선홍색을 띤 개체)

예쁜이갯민숭이

나새목 예쁜이갯민숭이과

학명 *Tritonia festiva* (Stearns)

- **특징** 몸통 길이 3cm, 너비 1cm, 높이 1.5cm 내외. 몸통에는 선홍색 또는 아이보리색 바탕에 흰색 반점과 띠 모양의 선이 규칙적으로 배열되어 있다. 몸통의 기본 색깔은 개체마다 차이가 크지만 무늬는 서로 비슷하고, 몸통의 좌우에는 아가미 돌기가 8~9개씩 있다.
- **생태** 수심 10m 내외의 암초 표면에 살지만, 산호의 촉수를 주로 뜯어 먹기 때문에 산호 무리 부근에서 흔히 발견된다.
- **분포** 제주도를 포함한 난류의 영향을 받는 남해 연안 외곽 섬 지역과 독도, 울릉도

이야기마당

몸통의 바탕색과 흰색 무늬가 잘 어우러져 모습이 아름답습니다.

안경무늬혹갯민숭이

나새목 혹갯민숭이과

학명 *Phyllidia ocellata* Cuvier

특징 몸통 길이 3cm, 너비 2.5cm, 높이 1.5cm 내외. 몸통에는 노란색 바탕에 끝부분이 흰색인 많은 돌기가 솟아나 있다. 그 중 크기가 큰 돌기 주위에는 테두리 같은 검은색 무늬가 있다. 몸통은 딱딱한 편이다.

생태 수심 5~10m 부근의 암초 표면 또는 자갈 바닥에서 간혹 발견되며, 움직임이 매우 느리다.

분포 제주도를 포함하여 난류의 영향을 받는 남해 연안 외곽 섬 지역

이야기마당

몸통이 마치 돌같이 딱딱한데, 이러한 특성을 이용하여 적으로부터 자신을 보호합니다.

▲ 등에 있는 테두리 무늬가 안경테를 연상시킨다.

▶ 몸통 색깔은 개체마다 차이가 크다.

검은고리혹갯민숭이

나새목 혹갯민숭이과

학명 *Phyllidia babai* Brunckhorst

특징 몸통 길이 3cm, 너비 2cm, 높이 1.5cm 내외. '안경무늬혹갯민숭이'와 비슷한 모습이다. 몸통이 흰색에 가깝고, 촉수와 몸통의 가장자리만 노란색을 띤다는 차이점이 있다.

생태 수심 10m 부근의 암초 표면이나 자갈 바닥에서 간혹 발견된다. 이동 속도가 매우 느리다는 것도 '안경무늬혹갯민숭이'와 비슷한 점이다.

분포 제주도

이야기마당

'안경무늬혹갯민숭이'와 매우 비슷해 보이지만 해부학적으로 서로 다른 종입니다(고동범, 2006).

▲ 등 쪽에는 선명한 검은색 고리 무늬가 있다.

▶ 무늬가 새겨진 돌처럼 보인다.

▲ 위로 솟은 분홍색 아가미 돌기가 있어 아름답게 보인다.

◀ '산호붙이히드라' 무리 위에서 집단을 이루어 산란한다.

왕벚꽃하늘소갯민숭이

나새목 하늘소갯민숭이과

학명 *Sakuraeolis sakuracea* Hirano

특징 몸통 길이 3cm, 너비 1cm, 높이 2cm 내외. 몸통은 흰빛이 감도는 분홍색을 띤다. 그러나 수많은 아가미 촉수 내부의 붉은색 또는 밝은 황갈색의 내장이 밖으로 비치기 때문에 등 쪽은 다소 붉게 보인다.

생태 주로 수심 10m 내외에 있는 암초 표면의 '산호붙이히드라' 무리에서 발견된다. '산호붙이히드라'의 촉수를 갉아 먹으면서 그곳에서 집단 짝짓기와 산란을 하는 경우가 많다.

분포 제주도를 포함하여 난류의 영향을 받는 남해 연안 외곽 섬 지역과 독도, 울릉도

이야기마당

이 종의 번식기인 여름철에는 '산호붙이히드라' 무리 위에 수십 마리가 모여 번식 집단을 형성합니다.

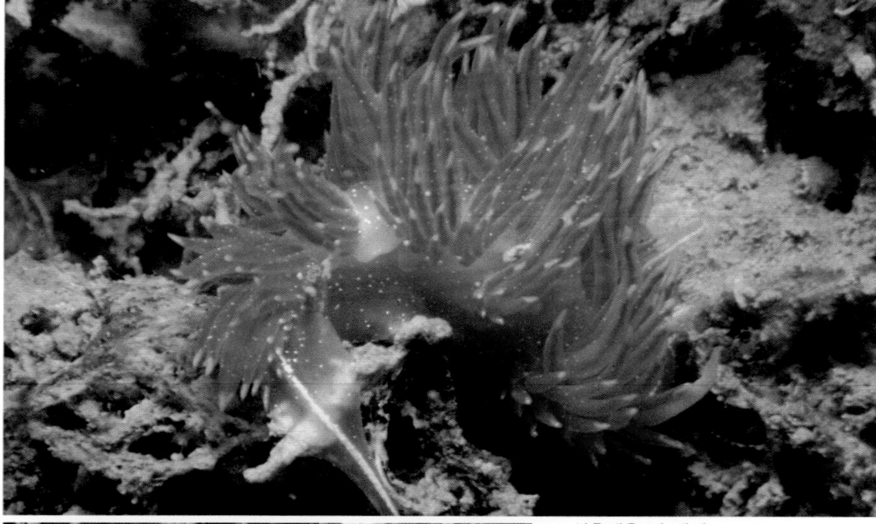

▲ 선홍색을 띤 개체

◀ 노란색을 띤 개체

하늘소갯민숭이

나새목 하늘소갯민숭이과

학명 *Hermissenda crassicornis* (Eschscholtz)

특징 몸통 길이 4cm, 너비 2cm, 높이 3cm 내외. 몸통은 가늘고 긴 원통형이고, 등 쪽에는 끝부분이 흰색인 아가미 돌기가 있는데, 그 수가 매우 많아서 몸통의 거의 대부분을 차지한다. 전체적인 색깔은 선홍색부터 노란색에 이르기까지 각 개체마다 매우 다양하다.

생태 주로 수심 20~30m 부근의 암초 표면에서 발견된다. '이끼벌레'나 '히드라'가 많이 살고 있는 환경에서 특히 자주 발견되는 것으로 보아 '히드라'와 '이끼벌레'를 잡아먹는 것으로 추정된다.

분포 제주도를 포함한 전 연안. 난류의 영향이 미치는 곳에서 발견되는 경우가 많다.

이야기마당

몸이 크고 색이 화려해서 수중 관찰할 때 눈에 쉽게 띕니다.

초록능선갯민숭이

나새목 능선갯민숭이과

학명 *Tambja amakusana* Baba

특징 몸통 길이 1cm, 너비 0.5cm, 높이 0.5cm 내외. 몸통은 밝은 황갈색이나 노란색 또는 초록빛이 감도는 노란색을 띠지만, 촉수와 아가미 끝부분 그리고 발의 가장자리 부분은 파란색 또는 녹색을 띠는 경우가 많다.

생태 주로 수심 10m 내외의 암초 표면에서 발견된다. 바닥의 히드라 무리 위에서 흔히 발견되는 것으로 보아 '히드라'의 촉수를 갉아 먹는 것으로 추정된다.

분포 제주도를 포함한 난류의 영향을 받는 남해 연안 외곽 섬 지역

이야기마당

전형적인 아열대성 종입니다. 최근 우리나라 바다의 수온이 약간 상승하여 동해 연안에서도 간혹 발견됩니다.

▲ 물속의 작은 벌레처럼 보인다.

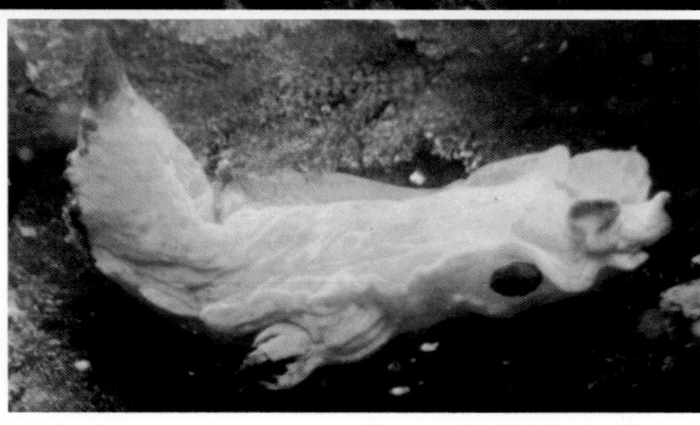

▶ 등 쪽 뒷부분 가운데를 따라 녹색의 작은 능선 모양이 나타난다.

물방울능선갯민숭이

나새목 능선갯민숭이과

학명 *Thecacera pennigera* (Montagu)

특징 몸통 길이 3cm, 너비 1cm, 높이 1.5cm 내외. 몸통에는 투명한 흰색 바탕에 검은색과 노란색 점이 흩어져 있다. 등 쪽에 있는 아가미 다발을 둘러싼 큰 돌기의 끝부분은 흰색을 띤다.

생태 수심 15m 내외의 암초 표면에 살고 있는 '이끼벌레' 무리 위에서 간혹 발견된다. '이끼벌레'의 촉수나 부드러운 속살을 갉아 먹는다.

분포 제주도를 포함한 전 연안

이야기마당

우리나라 전 연안의 수중 암초 표면에서 발견되기는 하지만 그리 흔한 종은 아닙니다.

▲ 알록달록한 무늬 때문에 열대어처럼 보인다.

▲ 아가미 돌기 하나하나가 또렷하게 솟아나 있다.

▲ 바닥을 기어 다니며 먹이를 찾는 모습

빨강꼭지도롱이갯민숭이 나새목 꼭지도롱이갯민숭이과

학명 *Flabellina bicolor* (Kelaart)

특징 몸통 길이 2cm, 너비 1cm, 높이 1cm 내외. 몸통은 길고 가는 원통형이고, 흰색을 띤다. 몸통 좌우에 있는 돌기의 끝부분에는 주홍색이나 노란색의 고리 무늬가 있다. 그러나 머리 부분의 촉수는 이러한 색깔을 띠지 않고 전체가 흰색이다.

생태 주로 수심 10m 내외의 암초 표면이나 해조 숲 또는 '히드라' 나 '이끼벌레' 가 많은 곳에서 발견된다. 봄여름철의 번식기에는 여러 마리가 함께 모여 산란하는 집단 산란 행동 특성을 보인다.

분포 제주도를 포함한 전 연안

이야기마당
우리나라 연안에서 흔히 발견되는 갯민숭이 종으로, '히드라' 나 '이끼벌레' 의 촉수를 갉아 먹는 육식성 포식자입니다.

▲ 아가미 돌기가 솜사탕과 비슷하다.

사슴뿔긴갯민숭이

나새목 긴갯민숭이과

학명 *Bornella stellifera* (A. Adams & Reeve)

특징 몸통 길이 3cm, 너비 1cm, 높이 1.5cm 내외. 몸통에는 흰색 바탕에 붉은색 그물 무늬가 흩어져 있고, 등 쪽에는 솜사탕처럼 보이는 6쌍의 돌기가 있다.

생태 수심 10m 내외의 '히드라' 나 '이끼벌레' 가 많이 살고 있는 암초 표면에서 간혹 발견된다. '히드라' 나 '이끼벌레' 를 잡아먹는 것으로 추정된다.

분포 제주도를 포함하여 난류의 영향을 받는 남해 연안 외곽 섬 지역

이야기마당
전형적인 아열대성 종으로, 난류의 영향을 받지 않는 곳에서는 거의 발견되지 않습니다.

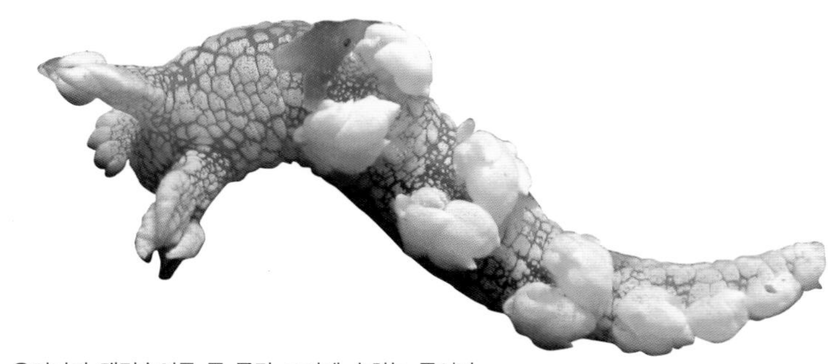
▲ 우리나라 갯민숭이류 중 중간 크기에 속하는 종이다.

▲ 각 개체가 검은 바탕에 흰 점들로 보인다.

▲ '산호붙이히드라'의 가지에 알 덩이를 집단으로 산란한다.

검정큰도롱이갯민숭이 나새목 큰도롱이갯민숭이과

학명 *Protaeolidiella atra* Baba

특징 몸통 길이 2cm, 너비 1cm, 높이 1cm 내외. 몸통은 검은색을 띠고, 등 쪽에 솟아 있는 수많은 돌기의 끝부분만 흰색 또는 분홍색을 띤다.

생태 수심 10m 내외에 있는 '산호붙이히드라'의 촉수를 갉아 먹는다. 여름철에 번식을 위해 '산호붙이히드라' 무리 위에서 집단을 이룬다.

분포 제주도를 포함하여 난류의 영향을 받는 남해 연안 외곽 섬 지역

이야기마당

산란기에는 수십 마리의 개체가 한곳에 모여 집단으로 산란하는데, 그 모습이 장관입니다.

하늘소큰도롱이갯민숭이 나새목 큰도롱이갯민숭이과

학명 *Aeolidina* sp.

특징 몸통 길이 4cm, 너비 1cm, 높이 1cm 내외. 몸통은 선홍색을 띠며 촉수의 끝부분은 선홍색보다 짙은 색이다. 아가미 돌기는 끝부분이 흰색을 띠며, 내부 기관이 밖으로 비쳐 보인다.

생태 수심 10m 부근의 암초 표면에 있는 해조 숲에서 간혹 발견된다.

분포 남해 연안

이야기마당

아직 이 종에 대한 정확한 연구가 이루어지지 않아서, 더 많은 연구가 필요할 것으로 생각됩니다.

▲ 전체적으로 늘씬한 모습이다.

▲ 아가미 돌기는 내부 기관이 밖으로 비쳐 보인다.

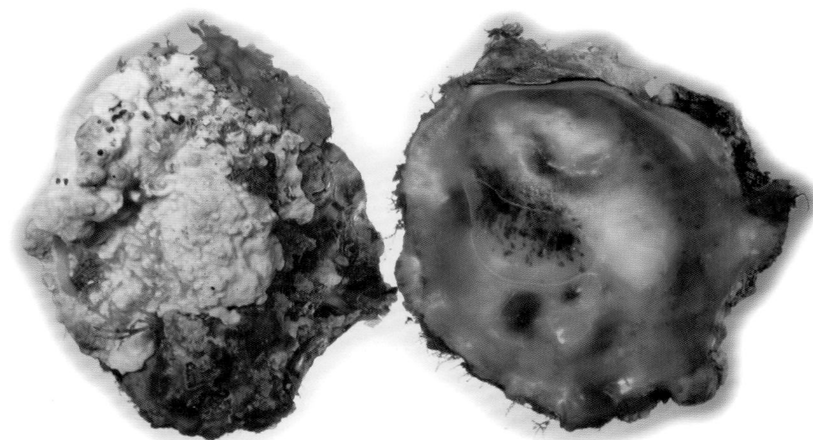

▲ 왼쪽 껍데기가 떨어져 나간 모습

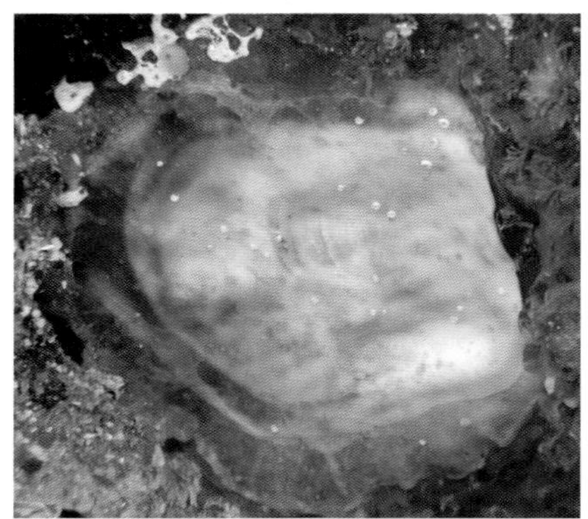

◀ 껍데기 크기에 비해 속살은 그리 크지 않다.

태생굴

굴목 굴과

학명 *Ostrea circumpicta* Pilsbry

- **특징** 껍데기 길이 10cm 내외. 껍데기의 바깥쪽은 전체적으로 옅거나 짙은 황갈색을 띠며, 껍데기 안쪽에는 회갈색 또는 보라색의 불규칙한 반점이 흩어져 있다. 껍데기 가장자리는 부드러운 톱니 모양의 돌기가 불규칙하게 나 있으며, 좌우 껍데기가 서로 맞물려 있다.
- **생태** 갯바위 아래쪽부터 수심 10m 내외까지의 암초 표면에서 주로 발견된다. 오른쪽 껍데기 전체가 바위에 붙어 있는 상태에서 왼쪽 껍데기를 열고 닫음으로써 바닷물을 빨아들여 호흡과 먹이활동을 한다.
- **분포** 제주도를 포함한 전 연안

이야기마당

독성이 있는 것은 아니지만 껍데기 크기에 비해 속살이 작고 몸체를 바위에서 뜯어내기도 어렵기 때문에 먹지는 않습니다.

▲ 암초 표면에 단단히 붙어 있어 암초와 거의 구별되지 않는다.

◀ 껍데기 표면에는 성장선이 있다.

바위굴

굴목 굴과

학명 *Crassostrea nipponica* (Seki)

- **특징** 껍데기 길이 20cm 내외. 껍데기는 긴 타원형이고, 흑갈색을 띠며 매우 두껍고 단단하다. 암초 표면에 단단하게 붙어 있는 왼쪽 껍데기와는 달리 움직임이 가능한 오른쪽 껍데기 표면에는 자라면서 생기는 성장선이 나무껍질처럼 보인다.
- **생태** 주로 물이 맑은 청정 해역의 깊은 곳에서 산다. 한 마리씩 있기도 하지만 여러 마리가 무리를 이루기도 한다. 대부분의 조개류와 마찬가지로 물속의 플랑크톤을 걸러 먹는다.
- **분포** 제주도를 포함하여 난류의 영향을 받는 남해 연안 외곽 섬 지역과 울릉도, 독도

이야기마당

우리나라에 서식하는 굴류 중 크기가 큰 종입니다.

가시굴

굴목 굴과

학명 *Saccostrea kegaki* Torigoe & Inaba

특징 껍데기 길이 7cm 내외. 껍데기는 둥근 모양이고, 흑갈색을 띤다. 표면에 원통 모양의 날카로운 가시가 많이 나 있지만, 자라는 과정에서 대부분 닳아 없어진다. 따라서 다 자란 개체에서는 껍데기 가장자리 주변에만 가시가 있기도 한다.

생태 갯바위 아래쪽부터 수심 5m 이내의 암초 표면에 무리 지어 산다.

분포 제주도를 포함한 전 연안

이야기마당

'굴' 류에 속하기는 하지만, 크기가 작을 뿐만 아니라 속살도 많지 않아 먹지는 않습니다.

▲ 무리 지어 산다.

▶ 껍데기에는 선명한 가시가 있다.

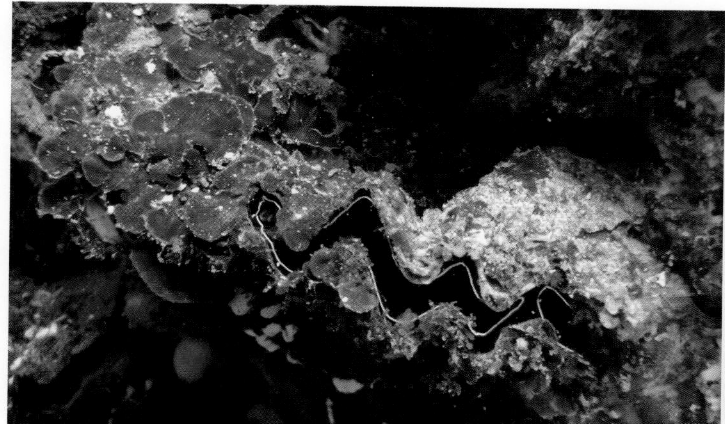

▲ 껍데기 두 장이 만나는 부위는 톱니처럼 보인다.

▲ 외투막 가장자리에 돌기가 있다.

겹지붕굴

굴목 굴과

학명 *Parahyotissa inermis* (G. B. Sowerby Ⅱ)

특징 껍데기 길이 10cm 내외. 껍데기는 둥글고, 두껍고 단단하며, 옅은 황갈색 또는 자갈색을 띤다. 각정으로부터 껍데기 가장자리 쪽으로 굵은 주름이 여러 개 있으며, 이 주름이 끝나는 껍데기 가장자리 부분은 큰 톱니처럼 보인다. 왼쪽 껍데기는 암초 표면에 단단히 붙어 있다. 외투막 가장자리에는 여러 개의 돌기가 있는데, 이는 외부의 변화나 위험요소들에 대한 화학적 감지 센서 역할을 한다.

생태 주로 수심 5~25m의 암초 표면에서 발견된다. 난류의 영향을 받는 곳에서는 비교적 흔한 종이다. 껍데기를 벌린 상태에서 바닷물을 흡입하여 물속에 있는 플랑크톤을 걸러 먹는다.

분포 제주도를 포함하여 난류의 영향을 받는 남해 연안 외곽 섬 지역

이야기마당

수온이 낮은 동해나 서해 등에서는 서식하기 어려운 아열대성 종입니다.

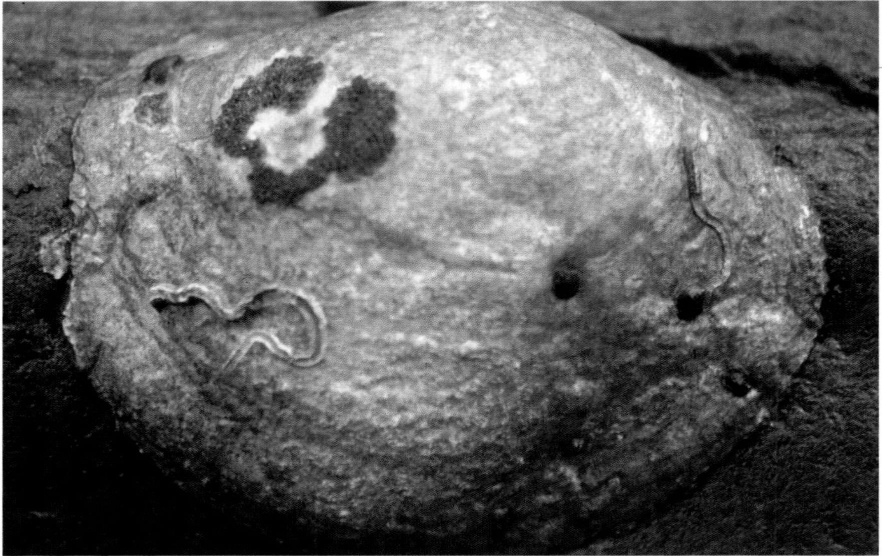

▲ 족사를 사용하여 암초 표면에 붙어 산다.

◀ 왼쪽 껍데기의 각정부에 구멍이 있다.

잠쟁이

굴목 잠쟁이과

학명 *Anomia chinensis* Philippi

특징 껍데기 길이 5cm 내외. 껍데기는 전체적으로 둥근 모양이며, 얇은 왼쪽 껍데기는 전체가 암초에 붙어 있고, 상대적으로 두꺼운 오른쪽 껍데기는 열고 닫기가 가능하다. 껍데기 표면은 회갈색을 띤다.

생태 족사 같은 기능을 하는 발이 왼쪽 껍데기의 각정 부분에 있는 구멍을 통해 뻗어 나와 암초 표면에 붙어 산다. 물속의 미세한 찌꺼기나 플랑크톤을 걸러 먹는다.

분포 제주도를 포함한 전 연안

이야기마당

바위 표면에 붙어 있는 힘은 그리 강하지 않지만, 껍데기가 매우 얇고 잘 부서지기 때문에 암초 표면에서 온전한 상태로 떼어 내기가 어렵습니다.

▲ 암초에 붙어 산다.

▶ 껍데기에는 5~8개의 선명한 주름이 있다.

비늘가리비

굴목 가리비과

학명 *Chlamys squamata* (Gmelin)

특징 껍데기 길이 5cm 내외. 껍데기는 옅거나 짙은 적갈색 또는 자갈색을 띤다. 껍데기 표면에는 각정으로부터 껍데기의 가장자리 방향으로 5~8개의 선명한 주름이 있으며, 각 주름에는 끝이 날카로운 비늘이 위로 솟구치듯 나 있다. 껍데기는 비교적 두껍고 단단하다.

생태 수심 10m 내외의 암초 또는 큰 자갈에 족사를 사용하여 붙어 살며, 그리 흔히 발견되지는 않는다. 위쪽 껍데기를 들어 올린 상태에서 바닷물을 빨아들여 물속의 플랑크톤을 걸러 먹는다.

분포 서해와 남해 연안

이야기마당

가리비류이지만, 크기가 작고 개체 수가 적어 먹지는 않습니다.

갈매기무늬붉은비늘가리비

굴목 가리비과

학명 *Chlamys squamosa larvata* (Reeve)

특징 껍데기 길이 4cm 내외. 껍데기는 길쭉한 부채 모양이며, 가리비류 중 크기가 작은 편이다. 껍데기는 주로 붉은색 계열의 색깔을 띠지만, 개체마다 상당한 차이가 있다.

생태 수심 5~30m의 암초나 자갈 표면에 족사를 사용하여 약하게 붙어 살며, 이동성은 없다. 물속의 플랑크톤을 걸러 먹는다.

분포 제주도를 포함하여 난류의 영향을 받는 남해 연안 외곽 섬 지역

이야기마당

우리나라의 가리비류 중 작고 귀여운 편이어서 조개껍데기 수집가들이 선호하는 종입니다.

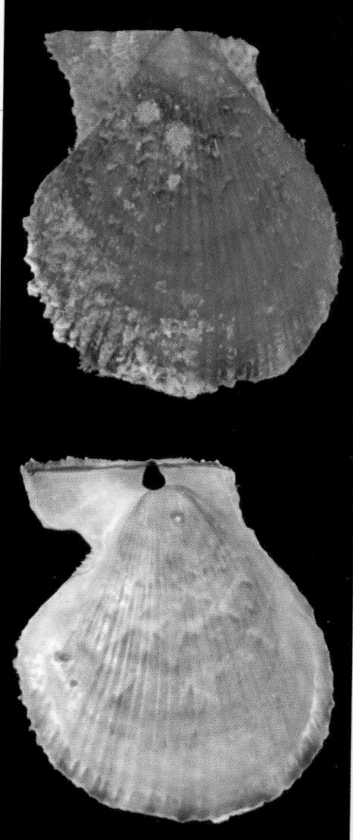

▲ 껍데기는 크기가 작고 색깔이 예쁘다.

▲ '석회관갯지렁이'의 관 표면에 붙어 있는 모습

▲ 족사를 사용하여 암초에 붙어 있는 모습

▲ 이동성이 없어 물속의 찌꺼기가 쌓여 있다.

파래가리비

굴목 가리비과

학명 *Chlamys farreri* (K. H. Jones & Preston)

특징 껍데기 길이 10cm 내외. 껍데기는 둥근 부채 모양이다. 적갈색 또는 황갈색을 띠고 각정으로부터 껍데기 가장자리 방향으로 5~8개의 강한 주름이 나타나며, 각 주름에는 끝이 날카로운 비늘이 많이 나 있다. 껍데기는 비교적 두껍고 단단하다.

생태 수심 10~30m의 암초 또는 큰 자갈 표면에 족사를 사용하여 붙어 산다. 이동성이 없으며, 위험을 느끼면 껍데기를 단단히 닫는다. 물속의 미세한 찌꺼기나 플랑크톤을 걸러 먹는다.

분포 제주도를 포함한 전 연안

이야기마당

식용 가리비이며, 일부 기록에는 '비단가리비'라고도 쓰여 있습니다. 우리나라와 중국 등에서 양식하는 종입니다.

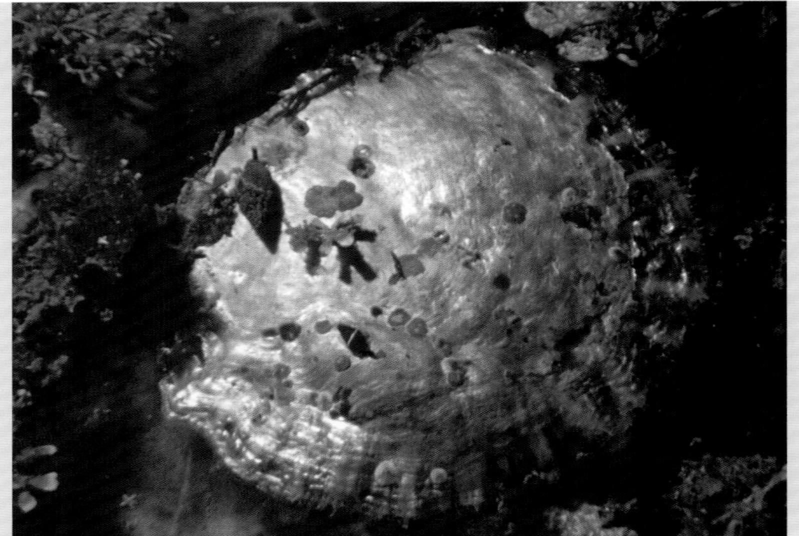

▲ 암초 표면에 붙어 있는 모습

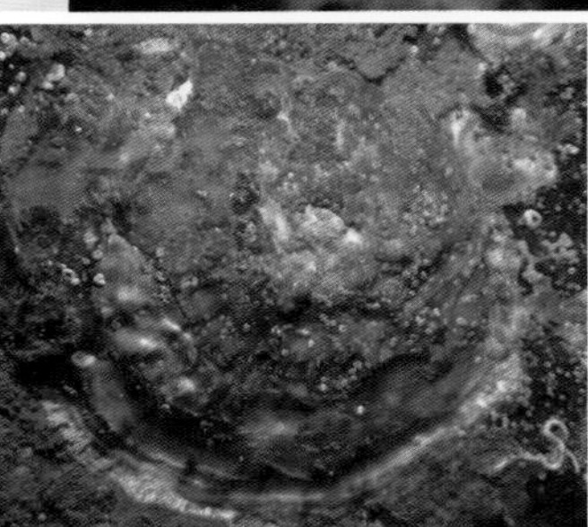

◀ 주변 환경과 거의 구분되지 않는다.

갈색띠진주조개 굴목 진주조개과

학명 *Pinctada albina* (Lamarck)

특징 껍데기 길이 15cm 내외. 껍데기는 둥근 사각형 또는 반원형이고, 약해 보이지만 두껍고 단단해서 쉽게 부서지지 않는다. 껍데기 표면에는 자라면서 만들어진 성장선이 있는데, 나무껍질처럼 다소 넓은 간격으로 포개진 모습이다.

생태 아열대성 조개이다. 수심 30m 이내의 암초나 큰 자갈 표면에 족사를 사용하여 붙어 살지만, 붙는 힘이 강하지는 않다. 몸속에서 진주를 만들 수 있는 종이지만, '진주조개'처럼 양식되지는 않는다.

분포 제주도를 포함하여 난류의 영향을 받는 남해 연안 외곽 섬 지역

이야기마당

수온이 낮은 곳에서는 살 수 없는 전형적인 아열대성 조개입니다.

▲ 무른 암석이나 다른 동물의 석회질 껍데기에 구멍을 뚫고 산다.

◀ 자신이 만든 구멍 속에서 평생을 살아간다.

애기돌맛조개 홍합목 홍합과

학명 *Lithophaga curta* (Lischke)

특징 껍데기 길이 3cm 내외. 껍데기는 긴 타원형이며, 얇고 쉽게 부서진다. 껍데기 외부 표면은 황갈색의 얇은 껍질로 전체가 덮여 있다. 껍데기 바깥쪽에는 구멍을 뚫는 과정에서 생긴 가는 모래 알갱이가 붙어 있기도 한다.

생태 갯바위 하부에서부터 수심 10m 내외의 석회암, 이암, 사암 등 비교적 무른 암석에 구멍을 뚫고 사는데, 경우에 따라 '큰뱀고둥', '굴' 등 다른 부착성 연체동물의 석회질 껍데기에 구멍을 뚫고 살기도 한다. 물속의 미세한 찌꺼기나 플랑크톤을 걸러 먹는다.

분포 제주도를 포함한 전 연안

이야기마당

암석을 파고 들어가 사는 대표적인 종입니다.

개적구

홍합목 홍합과

학명 *Modiolus agripeta* Iredale

특징 껍데기 길이 4cm 내외. 껍데기는 삼각형에 가까운 타원형이며, 표면은 적갈색으로, 황갈색의 겉껍질과 껍질이 변형된 많은 털로 덮여 있다. 껍데기 안쪽은 전체적으로 진주 광택이 약간 나면서 흰색과 보라색이 섞여 있다.

생태 수심 3~15m의 암초 또는 큰 자갈 표면에 족사를 사용하여 붙어 산다. 다소 지저분한 환경에서 주로 발견된다.

분포 제주도를 포함한 전 연안

이야기마당

상당히 많은 수가 우리나라 연안에 살고 있으나, 먹지 않을 뿐만 아니라 생태적으로 큰 중요성도 없기 때문에 별 관심을 받지 못하고 있습니다.

▲ 족사를 사용하여 암초 표면에 단단히 붙어 있다.

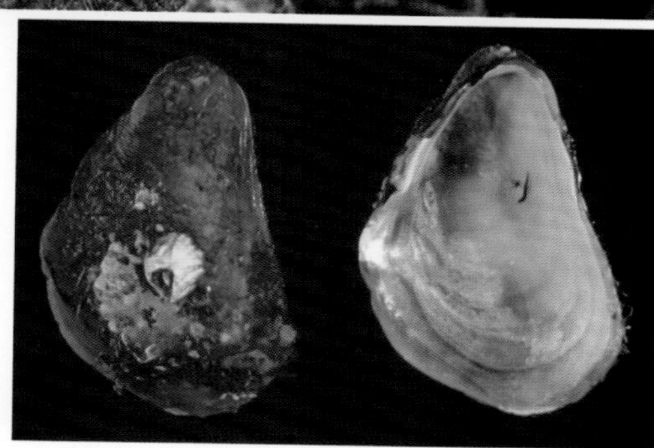

▶ 개적구 껍데기의 겉과 안

홍합

홍합목 홍합과

학명 *Mytilus coruscus* Gould

특징 껍데기 길이 최대 20cm 내외. 껍데기는 짙은 황갈색 또는 회갈색을 띠며, 두껍고 매우 단단하다. 겉모습이 비슷한 다른 담치류에 비해 각정부가 아래로 휘어 있다.

생태 주로 흐름이 좋고 물이 맑은 바다의 수심 2~5m에 있는 암초 표면에 산다. 질긴 족사를 사용하여 암초 표면에 강하게 붙어 있어 맨손으로는 떼어 내기가 어렵다. 청정 해역 지표종으로 오염된 곳에서는 살지 못한다. 간혹 '속살이게' 들이 내부에 공생하기도 한다.

분포 제주도를 포함한 전 연안

이야기마당

일부 해안 지방에서는 명절 때 차례상에 올릴 정도로 귀하게 여기는 조개류입니다.

▲ 암초 표면에 무리 지어 붙어 있다.

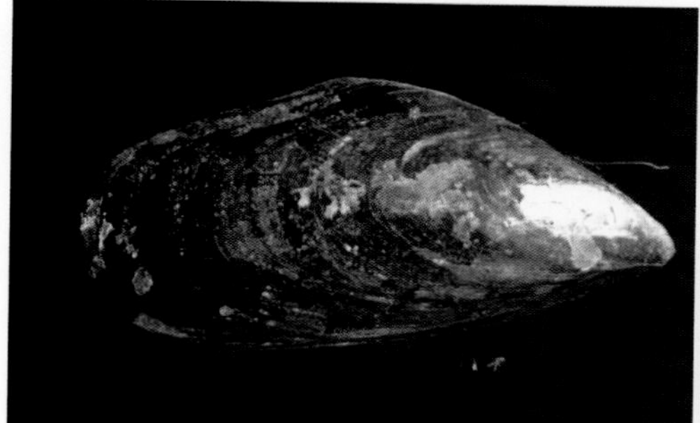

▲ 껍데기가 매우 단단하다.

▲ 홍합 속살

▲ 껍데기의 긴 털에는 다양한 부착 생물이 붙어 있다.

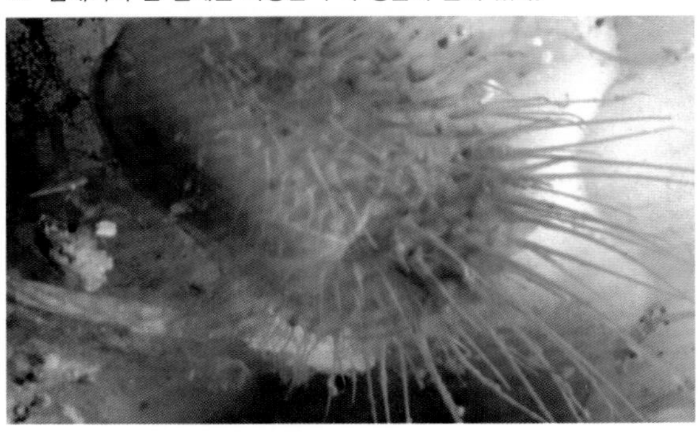

◀ 껍데기 표면에 껍질이 변형된 긴 털이 있다.

수염담치

홍합목 홍합과

학명 *Modiolus comptus* (G. B. Sowerby Ⅲ)

특징 껍데기 길이 1cm 내외. 껍데기는 타원형이고 옅은 황갈색을 띤다. 비교적 작은 편이며, 껍데기 표면에는 껍질이 변형된 긴 털이 있다. 껍데기는 얇고 쉽게 부서진다.

생태 수심 5m 내외의 암초 또는 자갈 표면에 족사를 사용하여 붙어 산다. 물속의 미세한 찌꺼기나 플랑크톤을 걸러 먹는다.

분포 난류의 영향을 받는 제주도 및 남해 연안 외곽 섬 지역 등

이야기마당

껍데기 표면의 털이 마치 긴 수염처럼 보이기 때문에 '수염담치' 라고 합니다.

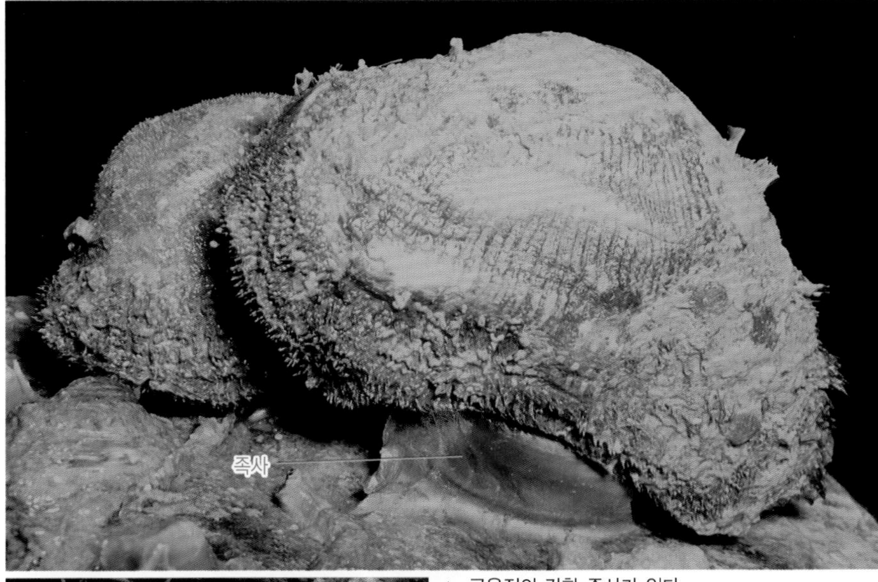

▲ 근육질의 강한 족사가 있다.

◀ 수중 암초 표면의 구석진 틈에 붙어 산다.

돌조개

돌조개목 돌조개과

학명 *Arca avellana* Lamarck

특징 껍데기 높이 3cm, 길이 4cm 내외. 껍데기는 타원형이며, 두껍고 단단하다. 표면에는 각정으로부터 껍데기 가장자리 방향으로 가늘고 미세한 주름이 있으며, 자라면서 만들어진 성장선이 거칠게 나 있다.

생태 갯바위 아래쪽 구석진 틈이나 수심 10m 이내의 암초 또는 큰 자갈 표면에 강한 족사를 사용하여 붙어 산다. 주변의 환경 변화에 매우 민감하게 반응하여 위험을 느끼면 재빨리 껍데기를 닫아 몸을 보호한다.

분포 제주도를 포함한 전 연안

이야기마당

이 종이 암초 표면에 몸을 고정시킬 때 사용하는 족사 성분을 분석하여 수중 접착제를 만드는 연구가 진행되고 있습니다.

왕복털조개 돌조개목 왕복털조개과

학명 *Porterius dalli* (E. A. Smith)

특징 껍데기 길이 5cm 내외. 껍데기는 긴 타원형이고 흰색을 띤다. 껍데기 표면에는 갈색의 얇은 껍질과 껍질이 변형된 짧은 털이 자라면서 만들어진 성장선이 동심원 모양으로 나타난다.

생태 족사를 사용하여 암초 표면에 약하게 붙어 있으며, 물속의 미세한 찌꺼기나 플랑크톤을 걸러 먹는다. 바닷물의 흐름이 강하지 않은 곳을 좋아한다.

분포 제주도를 포함한 전 연안

이야기마당

물속 찌꺼기가 껍데기 표면의 털에 붙어 지저분해 보입니다.

▲ 족사를 사용하여 암초 표면에 붙어 있다.

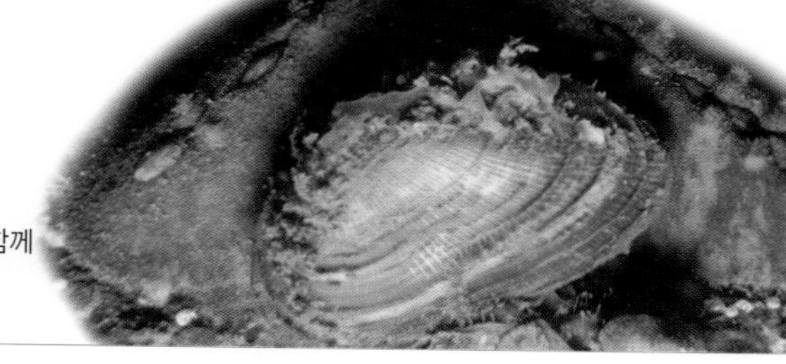

▶ 여러 바닥 생물과 함께 어울려 살아간다.

둥근비늘조개 백합목 비늘조개과

학명 *Scintilla violescens* Kuroda & Iw. Taki

특징 껍데기 길이 0.5cm 내외. 껍데기는 긴 타원형이고 흰색 또는 옅은 분홍색을 띤다. 살아 있을 때에는 껍데기 전체가 돌기가 솟은 외투막으로 덮여 있다.

생태 족사와 같이 암초 표면에 붙는 기능을 하는 발을 사용하여 수심 5m 내외의 암초나 자갈에 붙어 산다. 간혹 수십 마리가 무리를 이룬 상태로 발견되기도 한다.

분포 주로 난류의 영향을 받는 제주도, 남해와 서해 일부 지역에서도 발견된다.

이야기마당

일반인의 눈에는 바위에 붙어 있는 이 종의 모습이 다른 동물의 작은 알처럼 보일 수도 있습니다.

▲ 돌기가 있는 외투막이 껍데기 전체를 덮고 있다.

▶ 많은 개체가 한곳에 무리 지어 있기도 한다.

▲ 암초 표면에 붙어 있는 모습

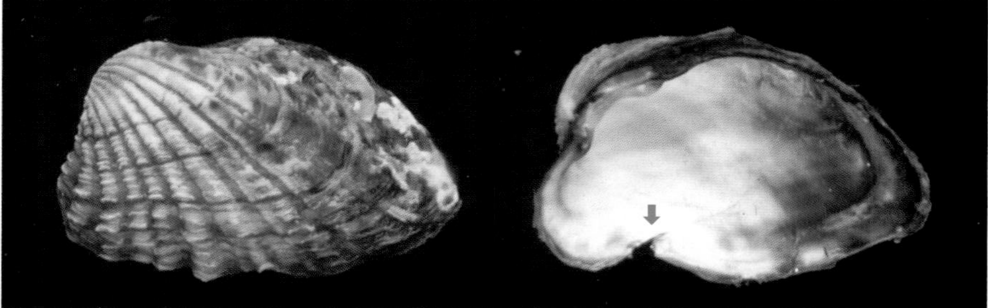
▲ 껍데기 아래쪽에 족사가 빠져나갈 수 있는 구멍(화살표 부분)이 있다.

주름방사륵조개

백합목 주름방사륵조개과

학명 *Cardita leana* Dunker

특징 껍데기 길이 3cm 내외. 껍데기는 전체적으로 타원형에 가깝고, 작지만 두껍고 단단하다. 표면에는 각정으로부터 아래로 굵은 주름이 있고, 자라면서 만들어진 성장선도 강하게 나 있다. 족사가 돌출되는 껍데기 아래쪽에는 안쪽으로 휘어져 들어가 뚫린 부분이 있다.

생태 갯바위 아래쪽부터 수심 10m 이내의 암초 표면 또는 구석진 틈에 족사를 사용하여 붙어 산다. 붙어 있는 암초 표면의 틈이나 요철 모양에 따라 전체적인 껍데기 형태가 달라지기도 한다.

분포 제주도를 포함한 전 연안

이야기마당

바위에 붙는 힘이 강하지 않아 쉽게 떼어 낼 수 있습니다.

▲ 암초의 일부분처럼 보인다.

◀ 크기가 큰 왼쪽 껍데기가 암초에 단단히 붙어 있다.

보라굴아재비

백합목 굴아재비과

학명 *Chama limbula* Lamarck

특징 껍데기 길이 3cm 내외. 껍데기는 원형이고, 작지만 두껍고 단단하다. 왼쪽 껍데기는 암초에 단단히 붙어 있으며, 오른쪽 껍데기는 뚜껑처럼 열리고 닫힌다. 전체적으로 황갈색을 띠지만, 보통은 껍데기 표면에 다양한 부착 생물이 붙어 있어 본래의 색을 찾아보기 힘들다.

생태 주로 깨끗하고 따뜻한 해역에서 발견된다. 물속의 미세한 찌꺼기나 플랑크톤을 걸러 먹는다.

분포 제주도를 비롯하여 주로 난류의 영향을 받는 남해 연안 외곽 섬 지역

이야기마당

주변의 암초 표면과 마찬가지로 껍데기 표면에 여러 가지 부착 생물이 붙어 있어서 껍데기를 닫으면 암초와 구별하기 어렵습니다.

갈매기조개

우럭목 석공조개과

학명 *Penitella kamakurensis* (Yokoyama)

특징 껍데기 길이 5cm 내외. 껍데기는 전체적으로 긴 타원형이고, 회갈색을 띤다. 껍데기는 바위에 구멍을 뚫는 거친 부분과 미끈한 부분으로 나뉘어진다.

생태 이암이나 석회암같이 비교적 무른 암석으로 구성된 갯바위 아래쪽부터 수심 10m 이내의 암초에 구멍을 뚫고 숨어 들어가 산다. 물속의 미세한 찌꺼기나 플랑크톤을 걸러 먹는다.

분포 제주도를 포함한 전 연안

▲ 무른 재질의 암초에 구멍을 뚫고 산다.

▲ 갈매기조개가 뚫은 암초의 구멍(화살표 부분)

암초에 구멍을 뚫기 위해 스스로 산성 물질을 분비하고, 껍데기 아래쪽 끝의 '드릴(drill)' 같은 거친 부분을 사용합니다.

문어

문어목 문어과

학명 *Octopus dofleini* (Wülker)

특징 다리를 포함한 전체 길이 3m 내외. 크기가 크고, 8개의 다리 안쪽에는 두 줄의 빨판(흡반)이 지그재그 형태로 배열되어 있다.

생태 주로 수심 5~100m의 약간 깊은 암초에 산다. 암컷의 경우, 산란 후 약 1개월 동안 먹지도 않고 알을 품고 지키다가 알이 부화하면 탈진하여 죽는다. '전복'을 즐겨 먹고, '고둥'이나 '게' 등을 잡아먹는다.

분포 독도, 울릉도를 포함한 동해 연안

이야기마당

'대왕문어'라고 불릴 정도로 크기가 크지만, '왜문어'에 비해 성장 속도가 빨라 살이 무른 편입니다.

▲ 암초에 산다. [사진/전찬길]

▲ 동해에서 어민이 잡은 문어

▲ 다리 안쪽에는 빨판이 지그재그 형태로 배열되어 있다.

▲ 암초 사이에 숨어 주변을 경계하고 있다.

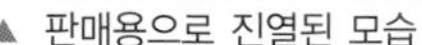

▲ 판매용으로 진열된 모습

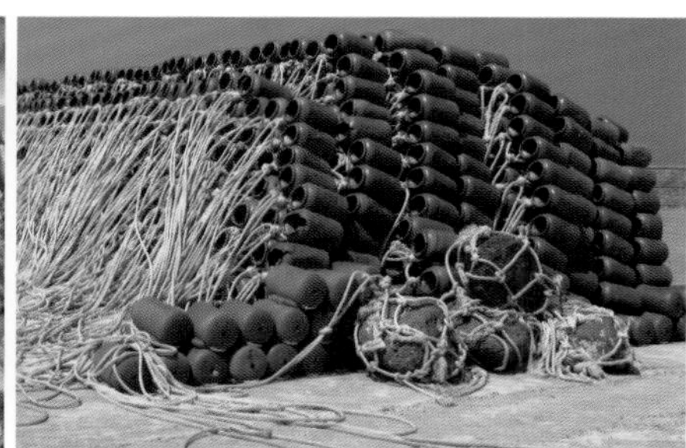

▲ 왜문어를 잡기 위해 사용하는 문어통발

왜문어

문어목 문어과

학명 *Octopus vulgaris* Cuvier

특징 다리를 포함한 전체 길이 1m 내외. 좌우에 있는 눈의 각 윗부분에 4개의 작은 육질 돌기가 솟아나 있으며, 몸 색깔은 위험, 안정 상황 등 처한 상태에 따라 매우 다양하게 변한다.

생태 주로 수심 5~50m의 암초 구석에 산다. 암컷은 산란 후 약 1개월 동안 알을 돌보다가 알이 부화하여 어린 새끼들이 바닷속으로 나간 후 자신은 서서히 죽어 가는 강한 모성애를 보인다. '전복' 이나 '소라' 등을 즐겨 먹는다.

분포 제주도를 포함한 전 연안

이야기마당

'문어' 에 비해 크기가 작아 '왜(작다는 뜻의 한자어) 문어' 라고 하며, 지역에 따라 '참문어' 또는 '돌문어' 라고 부르기도 합니다.

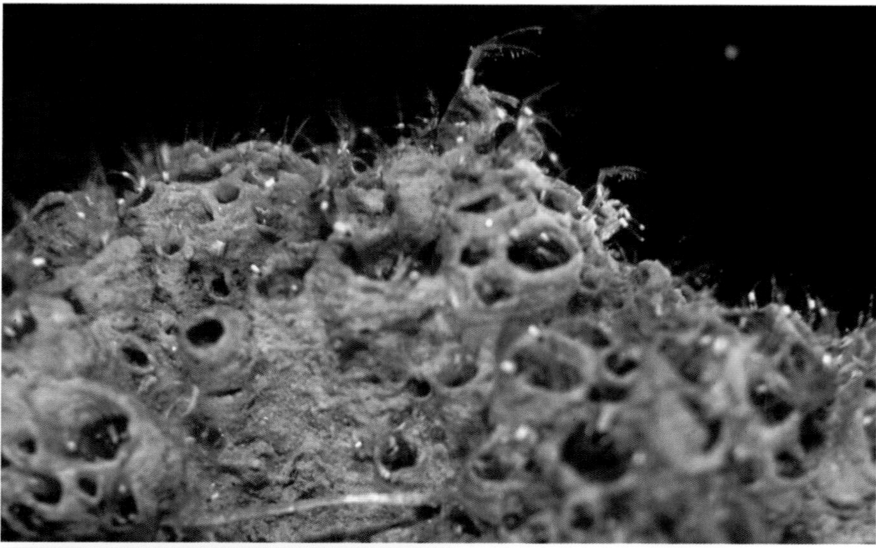

▲ 각자의 관 속에서 먹이활동을 하고 있다.

◀ 위험을 느끼면 몸을 움츠려 관 속으로 숨는다.

관육질꼬리옆새우붙이(신칭)

단각목 육질꼬리옆새우붙이과

학명 *Cerapus* sp.

특징 촉수를 포함한 전체 길이 1.5cm 내외. 그중 촉수 길이가 전체의 약 1/3을 차지한다. 몸통은 길고 둥글며, 옅거나 짙은 갈색을 띤다. 많은 개체가 각자의 관을 밀집시켜 서로 이웃하여 산다.

생태 수심 5~20m의 암초 표면에서 자신이 분비한 점액질로 펄이나 고운 모래 입자 등을 이용하여 관 모양의 집을 만들어 그 속에서 생활한다. 몸통의 대부분은 관 속에 들어가 있고, 촉수와 앞다리만 내밀어 지나가는 동물플랑크톤을 잡아먹는다. 보통 수백 마리가 무리 지어 함께 살아간다.

분포 동해 남부 및 남해 연안

이야기마당

약간의 환경 변화나 위험에도 재빨리 몸을 숨기기 때문에 관 밖으로 몸을 내민 모습을 관찰하기가 상당히 어렵습니다.

두혹잔벌레

등각목 잔벌레과

학명 *Cymodoce japonica* Richardson

특징 몸통 길이 0.5~1cm 내외. 몸통은 위아래로 납작하고, 전체적으로 짙은 황갈색 또는 적갈색 바탕에 선명한 색깔의 반점이나 무늬가 흩어져 있다. 꼬리의 등 쪽에 2개의 작은 돌기가 솟아나 있으며, 수컷의 경우 그 사이에 별도의 긴 돌기가 있다.

생태 수중 암초 표면에서 비교적 많이 살지만, 크기가 작고 주변 환경과 비슷한 몸 색깔을 지니고 있어 눈에 쉽게 띄지 않는다. 바닥의 작은 동물을 잡아먹는다.

분포 제주도를 포함한 전 연안

이야기마당

위험을 느끼면 '콩벌레' 처럼 껍질만 노출시킨 채 몸통을 동그랗게 말아서 몸을 보호합니다.

▲ 꼬리의 등 쪽에 2개의 돌기(화살표 부분)가 있다.

▲ 위장색을 띠고 있어 주변 환경과 구별되지 않는다.

삼각따개비

완흉목 따개비과

학명 *Balanus trigonus* Darwin

특징 껍데기 아랫부분의 지름 1.5cm 내외. 껍데기는 옅은 보라색 바탕에 흰색의 뚜렷한 주름이 위에서 아래로 뻗어 있다. 위로 뚫린 구멍은 삼각형 모양이다.

생태 갯바위의 중간 · 아래쪽부터 바다에 떠 있는 각종 부표나 수심 5m 이내의 암초 표면 등 다양한 장소에 붙어 산다. 한 장소에 적은 수가 붙어 살 경우에는 각 개체의 부착면 지름이 큰 편이지만, 많은 수가 붙어 살 경우에는 그 지름이 반으로 줄기도 한다.

분포 제주도를 포함한 전 연안

이야기마당

바닷물의 온도가 비교적 높은 곳을 좋아하지만, 이것이 절대적 생존 요인은 아닙니다.

▲ 위쪽 구멍은 삼각형 모양이다.

▶ 흰색 주름이 위에서 아래로 뻗어 있다.

▲ 껍데기가 전체적으로 매끈하다.

◀ 서식 밀도에 따라 껍데기 아랫부분의 크기에 차이가 있다.

흰따개비

완흉목 따개비과

학명 *Balanus improvisus* Darwin

특징 껍데기 아랫부분의 지름 2.5cm 내외. 껍데기는 얇고, 옅은 황갈색을 띤다. 표면은 거의 매끈하며, 껍데기가 자라면서 만들어진 가느다란 성장선만 흐릿하게 나타난다. 한곳에 얼마나 많이 살고 있느냐에 따라 껍데기 아랫부분의 크기에 차이가 있다.

생태 수심 5m 이내의 암초 표면에서부터 콘크리트 옹벽, 나무 막대기, 크고 작은 조개껍데기 등 매우 다양한 장소에 붙어 산다. 사는 곳의 염도에도 큰 차이가 있어서 거의 민물에 해당되는 곳에서도 발견된다.

분포 제주도를 포함한 전 연안

이야기마당

외국에서 유입된 종이지만 우리나라 전 연안에 퍼져 있습니다.

▲ 뚜껑이 맞물리는 부분은 톱니 모양이다.

▲ 가운데 뚜껑이 맞물린 모습

닺따개비

완흉목 따개비과

학명 *Balanus eburneus* Gould

특징 껍데기 아랫부분의 지름 2cm 내외. 껍데기는 옅은 회색 또는 흰색을 띠며, 다소 얇다. 가운데 뚜껑이 맞물리는 부분은 톱니 모양이다.

생태 주로 수심 20m 이내의 암초 표면에 살지만, 해안의 말뚝이나 콘크리트 옹벽 등 다양한 수중 구조물에서도 흔히 발견된다. 또한, 바닷물뿐만 아니라 바닷물과 민물이 만나는 강 하구 등과 같은 기수역에서도 발견되는 것으로 보아 다양한 염도의 바닷물에 견딜 수 있는 것으로 추정된다.

분포 제주도를 포함한 전 연안

이야기마당

최근 들어 우리나라 연안의 여러 곳에서 발견되고, 그 수도 점차 많아지고 있는 것으로 보아 외국에서 유입된 종으로 추정됩니다.

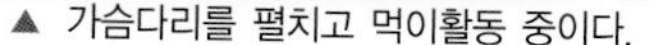

▲ 가슴다리를 펼치고 먹이활동 중이다.

▲ 수온이 높은 지역에 사는 대형 종이다.

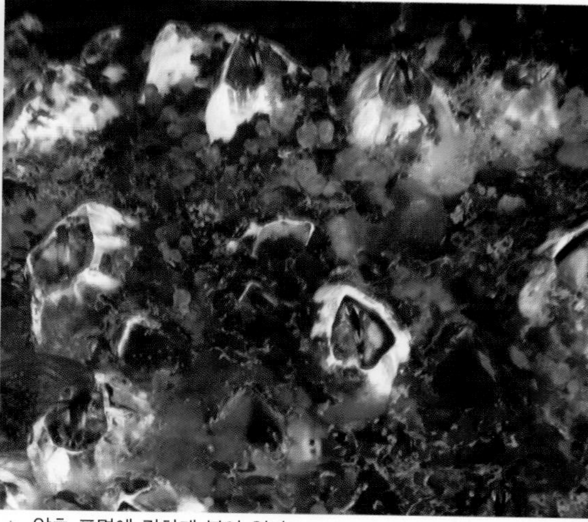

▲ 암초 표면에 강하게 붙어 있다.

빨강따개비

완흉목 따개비과

학명 *Megabalanus rosa* (Pilsbry)

특징 껍데기 아랫부분의 지름 3cm 내외. 대형 따개비이다. 껍데기는 전체적으로 붉은색 계열의 색깔을 띠며, 표면에 크고 작은 흰색 반점이 불규칙하게 나타나기도 한다.

생태 수심 5m 이내의 암초 표면에 강하게 붙어 산다. 형광빛의 가슴다리를 물의 흐름에 맞서는 방향으로 펼쳐 플랑크톤을 잡아먹는다.

분포 제주도를 포함하여 난류의 영향을 받는 남해 연안 외곽 섬 지역과 울릉도, 독도

이야기마당

대표적인 아열대성 따개비류로, 난류의 영향을 받지 않는 지역에서는 거의 발견되지 않습니다.

주머니조개삿갓

완흉목 조개삿갓과

학명 *Conchoderma virgatum* (Spengler)

특징 자루를 포함한 전체 길이 2cm 내외. 일반적인 따개비류에서 볼 수 있는 석회질의 몸통 껍데기가 없고, 원통형의 미끈한 자루 위에 휘어진 주머니 모양의 몸통이 붙어 있다. 자루를 포함한 전체 몸통은 광택이 나는 짙은 갈색 또는 흑갈색을 띠며, 우리나라 따개비류 중 모습이 아름다운 종에 속한다.

생태 아열대성 따개비류로, 수심 10m 이내의 암초 표면이나 나무토막 등 바다 위를 떠다니는 여러 가지 단단한 물체에 붙어 산다. 자루가 붙어 있는 상태로 물속의 미세한 찌꺼기와 플랑크톤을 걸러 먹는다.

분포 제주도 연안

이야기마당

바닷물의 온도 상승으로 인해 제주도뿐만 아니라 남해와 동해 연안에서도 볼 수 있을 것으로 생각됩니다.

▲ 원통형 자루 위에 주머니 모양의 몸통이 붙어 있다. [사진/조성환]

▲ 보통은 다리가 8개이나 1개가 떨어진 모습도 발견된다.

▲ 몸통 아랫부분에 알 덩이(화살표 부분)를 붙이고 있는 모습

술병부리바다거미

바다거미목 접시바다거미과

학명 *Ammothea hilgendorfi* (Bohm)

특징 다리를 제외한 몸통 길이 0.5cm 내외. 몸통은 옅은 적갈색 또는 황갈색을 띤다. 몸통의 좌우로 몸통 길이의 2~3배에 달하는 8개의 긴 다리가 있다.

생태 수심 10m 내외의 암초 표면에서 간혹 발견된다. 번식기인 여름철에는 몸통 아랫부분에 알 덩이를 부착한 암컷을 쉽게 볼 수 있다. 바닥을 느리게 기어 다니며 작은 동물이나 해조류 포자 등을 먹는다.

분포 제주도를 포함한 전 연안

이야기마당

우리나라에 사는 바다거미류 중에서 가장 흔한 종입니다.

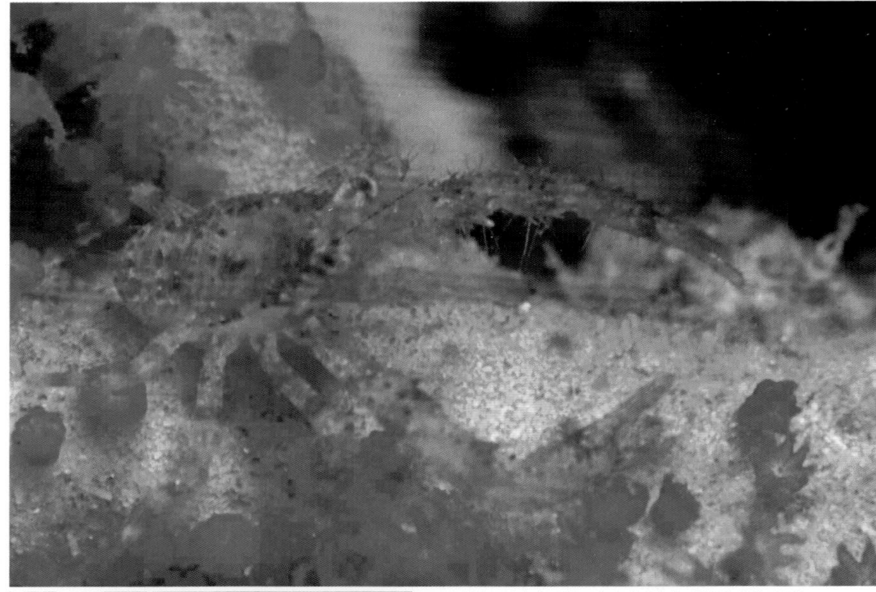
▲ 강하고 날카로운 다리가 있다. [사진/김기준]

◀ 암초의 구석진 곳에 숨어 있다.

새우붙이

십각목 새우붙이과

학명 *Galathea orientalis* Stimpson

특징 집게발을 제외한 전체 몸통 길이 1cm 내외. 좌우 대칭을 이루는 집게발 길이는 몸통 길이와 거의 같으며, 짧지만 강하고 날카로운 다리가 있다. 몸 뒤쪽의 꼬리와 배 부분은 안쪽으로 말려 있다. 전체적으로 옅은 선홍색을 띤 개체가 흔하지만, 각 개체의 색깔에는 차이가 있다.

생태 주로 수심 2~15m의 해조류나 기타 여러 부착 생물이 붙어 있는 암초 바닥 부근의 빈 공간에 산다. 자신보다 작은 다른 동물을 잡아먹는다.

분포 난류의 영향을 받는 제주도와 남해 연안 일부 외곽 섬 지역

이야기마당

크기가 작아 눈에 쉽게 띄지는 않지만 많은 수가 살고 있으며, 연안의 어류에게 좋은 먹잇감이 됩니다.

꼬마매미새우

십각목 매미새우과

학명 *Galearctus kitanoviriosus* (Harada)

특징 몸통 길이 5cm 내외. 몸통은 흑갈색을 띤다. 몸통은 위아래로 납작하며, 꼬리 부분을 몸통 아래로 접으면 '매미'와 비슷한 형태이다. 등 쪽에는 크고 작은 돌기가 있어 거칠어 보인다.

생태 수심 5~30m의 해조 숲 아래에서 간혹 발견되는 흔치 않은 종이다. 강한 야행성으로 낮에는 눈에 쉽게 띄지 않는다.

분포 제주도를 포함하여 난류의 영향을 받는 남해 일부 외곽 섬 지역

이야기마당

강한 야행성으로, 낮에는 이 종의 모습을 볼 수 없으나, 물고기를 잡기 위해 설치해 둔 연안의 그물에 부수 어획물로 잡히곤 합니다.

▲ 몸통은 위아래로 납작하다.

▶ 꼬리 부분을 몸통 아래로 접으면 '매미'와 비슷한 모습이다.
[사진 / 김정년]

틈/새/정/보

부수 어획물

부수 어획물이란, 어민이 어획하려고 하는 대상 생물(예를 들면 가자미, 홍게 등) 외에 함께 잡히는 생각 밖의 어획물을 말하는 것으로, 경제적 가치가 없는 바다 생물을 말한다.

▲ 가자미(왼쪽)와 홍게(오른쪽)를 잡기 위해 설치한 그물에 끌려 나온 부수 어획물(불가사리)

▲ 낮에는 암초 구석에 숨어 있다.

◀ 끄덕새우 무리

끄덕새우

십각목 끄덕새우과

학명 *Rhynchocinetes uritai* Kubo

특징 몸통 길이 5cm 내외. 몸통은 옅은 선홍색 바탕에 가로 방향으로 붉은 줄무늬와 작은 흰색 반점이 있다. 집게발을 포함한 모든 다리는 몸통의 줄무늬 색과 같은 선홍색을 띤다.

생태 수심 5~15m의 암초 구석진 틈이나 아랫면에 수십 마리씩 무리 지어 산다. 야행성이기 때문에 주로 밤에 움직이지만, 위험을 느끼거나 빛을 받으면 낮에도 재빨리 주변의 은신처로 몸을 피한다.

분포 제주도를 포함하여 난류의 영향을 받는 남해 연안. 동해 남부와 서해 남부 연안에서 발견되기도 한다.

이야기마당

밤에는 연안의 암초 표면이나 구석진 틈에서 흔히 볼 수 있지만, 낮 동안에는 눈에 쉽게 띄지 않습니다.

▲ 암초 표면을 기어 다니며 먹이를 찾고 있다.

▶ 오른쪽 집게발이 왼쪽 집게발보다 훨씬 크다.

얼룩참집게

십각목 집게과

학명 *Pagurus similis* (Ortmann)

특징 몸통 길이 10cm 내외. 대형 종이다. 몸통은 옅은 붉은색을 띤다. 한 쌍의 집게발 중 오른쪽 집게발은 왼쪽 집게발보다 훨씬 크다. 걷는다리에는 여러 개의 흰색 줄무늬가 있다.

생태 수심 10~100m의 암초 표면, 자갈이나 모랫바닥 등 다양한 환경에서 흔히 발견된다. 강한 집게발을 이용하여 다른 동물을 잡아먹기도 하고, 바닥의 찌꺼기를 먹기도 한다.

분포 제주도를 포함한 전 연안

이야기마당

서해 일부 지역에서는 '북방참집게'와 함께 '얼룩참집게'의 큰 집게발만 떼어 내 삶아 먹기도 합니다.

털다리참집게

십각목 집게과

학명 *Pagurus lanuginosus* De Haan

특징 몸통 길이 2.5cm 내외. 중형 종이다. 몸통은 짙은 녹색 또는 녹갈색을 띤다. 걷는 다리와 집게발에는 검은 점이 많이 있고, 부드러운 털로 덮여 있다. 암수 모두 오른쪽 집게발이 왼쪽 집게발보다 훨씬 크다.

생태 주로 수심 10m 이내의 암초 표면에서 살며, 갯바위 아래쪽이나 자갈 바닥 등 다양한 환경에서도 발견된다. 살아 있는 작은 동물뿐만 아니라 바닥의 찌꺼기도 먹는 잡식성이다.

분포 제주도를 포함한 전 연안

이야기마당

우리나라 연안에 살고 있는 집게류 중 가장 흔한 종으로 추정됩니다.

▲ 집 밖으로 나오기 전에 주변의 위험 요소를 확인하고 있다. [사진/김미향]

▶ 모든 다리는 부드러운 털로 덮여 있다.

빗참집게

십각목 집게과

학명 *Pagurus pectinatus* (Stimpson)

특징 몸통 길이 4cm 내외. 몸통은 적갈색 또는 황갈색을 띠며, 다리를 포함하여 몸통 전체가 부드러운 털로 덮여 있다. 오른쪽 집게발이 왼쪽 집게발보다 2~3배 정도 크다.

생태 주로 수심 10m 내외의 해조 숲 아래에 살며, 자갈 바닥에서도 발견된다. 성체의 경우 주로 코르크해면류(*Suberites domuncula*)를 집으로 이용하지만, 어린 것은 다른 집게류처럼 고둥의 빈 껍데기를 이용하기도 한다.

분포 제주도를 포함한 전 연안

이야기마당

자신의 몸통보다 훨씬 큰 해면 덩이를 집으로 이용하기 때문에 집을 등에 지고 기어가는 모습이 힘겨워 보일 수 있으나, 해면은 부력이 크기 때문에 '빗참집게'는 그 무게를 거의 느끼지 못합니다.

▲ 주로 해면을 집으로 이용한다.

▶ 몸통 전체가 부드러운 털로 덮여 있다.

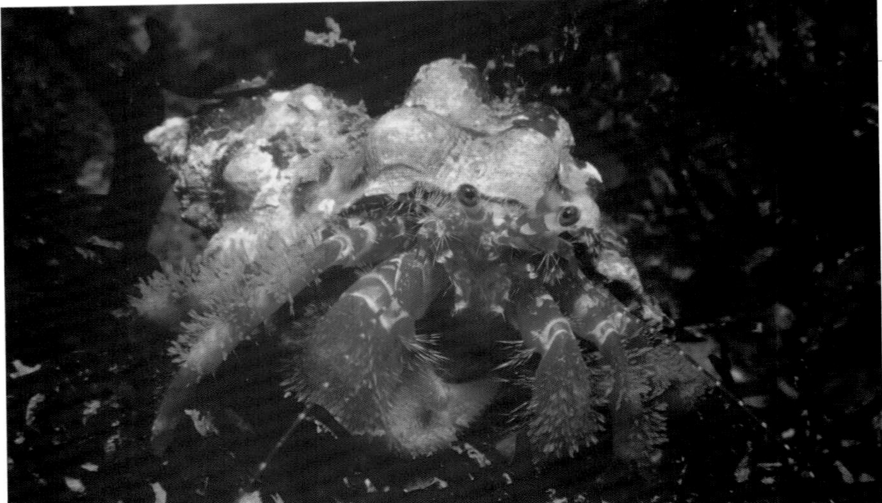

▲ 고둥 껍데기를 집으로 이용한다.

◀ 오른쪽 집게발이 왼쪽 집게발보다 훨씬 크다.

붉은눈자루참집게 십각목 집게과

학명 *Pagurus japonicus* (Stimpson)

특징 몸통 길이 12cm 내외. 대형 종이다. 몸통은 다소 짙은 적갈색 또는 선홍색을 띤다. 오른쪽 집게발이 왼쪽 집게발보다 훨씬 크며, 집게발과 걷는다리 전체에 옅은 갈색 털이 빼곡하게 덮여 있다. 눈자루에는 붉은색 바탕에 흰색 띠무늬가 있다.

생태 주로 수심 5~300m의 암초 지대에서 발견되며, 입구가 큰 고둥 껍데기를 집으로 이용한다. 크고 강한 집게발로 다른 동물을 잡아먹으며, 주변에 대한 경계심은 뛰어나지만 사소한 위험 요소에는 민감하게 반응하지 않는다.

분포 제주도를 포함한 전 연안

이야기마당

우리나라에 사는 '얼룩참집게'나 '붉은얼룩참집게'와 겉모습이 매우 비슷합니다.

▲ 몸통은 털이 없이 매끈하다.

◀ 갯바위 아래쪽 얕은 수심에서도 발견된다.

오막손참집게 십각목 집게과

학명 *Elassocirus cavimanus* (Miers)

특징 몸통 길이 7cm 내외. 몸통은 황갈색을 띠며, 다리를 포함한 몸통 전체는 털이 없이 매끈하다. 오른쪽 집게발이 왼쪽 집게발보다 훨씬 크며, 암컷의 경우 집게발 아랫부분은 보라색을 띤다.

생태 수심 100~500m의 깊은 바다에 산다고 알려져 있지만, 수심 1~50m의 암초 표면에서 발견되기도 한다. 차가운 물을 선호하는 냉수 종이다.

분포 동해

이야기마당

원래 냉수 종이지만 기후 변화로 인해 높아진 바닷물 온도에 적응하여 서식지가 점점 남쪽으로 확장하고 있습니다.

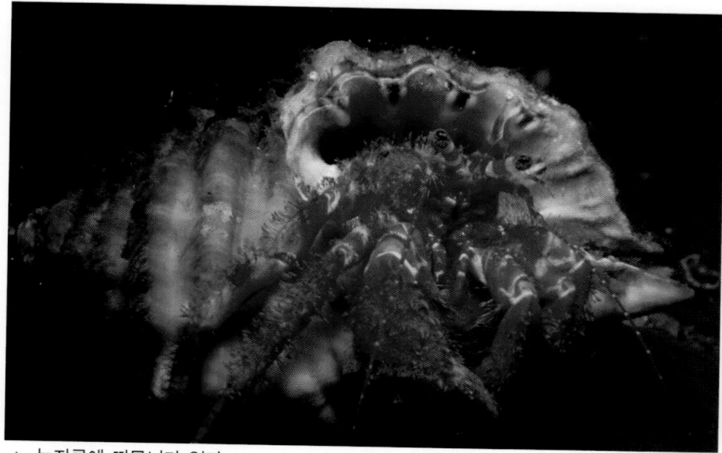

▲ 눈자루에 띠무늬가 있다.

▲ 몸통은 짙은 선홍색을 띤다.

붉은얼룩참집게

십각목 집게과

학명 *Pagurus rubrior* Komai

특징 몸통 길이 8cm 내외. 대형 종이다. 몸통은 짙은 선홍색을 띠며, 걷는다리와 눈자루에는 여러 개의 분홍색 또는 흰색 띠무늬가 있다. 오른쪽 집게발이 왼쪽 집게발보다 훨씬 크고, 몸통과 다리는 짧고 부드러운 털로 덮여 있다.

생태 수심 5~100m의 암초 표면에서 흔히 발견된다. 크고 강한 집게발을 사용하여 다른 동물을 잡아먹는 육식성 포식자이지만, 먹이가 부족하면 바닥의 찌꺼기를 먹기도 한다. 몸통이 크지만 위험을 느끼면 재빨리 집 속으로 몸을 숨긴다.

분포 제주도와 동해 남부 해역

이야기마당

예전에는 '얼룩참집게'로 취급되었지만, 2003년에 Komai라는 학자에 의해 별도의 종으로 구분되었습니다.

검은줄무늬참집게

십각목 집게과

학명 *Pagurus nigrivittatus* Komai

특징 몸통 길이 1.5cm 내외. 소형 종이다. 몸통은 녹갈색 또는 흑갈색을 띤다. 오른쪽 집게발이 왼쪽 집게발보다 크고, 걷는다리에는 길이 방향으로 검은색 줄무늬가 있으며, 표면은 긴 털로 덮여 있다.

생태 수심 5~20m의 암초 표면이나 해조숲 아래에서 간혹 발견되는 흔치 않은 종이다. 주변 위험 요소에 대한 경계심이 높고 행동이 매우 민첩하여 한 쌍의 긴 더듬이를 이용하여 위험을 느끼면 재빨리 집 속으로 몸을 숨기고 바닥으로 굴러떨어지는 방어 행동을 보인다.

분포 울릉도와 독도

이야기마당

아열대성으로 추정되며, 아직 발견되지는 않았지만 제주도에도 살고 있을 가능성이 매우 높은 종입니다.

▲ 해조류 군락 사이를 기어 다니며 먹이를 섭취하고 있다.

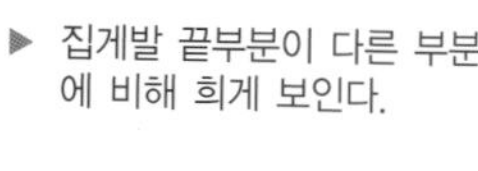

▶ 집게발 끝부분이 다른 부분에 비해 희게 보인다.

▲ 눈자루에 있는 길이 방향의 갈색 줄무늬가 특징이다.

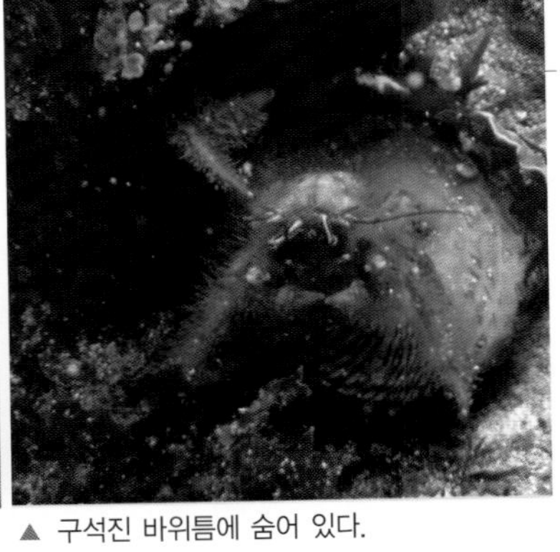
▲ 구석진 바위틈에 숨어 있다.

◀ 모든 다리가 긴 털로 수북이 덮여 있다.

털보긴눈집게 십각목 넓적왼손집게과

학명 *Paguristes ortmanni* Miyake

특징 몸통 길이 3cm 내외. 중형 종이다. 몸통은 옅은 황갈색을 띠며, 몸통과 다리는 길고 부드러운 털로 덮여 있다. 눈자루에는 짙은 갈색 바탕에 길이 방향의 흰색 줄무늬가 있다.

생태 수심 5~20m의 암초 표면뿐만 아니라 갯바위 아래쪽 조수 웅덩이 등에서도 흔히 발견된다. 바닥에 가라앉은 다양한 찌꺼기나 작은 동물을 먹이로 하는 잡식성이다.

분포 제주도를 제외한 전 연안

이야기마당

긴 눈자루와 온몸을 덮고 있는 털이 인상적이어서 '털보긴눈집게' 라고 합니다.

▲ 암초 바닥에서 먹이를 찾고 있다.

◀ 집게발과 걷는다리 표면은 억세게 생긴 비늘 모양의 껍질로 덮여 있다.

털줄왼손집게 십각목 넓적왼손집게과

학명 *Dardanus arrosor* (Herbst)

특징 몸통 길이 12cm 내외. 대형 종이다. 몸통은 옅은 선홍색 또는 황갈색을 띤다. 집게발과 걷는다리 표면에는 억세게 생긴 비늘 모양의 껍질이 갑옷처럼 덮여 있고, 비늘 모양의 껍질 사이에는 짧지만 억센 털이 빼곡하게 나 있다.

생태 주로 수중 암초 표면이나 크고 작은 자갈이 있는 바닥에 산다. 집으로 이용하는 빈 고둥 껍데기에 말미잘을 붙이고 있는 경우가 많다. 크고 강한 집게발로 다른 동물이나 움직임이 느린 작은 물고기를 잡아먹는다.

분포 제주도를 포함한 전 연안

이야기마당

'털줄왼손집게' 가 그물에 걸리면 잡힌 물고기를 뜯어 먹고, 이를 그물에서 떼어 내는 일도 어려워 바닷가 어민에게 골칫거리입니다.

게붙이

십각목 게붙이과

학명 *Pachycheles stevensii* Stimpson

특징 등딱지 길이와 너비 각각 1cm 내외. 양쪽 집게발 중 어느 한쪽 다리의 길이가 등딱지를 포함한 몸통 전체의 길이만큼 길다. 한 쌍의 긴 더듬이가 있으며, 집게발을 제외한 걷는다리는 많은 털로 덮여 있다.

생태 주로 수중 암초 표면이나 해조류의 부착기 아래 또는 굴이나 멍게류 틈에 산다. 몸통 전체의 색깔이나 무늬가 주변 환경과 잘 조화되는 위장색을 가지고 있으며, 행동은 민첩하지 않다. 한 쌍의 턱다리를 사용하여 물속의 작은 찌꺼기나 플랑크톤을 걸러 먹는다.

분포 제주도를 포함한 전 연안

이야기마당

생김새는 '게'와 비슷하지만, 집게발을 포함한 다리의 수가 총 8개로 다리가 10개인 '게'와는 다른 종입니다.

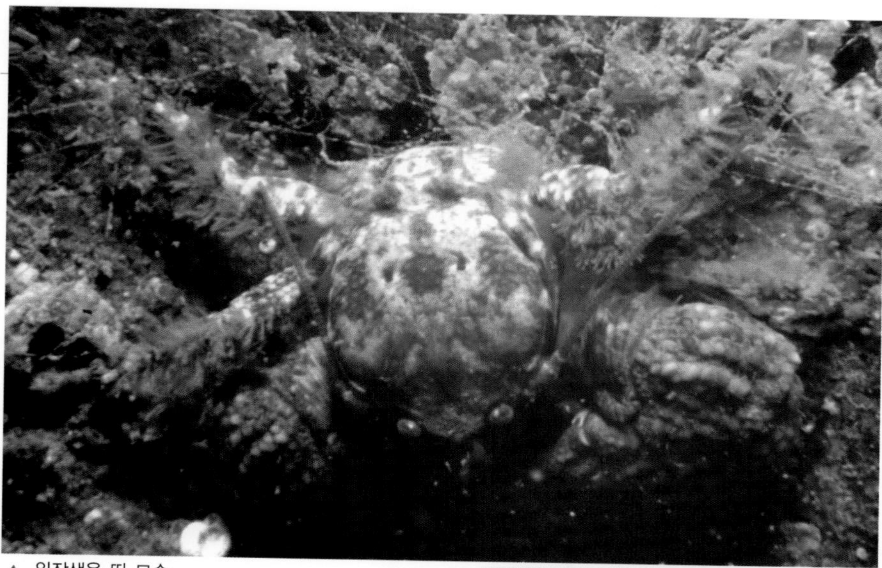

▲ 위장색을 띤 모습

▶ 한 쌍의 턱다리 중 오른쪽 턱다리만 보인다.

민꽃게

십각목 꽃게과

학명 *Charybdis japonica* (A. M. Edwards)

특징 등딱지 너비 수컷 10cm, 암컷 8.8cm 내외. 몸통은 표면이 매끈한 편이며, 어두운 녹색 또는 보라색 등 다양한 색깔을 띤다. 크게 발달한 한 쌍의 집게발이 있으며, 5번째 걷는다리는 헤엄치기 편리하도록 '노'처럼 납작하게 변형되어 있다.

생태 수심 3~50m의 암초나 자갈 바닥 등 다양한 해저 환경에 살며, 강한 집게발을 사용하여 다른 동물을 잡아먹는다. 매우 사나워 위험을 느끼면 몸을 곧추세우고 집게발을 들어 올리는 위협적인 자세를 취한다.

분포 제주도를 포함한 전 연안. 서해 연안에 좀 더 많이 분포한다.

이야기마당

'꽃게'와 함께 '게장'의 주재료로 이용되며, 가까이 가면 집게발을 들고 몸을 벌떡 일으켜 세우는 모습 때문에 일부 지방에서는 '벌떡게'라고도 합니다.

▲ 몸을 곧추세우고 집게발을 쳐든 모습

▶ 5번째 걷는다리는 '노'처럼 변형되었다.

▲ 해조류 조각으로 등딱지의 앞부분을 위장한 모습

◀ 등딱지에 있는 위장용 가시들

뿔물맞이게

십각목 물맞이게과

학명 *Pugettia quadridens* (De Haan)

특징 등딱지 길이 3cm 내외. 등딱지는 마름모꼴이며, 황갈색에서 적갈색에 이르기까지 다양한 색깔을 띤다. 등딱지의 이마뿔과 등 쪽에는 많은 가시가 나 있다.

생태 수심 5~50m의 암초 표면에서 흔히 발견된다. 움직임이 느린 대신 등딱지에 있는 가시를 이용한 위장술이 뛰어나다. 집게발을 사용해 해조류 조각과 찌꺼기를 등 쪽에 있는 가시에 꽂거나 끼워 넣어 위장한다.

분포 제주도를 포함한 전 연안

이야기마당

몸 전체가 해조류 조각이나 찌꺼기로 위장되어 있어, 본 모습을 알아보기 어려운 경우도 있습니다.

▲ 온몸에 해면류가 뒤덮인 모습

◀ 알(몸통의 붉은색 덩어리)을 품고 있는 암컷

아케우스게

십각목 물맞이게과

학명 *Achaeus japonicus* De Haan

특징 등딱지 길이 2cm 내외. 등딱지는 이등변삼각형이며, 몸통은 옅은 황갈색을 띠지만 표면에 해면류 등이 붙어 있어서 몸통 본래의 색이 드러나는 경우가 드물다. 등딱지에 비해 매우 긴 걷는다리를 가지고 있는 반면 집게발은 짧다.

생태 수심 5~30m의 암초 표면에서 간혹 발견된다. 긴 다리를 가지고 있지만 움직임이 느리다. 위험을 느끼면 암초에서 아래로 굴러 떨어지는 방어 행동을 한다.

분포 제주도를 포함한 전 연안

이야기마당

몸통에 비해 긴 다리를 이용해서 물속을 어슬렁어슬렁 느리게 걷는 모습은 장대를 이용하여 걷는 서커스 단원과 비슷합니다.

솜털묻히

십각목 해면치레과

학명 *Dromia wilsoni* (Fulton & Grant)

특징 등딱지 너비 5cm 내외. 등딱지는 타원형이며, 몸통은 황갈색을 띠지만 다리를 포함한 몸통 전체는 융단 같은 짧은 털로 완전히 덮여 있어 흑갈색을 띤다. 집게발 끝부분은 선홍색을 띤다.

생태 수심 5~30m의 암초 표면이나 자갈 바닥에서 간혹 발견된다. 움직임이 매우 느리며, 위험을 느끼면 모든 다리를 웅크린 채 죽은 시늉을 하기도 한다.

분포 제주도를 포함한 전 연안. 울릉도와 독도 등에 많이 분포한다.

이야기마당

집게발 끝이 선홍색이므로 어민들 사이에서 '매니큐어게' 라는 이름으로 불립니다.

▲ 주변 환경과 색이 비슷하여 눈에 쉽게 띄지 않는다.

▶ 집게발 끝부분이 선홍색을 띤다.

▲ 낮에는 바위틈에 숨어 있다.

▲ 주변을 경계하고 있다.

톱장절게

십각목 바위게과

학명 *Plagusia dentipes* De Haan

특징 등딱지 너비 10cm 내외. 몸통은 좌우로 긴 타원형이고, 적갈색 바탕에 옅은 갈색의 작은 반점이 흩어져 있다. 집게발을 포함한 모든 다리에는 긴 줄무늬가 있다.

생태 수심 10~30m의 암초 아래나 구석진 틈에서 간혹 발견된다. 야행성의 행동 특성 때문에 낮에는 잘 발견되지 않는다.

분포 제주도를 포함하여 난류의 영향을 받는 남해 연안 외곽 섬 지역과 울릉도, 독도

이야기마당

크기가 비교적 큰 편이지만 껍데기가 두껍고 속살이 작아 먹지는 않습니다.

▲ 온몸이 털로 덮여 있다.

◀ 바닥의 자갈처럼 보인다.

털부채게

십각목 부채게과

학명 *Gaillardiellus orientalis* (Odhner)

특징 등딱지 너비 3cm 내외. 등딱지는 긴 타원형이다. 다리와 몸통은 적갈색을 띠며 크고 작은 돌기가 나 있어 울퉁불퉁하고, 전체적으로 짧고 부드러운 털로 덮여 있다. 몸통 크기에 비해 크고 강한 집게발을 가지고 있다.

생태 수심 5~30m의 암초 표면이나 해조 숲 아래 또는 자갈 아래 등에서 간혹 발견된다. 주변 환경과 매우 비슷하게 위장하고 있어 움직임이 없으면 눈에 거의 띄지 않는다.

분포 제주도를 포함한 난류의 영향을 받는 남해 연안 일부 외곽 섬 지역과 울릉도, 독도 등

이야기마당

몸이 마치 바닥의 자갈처럼 보이도록 하는 뛰어난 위장술을 가지고 있습니다.

▲ 몸통 윗면은 울퉁불퉁한 많은 돌기로 덮여 있다.

▲ 몸통 아랫면도 작은 돌기로 덮여 있다.

옴부채게

십각목 부채게과

학명 *Actaea savignyi* H. M. Edwards

특징 등딱지 너비 2.5cm 내외. 등딱지는 적갈색 또는 황갈색 계통의 색깔을 띤다. 등딱지와 집게발, 걷는다리 등의 전체 표면은 크고 작은 많은 돌기로 덮여 있다.

생태 갯바위 아래쪽에서부터 수심 300m 내외의 깊은 곳에 이르기까지 다양한 환경에서 살지만, 주로 수심 10~50m의 해조 숲에서 발견된다.

분포 제주도를 포함한 전 연안

이야기마당

몸통 표면의 울퉁불퉁한 돌기 때문에 이름에 피부병의 일종인 '옴'이라는 단어가 붙었습니다.

가시투성어리게 십각목 어리게과

학명 *Hapalogaster dentata* (De Haan)

- **특징** 등딱지 너비 1.5cm 내외. 등딱지는 삼각형에 가깝다. 다리와 등딱지는 납작하고 흑갈색을 띤다. 몸통 표면은 짧고 부드러운 털로 덮여 있어 지저분해 보인다.
- **생태** 주로 수중 암초 표면이나 크고 작은 자갈이 있는 바닥에 산다. 암초 표면의 색깔과 비슷한 위장색을 띠며, 몸통이 납작해 가만히 있으면 눈에 잘 띄지 않는다. 움직임이 매우 느려서 위험을 느껴도 급하게 도망치지 않는데, 도망치기 어려울 경우 가파른 암초에서 아래로 뛰어내리거나 굴러떨어지는 방어 행동을 보이기도 한다.
- **분포** 제주도를 포함한 전 연안

위험을 느끼면 바닥에 납작하게 달라붙어서 몸을 숨깁니다.

▲ 납작한 몸통을 바위에 붙이고 느리게 기어 다닌다.

▶ 위장색을 띠어 주변 환경과 쉽게 구별되지 않는다.

범얼룩갯고사리 바다나리목 돌기발갯고사리과

학명 *Decametra tigrina* (A. H. Clark)

- **특징** 촉수를 포함한 전체 몸통 높이 15cm 내외. 촉수의 수는 10개 내외이다. 각 촉수에는 많은 곁가지가 있으며, 황갈색 바탕에 적갈색 띠무늬가 불규칙하게 있다.
- **생태** 수심 10~30m의 흐름이 좋은 바다의 암초에 발을 사용하여 살짝 붙어 산다. 촉수를 펼쳐서 물속의 미세한 찌꺼기나 플랑크톤 등을 걸러 먹는다. 위험을 느끼거나 이동이 필요할 때 촉수를 휘저어 물속을 헤엄친다.
- **분포** 제주도를 포함하여 난류의 영향을 받는 남해 연안 외곽 섬 지역

이야기마당

많은 사람이 갯고사리류는 바위나 자갈 표면에 붙어 살기만 할것이라고 생각하지만 사실 이들은 물속을 매우 잘 헤엄쳐 다닙니다.

▲ 암초 표면에 붙어 있는 모습

▶ 물속을 헤엄치고 있는 모습

▲ 성긴 모습의 촉수

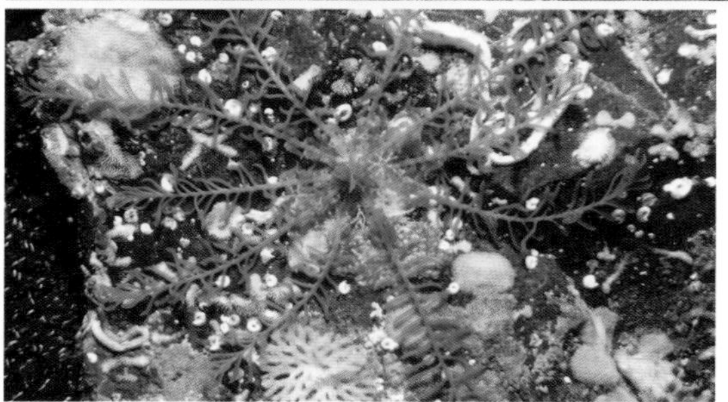

◀ 전체적으로 황갈색을 띤다.

톱니깃갯고사리

바다나리목 톱니깃갯고사리과

학명 *Antedon serrata* A. H. Clark

특징 촉수를 포함한 전체 길이 15~25cm 내외. 몸통은 가운데에 있고 전체적으로 황갈색을 띤다. 촉수는 8개 내외로, 가늘고 길며 성기다.

생태 수심 5~10m의 찌꺼기가 많고 지저분한 암초 구석이나 자갈 바닥 등에 산다. 긴 촉수를 사용하여 바닥을 훑어 찌꺼기나 작은 동물을 먹는다.

분포 남해와 서해. 동해 남부 해역의 항구나 포구 안쪽 지역에서도 발견된다.

이야기마당

물속에서도 점착성이 뛰어난 촉수를 손으로 잡으면 스스로 촉수를 잘라 내어 일부를 장갑에 붙이고 달아나므로 온전한 모습으로 잡기가 매우 어렵습니다.

▲ 촉수가 방사상 대칭을 이루며 뻗어 있다.

◀ 촉수의 곁가지를 사용하여 먹이를 먹는다.

일본깃갯고사리

바다나리목 깃갯고사리과

학명 *Oxycomanthus japonicus* (Müller)

특징 바닥에서 촉수 끝부분까지의 전체 길이 25cm, 촉수 길이 20cm 내외. 전체적으로 갈색을 띠지만 촉수 곁가지의 가장자리는 밝은 형광색 또는 노란색을 띤다. 몸통 중앙의 입을 중심으로 많은 촉수들이 방사상 대칭을 이룬다.

생태 바닷물의 흐름이 좋은 수심 5~20m의 암초 절벽 구석진 곳에 발을 사용하여 붙어 산다. 촉수를 펼쳐 물속의 작은 찌꺼기나 플랑크톤 등을 걸러 먹는다.

분포 제주도를 포함한 전 연안

이야기마당

촉수 곁가지의 끝부분은 점착성이 강해서 손에 닿으면 달라붙는데, 이때 촉수나 곁가지의 일부분이 쉽게 떨어집니다.

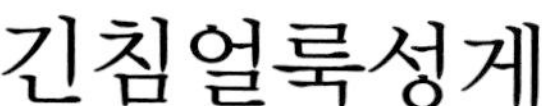

▲ 가시를 펼치고 숨어 있다.

▲ 가시 끝이 매우 날카롭다.

긴침얼룩성게

왕관성게목 왕관성게과

학명 *Diadema savignyi* (Michelin)

특징 몸통 지름 5cm 내외. 몸통은 흑갈색 또는 검은색을 띤다. 가시는 길이 10cm 내외이며, 일정한 간격으로 흰색 띠무늬가 있다. 간혹 개체에 따라 녹갈색의 형광빛을 띠는 경우도 있다.

생태 수심 5~15m의 암초에 산다. 구석진 곳에 몸을 숨긴 채 밖으로 가시만 펼치고 있으므로 포식자가 접근하기 어렵지만, 공생하는 '끄덕새우'에게는 이 가시가 좋은 은신처가 된다.

분포 제주도를 포함하여 난류의 영향을 받는 해역

이야기마당

가시가 가늘고 날카로워 손으로 만지면 부러져 손에 박히기 쉽고, 몸에 가시의 독이 퍼지면 심한 통증이 생깁니다.

흰꼭지성게

성게목 만두성게과

학명 *Echinostrephus molaris* (Blainville)

특징 몸통 지름 4cm 내외, 가시를 포함한 전체 몸통 지름 15cm 내외. 몸통은 적갈색을 띠며, 가시는 길이 5cm 이상으로 가늘고 길다. 가시 끝부분에는 흰색의 작은 반점이 있다.

생태 수심 5m 내외의 암초 구석진 틈에 숨어 밖을 향해 가시만 펼쳐 포식자를 방어한다. 흔치 않은 종이며, 생태학적 특징에 대해 우리나라에 아직 알려진 것이 거의 없다.

분포 제주도, 독도

이야기마당

기후 변화로 인한 바닷물의 온도 상승으로 인해 우리나라로 유입된 종으로 추정됩니다.

▲ 가시 끝부분에 작은 흰색 반점이 있다.

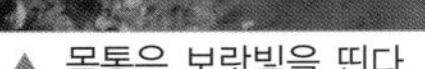
▲ 몸통은 보랏빛을 띤다.

▲ 무리 지어 해조류를 갉아 먹는 모습

▲ 생식소(몸통 안쪽 좌우의 노란색 덩어리)를 식용한다.

보라성게

성게목 만두성게과

학명 *Anthocidaris crassispina* (A. Agassiz)

특징 몸통 지름 5cm 내외. 몸통은 검은색이나 보라색을 띠며, 강하고 뾰족한 가시로 덮여 있다. 가시 길이는 3~5cm로 개체마다 차이가 있다.

생태 수심 2~20m의 암초 표면에서 무리 지어 산다. 야행성으로, 대부분의 경우 낮에는 암초의 구석진 틈이나 구멍 속에 박혀 숨어 있지만, 때로는 밤낮을 가리지 않고 움직이기도 한다.

분포 제주도를 포함한 전 연안

이야기마당

생식소를 먹는 대표적인 성게류로, 날로 먹거나 젓갈로 담가 먹습니다. 또한, '돌돔' 등 고급 어종의 낚시 미끼로 이용하기도 합니다.

▲ 분홍색 가시로 무장하고 암초 틈에 숨어 있다.

◀ 가시 끝에 해조 조각을 붙여 위장하기도 한다.

분홍성게

성게목 둥근성게과

학명 *Pseudocentrotus depressus* (A. Agassiz)

특징 가시를 포함한 몸통 전체 지름 8cm 내외. 몸통은 자갈색이나 적갈색을 띤다. 가시는 짧고 강하며, 분홍색이나 밝은 황갈색을 띠고, 길이는 1cm 내외이다.

생태 수심 5~15m의 암초 구석진 틈에 가시를 사용하여 몸을 단단히 고정시킨 채 숨어 있다. 밤에 밖으로 기어 나와 해조를 갉아 먹는다.

분포 제주도를 포함하여 난류의 영향을 받는 남해 연안 외곽 섬 지역과 울릉도, 독도

이야기마당

가시가 분홍색이기 때문에 물속에서 보면 몸통 전체가 분홍색으로 보입니다.

말똥성게

성게목 둥근성게과

학명 *Hemicentrotus pulcherrimus* (A. Agassiz)

특징 가시를 포함한 전체 몸통 지름 5cm 내외. 몸통은 황갈색이나 녹갈색을 띤다. 몸통에는 길이 0.5cm 내외의 많은 가시가 덮여 있다. 위에서 보면 몸통을 가로지르는 방향(방사상)으로 녹갈색과 황갈색의 띠 모양이 교차되며 나타난다.

생태 수심 2~20m의 암초 표면이나 자갈 바닥 등에서 흔히 발견된다. 주로 해조를 갉아 먹는다.

분포 제주도를 포함한 전 연안

이야기마당

생식소를 먹는 대표적인 식용 성게류입니다. 몸통 표면에 작은 자갈이나 해조류 조각을 붙이는 행동이 위장을 위한 것이라고 알려져 있었으나, 최근에는 빛을 가리기 위한 행동이라는 주장이 제기되고 있습니다.

▲ 몸통 표면에 해조류 조각이나 바닥의 찌꺼기를 부착하여 위장한다.

▶ 생식소는 식용으로 판매한다.

새치성게

성게목 둥근성게과

학명 *Strongylocentrotus intermedius* (A. Agassiz)

특징 몸통 지름 3cm 내외. 몸통은 적갈색을 띤다. 가시는 짧고 매우 뾰족하며, 흰색이나 밝은 황갈색을 띠는데 가시의 끝부분은 갈색을 띤다. 가시로 인해 몸통의 옆면은 방사상 무늬를 보인다.

생태 암초 표면이나 자갈 바닥에서 흔히 발견된다. 주변의 해조를 갉아 먹는다.

분포 제주도를 포함한 전 연안

▲ 가시는 짧고 매우 뾰족하다.

◀ 몸통의 옆면이 굴곡져 보인다.

이야기마당

'말똥성게', '보라성게' 등과 함께 생식소를 먹는 성게류입니다.

▲ 다양한 해조류를 갉아 먹는다.

▲ 가시의 길이가 서로 비슷하다.

▲ 암초 틈에 무리 지어 숨어 있다.

둥근성게 성게목 둥근성게과

학명 *Strongylocentrotus nudus* (A. Agassiz)

특징 몸통 지름 6cm 내외. 몸통은 검은색 또는 짙은 보라색을 띠며, 몸통 색깔과 비슷한 보라색의 강한 가시로 덮여 있다. 전체적인 모습이 '보라성게'와 매우 비슷하지만, 가시 길이가 4cm 내외로 개체마다 비슷한 것이 '보라성게'와 다르다.

생태 수심 2~30m의 암초 표면에 살며, '감태', '대황' 등 다양한 해조류를 갉아 먹는다. 주로 밤에 움직이지만 낮에 움직이는 개체도 많이 있다.

분포 제주도를 포함한 전 연안

이야기마당

해조류를 많이 갉아 먹기 때문에 우리나라 연안의 바다 숲을 황폐화시킵니다. 바다 숲이 있는 지역에서는 바다 숲이 자생력을 가질 때까지 잠수부가 이 종을 제거하기도 합니다.

▲ 암초 표면이나 자갈 바닥에 산다.

◀ 납작한 가시들로 덮여 있다.

하드윅분지성게 성게목 분지성게과

학명 *Temnopleurus hardwicki* (Gray)

특징 가시를 포함한 전체 몸통 지름 5cm 내외. 몸통은 황갈색 또는 녹갈색을 띠며, 길이 1cm 내외의 많은 가시로 덮여 있다. 가시의 단면은 납작하다.

생태 수심 3~15m의 지저분한 암초 표면이나 자갈 사이 또는 해조 숲 아래에서 흔히 발견된다. '말똥성게'와 같은 장소에서 함께 사는 경우가 많다.

분포 제주도를 포함한 전 연안

이야기마당

'말똥성게'에 비해 개체 수가 많지 않기 때문에 이 종을 따로 잡지는 않지만, '말똥성게'와 함께 포획하여 생식소를 먹기도 합니다.

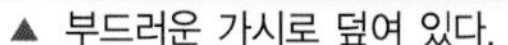

▲ 부드러운 가시로 덮여 있다.

▲ 방사 대칭의 꽃잎 무늬가 있다.

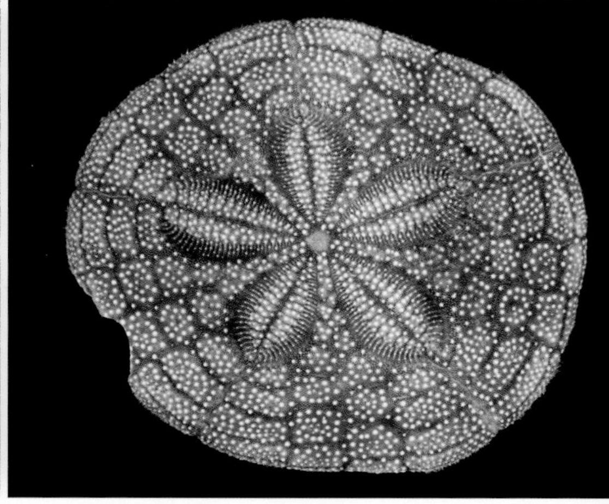

▲ 가시를 벗겨 낸 모습

방패연잎성게

연잎성게목 연잎성게과

학명 *Clypeaster japonicus* Döderlein

특징 몸통 지름 7cm 내외. 몸통은 옅은 황갈색을 띠며, 가운데가 볼록한 방패 모양으로, 짧고 부드러운 가시가 덮여 있다. 몸통에는 꽃잎 무늬가 대칭을 이루고 있다.

생태 수심 10m 내외의 암초 표면이나 바닥의 자갈 사이에 몸을 살짝 붙인 채 이동하며, 모래나 자갈 바닥에 숨어 있기도 한다. 작은 동물을 잡아먹는다.

분포 제주도를 포함하여 난류의 영향을 받는 남해 연안 외곽 섬 지역. 주로 제주도에서 많이 발견된다.

이야기마당

모양이 신비롭고 아름다워 일부 아마추어 잠수부들이 기념품으로 잡아가기도 하는데, 생태 보존을 위해 이러한 행동은 자제해야 합니다.

짧은가시거미불가사리

폐사미목 가시거미불가사리과

학명 *Ophiothrix exigua* Lyman

특징 몸통 지름 1cm, 팔 길이 6cm 내외. 몸색은 적갈색부터 녹갈색에 이르기까지 매우 다양하다. 몸통에는 5개의 팔이 있는데, 팔의 좌우에는 가늘고 긴 잔가시가 나 있다.

생태 주로 수심 5~30m의 바닥에 있는 암초의 구석진 틈이나 구멍 속 또는 바닥의 자갈 아랫면 등에서 발견된다. 움직임이 매우 민첩하여 위험을 느끼면 재빨리 주변에 있는 자갈이나 암초 아래로 도망친다.

분포 제주도를 포함하여 난류의 영향을 받는 전 연안

이야기마당

자갈이나 바위 아래쪽에 숨어 있다가 몸이 드러나는 순간 주변에 있던 물고기에게 다리 끝을 먹히기도 합니다.

▲ 긴 팔에 짧은 가시가 많이 나 있다.

▲ 위험을 느끼면 빠르게 도망간다.

▲ 암초 구멍에 몸을 숨기고 있다.

빨간등거미불가사리 폐사미목 뱀털거미불가사리과

학명 *Ophiomastix mixta* Lütken

특징 몸통 지름 1cm, 팔 길이 5cm 내외. 몸통과 팔 모두 선홍색 또는 밝은 적갈색이며, 팔에는 일정한 간격으로 흰색 띠무늬가 있다. 등 쪽에는 가시가 없지만, 팔의 가장자리에는 짧고 강한 가시가 일정하게 배열되어 있다.

생태 수심 5~15m의 암초 표면 구석진 곳이나 암초 구멍 속 또는 바닥의 자갈 아랫면에서 흔히 발견된다. 촬영하기 어려울 정도로 움직임이 매우 빠르다.

분포 제주도를 포함하여 난류의 영향을 받는 남해 연안 외곽 섬 지역. 주로 제주도에서 발견된다.

이야기마당
몸 전체가 선명한 붉은색이어서 다른 종과 구별하기 쉽습니다.

▲ 암초나 그 주변의 자갈 바닥에 산다.

◀ 몸통 아래쪽 가운데에 있는 입으로 작은 동물을 잡아먹는다.

왜곱슬거미불가사리

폐사미목 빗살거미불가사리과

학명 *Ophioplocus japonicus* H. L. Clark

특징 몸통 지름 1.5cm, 팔 길이 10cm 내외. 몸통 크기에 비해 팔 길이가 매우 길다. 몸통과 팔 모두 회갈색을 띤다. 팔의 등 쪽에는 옅은 회색 또는 회갈색의 불규칙한 띠무늬가 있다.

생태 야행성으로, 낮에는 암초 구석이나 바닥의 자갈 아래에 숨어 있으며, 밤에 바닥을 기어서 작은 동물을 잡아먹는다.

분포 제주도를 포함한 전 연안

이야기마당
거미불가사리류를 대표하는 종으로, 우리나라 바다에서 가장 흔합니다.

빨강불가사리 현대목 선불가사리과

학명 *Certonardoa semiregularis* (Müller and Troschel)

- **특징** 팔을 포함한 전체 지름 20cm 내외. 몸통은 크기가 작고 주홍색, 주황색, 선홍색 등을 띤다. 팔 길이는 10cm 내외이며, 5개의 팔이 몸 전체를 차지하고 있다.
- **생태** 수온이 비교적 높은 지역의 수심 5~20m의 암초 표면에서 흔히 발견되며, 움직임은 느린 편이다. 팔에 기생하는 '빨강불가사리고둥' 때문에 군데군데 솟아오른 부분이 있다.
- **분포** 제주도를 포함하여 난류의 영향을 받는 남해 연안 외곽 섬 지역과 울릉도, 독도

이야기마당

'빨강불가사리' 1마리당 '빨강불가사리고둥'이 최대 10마리까지 기생합니다.

▲ 팔이 몸 전체를 차지한다.

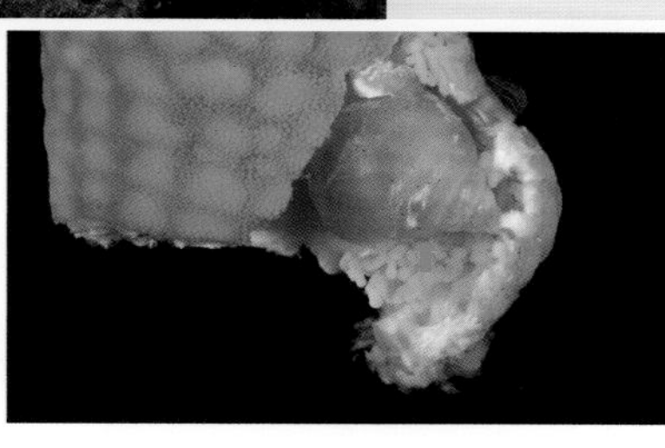
▶ '빨강불가사리고둥'(화살표 부분)이 기생하는 모습

진아무르불가사리 차극목 모서리불가사리과

학명 *Asterias amurensis versicolor* Sladen

- **특징** 팔을 포함한 전체 지름 20cm 내외. 몸통은 통통하며 옅은 황갈색 바탕에 푸른색 또는 보라색 반점이 몸통을 중심으로 뻗어 나가는 방사 대칭형으로 나타난다. 색깔과 무늬는 개체마다 차이가 매우 커서 별다른 무늬 없이 옅은 황갈색만 띠는 개체도 있다.
- **생태** 다양한 수심과 바닥 환경에 적응하여 살 정도로 생존력이 강하다. 먹이를 가리지 않는 잡식성이지만 조개류를 주로 먹는다.
- **분포** 제주도를 포함한 전 연안

이야기마당

낮은 수온에 적응된 종으로, 20년 전까지만 해도 제주도에서는 거의 볼 수 없었지만, 지금은 바닷물의 온도가 높아져 제주도는 물론 오스트레일리아에서도 발견됩니다.

▲ 색깔과 무늬는 개체마다 다르다.

▲ 어장에서 건져 올린 모습

▲ 잠수부가 해적생물인 진아무르불가사리를 제거하고 있다. [사진/전찬길]

▲ 개체마다 색깔과 형태가 다르다.

극검은불가사리 차극목 불가사리과

학명 *Lethasterias nanimensis chelifera* (Verrill)

특징 팔을 포함한 전체 지름 10cm 내외. 전체 크기에서 몸통이 차지하는 부분은 매우 적으며, 5개의 팔이 대부분을 차지하고 있다. 등 표면은 자갈색에서부터 회갈색에 이르기까지 개체마다 다르다.

생태 수심 3~10m의 암초 표면 또는 해조 숲 아래에서 간혹 발견된다. 움직임이 비교적 빠르며, 움직임이 느리고 크기가 작은 동물을 잡아먹는다.

분포 제주도를 포함하여 난류의 영향을 받는 남해 연안 외곽 섬 지역

이야기마당

우리나라에 흔치 않은 종으로, 개체마다 색깔이나 형태에 있어 큰 차이가 있습니다.

▲ 몸통과 팔이 강한 가시로 덮여 있다.

◀ 가시가 그물에 걸린 모습

일본불가사리 차극목 불가사리과

학명 *Distolasterias nipon* (Dörderlein)

특징 팔을 포함한 전체 지름 30cm 내외. 대형 불가사리에 속한다. 전체적으로 옅은 황갈색 바탕에 자갈색 또는 검은색의 작은 반점이 규칙적으로 배열되어 있다. 등 쪽에는 작은 가시가 많이 돋아나 있으며, 팔을 따라 긴 줄무늬가 있다.

생태 수심 20~100m의 암초 표면이나 자갈 바닥에서 간혹 발견된다. 강한 가시가 많아 이 종을 먹는 포식자는 거의 없다. 움직임이 느린 주변의 다른 동물을 잡아먹는다.

분포 제주도를 포함하여 난류의 영향을 받는 남해 연안 외곽 섬 지역과 울릉도, 독도

이야기마당

몸통이 뻣뻣하고 가시가 많아 그물에 걸리면 떼어 내기가 매우 어려워 어민에게 불편을 주는 불가사리 종입니다.

팔손이불가사리

차극목 불가사리과

학명 *Coscinasterias acutispina* (Stimpson)

특징 팔을 포함한 전체 지름 20cm 내외. 전체적으로 얼룩진 자갈색이나 회갈색 바탕에 검은색 또는 보라색 반점이 불규칙하게 흩어져 있다. 8개인 팔은 쉽게 끊어지지만 강한 재생력을 가지고 있다.

생태 수심 5~50m의 암초 표면 또는 자갈 바닥에서 흔히 발견된다. 야행성이기 때문에 낮에는 자갈 아래나 암초 구석에 숨어 있어 눈에 쉽게 띄지 않는다.

분포 제주도를 포함한 전 연안

이야기마당

'진아무르불가사리' 처럼 바다 숲을 황폐화시키는 해적생물 중 하나입니다.

▲ 보통 8개의 팔이 있다.

▶ '군소' 알을 먹고 있다.

▲ 등 표면에 가시가 돋아나 있어 까칠하다.

▲ 팔이 떨어져 나간 자리에 새 팔이 돋아나고 있다.(붉은색 원 부분)

아팰불가사리

차극목 불가사리과

학명 *Aphelasterias japonica* (Bell)

특징 팔을 포함한 전체 지름 15cm 내외. 전체적으로 황갈색, 자갈색, 적갈색 등 다양한 색깔을 띤다. 등에는 많은 가시가 돋아나 있어 표면이 까칠하다. 팔은 보통 5개인데, 1~3개의 팔은 잘려 나가 재생 중인 경우가 많다.

생태 수심 5~20m의 암초 표면이나 자갈 바닥에서 흔히 발견된다. 야행성이어서, 낮에는 자갈 아래나 암초의 구석진 틈에 웅크린 자세로 숨어 있다.

분포 제주도를 포함하여 난류의 영향을 받는 남해 연안 외곽 섬 지역과 울릉도, 독도 등. 다른 바다 연안에서도 발견된다.

이야기마당

난류의 영향을 받는 지역에는 '별불가사리' 나 '진아무르불가사리' 보다 훨씬 많은 개체가 살고 있습니다.

▲ 팔이 매우 길다.

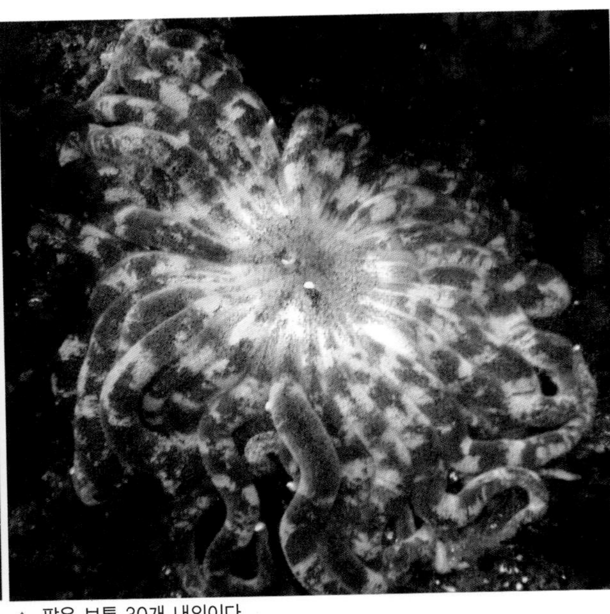
▲ 팔은 보통 30개 내외이다.

문어다리불가사리

차극목 불가사리과

학명 *Plazaster borealis* (Uchida)

특징 팔을 제외한 몸통 지름 10cm 내외. 대형 불가사리에 속한다. 몸통과 팔의 색깔은 황갈색부터 회갈색에 이르기까지 개체마다 다양하다. 팔 길이는 30cm 내외로 보통 30개 정도 있지만 개체마다 약간의 차이는 있다.

생태 수심 10~30m의 암초 표면에서 간혹 발견된다. 움직임이 빠르지 않으며, 위험을 느끼면 점액질을 많이 분비한다.

분포 제주도를 포함하여 난류의 영향을 받는 해역

이야기마당

5개 내외의 팔이 있는 보통의 불가사리류와 달리 '문어' 처럼 여러 개의 다리가 있어 '문어다리불가사리'라고 합니다.

▲ '군소' 알 덩이를 먹고 있다.

▲ 우리나라 불가사리 중 대표적인 종이다.

▲ 그물에 많이 걸려 어민에게 피해를 준다.

별불가사리

유극목 별불가사리과

학명 *Asterina pectinifera* (Müller & Troschel)

특징 팔을 포함한 전체 지름 10cm 내외. 몸통은 부푼 오각형으로, 푸른색 바탕에 붉은색 무늬 또는 반점이 불규칙하게 있다. 색깔과 무늬는 개체마다 다르다.

생태 다양한 수심과 다양한 바닥 환경에 살며, 매우 흔히 발견된다. 살아 있는 동물을 잡아먹기도 하지만, 주로 죽은 동물을 먹는다. 먹이가 부족할 경우 주변 바닥에 쌓인 퇴적물도 먹는다.

분포 제주도를 포함한 전 연안

이야기마당

어민에게는 쓸모없는 해적생물이지만, 생태계에서는 썩어 가는 동물의 사체나 오염 물질(유기물 등)을 먹어 치워 청소부 역할을 하는 중요한 존재입니다.

볼록별불가사리 유극목 별불가사리과

학명 *Asterina batheri* Goto

특징 팔을 포함한 전체 지름 5cm 내외. 팔은 짧고 통통하다. 몸통은 선홍색을 띠며 팔은 황갈색 바탕에 짙은 흑갈색 또는 황갈색 반점으로 덮여 있지만, 얼룩 반점이 전체를 덮고 있기도 하다. 팔을 수축한 채 바닥을 이동할 경우 팔이 몸통 지름과 거의 비슷한 길이로 길어진다.

생태 수심 5~20m의 암초 표면 또는 해조 숲 아래에서 흔히 발견된다. 각 팔의 가장자리 끝에 있는 촉수를 위로 치켜들어 주변의 환경 변화나 위험 요소를 감지한다.

분포 제주도를 포함한 전 연안

이야기마당

다 자란 모습이 어린 '별불가사리'와 비슷해 보여 착각하는 경우가 많습니다.

▲ 살아 있을 때에는 팔이 길다.

▶ 팔과 몸통이 완전히 수축한 표본

애기불가사리 유극목 애기불가사리과

학명 *Henricia nipponica* Uchida

특징 팔을 포함한 전체 지름 3cm 내외. 소형 불가사리이며, 전체적으로 선홍색 또는 밝은 황갈색을 띤다. 몸통과 팔이 전체 크기의 각각 절반을 차지한다.

생태 수심 10m 내외의 암초 표면에서 간혹 발견된다. 특별한 야행성 행동 특성도 없고 움직임도 거의 없는 편이다. 주로 바닥에 살고 있는 '옆새우' 같은 작은 동물을 잡아먹는다.

분포 제주도를 포함한 전 연안

이야기마당

다 자라도 다른 불가사리류의 어린 개체 크기 정도 밖에 되지 않아 '애기불가사리'라고 부릅니다.

▲ 몸이 두툼하다.

▲ 다른 불가사리류와 마찬가지로 팔이 끊어지면 다시 돋아난다.

▲ 각 팔의 가장자리 끝부분이 뭉툭하다.

▲ 주변 환경과 유사한 색깔로 위장한다.

오오지마애기불가사리 유극목 애기불가사리과

학명 *Henricia ohshimai* Hayashi

특징 팔을 포함한 전체 지름 7cm 내외. 전체적으로 자갈색을 띠며, 몸통에 비해 팔이 훨씬 더 길다. 등 표면은 단단하고 까칠까칠하다.

생태 수심 10m 내외의 암초 표면에서 간혹 발견된다. 암초에 있는 다양한 부착 동물들 사이 또는 해조 숲 아래에 숨거나 주변의 색과 비슷하게 위장하기도 한다.

분포 제주도를 포함하여 난류의 영향을 받는 남해 연안 외곽 섬 지역과 울릉도, 독도 등. 그 밖의 지역에서도 간혹 발견된다.

이야기마당

아름다운 자갈색을 띤 우아한 모습의 불가사리입니다.

▲ 팔에 검은 띠무늬가 있다.

미끈애기불가사리

유극목 애기불가사리과

학명 *Henricia leviuscula* (Stimpson)

특징 팔을 포함한 전체 지름 10cm 내외. 전체적으로 황갈색 바탕에 불규칙한 검은 띠무늬가 있다. 팔은 5개이며 몸통에 비해 길다.

생태 수심 10m 내외의 암초 표면에서 간혹 발견되는 흔치 않은 종이다. 움직임이 느린 편이며, 별도의 위장이나 은신 행동을 보이지는 않는다.

분포 제주도를 포함하여 난류의 영향을 받는 남해 연안 외곽 섬 지역과 울릉도, 독도

이야기마당

전체 모습이 미끈하게 보여서 '미끈애기불가사리'라고 합니다.

긴팔불가사리 유극목 선불가사리과

학명 *Ophidiaster cribrarius* Lütken

특징 팔을 포함한 전체 지름 10cm 내외. 전체 색깔은 매우 다양하지만 기본적으로 갈색 바탕에 지저분한 반점이 있다. 전체 크기에서 몸통이 차지하는 부분은 매우 적고, 5개의 팔이 대부분을 차지한다. 등 쪽에는 여러 개의 주름이 있다. 팔은 재생력이 뛰어나며, 5개의 팔 중 몇 개는 새로 돋아나고 있는 경우가 많다.

생태 암초 표면에서 흔히 발견되며, 움직임은 매우 느리다. 암초 표면에 붙어 사는 다양한 부착 동물을 잡아먹는다.

분포 제주도를 포함하여 난류의 영향을 받는 남해 연안 외곽 섬 지역

이야기마당

귀여운 모습이며, 잘려 나간 팔의 재생 능력이 매우 뛰어난 불가사리류입니다.

▲ 팔이 둥근 막대기처럼 보인다.

▶ 팔이 재생되는 모습(붉은색 원 부분)

주름불가사리 유극목 햇님불가사리과

학명 *Crossaster papposus* (Linnaeus)

특징 팔을 포함한 전체 지름 15cm 내외. 전체적으로 적갈색을 띠며, 전체 크기에서 몸통과 팔이 비슷한 비율로 차지하고 있다. 등 쪽에는 거친 털 뭉치가 몸통과 팔 전체를 덮고 있고, 팔은 10개 내외이다.

생태 수심 10~30m의 암초 표면이나 자갈 바닥 위에서 간혹 발견된다. 몸통 표면의 거친 털 뭉치 때문에 천적이 없을 것으로 추정된다.

분포 제주도를 포함하여 난류의 영향을 받는 남해 연안 외곽 섬 지역

▲ 등 표면에 거친 털 뭉치가 있다.

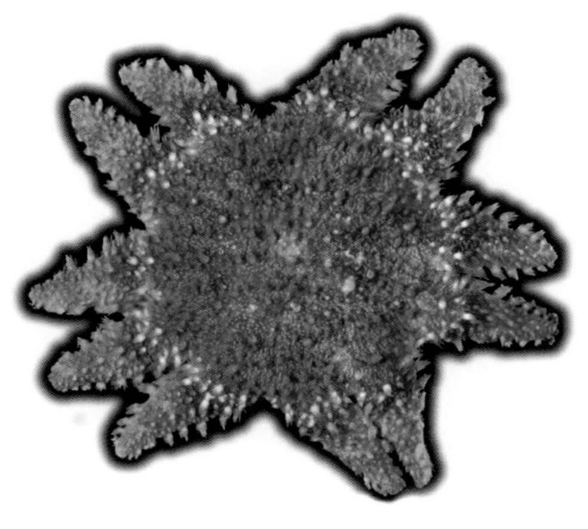

이야기마당

팔과 몸통의 모양이 해바라기와 비슷해 보입니다.

▲ 해와 비슷하게 생겼다.

◀ '바다거미(화살표 부분)'가 도우손햇님불가사리의 입 주변에서 공생하고 있다.

도우손햇님불가사리

유극목 햇님불가사리과

학명 *Solaster dawsoni* Verrill

- **특징** 팔을 포함한 전체 지름 15cm 내외. 중형 불가사리로, 몸통 지름과 팔 길이가 거의 같아 통통해 보인다. 팔은 10개 내외이며, 등 쪽은 거친 편이다.
- **생태** 수심 20m 내외의 암초 표면 또는 자갈 바닥에서 간혹 발견된다. 입 주변에 '바다거미'가 공생한다. 다른 동물뿐만 아니라 찌꺼기나 해조류 등도 먹는 잡식성이다.
- **분포** 제주도를 포함하여 난류의 영향을 받는 남해 연안 외곽 섬 지역

이야기마당

'도우손햇님불가사리' 입에서 흘러나오는 찌꺼기를 '바다거미'가 먹어 치워 입 주변 청소를 해 주며 먹이를 얻음으로써 서로 공생 관계를 이룹니다.

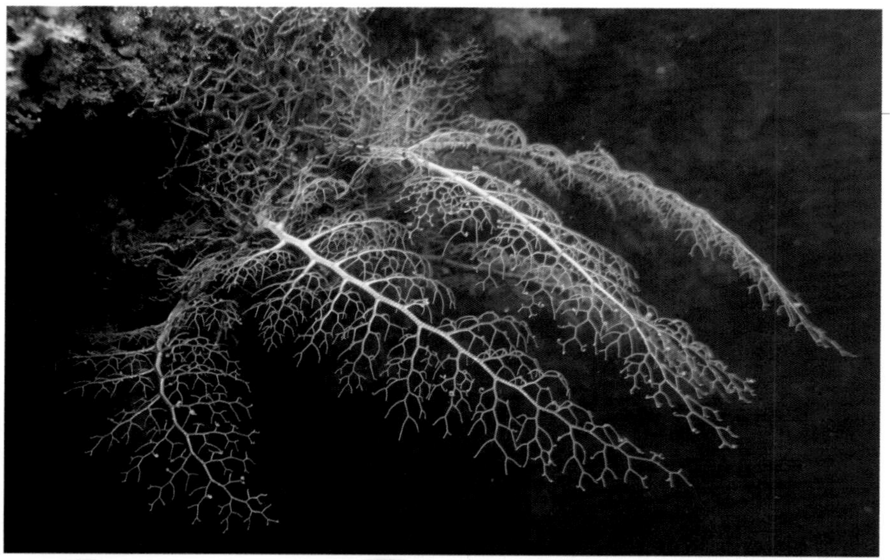

▲ 암초 벽면에서 촉수를 펼쳐 먹이를 찾고 있다.

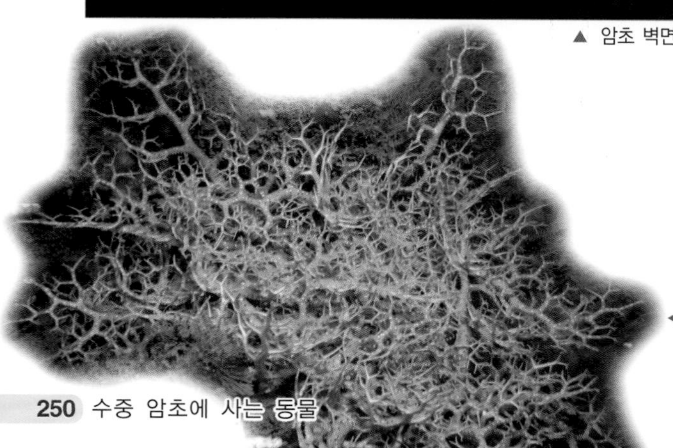

◀ 전체 모습이 수풀처럼 보인다.

나무거미불가사리

혁사미목 삼천발이과

학명 *Astrodendrum sagaminum* (Döderlein)

- **특징** 촉수를 펼친 상태의 전체 지름 30cm 내외. 촉수를 돌돌 말아 수축한 상태의 몸통 지름은 10cm 내외이다. 펼친 촉수는 많은 곁가지를 가진 나뭇가지 모양이다.
- **생태** 물이 흐린 곳의 수심 5~10m에 있는 암초의 급경사면 구석진 곳에 붙어 산다. 촉수를 펼쳐서 물속의 미세한 찌꺼기나 플랑크톤 등을 걸러 먹는다. 지역에 따라 많은 수가 발견되기도 하지만 흔한 종은 아니다.
- **분포** 남해 연안, 서해 남부 연안

이야기마당

일반적인 불가사리와는 다른 특이한 모양의 불가사리입니다.

돌기해삼

순수목 돌기해삼과

학명 *Stichopus japonicus* Selenka

- **특징** 몸통 길이 20cm 내외. 전체적인 몸 색깔은 서식하는 환경과 먹이의 종류에 따라 황갈색에서부터 적갈색, 흑갈색까지 개체마다 매우 다양하다. 등 쪽에 부드럽지만 강해 보이는 육질의 돌기가 가시처럼 솟아 있다.
- **생태** 수심 5~500m의 암초 표면, 자갈이나 갯벌 또는 모랫바닥 등 다양한 환경에서 산다. 바닥의 퇴적물을 입으로 삼킨 다음 영양분은 흡수하고 미세한 찌꺼기는 배출한다.
- **분포** 제주도를 포함한 전 연안

이야기마당

돌기해삼류 중 암초 표면에 있는 돌말류를 주로 먹으며, 육질이 단단하고 붉은색을 띠는 해삼을 별도로 '홍삼' 이라고 합니다.

▲ 가장 흔하게 볼 수 있는 돌기해삼의 형태와 색깔

▲ 수중 암초 표면에서 주로 발견되는 색깔을 띤 모습

▲ 퇴적물을 걸러 먹고 배설물(붉은색 원 부분)을 내보내는 모습

눈해삼

순수목 해삼과

학명 *Holothuria pervicax* Selenka

- **특징** 몸통 길이 50cm 내외. '개해삼' 과 생김새가 비슷하지만 전체적인 색깔은 '개해삼' 보다 밝은 황갈색이며, 더욱 뚜렷한 갈색 반점을 가지고 있다. 몸 표면은 석회판처럼 거칠다.
- **생태** 수심 10m 내외의 암초 표면이나 자갈바닥 등에 산다. 전형적인 아열대성 해삼으로, 바닷물의 온도 상승과 함께 최근 우리나라에 유입되고 있는 종으로 추정된다.
- **분포** 제주도 및 일부 육지 연안 발전소 온배수 영향 지역

이야기마당

'개해삼' 과 혼돈하는 경우가 많은데, 우리나라 전 연안에 분포하는 '개해삼' 과 달리 제주도와 육지의 일부 발전소 온배수 영향 지역에서만 발견됩니다.

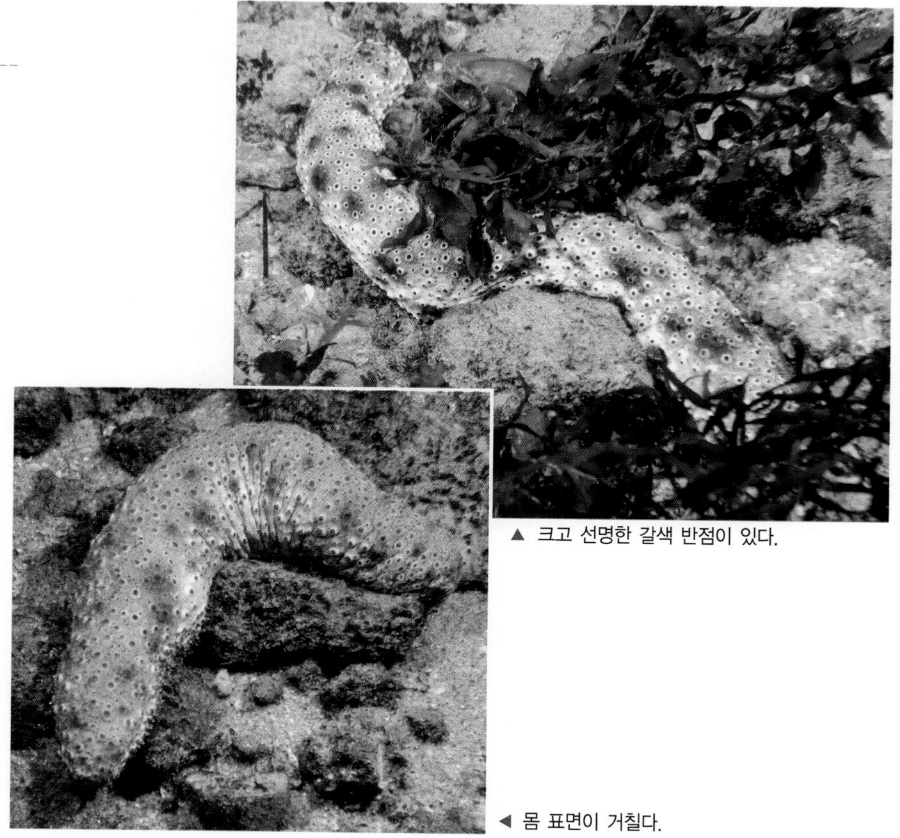

▲ 크고 선명한 갈색 반점이 있다.

◀ 몸 표면이 거칠다.

▲ 몸통 단면이 오각형이다.

◀ 몸통을 숨긴 채 촉수만 펼치고 있다.

오각광삼

수수목 광삼과

학명 *Cucumaria chronhjelmi* Théel

특징 몸통 길이 5cm 내외. 몸통은 황갈색을 띠며, 몸통 단면은 오각형이다. 오각형의 각 모서리에는 암초 표면에 붙는 데 사용하는 돌기와 '부착기'가 있고, 입에는 이 돌기가 변형된 나뭇가지 모양의 촉수가 있다.

생태 수심 3~15m의 암초 구석진 곳이나 바닥의 자갈 아래에 산다. 몸을 숨긴 채 촉수만 밖으로 펼쳐 물속의 미세한 찌꺼기나 플랑크톤 등을 걸러 먹는다.

분포 제주도를 포함한 전 연안

이야기마당

다른 해삼류는 바닥의 퇴적물을 먹는데 '오각광삼'은 주로 물속의 플랑크톤을 먹는 특이한 해삼입니다.

▲ 수중 암초 표면에 붙어 산다.

▲ 해녀가 어획한 멍게

▲ 주로 동해와 남해 연안에서 양식한다.

멍게(우렁쉥이)

측성해초목 멍게과

학명 *Halocynthia roretzi* (v. Drasche)

특징 몸통 길이 10cm 내외. 몸통은 적갈색 또는 선홍색을 띠고, 표면에는 부드럽지만 강해 보이는 돌기가 많이 솟아 있다. 입수공과 출수공이 명확히 구별되며, 출수공은 약간 옆으로 휘어 있다.

생태 수심 5~15m의 암초 표면에 붙어, 각 개체가 단독으로 사는 독립 멍게이다. 입수공으로 빨아들인 물속의 플랑크톤을 걸러 먹는다.

분포 제주도를 포함한 전 연안. 남해 연안에 훨씬 많이 분포한다.

이야기마당

'미더덕'과 함께 가장 흔히 먹는 멍게류입니다. 자연에 살고 있는 멍게의 수가 줄어 최근 남해와 동해 연안에서 대규모로 양식을 하기도 하는데, 양식산은 자연산에 비해 껍질이 얇고 표면의 돌기가 상대적으로 약하게 발달해 있습니다.

개멍게

측성해초목 멍게과

학명 *Halocynthia hispida* (Herdman)

특징 몸통 길이 7cm 내외. 몸통은 선홍색을 띠며, 표면은 길이 0.5~1cm의 부드러운 털로 덮여 있다. 껍질은 두껍고 질겨서 잘 찢어지지 않는다.

생태 수심 5~10m의 암초 표면에 붙어 산다. 단독으로 살아가는 독립 멍게이지만 보통 5~10마리씩 무리 지은 모습으로 발견된다.

분포 제주도를 포함한 전 연안. 다른 곳에 비해 남해 연안에 훨씬 많이 분포한다.

이야기마당

우리가 즐겨 먹는 '멍게'에 비해 다소 쓴맛이 나지만 나름대로의 풍미가 있습니다.

▲ 암초 표면에 무리 지은 모습

▶ 몸통 전체가 털로 덮여 있다.

분홍멍게

측성해초목 멍게과

학명 *Herdmania momus* (Savigny)

특징 몸통 길이 5cm 내외. 몸통은 선홍색 또는 짙은 분홍색을 띤다. 껍질은 얇아서 내장 부위가 밖으로 비쳐 보인다.

생태 아열대성 독립 멍게로, 수심 3~15m의 암초 표면이나 인공 어초 등 종류를 가리지 않고 단단한 물체에 붙어 산다. 입수공으로 들어온 물속의 플랑크톤을 걸러 먹는다.

분포 예전에는 제주 바다에만 분포하였으나, 최근 남해 연안에서도 발견된다.

이야기마당

최근 제주 바다에서 개체 수가 점점 늘어나 해조류가 붙을 수 있는 공간이 줄어들어 바다 숲이 점차 사라지고 있습니다.

▲ 개체 수가 늘어나 해조류가 붙어 살 공간이 줄어들고 있다.

▶ 각 개체가 자신만의 입수공과 출수공을 가진 독립 분홍멍게

틈/새/정/보

멍게류의 입수공과 출수공

바다 동물 중에는 바닷물을 몸속으로 빨아들여 물속의 산소를 흡수함과 동시에 물속에 살고 있는 플랑크톤이나 작은 찌꺼기를 먹이로 삼는 종류가 있다. 이러한 종의 경우, 물을 빨아들이고 내보내는 구조를 가지고 있는데, 물을 빨아들이는 구멍을 '입수공'이라 하고, 물속의 산소나 먹이를 섭취한 후, 배설물이나 생식 산물(알과 정자 등) 등과 함께 사용한 물을 밖으로 내보내는 구멍을 '출수공'이라 한다. 이러한 입수공과 출수공을 가진 몸의 구조는 주로 해면류, 원시적인 고둥류, 조개류, 멍게류 등에서 나타난다.

▲ 멍게의 입수공과 출수공

특히 멍게류의 경우, 몸속을 거치면서 배설물과 함께 섞여 나오는 오염된 물이 자신의 입수공을 통해 다시 몸속으로 빨려 들어오지 않게 하기 위하여 입수공은 몸의 가장 높은 곳에 위치하고, 출수공은 낮은 곳에 위치하는 위생적인 구조를 가지고 있다.

군체 멍게와 독립 멍게

우리가 흔히 알고 있는 '멍게(우렁쉥이)'는 돌기가 솟아 있는 붉은 껍질을 가진 멍게류이다. 바다에는 '멍게' 외에도 '미더덕', '주름미더덕' 등 약 80종류 이상의 다양한 멍게가 살고 있다. 멍게류 중 '멍게'나 '미더덕'처럼 한 마리씩 각각 독립적으로 살아가는 종류를 '독립 멍게'라 하고, 여러 마리가 하나의 덩어리를 이루어 살아가는 종류를 '군체 멍게'라 한다.

▲ 군체 멍게인 '흰덩이멍게'

▲ 독립 멍게인 '멍게(우렁쉥이)'

▲ 보통 50여 마리가 무리를 이룬다.

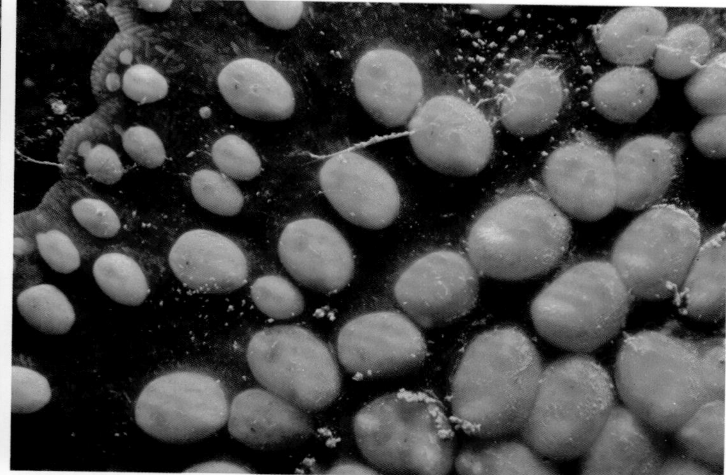
▲ 각 개체는 독립적인 입수공과 출수공이 있지만 몸통 아랫부분은 서로 연결되어 있다.

구도짝구슬미더덕

측성해초목 미더덕과

학명 *Metandrocarpa kudoi* Rho and Cole

특징 몸통 길이 1cm 내외. 몸통은 선홍색 또는 붉은색을 띠며, 독립적인 입수공과 출수공을 가지고 있다. 몸통 아랫부분은 서로 연결되어 있으며, 독립형과 군체형의 중간에 해당된다.

생태 수심 5m 내외의 암초 표면에서 간혹 발견되는 흔치 않은 종으로, 보통 50여 마리가 무리 지어 산다.

분포 제주도를 포함한 전 연안. 주로 남해 연안에 분포한다.

이야기마당

무리를 이룬 모습이 마치 붉은색의 콩알들을 하나의 판 위에 함께 붙여 놓은 것처럼 보입니다.

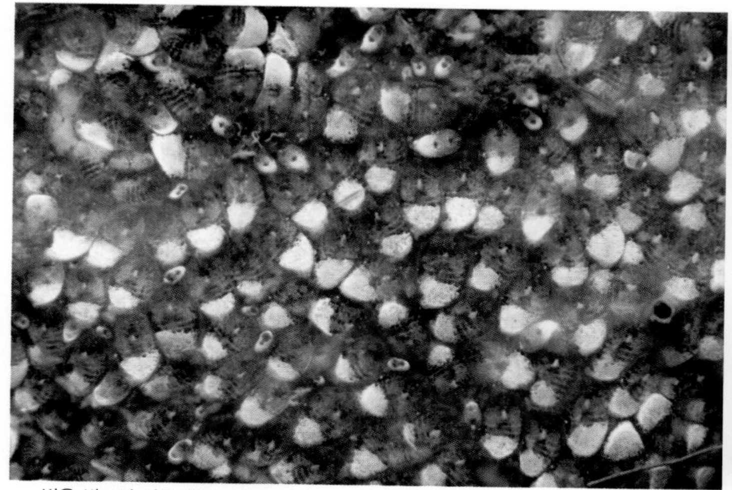
▲ 빛을 받으면 아름다운 쪽빛을 띤다.

▲ 100~200마리 정도의 많은 수가 무리를 이룬다.

투명빗살새공멍게

측성해초목 미더덕과

학명 *Symplegma reptans* (Oka)

특징 몸통 길이 5~10cm 내외. 몸통은 흰색이나 아이보리색을 띠며 투명하다. 입수공과 출수공이 있는 윗부분은 쪽빛을 띤다. 독립형으로 보이지만, 암초 표면에 붙어 있는 몸통 아랫부분은 서로 연결되어 있다.

생태 아열대성 멍게류로, 수심 5~10m의 암초 표면에서 간혹 발견되는 흔치 않은 종이며 보통 100~200마리가 무리 지어 산다.

분포 제주도를 포함하여 난류의 영향을 받는 남해 연안 외곽 섬 지역

이야기마당

몸통 전체가 거의 투명해서 내장이 밖으로 비쳐 보이며, 우리나라에서도 물이 따뜻한 지역에서만 살고 있습니다.

▲ 개체마다 몸통 표면의 거칠거나 매끈한 정도가 달라서 거친 것(왼쪽)이 있는가 하면 매끈한 것(오른쪽)도 있다.

미더덕

측성해초목 미더덕과

학명 *Styela clava* Herdman

특징 몸통 길이 7cm 내외. 몸통은 원통형으로, 황갈색이나 선홍색을 띤다. 자루는 전체 길이의 1/3~1/2 정도를 차지하며, 끝에 몸통이 붙어 있다. 개체마다 입수공과 출수공을 가지는 독립형이며, 출수공은 옆으로 기울어 있다.

생태 수심 3~10m의 암초 표면에서 흔히 발견되며, 물이 맑고 흐름이 좋은 곳에서 산다. 입수공으로 들어온 물속의 플랑크톤을 걸러 먹는다.

분포 제주도를 포함한 전 연안. 양식은 주로 남해 연안에서 이루어진다.

이야기마당

자연산의 수가 적어서 대부분 양식에 의존하고 있습니다.

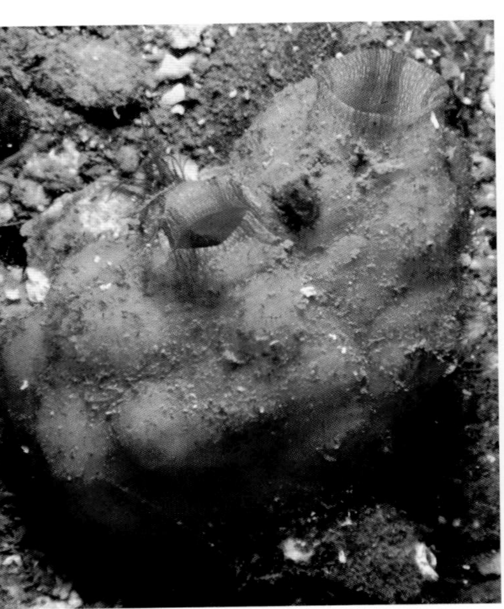

▲ 입수공과 출수공이 뚜렷하게 보인다.

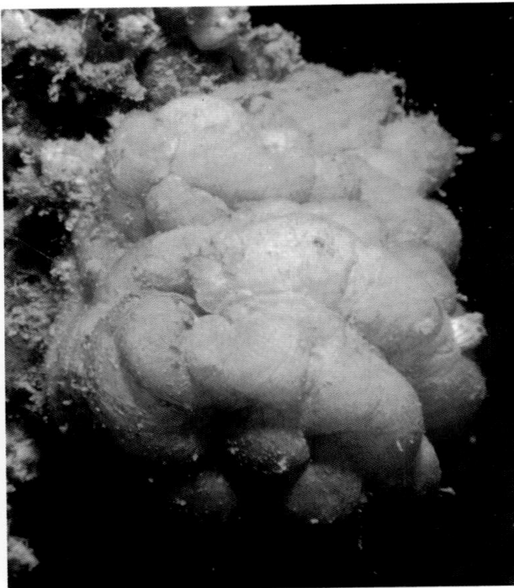

▲ 입수공과 출수공은 수축하면 다른 부위와 구별이 안 되어 찾기가 어렵다.

주름미더덕

측성해초목 미더덕과

학명 *Cnemidocarpa macrogastra* (Oka)

특징 몸통 길이 4cm 내외. 몸통은 옅거나 짙은 황갈색 또는 아이보리색을 띠며, 울퉁불퉁한 돌기가 전체 표면을 덮고 있다. 껍질은 두꺼운 편이어서 쉽게 찢어지지 않는다. 위험을 느끼면 입수공과 출수공을 수축하여 보이지 않게 한다.

생태 수심 3~10m의 암초 표면에서 간혹 발견된다. 입수공으로 들어온 물속의 플랑크톤을 걸러 먹는다.

분포 제주도를 포함한 전 연안

이야기마당

현재 식용으로 양식하고 있으며, 일부 지방에서는 사투리로 '오만둥이' 라고도 합니다. 자연산은 양식산에 비해 내장 부위의 향이 훨씬 강합니다.

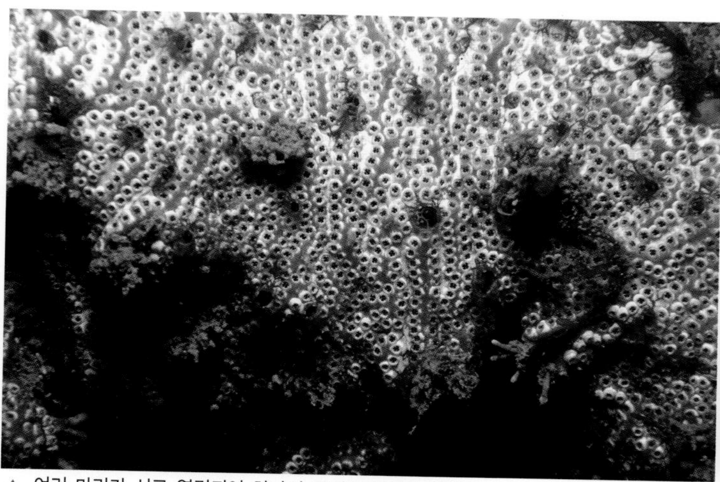
▲ 여러 마리가 서로 연결되어 하나의 군체를 이루고 있다.

▲ 암초 표면에 산다.

보라판멍게

측성해초목 판멍게과

학명 *Botrylloides violaceus* Oka

특징 군체 지름 20cm, 각각의 크기 2mm 내외. 전체적으로 아이보리색이 섞인 보라색을 띤다. 여러 마리가 서로 연결되어 하나의 군체를 이룬다.

생태 아열대성 멍게류로, 수심 5~10m의 암초 표면에서 간혹 발견되는 흔치 않은 종이다.

분포 주로 제주도를 포함하여 난류의 영향을 받는 남해 연안 외곽 섬 지역

이야기마당

입수공과 출수공이 뚜렷하게 보이지만, 이것만으로 개체를 구별하기는 쉽지 않습니다. 우리나라에서도 물이 따뜻한 지역에서만 삽니다.

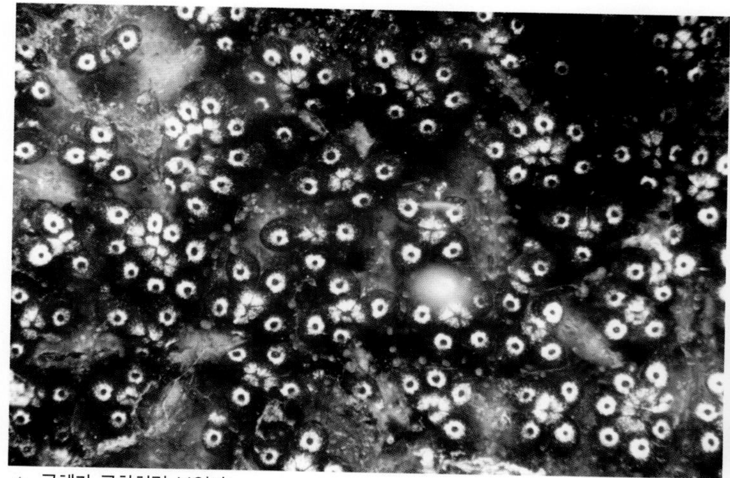
▲ 군체가 국화처럼 보인다.

▲ 암초 표면이나 다른 물체를 감싸듯이 덮으며 자란다.

국화판멍게

측성해초목 판멍게과

학명 *Botryllus tuberatus* Ritter and Forsyth

특징 군체 지름 17cm 내외. 군체는 보라색을 띠며, 5~10개의 개체가 하나의 작은 군체를 이루고 작은 군체가 또 다시 모여 전체 군체를 형성한다. 각 멍게의 출수공 가장자리에는 흰색의 동그란 무늬가 있다.

생태 수심 5~10m의 암초 표면에 얇은 막 형태의 덩어리로 붙어 산다. 간혹 발견되는 흔치 않은 종으로, 해류의 흐름이 원활하고 물이 맑은 곳을 좋아한다.

분포 제주도를 포함하여 난류의 영향을 받는 남해 일부 외곽 섬 지역

이야기마당

작은 군체는 암초에 붙어 있는 바닥 부분에서 서로 완전히 연결되어 있습니다.

▲ 전체적으로 투명한 푸른빛을 띤다.

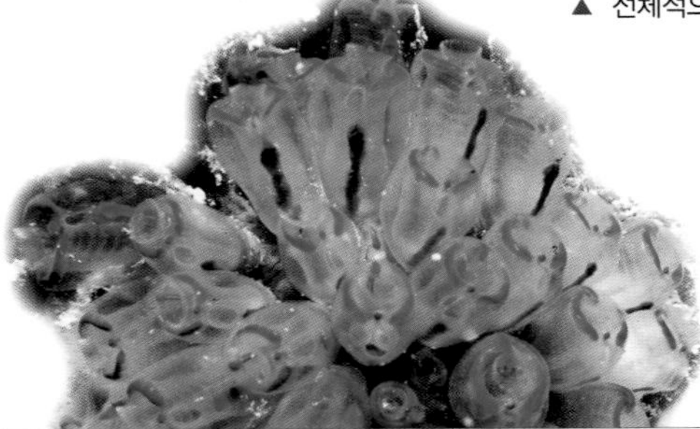
◀ 무리 지어 산다.

푸른테곤봉멍게

내성해초목 곤봉멍게과

학명 *Clavelina coerulea* Oka

특징 군체 지름 1cm 내외. 전체적으로 푸른색을 띠며, 입수공과 출수공 끝의 가장자리에는 선명한 푸른색 테두리 무늬가 있다. 몸통은 투명해서 내부의 아가미가 밖으로 비쳐 보인다.

생태 아열대성 멍게류로, 물이 따뜻하고 흐름이 좋은 수심 5m 내외의 암초 표면에서 간혹 발견된다. 독립 멍게이지만 보통 10여 마리가 무리 지어 산다.

분포 제주도를 포함하여 물이 따뜻한 남해 연안 외곽 섬 지역

이야기마당

우리나라에 살고 있는 아름다운 멍게류 중 하나로, 간혹 눈에 띄는 흔치 않은 종입니다.

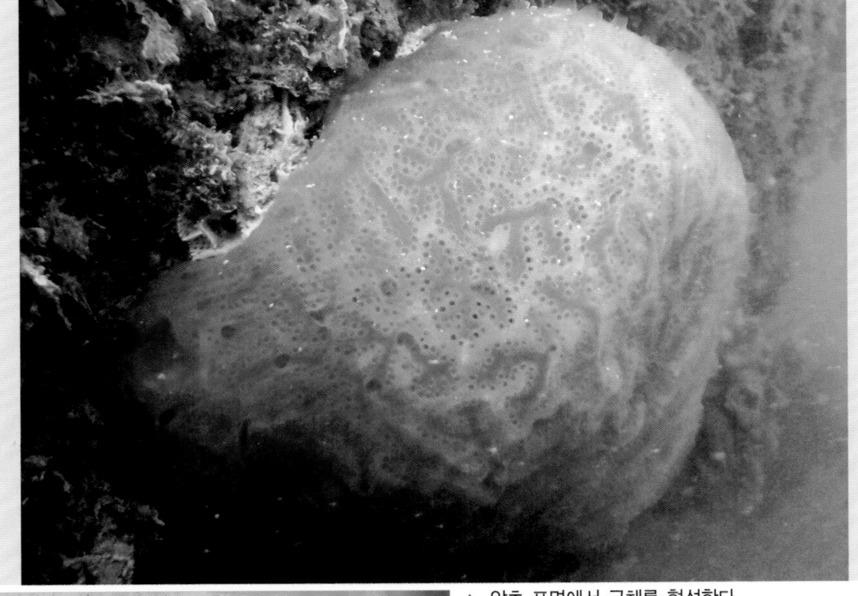
▲ 암초 표면에서 군체를 형성한다.

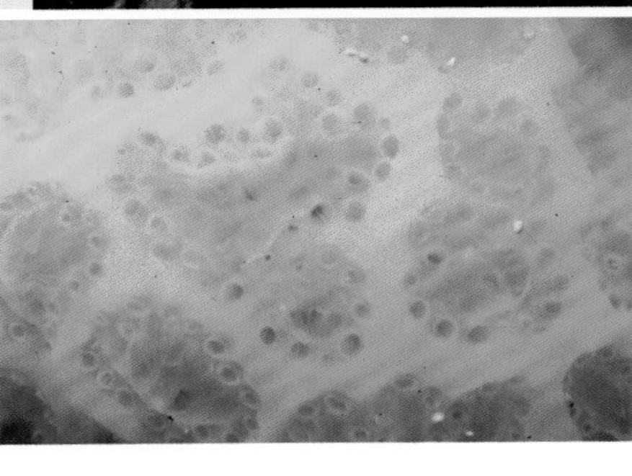
◀ 작은 군체가 서로 연결되어 커다란 전체 군체를 이룬다.

만두멍게

내성해초목 만두멍게과

학명 *Aplidium pliciferum* (Redikorzev)

특징 군체 지름 15cm 내외. 최대 30cm에 달하는 군체도 있다. 전체적으로 밝은 황갈색이나 노란색을 띤다. 보통 20~30마리가 모여 작은 군체를 이루고, 작은 군체가 모여 전체 군체를 형성한다. 군체 전체가 물렁물렁한 느낌이며, 쉽게 찢어지기도 한다.

생태 흐름이 다소 약하고 탁한 해역에서 흔히 발견된다. 몸통 전반에 분포하는 작은 입수공을 통해 바닷물을 빨아들이고, 그 속에 있는 플랑크톤을 걸러 먹은 후 군데군데 있는 큰 구멍(출수공)을 통해 바닷물을 다시 내보낸다.

분포 제주도를 포함한 전 연안

이야기마당

썰물 때 물이 많이 빠진 갯바위 아래쪽에서 발견되기도 합니다.

딸기만두멍게

내성해초목 만두멍게과

학명 *Pseudodistoma antinboja* Tokioka

특징 군체 지름 3cm 내외. 전체적으로 밝은 황갈색이나 노란색을 띠며, 동그란 군체가 짧은 자루 위에 붙어 있다. 각 개체는 독립적인 입수공과 출수공을 가지지만 몸통은 옆 개체와 서로 완전히 합쳐져 있다.

생태 수심 10m 내외의 암초 표면에서 간혹 발견되는 흔치 않은 멍게류로, 5~10개 정도의 군체가 한곳에 무리 지어 산다. 해류의 흐름이 원활하고 물이 맑은 곳을 좋아한다.

분포 제주도를 포함하여 난류의 영향을 받는 남해 연안 일부 외곽 섬 지역, 동해 남부 해역

군체가 동그랗거나 타원형으로 딸기 모양과 비슷해 보입니다.

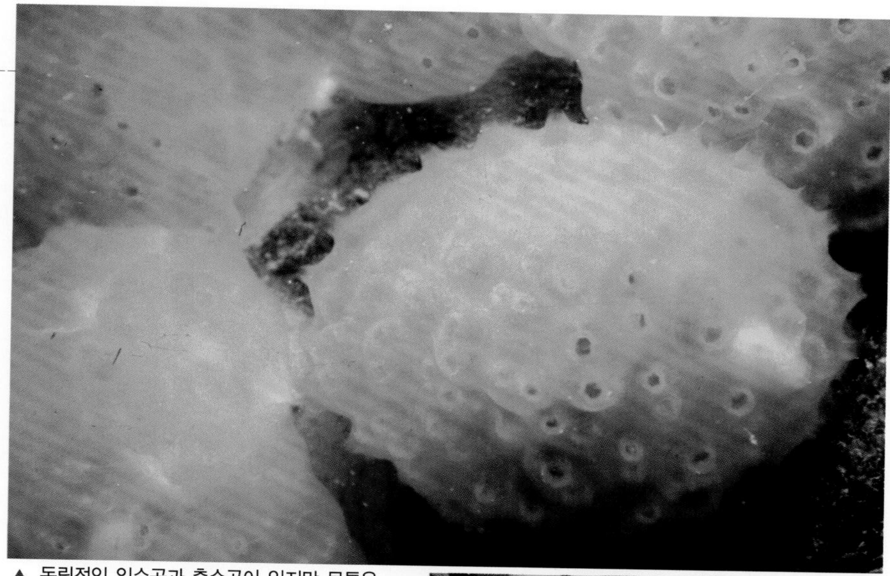

▲ 독립적인 입수공과 출수공이 있지만 몸통은 서로 합쳐져 있다.

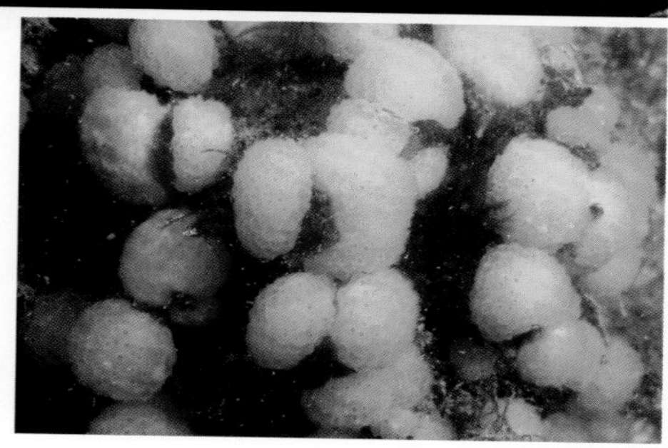

▶ 둥근 모양의 각 군체가 수십 개씩 모여 하나의 무리를 이룬다.

방사딸기만두멍게

내성해초목 만두멍게과

학명 *Synoicum pellucens* Redikorzev

특징 군체 지름 15cm 내외. 줄기 끝에 딸기 모양의 몸통이 여러 개 뭉쳐 있다. 군체를 붙이고 있는 아랫부분인 줄기는 전체 크기의 약 1/4~1/3을 차지한다.

생태 난류의 영향을 받는 바다에서 간혹 발견되는 흔치 않은 군체 멍게이다. 대부분의 군체는 암초 아랫부분 또는 수중 동굴 천장에 거꾸로 매달려 살며, 해류의 흐름에 쉽게 흔들린다.

분포 제주도를 포함하여 난류의 영향을 받는 남해 연안 외곽의 일부 섬 지역

이야기마당

짙은 붉은색을 띨 경우, 우리가 먹는 딸기의 모습과 비슷합니다.

▲ 암초에 거꾸로 매달린 채로 산다.

▶ 딸기처럼 생긴 여러 개의 몸통이 뭉쳐 있다.

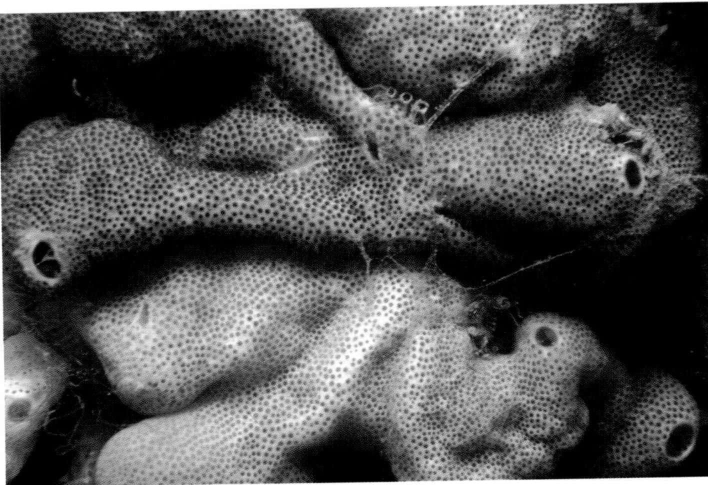

▲ 색깔과 형태가 다양하다.

▲ 입수공과 출수공이 명확히 구별된다.

흰덩이멍게류

내성해초목 흰덩이멍게과

학명 *Trididemnum* spp.

특징 군체 지름 25cm 내외. 군체 모양은 일정하지 않으며, 색깔에도 차이가 있다. 주름진 표면에 점처럼 수많은 작은 입수공이 있고, 군체 꼭대기에는 각 멍게가 공동으로 사용하는 출수공이 있다.

생태 수심 5~15m의 암초 표면에서 흔히 발견되는 군체 멍게로, 물의 흐름이 원활하고 맑은 곳을 좋아한다.

분포 제주도를 포함하여 난류의 영향을 받는 남해 연안 일부 외곽 섬 지역

이야기마당

아직 이 종에 대한 학술적 연구가 이루어지지 않아 앞으로 많은 연구가 필요할 것으로 생각됩니다.

▲ 공동으로 사용하는 출수공은 입수공보다 크기가 크다.

흰덩이멍게

내성해초목 흰덩이멍게과

학명 *Didemnum moseleyi* (Herdman)

특징 군체 지름 15cm, 두께 1cm 내외. 전체적으로 흰색이나 아이보리색을 띠지만 각 군체마다 색깔 차이가 크다. 군체 표면에는 입수공이 작은 점처럼 있고, 개별 멍게가 공동으로 사용하는 출수공이 있는데, 그 크기는 입수공보다 크다. 군체는 부드럽고 흐물흐물해서 손으로 쉽게 찢을 수 있으며, 위로 많이 자란 부분은 물의 흐름에 따라 흔들리기도 한다.

생태 다양한 수중 환경에서 흔히 발견된다. 군체의 크기가 커지면 무게와 해류에 의한 마찰 때문에 떨어져 나가기도 한다. 입수공으로 물속의 플랑크톤을 걸러 먹는다.

분포 제주도를 포함한 전 연안

이야기마당

우리나라에 살고 있는 군체 멍게류 중 가장 흔한 종입니다.

◀ 부드럽고 흐물흐물해서 쉽게 찢어진다.

▲ 입수공과 출수공이 잘 발달해 있다.

▲ 몸통이 투명하다.

유령멍게

내성해초목 유령멍게과

학명 *Ciona intestinalis* (Linnaeus)

특징 몸통 지름 4cm 내외. 위아래가 길쭉하고, 전체적으로 투명한 아이보리색 또는 옅은 황갈색을 띤다. 각 개체가 단독으로 살아가는 독립형 멍게로, 입수공과 출수공이 전체 몸통 크기에 비해 잘 발달해 있다.

생태 아열대성 멍게류로, 수심 3~10m의 암초 표면에서 흔히 발견된다. 해류의 흐름이 약하고 물이 탁한 곳을 좋아한다. 암초뿐만 아니라 수중의 콘크리트 구조물 같은 단단한 물체 표면에 무리 지어 부착한다.

분포 제주도를 포함한 전 연안

이야기마당

우리나라 남해 연안에서 최근 개체 수가 급격하게 증가하여 양식장 시설물에 피해를 주기도 합니다.

회색곤봉멍게류

내성해초목 회색곤봉멍게과

학명 *Eudistoma parvum* (Oka)

특징 자루를 포함한 전체 높이 5cm 내외, 몸통 지름 1.5cm 내외. 전체적으로 흰색 또는 아이보리색을 띠며, 몸통 아래쪽에 자루가 달려 있다. 군체 멍게로 20~30마리가 모여 하나의 군체를 이루며, 군체의 가운데에는 개별 멍게들이 함께 사용하는 출수공이 있다.

생태 아열대성 멍게류로, 수심 5m 내외의 암초 아랫부분 또는 수중 동굴 천장에서 매우 드물게 발견된다. 물이 따뜻하고 맑으며 흐름이 원활한 곳을 좋아한다.

분포 제주도

이야기마당

동남아시아 지역에서 북쪽으로 흐르는 난류 또는 선박의 평형수 등을 통해 제주 바다로 들어온 외래종으로 추정됩니다.

▲ 군체 모습이 흰색 막대 사탕처럼 보인다.

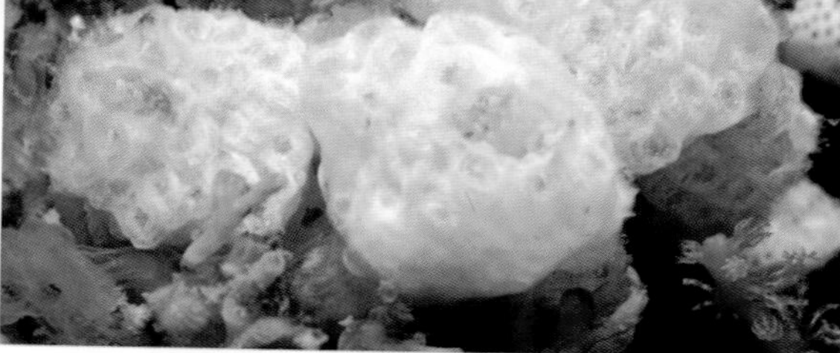

▶ 군체 내부는 비어 있다.

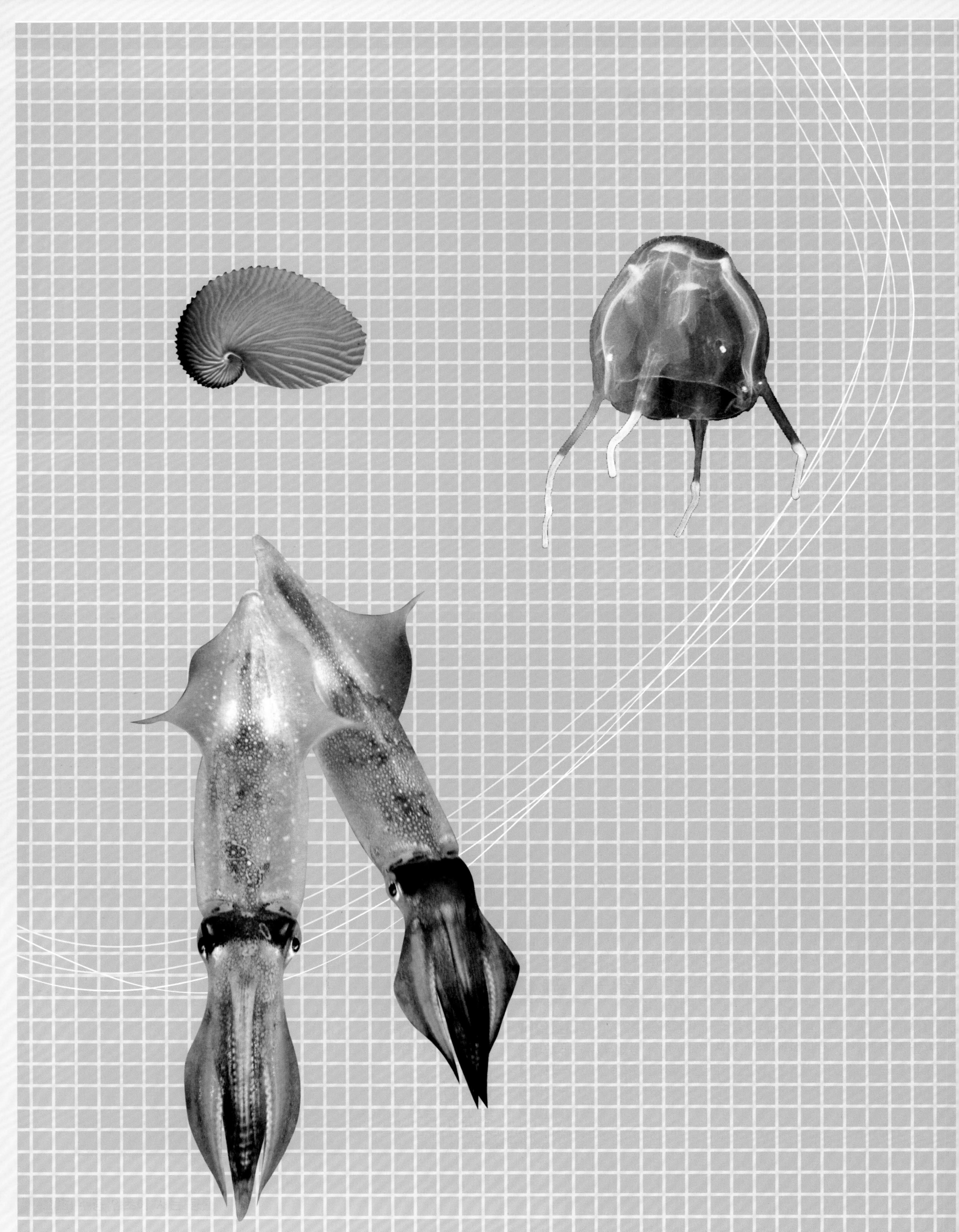

바닷속에 사는
동물

▲ 거대한 몸집을 가지고 있다.

▲ 물고기가 죽어 가는 해파리를 뜯어 먹고 있다.

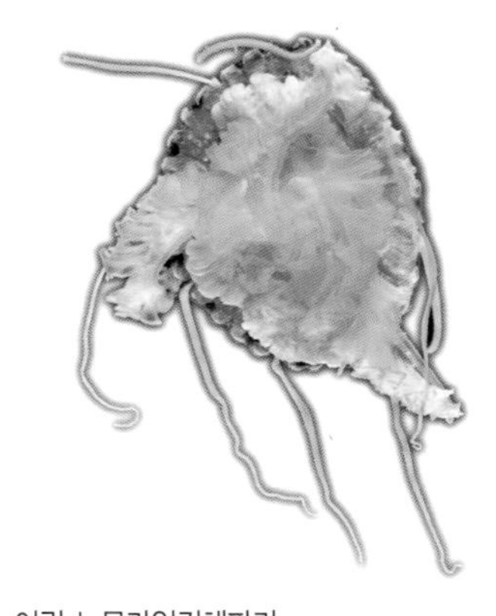
▲ 어린 노무라입깃해파리

노무라입깃해파리

근구해파리목 근구해파리과

학명 *Nemopilema nomurai* Kishinouye

특징 몸통 지름 50cm 내외, 촉수를 펼친 전체 길이 2m 이상. 몸통은 전체적으로 반구형이며, 그 아래로 촉수가 늘어져 있다. 촉수는 필요에 따라 길게 늘어나거나 짧게 수축한다. 전체적으로 옅은 황갈색을 띤다.

생태 주로 어린 개체가 동남아시아 해역에서 해류를 타고 우리나라 바다로 들어오지만, 일부 집단은 우리나라 서해 연안에서 번식한다는 주장도 있다. 물속에서 헤엄치는 속도가 매우 빨라 잠수부가 따라잡기 쉽지 않다. 크기가 크기 때문에 일부 '바다거북'을 제외하고는 천적이 거의 없다.

분포 제주도를 포함한 전 연안

이야기마당

매우 작고 투명한 '입방해파리'와 함께 봄~가을에 걸쳐 우리나라 연안에서 어민이나 해수욕을 즐기는 피서객에게 가장 큰 피해를 주는 종입니다.

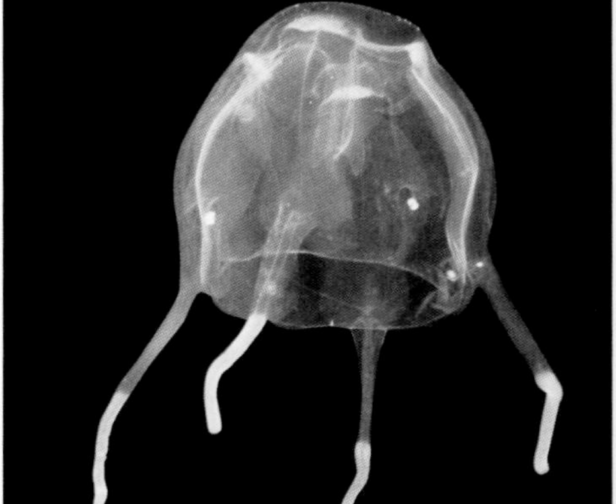
▲ 몸통 속이 비어 있다.

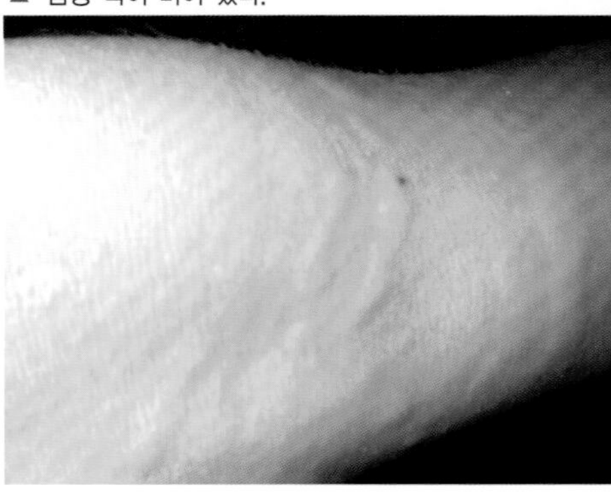
◀ 강한 독성이 있다.

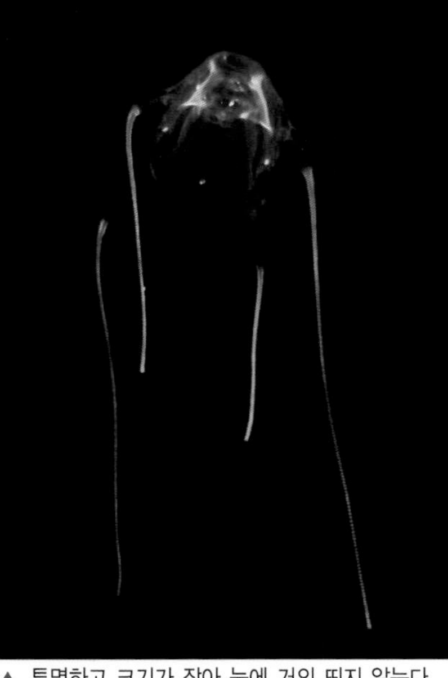
▲ 투명하고 크기가 작아 눈에 거의 띄지 않는다.

라스톤입방해파리

입방해파리목 입방해파리과

학명 *Carybdea rastoni* Haacke

특징 몸통 지름 3cm, 촉수를 펼친 전체 길이 20cm 내외. 전체적으로 거의 투명하며, 몸통은 속이 빈 반구형으로 아래쪽 가장자리를 따라 가늘고 긴 4개의 촉수가 있다.

생태 아열대성 종으로, 해류의 흐름이 약한 곳에서 발견된다. 촉수의 독성이 매우 강하다. 몸통이 투명하기 때문에 사람은 물론, 작은 물고기나 새우 등도 이들이 가까이 접근하는 것을 알아차리지 못할 때가 많다.

분포 제주도를 포함한 남해 연안. 동해 남부와 서해 남부 해역에서 발견되기도 한다.

이야기마당

우리나라 연안에 출현하는 해파리 중 독성이 가장 강한 종으로, 크기가 작고 투명하여 눈에 잘 띄지 않아 해수욕장의 피서객에게 적지 않은 피해를 줍니다.

푸른우산관해파리

반해파리목 푸른우산관해파리과

학명 *Porpita umbella* (Müller)

특징 몸통 지름 3cm 내외. 몸통은 납작한 동전 모양이며, 키틴질로 이루어져 있다. 몸통의 중앙부는 황갈색을 띠지만 촉수와 연결되는 가장자리 부분은 푸른색을 띤다. 몸통의 가장자리를 따라 길이 5cm 내외의 많은 촉수가 아래로 늘어져 있다.

생태 아열대성 종으로, 여름에 많이 발견된다. 몸통의 부력을 이용해 물 위를 떠다니며, 때로는 수백 마리씩 무리 지어 나타나기도 한다.

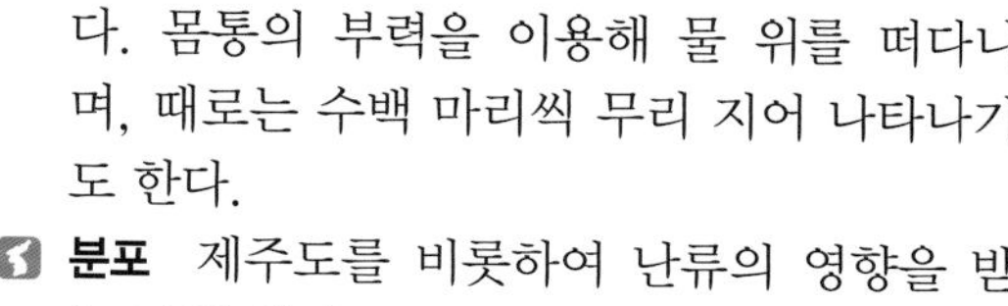

분포 제주도를 비롯하여 난류의 영향을 받는 남해 연안

사람에게 피해를 끼칠 정도의 독성을 가지고 있지는 않습니다.

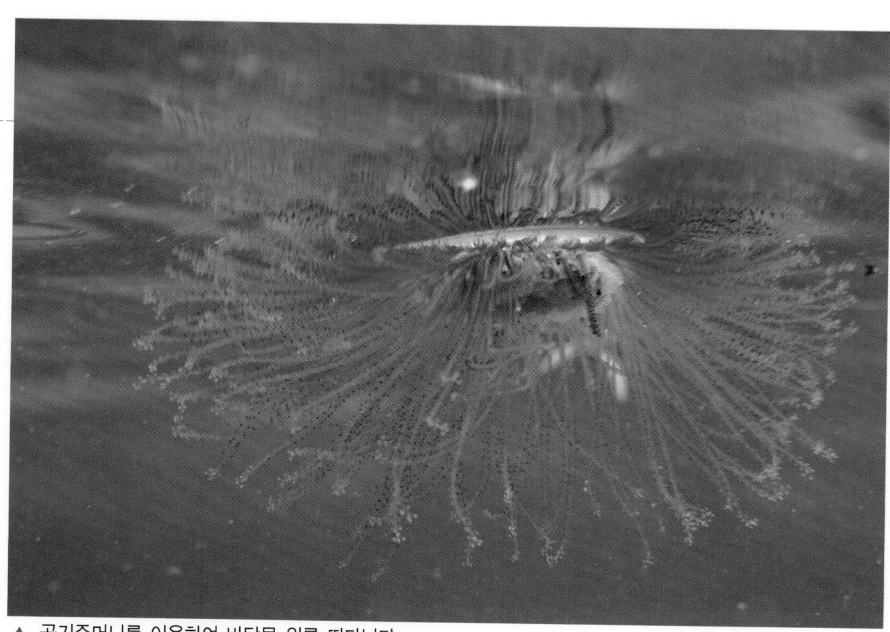

▲ 공기주머니를 이용하여 바닷물 위를 떠다닌다.

커튼원양해파리

기구해파리목 원양해파리과

학명 *Dactylometra quinquecirrha* Agassiz

특징 몸통 지름 10cm, 촉수를 펼친 전체 길이 50cm 내외. 전체적으로 옅은 황갈색 바탕에 자갈색 띠무늬가 있다. 몸통의 중앙부 아래쪽에는 주름진 커튼 모양의 '입다리'가 아래로 늘어져 있다.

생태 늦봄에서 여름철에 걸쳐 간혹 발견된다. 몸통 가장자리에 있는 촉수를 사용하여 작은 물고기 등을 잡아 입다리로 이동해 먹는다.

분포 제주도를 포함한 남해 연안

이야기마당

우리나라 연안에서 자체적인 번식이 일어나는지 등에 관한 정확한 보고가 없어 더 많은 연구가 필요합니다.

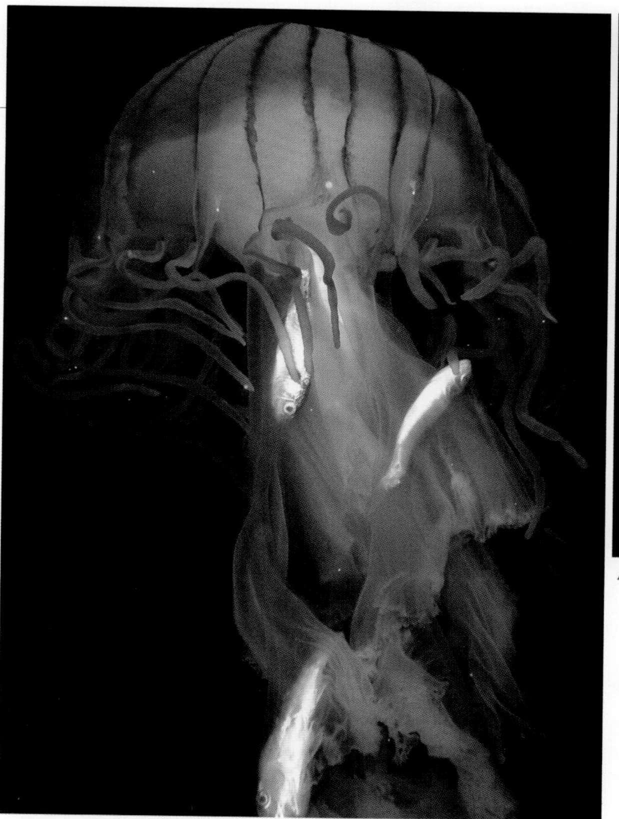

▲ 촉수와 입다리를 사용하여 어린 물고기를 잡아먹는다.

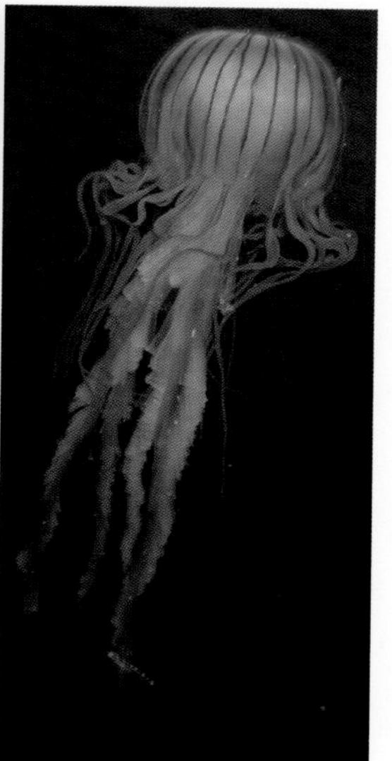

▲ 입다리가 커튼처럼 주름져 있다.

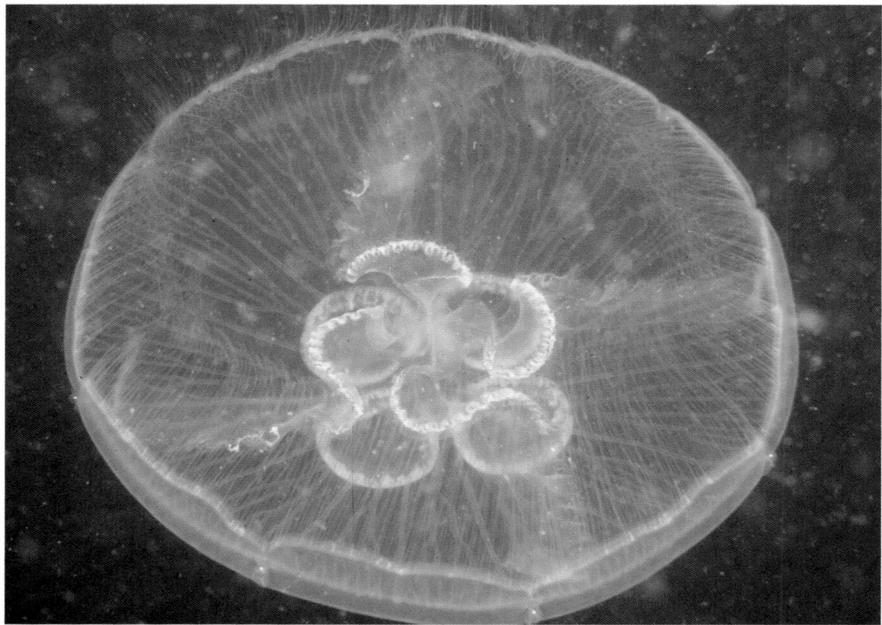

▲ 생식소(가운데 노란색 띠 모양)가 차오르는 모습

보름달물해파리

기구해파리목 느릅나무해파리과

학명 *Aurelia aurita* (Linnaeus)

- **특징** 몸통 지름 10cm 내외. 몸통은 넓적한 반구형이며 반투명하다. 촉수 길이는 5cm 내외이다.
- **생태** 주로 육지 쪽의 움푹 들어간 만이나 항구, 포구 안쪽 등 물의 흐름이 약한 곳에서 무리 지어 산다. 운동력이 약해서 물의 흐름이나 바람에 쉽게 휩쓸린다.
- **분포** 제주도를 포함한 전 연안

이야기마당

우리나라 연안에서 봄여름에 가장 흔히 볼 수 있는 종입니다. 연안의 매립과 개발에 따라 자연 상태의 해안들이 다양한 형태로 변화되고 이러한 변화로 인해 어린 해파리(폴립)가 붙을 수 있는 면적이 증가되어 그 수가 늘어나고 있습니다.

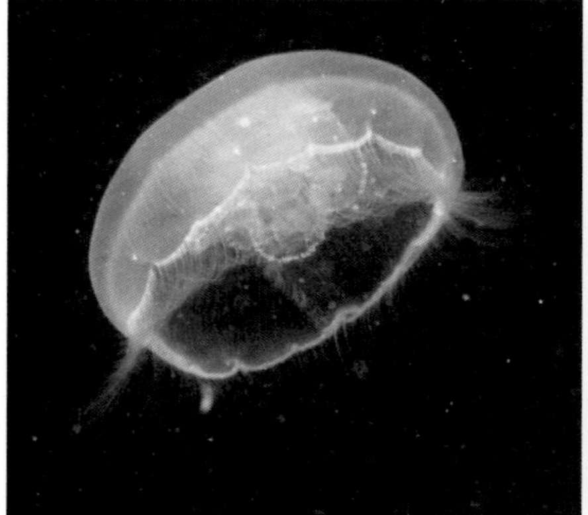

▲ 봄여름에 우리나라 연안에서 가장 흔히 발견된다.

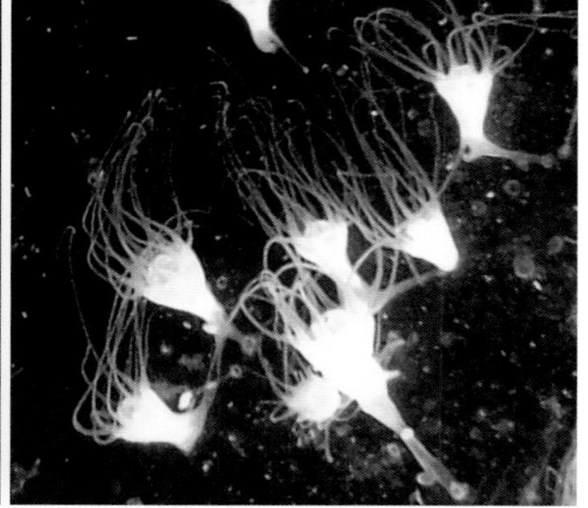

▲ 어린 보름달물해파리(폴립)

▲ 물의 흐름이 약한 곳에서 무리 지어 산다.

평면해파리

연해파리목 평면해파리과

학명 *Aequorea coerulescens* (Brandt)

특징 몸통 지름 10cm 내외. 몸통은 거의 투명하며, 2개의 층으로 보이는데, 외부 층은 아무 무늬가 없지만, 내부 층은 가장자리 부분에 50개 내외의 흰 세로줄무늬가 있고, 가장자리에는 가늘고 긴 촉수가 있다.

생태 주로 바다 표면 바로 아래 수심 1m 내외에서 발견된다. 촉수에 독성은 거의 없다. 여름에만 일시적으로 출현했다가 사라지는 경우가 많다.

분포 제주도를 포함하여 난류의 영향을 받는 남해 연안

이야기마당

몸의 흰 세로줄무늬와 가늘고 긴 촉수로 인해 물속을 헤엄치는 모습이 아름답게 보입니다.

▲ 실처럼 가늘고 긴 촉수가 있다.

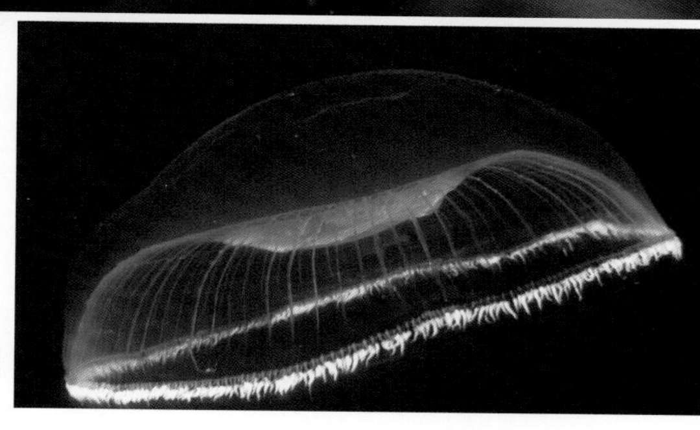

▶ 밤에 빛을 받으면 푸른 형광빛을 띤다.

꽃우산해파리

담수해파리목 꽃모자해파리과

학명 *Olindias formosa* (Goto)

특징 몸통 지름 10cm 내외. 몸통은 납작하며 반투명하다. 등 쪽에 몸통 가운데 부분으로부터 사방으로 뻗은 검은색 줄무늬가 있다. 촉수는 몸통 아래쪽 가장자리를 따라 아래로 처져 있고 선홍색을 띤다.

생태 아열대성 해파리류로, 여름에 보통 수심 10m 내외의 깊이에서 발견된다. 촉수를 이용하여 바닥에 사는 작은 동물을 잡아먹는다. 우리나라 연안에서 자체적으로 번식이 이루어지지는 않는 것으로 추정된다.

분포 제주도를 포함하여 난류의 영향을 받는 남해 연안

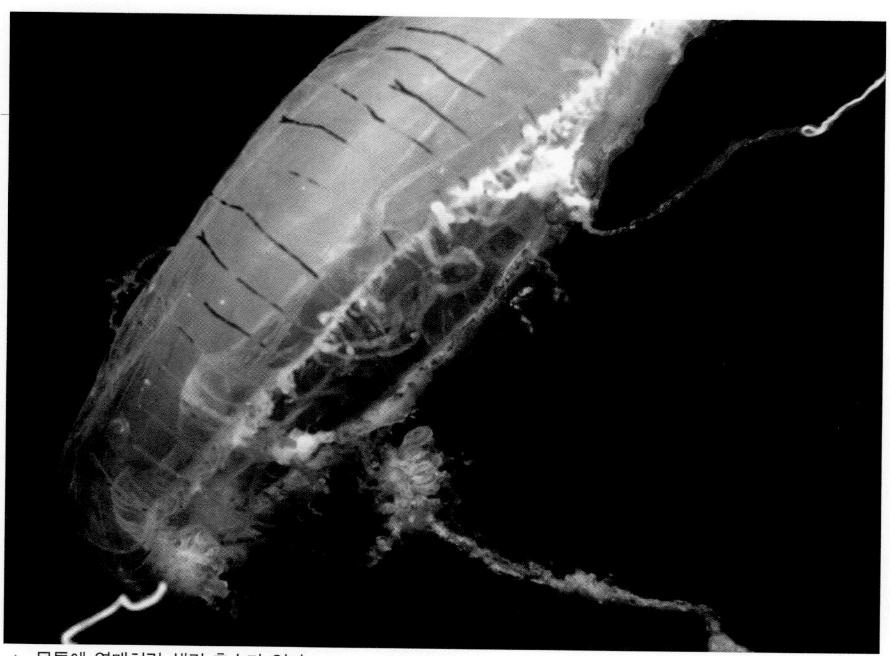

▲ 몸통에 열매처럼 생긴 촉수가 있다.

이야기마당

납작한 몸통과 아름다운 촉수 때문에 다른 나라에서는 이 종을 'Flower hat jellyfish(꽃모자해파리)' 라고 합니다.

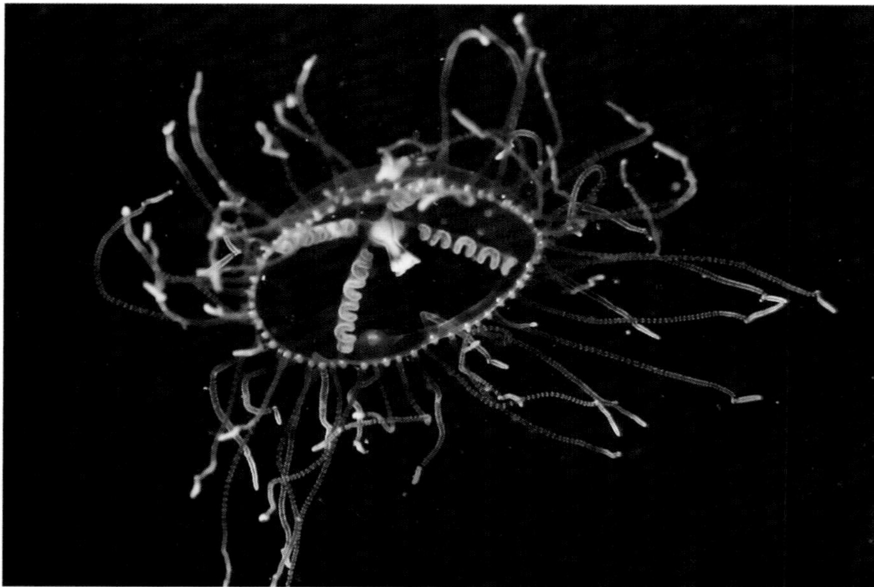

▲ 몸통의 가장자리를 따라 실타래 같은 촉수가 나 있다.

◀ 촉수에 강한 독성이 있다.

꽃모자갈퀴손해파리

담수해파리목 꽃모자해파리과

학명 *Gonionemus vertens* A. Agassiz

특징 몸통 지름 3cm 내외. 몸통은 납작한 반구형이며 투명하다. 내장은 정확히 4등분되어 있고, 밖에서 볼 수 있다. 몸통의 아래쪽 가장자리를 따라 작은 구슬이 연결된 것 같은 모양의 촉수가 사방으로 펼쳐져 있다.

생태 수심 5m 내외의 암초 표면 또는 자갈 바닥 등을 기어 다니거나 짧은 거리를 헤엄쳐 살짝살짝 움직인다.

분포 동해 남부와 남해 연안

이야기마당

우리나라의 해파리류 중 특이하게 바닥을 기어 다니는 종입니다.

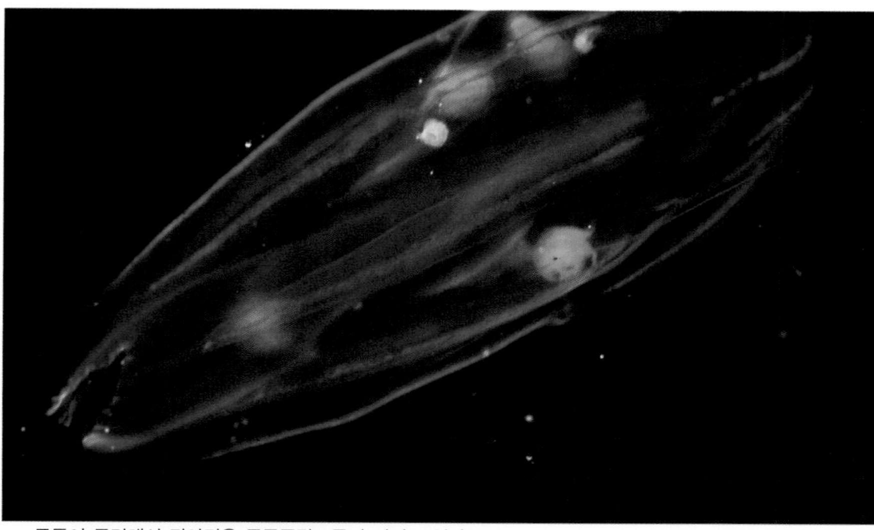

▲ 몸통이 투명해서 잡아먹은 동물플랑크톤이 비쳐 보인다.

큰입빗해파리

풍선해파리목 변형해파리과

학명 *Lampea pancerina* (Chun)

특징 몸통 길이 5cm 내외. 몸통은 짧고 굵은 막대기 모양이며, 살아 있을 때에는 투명하다. 몸통 표면에는 형광빛을 내는 빗살 모양의 띠가 있다.

생태 봄~여름에 흔히 발견되는 종으로 몸통 앞쪽에 있는 옆으로 길게 벌어진 입을 이용하여 물속의 동물플랑크톤을 잡아먹는다.

분포 제주도를 포함하여 남해 및 동해 남부 해역의 먼바다

이야기마당

몸통 표면의 빗살 모양의 띠는 빛을 받으면 띠를 이루는 작은 섬모들의 미세한 운동에 의해 매우 아름다운 형광빛을 나타냅니다.

틈/새/정/보

해파리의 치료 효과

해파리는 스스로의 힘으로 바닷속을 자유롭게 다닐 수 없는 대형 동물플랑크톤에 속한다. 그러나 그중 몇몇 종은 강한 힘으로 해류를 거슬러 갈 수는 없지만 조금씩은 이동할 수 있으며, 그 모습은 매우 아름답고 우아하다. 그래서 일부 병원에서는 정신 질환을 앓고 있는 환자에게 하루에 몇 시간씩 수족관에서 아름다운 모습으로 우아하게 헤엄치는 해파리의 모습을 보여 줌으로써 환자가 정신적 안정을 찾을 수 있도록 도와주기도 한다.

▲ 아름답고 우아한 모습으로 물속을 헤엄치는 다양한 해파리

해파리의 피해

우리나라에 살고 있는 해파리류 중 너무 많아 골칫거리인 해파리는 주로 두 종류이다. 하나는 무게가 최대 250kg, 몸통과 촉수를 합친 길이가 무려 3m에 달하는 '노무라입깃해파리' 이고, 또 하나는 엄청난 개체 수로 인해 '물 반 해파리 반' 이라는 말을 실감나게 하는 '보름달물해파리' 이다. 이들 해파리는 고기를 잡는 어민과 바닷물을 냉각수로 이용하는 해안가의 발전소 등에 실질적인 피해를 주고 있다. 죽어서 해안으로 밀려온 것들은 썩으면서 해안을 오염시키고, '게' 를 잡는 그물에 잡혀 함께 잡힌 '게' 를 모두 죽게 만드는 등의 피해를 주고 있다.

▲ '게' 를 잡는 그물에 잡혀 함께 잡힌 게를 모두 죽게 만든다.

▲ 잠수부 주변을 둘러싼 '보름달물해파리' 무리

▲ 죽어서 해안을 오염시킨다.

▲ '한치' 라는 이름으로 더 잘 알려져 있다.

▲ 암컷의 수명이 수컷보다 길고 크기도 더 크다.

화살꼴뚜기

살오징어목 꼴뚜기과

학명 *Loligo bleekeri* Keferstein

특징 몸통 길이 40cm 내외. 비슷한 오징어 종류 중 몸통이 가장 가늘고 길다. 마름모꼴의 지느러미는 몸통 길이의 반 이상을 차지한다. 전체적으로 밝은 선홍색을 띠지만 생리적 상태에 따라 짙고 옅은 정도에 차이가 있다.

생태 주로 난류의 영향을 받는 연안에 산다. 여름철에 암컷은 연안 암초 절벽 아래의 구석진 곳에 야구방망이처럼 생긴 흰색 알 덩이를 산란한 후 죽는다. 암컷의 수명이 수컷보다 1~2개월 더 길다.

분포 제주도를 포함한 남해와 서해 연안

이야기마당

지역에 따라 '한치' 라고도 합니다. 흰색의 살이 부드럽고 맛있어서 회로 많이 먹습니다.

▲ 평소에는 지느러미를 사용하여 헤엄친다.

창꼴뚜기

살오징어목 꼴뚜기과

학명 *Loligo edulis* Hoyle

특징 몸통 길이 30cm 내외. 지느러미는 마름모꼴이며, 촉수와 팔의 가운데 가장자리는 옆으로 넓게 부풀어 있다. 팔에는 2줄의 빨판이 45~55쌍 정도 있다.

생태 겨울에는 먼바다에서 살다가 봄여름이 되면 육지와 가까운 곳으로 회유한다. 암컷은 수심 30~40m의 모랫바닥에 야구방망이 모양의 알 덩이를 낳고, 산란 후 죽는다. 태어난 시기에 따라 다르지만, 수명은 보통 10~14개월이다.

분포 제주도를 포함한 남해 연안

이야기마당

이 종과 비슷하게 생긴 '한치꼴뚜기' 는 학명이 '*Loligo chinensis*' 이며, 이 종과는 다른 종입니다.

참꼴뚜기

살오징어목 꼴뚜기과

학명 *Loligo beka* Sasaki

특징 몸통 길이 5cm 내외. 우리나라 연안에서 잡히는 오징어 중 가장 작은 종이다. 마름모꼴의 지느러미는 몸통의 약 60%를 차지한다. 수컷의 왼쪽 네 번째 다리는 짝짓기할 때 암컷에게 정자를 옮기는 역할을 한다.

생태 봄여름에 걸쳐 육지 연안에 떼를 지어 나타나며, 헤엄치는 능력이 거의 없어서 물의 흐름을 타고 이동하는 경우가 많다. 수명은 보통 10~14개월이다.

분포 남해와 서해 연안

이야기마당

우리나라에서는 초무침이나 회 등으로 먹는 친숙한 종입니다. 크기가 작아 먹을 것이 별로 없어 "어물전 망신은 꼴뚜기가 시킨다."라는 속담이 생겼습니다.

▲ 몸통 길이가 다 자라도 5cm 정도 밖에 안 된다.

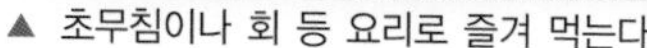

▲ 초무침이나 회 등 요리로 즐겨 먹는다.

▲ 말리면 크기가 더 작아진다.

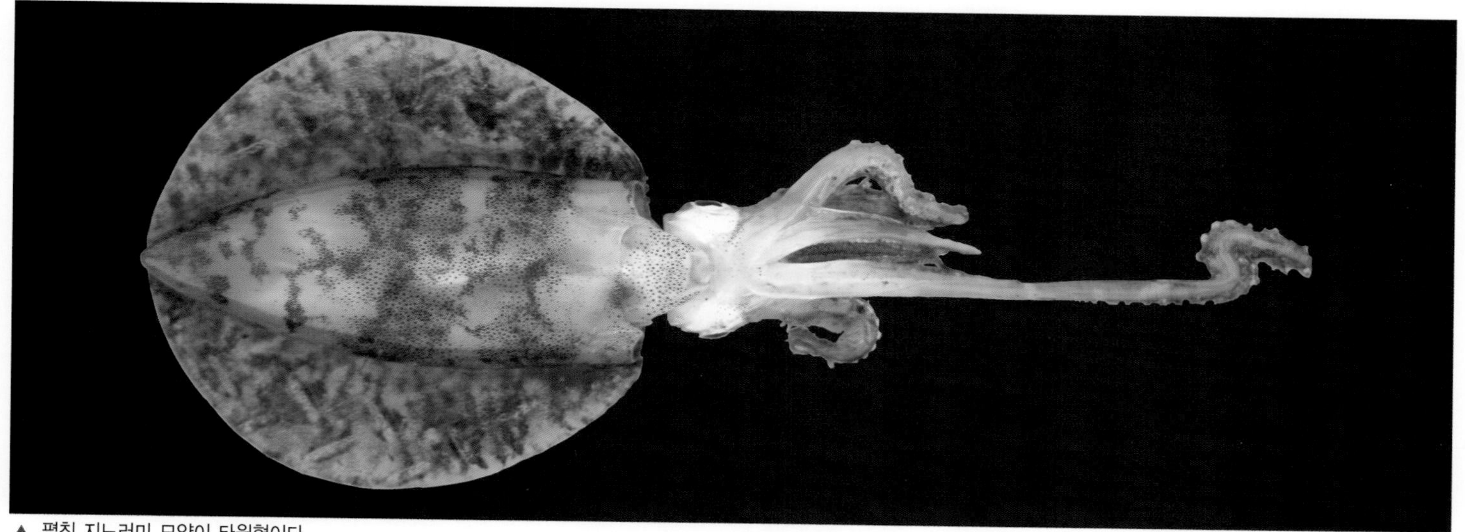

▲ 펼친 지느러미 모양이 타원형이다.

흰꼴뚜기

살오징어목 꼴뚜기과

학명 *Sepioteuthis lessoniana* d'Orbigny

특징 몸통 길이 30cm 내외. 전체 무게가 1kg에 달하는 것도 있다. 지느러미는 타원형이며, 몸통의 측면을 따라 나 있다. 각 다리에는 4줄의 빨판이 있으며, 각 빨판에는 키틴질로 된 14~23개의 이빨처럼 생긴 날카로운 가시가 있다.

생태 기본적으로 먼바다에 살지만, 산란기가 되면 먼바다로부터 수심 50m 이내의 연안으로 들어와 다양한 해조류에 알 덩이를 부착시킨다. 헤엄치는 능력이 뛰어나다.

분포 제주도를 포함한 남해 연안

이야기마당

우리나라 해양생물학자인 양원탁 박사에 의해 세계 최초로 여러 세대에 걸친 실내 사육 실험에 성공한 종입니다. 예전에 임금님께 진상했을 정도로 맛이 좋습니다.

▲ 몸통은 유선형이다.

◀ 다양한 요리에 쓰이는 식재료이다.

살오징어

살오징어목 살오징어과

학명 *Todarodes pacificus* (Steenstrup)

특징 몸통 길이 30cm 내외. 몸통은 유선형이며, 2개의 긴 촉수와 8개의 짧은 다리가 머리에 붙어 있다. 몸통의 색깔은 생리적 상태에 따라 흰색에서 붉은색까지 다양하게 변화한다.

생태 수심 100m까지 분포한다. 북쪽으로 올라오는 난류를 따라 우리나라 동해안을 거쳐 회유한 후, 산란을 위해 다시 남쪽으로 돌아가는 회유성 어종이다.

분포 동해 연안. 남해와 서해에도 분포한다.

이야기마당

우리가 가장 흔히 먹는 오징어입니다. 살오징어잡이 철이 되면 해안선을 따라 오징어잡이 배의 등불이 장관을 이룹니다.

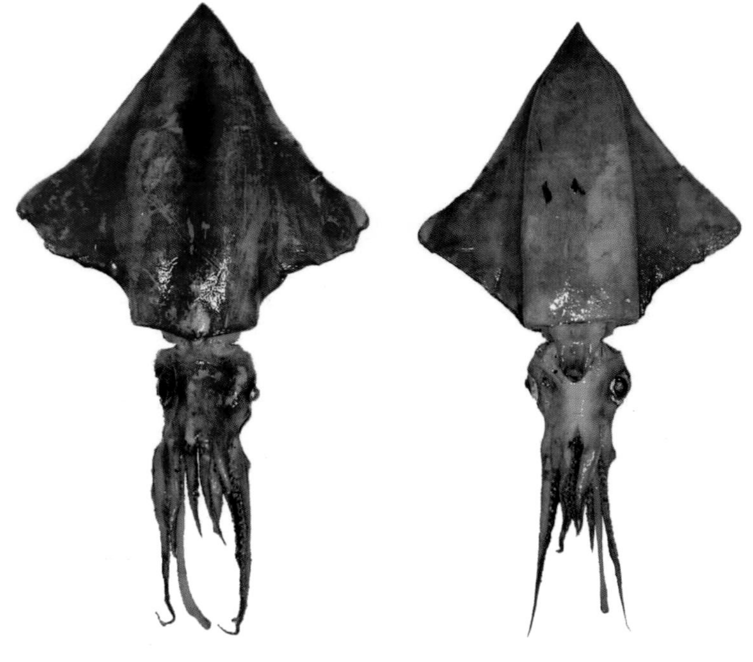
▲ 지느러미를 펼치면 마름모꼴이다.

지느러미오징어

살오징어목 날개오징어과

학명 *Thysanoteuthis rhombus* Troschel

특징 몸통 길이 1m 내외. 지느러미는 마름모꼴이며, 몸통 옆면을 따라 나 있다. 몸통 두께가 5cm 정도 되는 크기가 매우 큰 오징어이다.

생태 우리나라 겨울철에만 발견된다. 성장 속도가 빨라 1~1.5년 만에 촉수를 포함한 전체 길이가 2.5m에 달하기도 한다.

분포 동해 남부 해역

이야기마당

우리나라에서 잡히는 오징어 중 크기가 가장 큰 오징어이며, 겨울에 주로 부산광역시 기장과 경상북도 영덕 사이에서 잡힙니다. 간혹 해안에서 발견되는 '대왕오징어'는 우리나라 인근 바다가 아닌 먼바다에 살다가 죽은 것이 파도에 밀려온 것으로, 이것과는 다른 종입니다.

집낙지

문어목 집낙지과

학명 *Argonauta hians* (Lightfoot)

특징 다리를 포함한 전체 길이 15cm, 껍데기 지름 10cm 내외. 키틴질로 된 주름 잡힌 흰색 또는 아이보리색의 둥근 껍데기 속에 사는, 8개의 다리를 가진 낙지이다.

생태 아열대성 종으로, 껍데기 속에 살면서 대사 과정에서 발생한 가스를 껍데기 속에 채워 해류를 타고 물 위를 떠다닌다.

분포 간혹 제주도 및 동해 연안에서 잡히기도 하는데, 이는 우리나라 바다가 아닌 남쪽 열대 혹은 아열대성 바다에서 난류를 타고 북쪽으로 이동하는 중 그물에 걸린 것이다.

이야기마당

껍데기는 마르면 쉽게 부서지지만, 그 모양이 아름다워 장식품으로 애용됩니다.

▲ 아름다운 파도 무늬의 주름을 가진 집낙지의 집

▲ 껍데기 속에 가스를 채워 물 위를 떠다닌다.

큰살파

살파목 살파과

학명 *Thetys vagina* Tilesius

특징 몸통 길이 15cm 내외. 몸통은 술통 모양이다. 몸통은 거의 텅 비어 있고, 그 속에 머리에 해당되는 콩나물 모양의 기관과 소화 기관 등이 들어 있다. 각 개체가 단독으로 물속을 떠다니는 형태와 수십 마리가 서로 연결되어 무리 지은 형태를 모두 볼 수 있다.

생태 주로 봄여름에 걸쳐 수심 10m 내외의 물속에서 발견된다. 몸통이 투명하기 때문에 낮에는 발견하기 어렵지만, 밤에 수중 랜턴을 이용하여 빛을 비추면 쉽게 관찰할 수 있다.

분포 제주도를 포함하여 난류의 영향을 받는 남해의 가거도, 홍도, 동해의 울릉도, 독도

이야기마당

때로는 수십 또는 수백 마리가 3~4m 정도의 길이로 연결된 끈 모양의 무리를 볼 수 있습니다.

▲ 수십 마리가 서로 연결되어 있다.

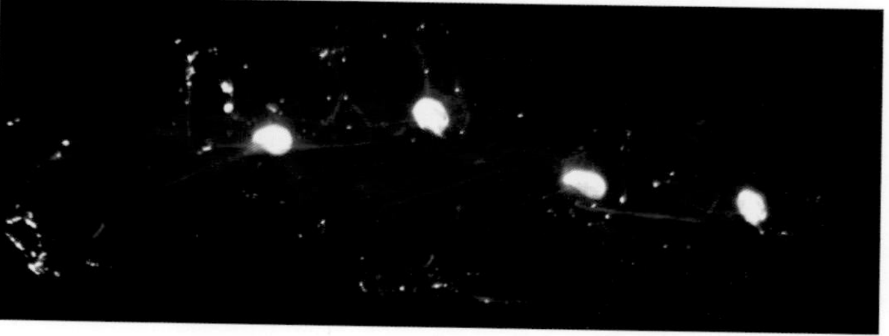

▶ 몸통이 투명하다.

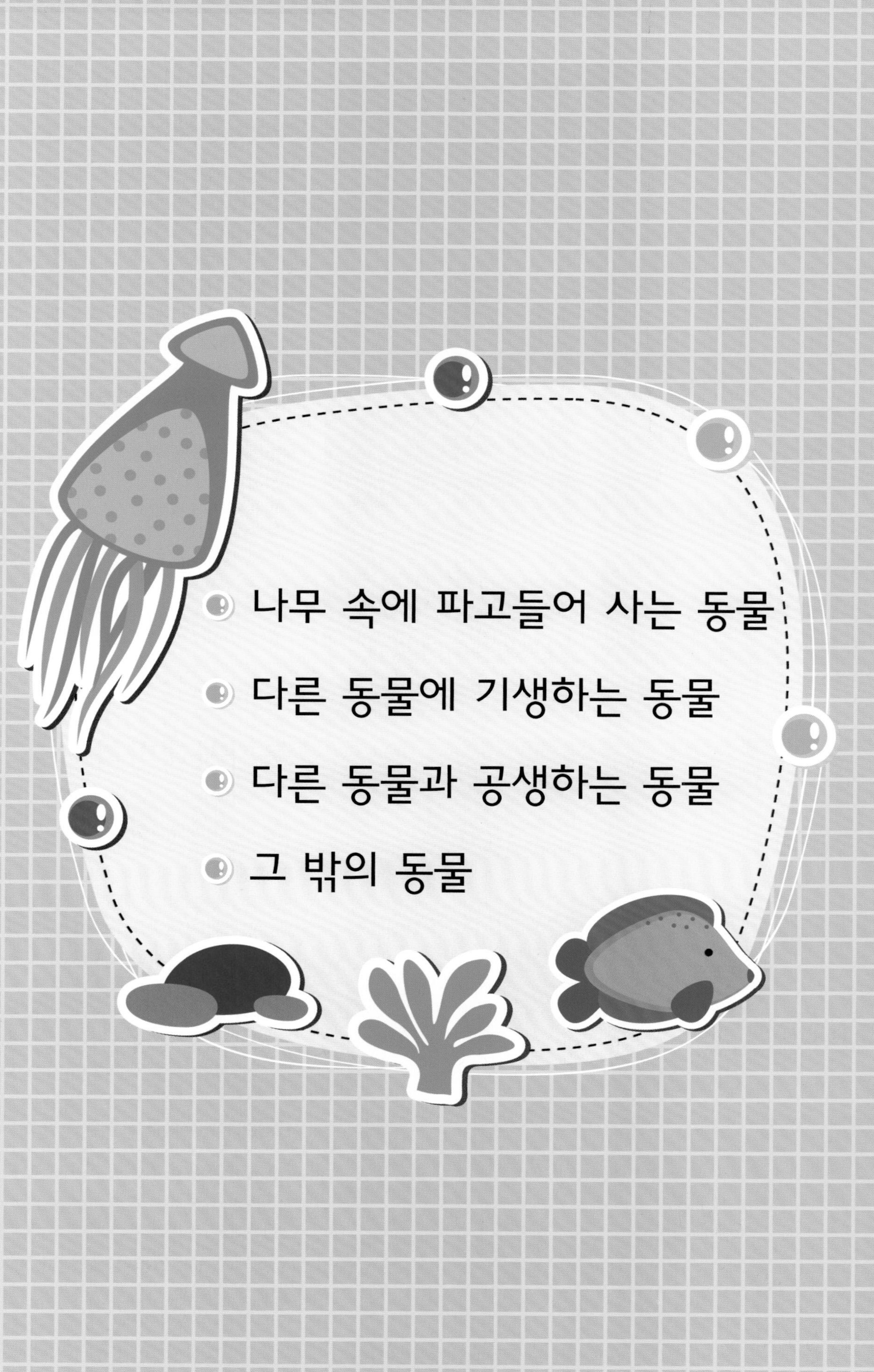

나무 속에 파고들어 사는 동물
다른 동물에 기생하는 동물
다른 동물과 공생하는 동물
그 밖의 동물

▲ 껍데기를 드릴처럼 사용해 나무에 구멍을 뚫는다.(화살표 부분)

▲ 배좀벌레조개가 뚫어 놓은 통나무의 구멍들

배좀벌레조개

우럭목 배좀벌레과

학명 *Teredo navalis* Linnaeus

특징 껍데기 길이 0.5cm 내외. 껍데기는 흰색을 띠며, 얇아서 쉽게 부서진다. 껍데기의 뒤쪽으로 튀어나온 몸통은 길이 2cm 내외이다.

생태 나무로 만든 배의 아랫부분 또는 바다 위를 떠다니는 통나무 등에 구멍을 뚫고 산다. 구멍을 뚫는 과정에서 생기는 섬유질을 먹는다.

분포 제주도를 포함한 전 연안

이야기마당

예전에는 선박이 대부분 나무로 만들어졌기 때문에 어민들이 '배좀벌레조개'를 해적생물로 여겼습니다.

▲ 불가사리의 입 주변에 산다.

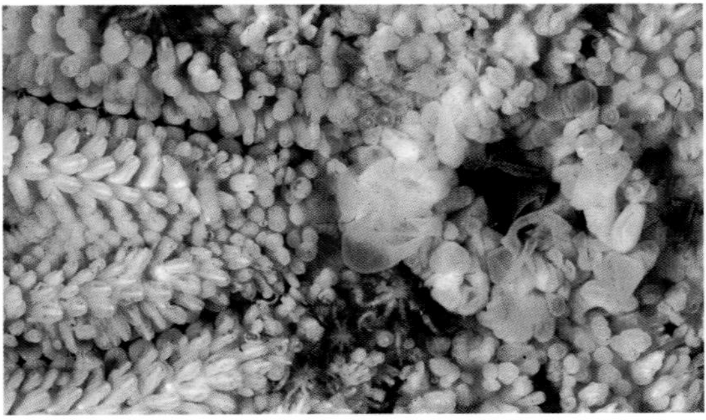
▲ 한 마리의 불가사리에 여러 마리의 불가사리바다거미가 붙어 산다.

▲ 다리의 끝부분이 갈고리 모양이다.

불가사리바다거미

바다거미목 각시바다거미과

학명 *Decachela dogieli* Losina-Losinsky

특징 몸통 길이 0.5cm 내외. 몸통은 옅은 황갈색을 띤다. 몸통의 좌우에는 몸통 길이의 2배 정도 되는 8개의 다리가 붙어 있다. 숙주인 불가사리에 단단히 붙어 있기 위해 다리의 끝을 갈고리 모양으로 하고 있다.

생태 불가사리의 체액을 빨아먹는 기생성 바다거미로, 주로 '도우손햇님불가사리'의 입 주변에서 발견되지만, 그 밖의 불가사리에서도 발견된다.

분포 제주도를 포함한 전 연안

이야기마당

한 마리의 불가사리에서 다양한 크기의 여러 '불가사리바다거미'가 발견되는 것으로 보아 한번 숙주를 선택하면 그 개체에서 계속 살면서 번식까지 하는 것으로 추정됩니다.

털모자고둥

중복족목 고깔고둥과

학명 *Pilosabia trigona* (Gmelin)

특징 껍데기 높이 1.5cm 내외. 껍데기는 뒤쪽 끝이 뾰족하게 솟구친 '삿갓조개' 모양으로 엷은 황갈색을 띠며, 두껍고 단단하다. 껍데기 표면에는 껍데기 뒤쪽의 각정으로부터 아래로 굵은 주름이 있다.

생태 다양한 수심에 사는 여러 종류의 조개나 고둥의 겉면에 붙어 사는 기생성 고둥으로, 물속의 플랑크톤이나 찌꺼기를 먹는다.

분포 제주도를 포함한 전 연안

이야기마당

자세히 관찰해야 다른 고둥이나 조개껍데기에 붙어 있는 이 종을 발견할 수 있습니다.

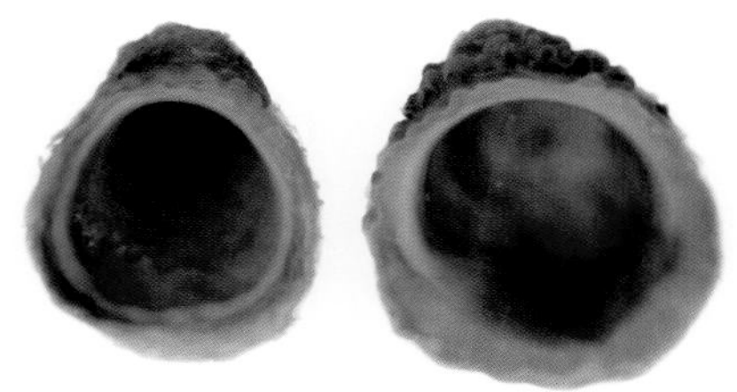

▲ 껍데기가 털모자 모양이다.

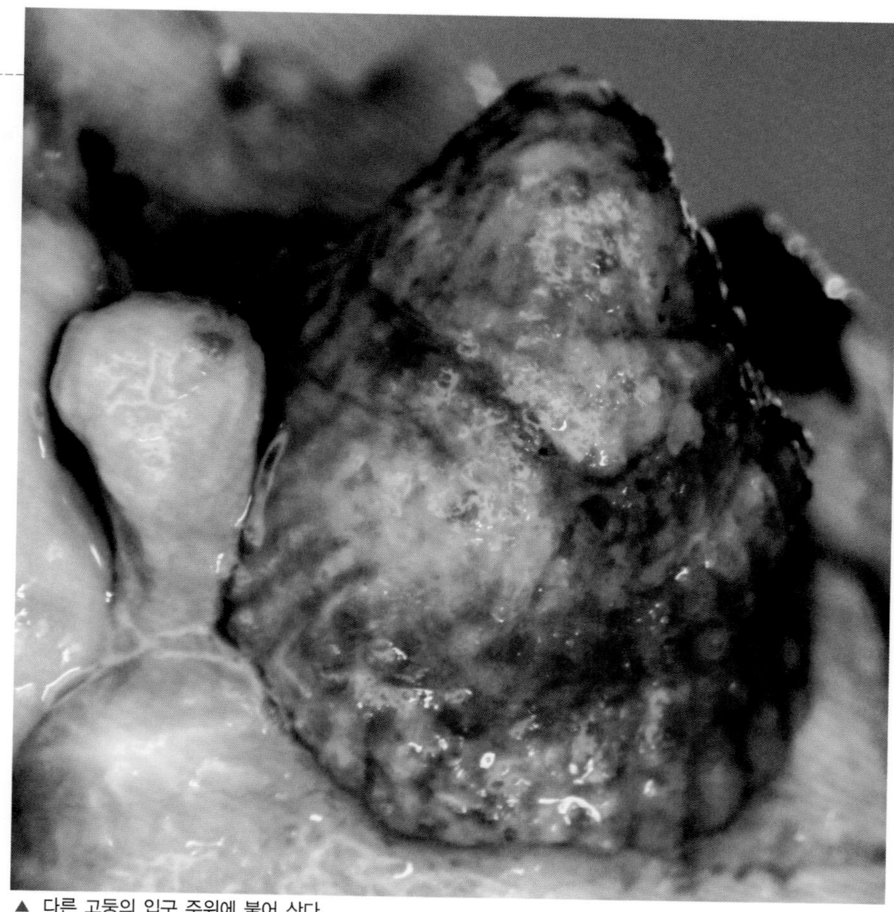

▲ 다른 고둥의 입구 주위에 붙어 산다.

기생고깔고둥

중복족목 고깔고둥과

학명 *Hipponix concina* (Schumacher)

특징 껍데기 높이 1.5cm 내외. 껍데기는 위로 솟은 삿갓 모양으로 엷은 황갈색을 띠며, 두껍고 단단하다. 위로 솟아오른 각정으로 가면서 주홍색 또는 주황색을 띤다. 껍데기 표면에는 각정으로부터 아래로 굵은 주름이 있다.

생태 다양한 수심에 사는 여러 종류의 고둥 껍데기의 입구 주위에 붙어 사는 기생성 고둥으로, 눈에 쉽게 띈다. 숙주인 고둥의 먹이활동 과정에서 생기는 찌꺼기를 먹는다.

분포 제주도를 포함한 전 연안

이야기마당

기생성 고둥임에도 불구하고 숙주에게 별다른 피해를 주지 않는 것으로 알려져 있습니다.

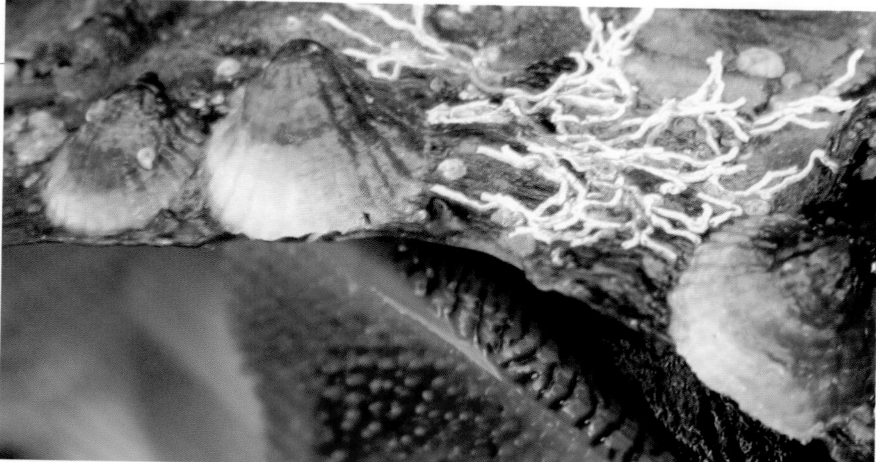

▲ 소라 입구에 붙어 찌꺼기를 먹는 모습

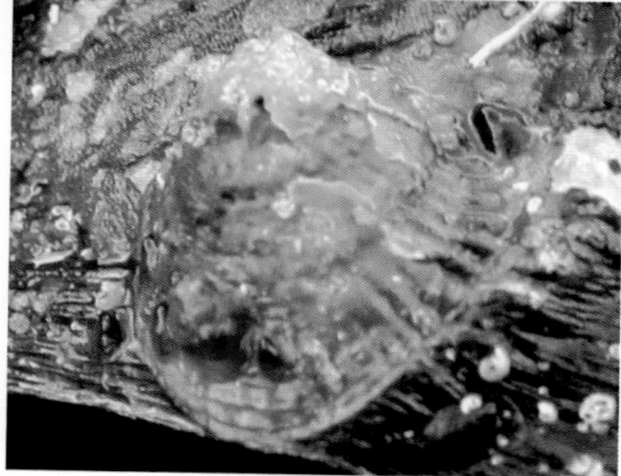

▶ 껍데기는 삿갓 모양이다.

▲ 다른 고둥의 껍데기에 붙어 산다.(화살표 부분)

◀ 다 자란 배고둥 위에 붙어 있는 어린 배고둥

배고둥 중복족목 배고둥과

학명 *Ergaea walshi* (Reeve)

특징 껍데기 높이 1.5cm 내외. 껍데기는 전체적으로 납작하며 각정부만 살짝 솟아 있고, 일반적으로 황갈색을 띠지만 개체마다 옅고 짙음에는 큰 차이가 있다.

생태 다양한 깊이에 사는 다른 고둥의 껍데기 입구 안쪽에 붙어 살며, 간혹 빈 고둥 껍데기를 집으로 삼아 살아가는 집게류에서도 발견된다.

분포 제주도를 포함한 전 연안

이야기마당
숙주에게 아무런 이익이나 피해를 주지 않는 기생성 고둥입니다.

▲ 연산호와 거의 같은 색으로 위장한 모습

◀ '수지맨드라미'의 표면에 서식하며 비슷한 색으로 위장하고 있다.

개오지붙이류 중복족목 개오지붙이과

학명 *Pseudosimnia margarita* (Sowerby)

특징 껍데기 길이 1cm 내외. 껍데기는 타원형이며, 흰색을 띤다. 껍데기를 덮은 외투막에는 부드러운 돌기가 많이 솟아 있는데, 이것 때문에 갯민숭이류로 잘못 인식하기도 한다.

생태 수심 5~25m에 서식하는 수지맨드라미류의 몸체 표면에서 간혹 발견되는 흔치 않은 종으로, 주로 연산호 종류에서 발견된다. 숙주인 '수지맨드라미'의 색과 매우 비슷한 색으로 위장하고 있어 눈에 잘 띄지 않는다.

분포 제주도

이야기마당
신비로운 모습 때문에 종종 사진작가나 해양생물학자의 촬영 대상이 되곤 합니다.

빨강불가사리속살이고둥

이족목 기생고둥과

학명 *Stilifer akahitone* Habe & Masuda

특징 껍데기 높이 1cm 내외. 껍데기는 끝이 뾰족한 원뿔 모양이며, 투명하기 때문에 안쪽의 붉은색 내장이 밖으로 비쳐 보인다. 껍데기의 표면에는 아무런 장식이나 무늬가 없다.

생태 '빨강불가사리' 의 팔 속에 기생하는 체내 기생성 고둥으로, '빨강불가사리' 의 체액을 빨아 먹는다. 경우에 따라 1마리의 불가사리에 5~10마리까지 기생하기도 한다.

분포 제주도를 포함해 난류의 영향을 받는 남해 연안 외곽 섬 지역과 울릉도, 독도

이야기마당

이 종은 '빨강불가사리' 만 숙주로 삼는데, 언제, 어떠한 방법으로 숙주의 몸속에 들어가는지에 대한 생태 · 생리적 연구는 부족한 실정입니다.

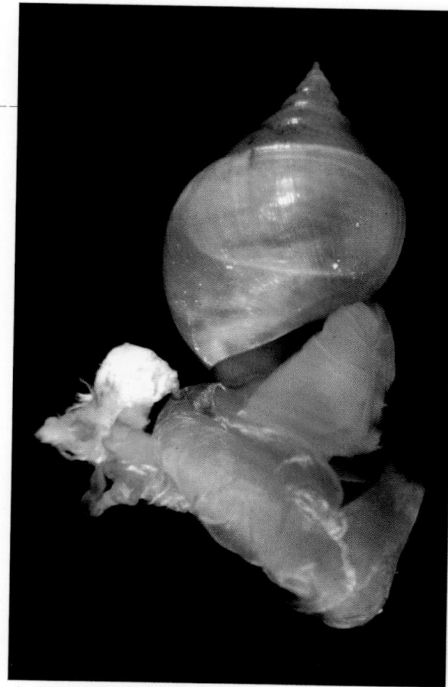

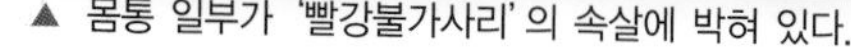

▲ 몸통 일부가 '빨강불가사리' 의 속살에 박혀 있다.

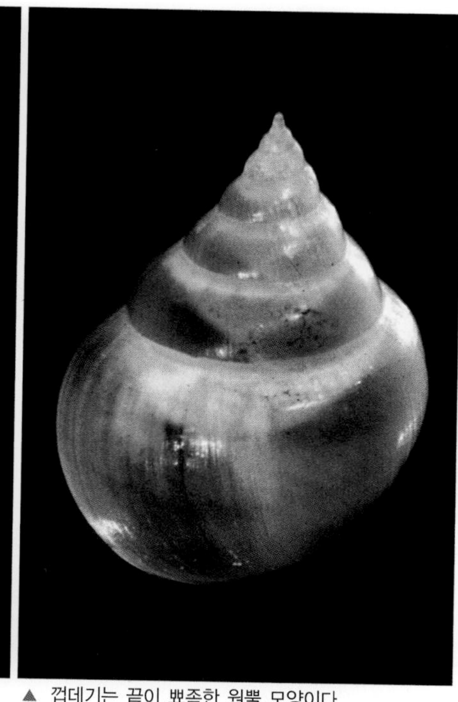

▲ 껍데기는 끝이 뾰족한 원뿔 모양이다.

작은집게말미잘

해변말미잘목 끈말미잘과

학명 *Calliactis polypus* (Forskäl)

특징 몸통 지름 1.5cm 내외. 몸통은 황갈색을 띠며, 표면에는 작은 갈색 반점이 흩어져 있다. 촉수 끝에는 짙은 갈색이나 검은색의 띠무늬가 있다.

생태 집게류가 집으로 이용하는 고둥의 빈 껍데기에 붙어서 집게류와 공생하는 말미잘로, 흔히 발견할 수 있다. 집게가 들어 있지 않은 빈 고둥 껍데기에는 살지 않는다.

분포 제주도를 포함한 전 연안

이야기마당

집게류는 자신의 집에 붙어 사는 '작은집게말미잘' 덕분에 적으로부터 자신을 방어하고, '작은집게말미잘' 은 집게류의 먹이활동 과정에서 흘러나오는 찌꺼기를 얻어먹는 공생 관계입니다.

▲ 집게류와 공생하는 말미잘이다.

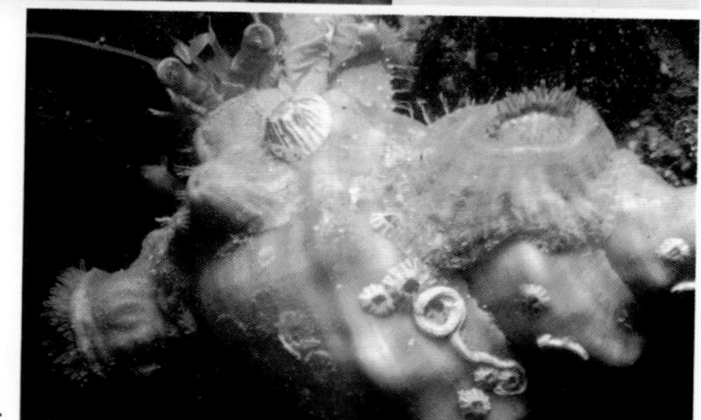

▶ 집게류의 빈 고둥 껍데기 표면에 붙어 산다.

성게살이꼬부리고둥

이족목 바늘고둥과

학명 *Vitreobalcis temnopleuricola* (Fusioka & Habe)

특징 껍데기 높이 5mm 내외. 껍데기는 옅은 아이보리색을 띠며, 매우 얇아 안쪽의 황갈색 내장이 밖으로 비쳐 보인다. 공생하는 성게류의 가시 사이를 자유롭게 움직이기 위해 껍데기 표면에는 돌기나 장식 등이 없이 매끈하다.

생태 성게류의 가시 사이에서 살아가는 기생성 고둥으로, 성게의 가시 틈에 가라앉은 찌꺼기나 미생물을 먹는다.

분포 제주도를 비롯하여 난류의 영향을 받는 남해 연안 일부 외곽 섬 지역

▲ 껍데기는 투명하고 얇다.

◀ 성게류의 가시 사이에 산다.

이야기마당

'성게살이꼬부리고둥' 은 성게의 가시 사이에 살며 적으로부터의 위험을 피하는 이익을 얻고, 성게는 '성게살이꼬부리고둥' 이 껍질 표면에 가라앉는 찌꺼기를 먹어 주어 몸이 깨끗해지는 이익을 얻습니다.

제집참집게

십각목 집게과

학명 *Parapagurodes constans* (Stimpson)

특징 몸통 길이 6cm 내외. 몸통은 옅은 선홍색을 띠며, 집게발과 걷는다리에는 여러 개의 붉은색 띠무늬가 있다. 오른쪽 집게발이 왼쪽 집게발보다 약간 크다.

생태 수심 5~100m의 자갈 바닥이나 수중 암초에서 간혹 발견된다. 히드라류가 만든 관 모양의 군체를 집으로 삼는다. 바닥에 사는 작은 동물을 잡아먹거나 유기물 찌꺼기를 먹는다.

분포 제주도를 포함한 동해와 남해 연안

▲ 자갈 바닥을 기어 다니며 먹이를 찾고 있다.

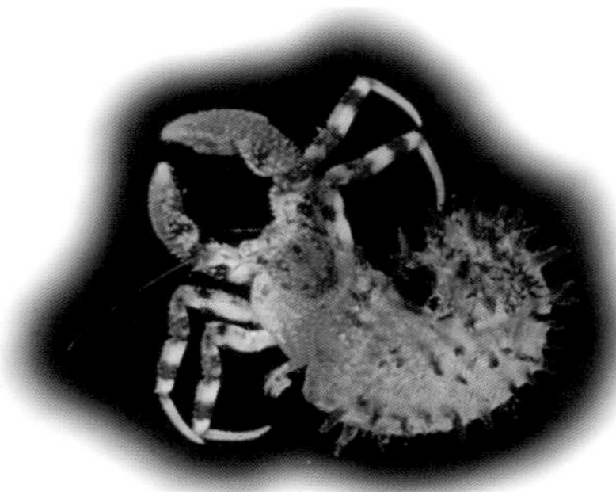

◀ 히드라를 집으로 삼아 살아간다.

이야기마당

'제집참집게' 는 스스로 움직일 수 없어 고정된 상태에서 물속의 미세한 찌꺼기나 플랑크톤을 잡아먹는 '히드라' 에게 집게발을 이동 수단으로 제공하고, '히드라' 는 '제집참집게' 에게 서식처를 제공하는 공생 관계입니다.

조개삿갓

완흉목 조개삿갓과

학명 *Lepas anserifera* Linné

- **특징** 자루를 포함한 몸통 길이 2cm 내외. 껍데기는 흰색을 띠며 납작하다. 껍데기 아래에는 황갈색 자루가 있는데, 그 크기는 몸통에 비해 작다. 껍데기의 표면은 무늬나 돌기가 없이 매끈하다.
- **생태** 수중 암초 표면에서도 간혹 발견되지만 주로 바다 위를 떠다니는 통나무나 스티로폼 같은 물체 표면에 수십 마리가 무리 지어 붙어 산다. 붙어 있는 힘이 그리 강하지 않아 쉽게 떨어진다.
- **분포** 우리나라 전 연안

이야기마당

바다 위를 떠다니는 부유성 따개비류 중 대표적인 종입니다.

▲ 가슴다리를 펼치고 먹이활동 중이다.

▲ 껍데기는 흰색이고 매끈하다.

▲ 바다에 떠다니는 통나무에 붙어 산다.

바다 동물 학습관

바다 동물이 살아가는 환경

바다가 육지와 만나는 가장자리는 '해변' 또는 넓은 의미에서 '해안'이라 불린다. 우리나라의 경우, 해변의 모습은 크게 3가지로 구분된다. 동해안에서 주로 발견되는 갯바위 해변과 남해안과 서해안에서 주로 발견되는 모래 해변 그리고 서해안과 남해안 서부 지역에서 주로 발견되는 갯벌이 그것이다. 그러나 실제로 해안의 모습은 바위 해안 사이사이에 모래 해변이 끼여 있거나, 갯바위와 모래 해변의 중간에 해당되는 자갈 해변도 있고 갯벌 위에 큰 자갈이나 작은 갯바위들이 곳곳에 있는 복합적인 모습이 더 많아서 어느 한 가지로 단정 짓기에는 어려움이 있다.

해변 또는 해안을 지나 더 깊은 바닷속으로 들어가면 우리가 해변이나 해안에서 볼 수 있는 모습이 물속에 잠긴 모습으로 다시 나타난다. 물속에 잠긴 갯바위로 생각될 수 있는 '수중 암초'와 물속에 잠긴 모래 해변인 '모랫바닥' 그리고 물속에 잠긴 펄 갯벌에 해당되는 펄 바닥이 그것이다. 이처럼 해변과 물속은 서로 비슷하지만 각각의 다른 환경을 가지며, 이들 환경에는 그곳에 적응한 다양한 동물이 살아가고 있다.

갯바위 해변
모래 해변
갯벌(펄 갯벌)

갯바위

갯바위(조간대)는 바다 동물이 살기에 상당히 어려운 환경이다. 항상 큰 파도가 치기 때문에 그곳의 동물은 바다로 끌려 들어가거나 파도를 맞아 몸이 상할 위험이 있기 때문이다. 따라서 이곳에 사는 동물은 바위 표면에 단단히 붙을 수 있는 능력이나 파도를 피해 바위 깊숙한 곳으로 재빨리 도망칠 수 있는 능력이 있어야 한다.

모래 해변과 모랫바닥

모래 해변에는 비교적 다양한 바다 동물이 살고 있다. 모래 해변과 모랫바닥에 사는 동물은 평평한 지형적 특성으로 인해 멀리서도 자신을 잡아먹으려는 포식자의 눈에 쉽게 띄기 때문에 모래 속으로 구멍을 파고 들어가거나 모랫바닥에 몸을 파묻는 방법을 이용해 숨어 산다.

▲ 모래 해변

▲ 모랫바닥

펄 갯벌과 펄 바닥

펄 갯벌은 우리에게 가장 친숙한 해변 환경이다. 매우 다양한 바다 동물이 많이 살고 있지만, 펄을 구성하는 알갱이가 매우 작아 알갱이 사이로 흐르는 물과 공기의 흐름이 약해 조금만 오염되어도 짧은 시간 안에 생태계가 파괴되는 특성을 가지고 있다. 바닷물 속의 펄 바닥에서는 많은 갯지렁이가 펄 바닥에 서식굴을 파는 과정에서 밖으로 쏟아 낸 검은색의 개흙 덩어리를 흔히 볼 수 있다.

▲ 펄 갯벌

▲ 펄 바닥

자갈 해변과 자갈 바닥

자갈로 이루어진 해변이나 바닥은 바다 동물이 살기에 가장 어려운 곳이다. 그 이유는 이곳의 자갈이 바닷물의 흐름이나 파도에 의해 항상 움직이면서 서로 부딪혀 그 표면이나 사이에 사는 동물이 자갈과 자갈의 마찰로 인해 쉽게 죽을 수 있기 때문이다.

▲ 자갈 바닥

수중 암초

수중 암초는 갯바위 같은 바윗덩이지만 갯바위와는 달리 바다 동물이 가장 살기 좋은 안정된 환경이다. 이곳에는 펄 갯벌이나 모래 해변 또는 물속에 잠긴 바닥 환경(펄이나 모랫바닥)과 비교해서 월등히 많은 종이 서로 어울려 살고 있다. 그러나 간혹 석회질로 된 해조류의 번성 또는 토사의 과도한 퇴적 등 여러 가지 원인으로 인해 다양한 생물이 사라지고 황폐화되어 가는 수중 암초도 있다.

건강한 해양 생태계에는 수중 암초 표면에 다양한 해조가 숲을 이루고 있는데, 이러한 해조 숲은 암초와 어우러져서 또 다른 3차원적인 삶의 터전을 만들어 낸다.

수중 암초

수중 암초 표면의 해조 숲[감태]

석회질로 된 해조류의 번성

바닷속

바닷속을 삶의 터전으로 하여 살아가는 바다 동물에게는 '물' 자체가 중요한 몸의 구성 요소이다. 물속을 떠다니는 해파리의 경우 몸의 95% 이상이 바닷물이다.

기타 바다 환경

앞에서 설명한 일반적인 여섯 가지 바다 환경 외에 특이한 환경 또는 기생이나 공생의 관계로 살아가는 동물 상호 간의 환경을 말한다.

조간대와 조하대

'조간대'란 밀물과 썰물에 의해 하루에 약 2번씩 반복되어 나타나는 곳으로, 썰물 때에는 공기 중에 드러났다가 밀물 때에는 다시 바닷물 속에 잠기는 해변 지역을 말한다. 따라서 이곳에 사는 대부분의 생물은 형태적으로나 생태적 또는 생리적으로 공기 중에 노출되었을 때의 위험 상황(몸이 마르는 일)과 바닷물에 잠겼을 때의 위험 상황(포식자로부터의 위협 등)에 대한 다양한 대처 능력을 가지고 있다. 조간대의 넓이는 수직으로 가파른 갯바위에서 가장 좁고, 수평으로 넓게 펼쳐지는 갯벌에서 가장 넓게 나타난다.

▲ 갯바위 해변에서의 조간대와 조하대

'조하대'란 밀물과 썰물에 상관없이 항상 바닷속에 잠겨 있는 부분을 말한다. 따라서 이곳에 사는 생물은 조간대에 사는 생물과 달리 건조에 대한 대처나 적응 능력을 가질 필요는 없고, 은신이나 위장 등 물속에서의 다양한 위험 요소에 대한 대처 능력을 가져야 한다.

▲ 모래 해변에서의 조간대와 조하대

바다 생물의 구분

우리나라 바다에는 15,000종 이상의 다양한 바다 생물이 살고 있으며, 그중 많은 종은 먹거리나 중요한 산업 또는 의약품의 원료로 이용되고 있다.

바다에 사는 생물은 어떻게 구분되고 나누어질까? 바다 생물은 광합성을 통해 필요한 에너지를 스스로 만들 수 있느냐, 없느냐에 따라 광합성이 가능한 식물(해조류)과 그렇지 않은 동물로 구분된다. 식물은 다시 해조류와 현미경을 통해서만 볼 수 있는 식물플랑크톤으로 구분되며, 동물은 다시 스스로 움직일 수 없어 바닷물의 흐름에 따라 이리저리 떠다니는 동물플랑크톤과 주로 바닥에서 살아가는 저서동물 그리고 물속을 자유롭게 헤엄쳐 다니는 어류로 구분된다.

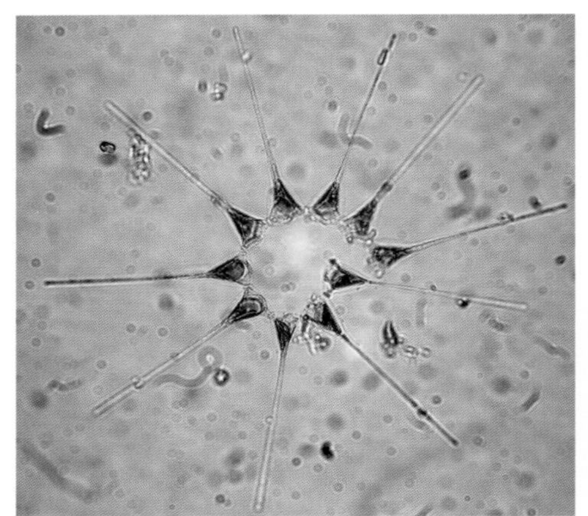
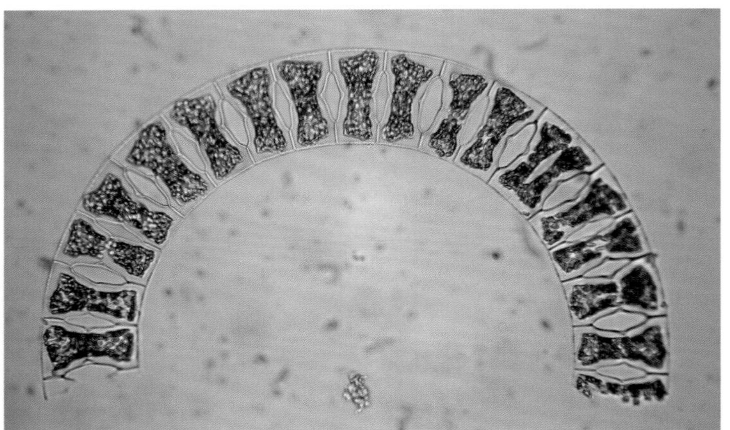

▲ 광합성을 하는 다양한 식물플랑크톤 [사진 / 김현정]

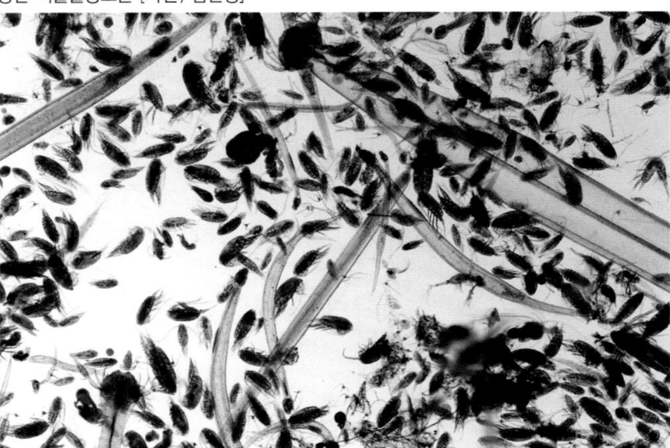

▲ 식물플랑크톤을 먹이로 하여 살아가는 동물플랑크톤 [사진 / 강형구]

▲ 바닷속의 해조류와 바닷가로 밀려 나온 해조류

▲ 물속을 자유롭게 헤엄쳐 다니는 어류

▲ 바닷속 바닥에 사는 다양한 저서동물

바다 동물에 대한 조사와 연구

바다 동물은 살아가는 방식과 크기가 매우 다양하므로 이들을 조사하고 연구하기 위해서는 그 대상이 되는 각 동물의 특성에 알맞은 방법을 적용해야 한다.

식물플랑크톤은 크기가 매우 작다. 한 바가지 정도 물의 양에도 엄청난 수가 들어 있다. 따라서 이를 조사할 때는 특수하게 만든 '물통' 처럼 생긴 장비(채수기)를 사용해 필요한 곳의 바닷물을 뜬 후 그 속에 들어 있는 식물플랑크톤을 현미경으로 관찰해 조사하고 연구한다.

▲ 식물플랑크톤 연구를 위해 특수 제작한 채수기

▲ 동물플랑크톤 채집용 채집망

식물플랑크톤보다 크기가 큰 동물플랑크톤은 일반적인 동물플랑크톤의 크기보다 작은 망목(그물눈)으로 된 전용 채집망(net)을 사용해 조사하고 연구한다. 채집망을 바닷속에 넣었다 건지면 그 속에는 동물플랑크톤만 남는데, 이들을 모아 현미경으로 관찰한다.

모래나 펄 바닥에 사는 저서동물을 조사하고 연구하기 위해서는 굴삭기의 앞부분처럼 생긴 장비(채니기)를 사용해 저서동물이 살고 있는 해저의 모래나 펄을 채집해야 한다. 우리나라의 동해처럼 수심이 2km나 되는 경우에는 장비를 한 번 내리고 올리는 데에만 5~8시간 정도 걸린다.

이렇듯 채니기를 사용해 연구를 진행하기도 하지만, 암초에 사는 저서동물을 조사하기 위해서는 대부분의 연구자가 공기통과 수중 호흡 장치를 메고 직접 물속에 들어간다. 따라서 수중 암초에 사는 저서동물이나 해조류를 연구하는 과학자들은 대부분 잠수에도 능숙한 편이다.

▲ 채니기를 작동하는 모습

물속에 들어간 연구자는 직접 수중 촬영과 기록 그리고 표본 채집 등을 한다. 이들은 현장에서 조사하고 채집한 표본을 실험실로 옮겨 보다 정밀한 분석과 연구 그리고 표본에 대한 실내 정밀 촬영 및 나중에 하게 될 연구를 위한 영구 보관용 표본 제작 등을 하게 된다. 표본에는 채집 장소, 날짜, 방법, 채집 당시의 환경(수심, 수온 등), 채집자 등의 상세한 내용을 기록한다. 현장에서 수집한 각종 생물 자료는 그 생물이 살고 있는 다양한 바다 환경과 어떠한 상관성을 가지고 있는지 분석하는 데에 중요한 연구 자료로 쓰인다.

▲ 실내에서 촬영 장치로 촬영한 불가사리의 입 부분(왼쪽)과 고둥의 알(오른쪽) 표본

▲ 연구자는 직접 공기통과 수중 호흡 장치를 메고 물속에 들어가 촬영과 기록을 한다.

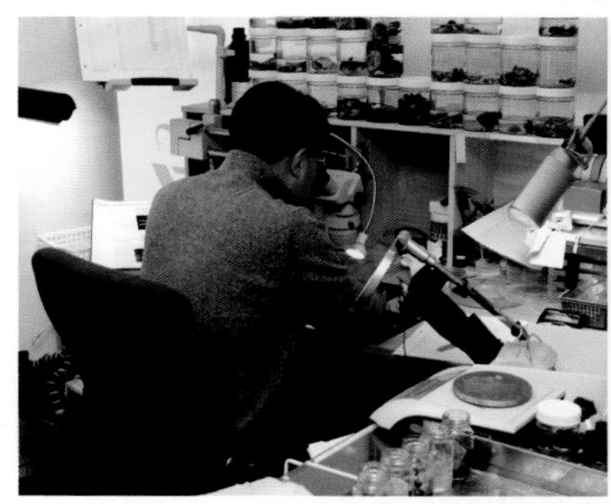

▲ 연구자는 표본과 자료를 실험실로 옮겨 정밀 분석을 실시한다.

▲ 영구 보관용 표본

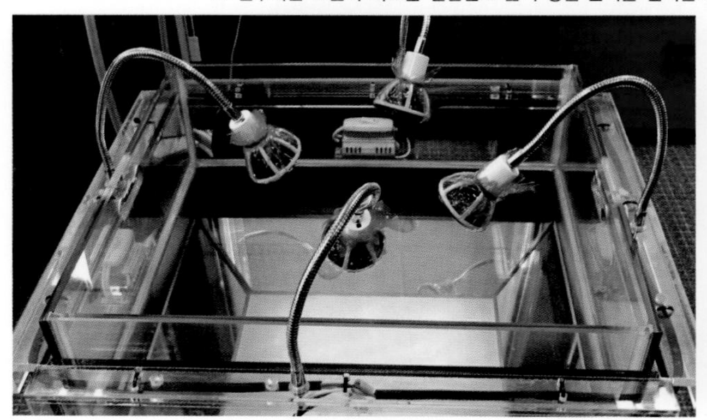

▲ 표본 접사 촬영 장치

▲ 채집한 표본과 자료를 분석하여 연구를 진행한다. [사진/유신재]

바다 동물의 채집

▲ 썰물 때 볼 수 있는 해변의 조수 웅덩이

▲ 조수 웅덩이에서 흔히 볼 수 있는 생물

▲ 대부분의 갯벌 동물은 굴을 파고 그 안에서 생활한다.

바다 동물 채집도 어떤 동물이 어떤 곳에 어떻게 살고 있는지를 정확히 알아야 할 수 있다. 전문적인 연구나 조사가 아니라면 주로 해안의 갯벌이나 갯바위에서 바다 동물을 채집하는데, 대부분의 갯벌 동물은 바닥의 모래나 펄 속에 파고들어 숨어 있으며, 갯바위 동물은 강한 파도에 부딪혀 떨어지지 않기 위해 바위 표면에 단단히 붙어 있다. 또한, 썰물이 되어 바닷물이 빠지면 고여 있는 해안 곳곳의 조수 웅덩이에서도 신기한 바다 동물을 쉽게 만날 수 있다.

갯벌에 구멍을 파고 사는 동물을 채집하기 위해서는 삽이 필요하다. 사람이 접근하면 재빨리 구멍에 숨어들기 때문에 구멍 근처까지 삽으로 파낸 다음 체에 붓고 물속에서 체를 흔들어 씻어 주면 가는 흙이나 모래는 구멍을 빠져나가고 굵은 알갱이와 동물만 남는다. 이때 남은 동물의 크기가 작을 경우 그 동물을 잡기 위해 집게(핀셋)를 사용하기도 한다.

▲ 물속에서의 체질

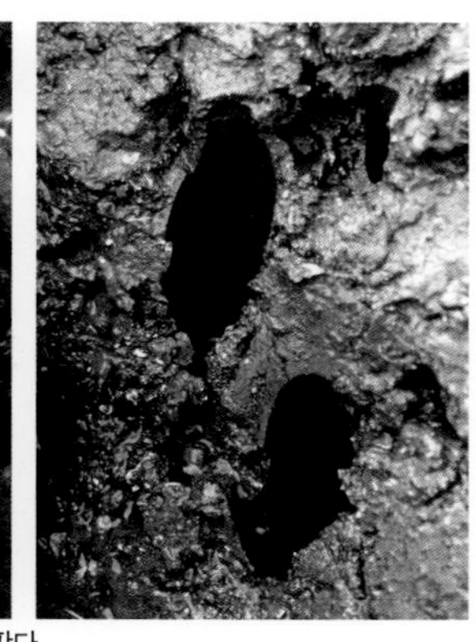

▲ 갯벌에 사는 쏙은 깊이 30~50cm 정도의 굴을 판다.

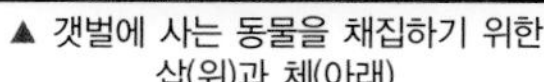

▲ 갯벌에 사는 동물을 채집하기 위한 삽(위)과 체(아래)

▲ 동물 관찰을 위한 흰색 접시

▲ 작은 동물을 잡기 위한 집게(핀셋)
[사진 / 한국연안환경생태연구소]

갯바위에 사는 동물을 좀 더 과학적으로 관찰하기 위해서는 '방형구' 라는 평면 틀이 필요하다. 관찰하고자 하는 갯바위 표면에 방형구를 놓으면 일정한 면적 내에 어떤 동물이 얼마나 살고 있는지를 알 수 있으며, 이를 촬영해 두면 시간이 지난 후에도 그곳 동물에 대한 중요한 자료로 삼을 수 있다.

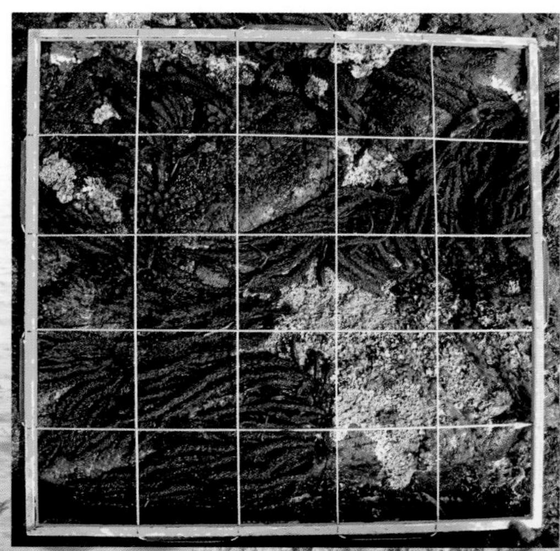

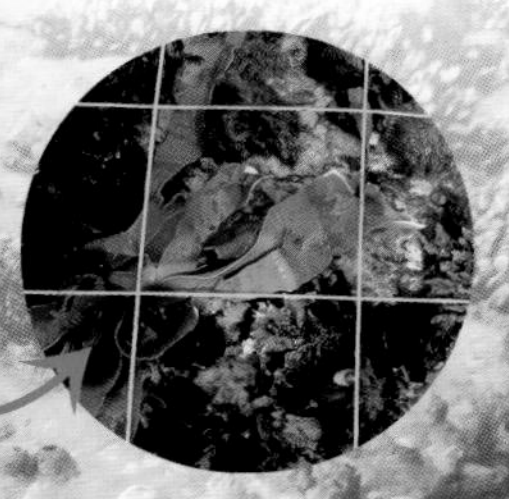

△ 방형구를 이용한 갯바위 동물의 관찰

관찰이나 촬영 후 표본 채취를 위해 갯바위에 붙어 있는 동물을 떼어 낼 때에는 끌칼을 사용해야 한다. 특히 따개비처럼 바위에 매우 단단히 붙어 있는 동물을 떼어 낼 때에는 장갑을 착용해야 손을 보호할 수 있다. 또한, 갑자기 생기는 큰 파도에 대비해 갯바위에서는 반드시 구명조끼를 입어야 한다.

▲ 관찰 결과를 현장에서 기록해 두는 것도 좋은 방법이다.

▲ 갯바위 생물을 채집하기 위한 끌칼

▲ 구명조끼

또한, 갯바위 표면은 점액질을 내는 해조류로 덮여 있는 경우가 많기 때문에 미끄럼 사고에 매우 주의해야 한다. 갯바위에 붙어 있는 동물들 표면은 대부분 가장자리가 매우 날카롭기 때문에 살짝 미끄러져도 피부에 쉽게 큰 상처가 생길 수 있다.

▲ 해조류로 덮인 미끄러운 갯바위

▲ 갯바위의 다양한 동물

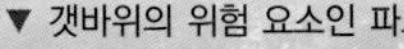

▼ 갯바위의 위험 요소인 파도

바닷속에 들어가 물속 생물을 관찰하고 표본을 채집하기 위해서는 기본적으로 잠수 교육을 받은 후 많은 경험을 쌓아야 한다. 해류의 흐름을 거스르며 부력의 영향을 받는 물속에서 사진을 촬영하고 관찰 결과를 기록하며 표본을 채집한다는 것은 매우 힘들고 위험한 일이다.

▲ 잠수를 위해 바다로 뛰어드는 모습

▲ 수중 호흡 장치를 이용하여 바닷속에서 작업하는 모습

▼ 바닷속에서 사진 촬영하는 모습

해양 환경의 오염

▲ 낚시꾼이 버린 쓰레기도 바다 오염의 주요한 원인이다.

▲ 적조는 양식장에 큰 피해를 준다.

▲ 기름 유출의 후유증은 10~15년 동안 지속된다. [사진/고병설]

최근 40여 년 동안 우리나라는 산업화와 경제 성장을 위해 바다를 매립하고 바다 자원을 마구 어획해 왔다. 그 결과 바다는 오염으로 몸살을 앓고 있으며, 바닷속 곳곳에는 그 흔적이 남아 있다. 또한, 바다에서 낚시 등을 하며 여가 생활을 하는 사람들이 해안가나 바닷속에 쓰레기를 버리는 것도 해양 환경 오염의 원인이 된다.

바다 오염에는 특정한 개인이나 지역을 오염원으로 지목하기 어려운 경우가 많은데, 그 한 예가 매년 봄~가을에 발생하는 '적조 현상'이다. 적조의 대부분은 일상생활에서 발생한 과도한 유기물이 바다로 흘러들어 생기는 경우가 많다. 이 유기물은 우리나라 바다의 바닥에 이미 엄청나게 쌓여 있기 때문에 바닷물의 온도가 올라가 이 유기물이 바다 표면으로 솟구쳐 올라가면, 그곳에 살던 식물플랑크톤이 짧은 시간 내에 매우 증가하는데, 이를 '적조 현상'이라고 한다. 또한, 대형 선박의 해상(海上) 사고는 기름 유출과 같은 엄청난 재해를 발생시키고, 그 후유증은 보통 10~15년 동안 지속된다.

바다 오염의 많은 부분은 사실 우리들 스스로가 만들어 내고 있다. 물고기를 잡기 위해 설치했던 그물이나 어구(漁具)가 여러 가지 이유로 바닷속으로 가라앉아 바다를 오염시키고, 물속을 떠돌다 해변으로 밀려와 다른 바다 동물의 생명을 위협하는가 하면, 한꺼번에 엄청난 양으로 밀려온 동물의 경우 수명을 다하여 죽는 과정에서 황화수소 등의 유해 물질을 뿜어내기도 한다.

▲ 해변으로 밀려온 그물과 어구 쓰레기

▲ 중국 쪽에서 우리 연안으로 밀려온 파래(가시파래) 등이 썩으면 많은 유해 물질이 발생한다.

수산 자원의 보호와 관리

우리나라는 전 세계에서 연안의 바다를 가장 효율적으로 이용하는 나라이다. 우리나라 전체 연안의 수심 10m까지의 바다는 그곳 어민의 삶의 터전인 '마을 어장'으로, 해당 어민의 권리가 절대적으로 인정되는 곳이다. 또한, 우리나라는 대부분의 바다 동물을 식품으로 이용할 만큼 수산물 소비가 많은데, 상당 부분은 그 양이 부족해 양식으로 충당하고 있다.

▲ 우리는 대부분의 바다 동물을 식품으로 이용한다.

▲ 자연산 멍게(왼쪽)는 그 수가 매우 부족해서 주로 양식산 멍게(오른쪽)를 먹는다.

▲ 주로 양식장에서 수산물을 얻는다. (왼쪽부터 지중해담치, 조피볼락(우럭), 굴의 양식 모습)

석탄이나 석유 등의 화석 연료와 마찬가지로 바다의 수산 자원 역시 무한정 이용할 수는 없다. 우리나라의 경우, 동해의 고래나 독도의 물개 개체 수가 줄고 있는데, 우리는 수산 자원이 고갈되기 전에 이들을 관리하고 복원시켜야 한다. 그 노력 중의 하나가 사라져 가는 바다 숲을 만들고 어린 물고기를 방류하여 우리 바다의 생태계와 수산 자원을 관리, 회복시키는 일이다.

▲ 풍성했던 바다 숲이 황무지로 변한 모습

▲ 풍성한 바다 숲을 만들기 위한 노력

▲ 다양한 인공 어초는 물고기의 생활 터전이 된다.

▲ 도루묵(어류)의 산란장으로 이용되는 모자반 바다 숲

우리 연안의 거의 대부분은 마을 어장이다.

천연기념물 · 멸종위기야생생물

천연기념물

우리나라는 '문화재보호법'에 따라 학술적 · 관상적 가치가 높은, 다음의 바다 동물 2종을 천연기념물로 지정하여 보호하고 있다.

● **해송**(제456호)

제주도를 비롯하여 난류의 영향을 받는 일부 남해 연안 외곽 섬 지역에 분포한다. 물 흐름이 다소 강하고 맑은 바다를 좋아하며, 간혹 발견되는 흔치 않은 종이다.

군체는 대부분 흰색 또는 옅은 회색을 띠지만 군체마다 약간의 차이가 있으며, 전체 모습이 한 그루의 소나무 같다. 멸종위기야생생물 Ⅱ급으로 지정되어 있다.

* 군체 높이 70cm 내외(최대 약 1.5m)

▲ 해송

● **긴가지해송**(제457호)

제주도를 포함하여 난류의 영향을 받는 남해 연안 일부 섬 지역에 분포한다. 물 흐름이 비교적 약하고, 맑지만 빛이 잘 들지 않는 바다를 좋아한다. 다소 깊은 바다에서 드물게 발견된다.

군체는 가지와 촉수를 포함하여 전체적으로 적갈색, 회갈색, 황갈색 등 다양한 색깔을 띤다. 가운데 가지를 중심으로 곁가지가 평평하게 자란다.

* 군체 높이 1m 내외

◀ 긴가지 해송

멸종위기야생생물

우리나라 환경부는 개체 수가 눈에 띄게 감소하고 있어 앞으로 멸종 위기에 놓일 염려가 있는 동물을 '야생생물보호법' 에 따라 Ⅰ급과 Ⅱ급으로 지정하여 보호하고 있다.

멸종위기야생생물 Ⅰ급은 자연적 또는 인위적 위협 요인으로 개체 수가 눈에 띄게 감소하여 멸종 위기에 처한 종을 말하며, Ⅱ급은 개체 수가 감소하고 있어 현재의 위협 요인이 제거되거나 완화되지 않을 경우, 가까운 장래에 멸종 위기에 처할 우려가 있는 야생 생물을 지칭한다. 무척추동물 중 멸종위기야생생물 Ⅰ급으로 지정된 바다 동물은 2종이며, Ⅱ급으로 지정된 종은 22종이다.

● Ⅰ급

번호	종명
1	귀이빨대칭이 *Cristaria plicata**
2	나팔고둥 *Charonia lampas*
3	남방방게 *Pseudohelice subquadrata*
4	두드럭조개 *Lamprotula coreana**

● Ⅱ급

번호	종명
1	갯게 *Chasmagnathus convexus*
2	거제외줄달팽이 *Satsuma myomphala**
3	검붉은수지맨드라미 *Dendronephthya suensoni*
4	금빛나팔돌산호 *Tubastraea coccinea*
5	기수갈고둥 *Clithon retropictus*
6	깃산호 *Plumarella spinosa*
7	대추귀고둥 *Ellobium chinense*
8	둔한진총산호 *Euplexaura crassa*
9	망상맵시산호 *Echinogorgia reticulata*
10	물거미 *Argyroneta aquatica**
11	밤수지맨드라미 *Dendronephthya castanea*
12	별혹산호 *Verrucella stellata*
13	붉은발말똥게 *Sesarmops intermedius*
14	선침거미불가사리 *Ophiacantha linea*
15	연수지맨드라미 *Dendronephthya mollis*
16	염주알다슬기 *Koreanomelania nodifila**
17	울릉도달팽이 *Karaftohelix adamsi**
18	유착나무돌산호 *Dendrophyllia cribrosa*
19	의염통성게 *Nacospatangus alta*
20	자색수지맨드라미 *Dendronephthya putteri*
21	잔가지나무돌산호 *Dendrophyllia ijimai*
22	착생깃산호 *Plumarella adhaerens*
23	참달팽이 *Koreanohadra koreana**
24	측맵시산호 *Echinogorgia complexa*
25	칼세오리옆새우 *Gammarus zeongogensis**
26	해송 *Myriopathes japonica*
27	흰발농게 *Uca lactea*
28	흰수지맨드라미 *Dendronephthya alba*

*표는 민물에 서식하는 종임.

〈자료: 국립생물자원관 한반도의 생물 다양성 http://species.nibr.go.kr〉

용어 풀이

각정부 고둥이나 조개류에서 개체가 태어날 때 처음으로 만들어지는 맨 끝의 뾰족한 부분

각피 고둥류나 조개류의 껍데기(패각) 표면을 덮고 있는 부분으로, 다른 동물의 피부와 비슷한 조직 또는 기관

갈조류 해조류 중에서 몸속에 갈색 색소를 가진 종류 예 미역, 다시마 등

개충 히드라, 산호, 이끼벌레 등에서 하나의 군체를 구성하고 있는 각각의 개체

격판 일부 조개류에서 나타나는 몸의 구조로 껍데기(패각)의 한 부분이 얇은 '판' 처럼 변형되어 있는 부분

공간 경쟁 생물이 살아가는 필요한 공간을 확보하기 위해 다른 종과 종 사이 또는 같은 종 내의 다른 개체들 사이에서 일어나는 경쟁

공생 서로 다른 두 종이 각자의 삶에서 떨어질 수 없는 밀접한 관계를 가지고 함께 살아가는 방법

군체 같은 종류의 개체가 많이 모여서 공통의 몸을 조직하여 살아가는 집단. 해면, 산호 따위의 무척추동물과 세균, 곰팡이 따위의 미생물에서 볼 수 있다.

귀소 본능 비둘기처럼 자신의 집을 떠나서 다른 곳을 돌아다니다가도 반드시 다시 자신이 떠나온 집으로 돌아가는 행동.(귀소 행동)

기수역 강이나 하천의 끝부분이 바닷물과 만나서 바닷물과 민물의 중간 정도 염분을 가지는 지역

기후 변화 이산화탄소량의 증가와 같은 여러 가지 원인들로 인해 지구 전체의 기후가 변화하는 현상

껍데기 고둥, 조개, 조개사돈 등의 바다 동물에서 나타나는 석회질 또는 키틴질의 껍데기. 패각

껍데기판 군부류 몸통의 한 부분으로 등 쪽에 있는 8개의 작은 석회질 판. 패각판

난류 '한류' 에 반대되는 뜻으로, 적도 지방에서 우리나라 쪽으로 올라오며 제주도 주변을 거쳐 흐르는 따뜻한 바닷물

난태생 어미의 몸속에서 수정란이 부화하고 자라서 어린 새끼의 형태로 태어나는 번식 방법

내성 어떠한 환경이나 생리적 조건에 대하여 견디어 내는 힘의 정도

노우플리우스(nauplius) 탈바꿈을 거친 후 바닥에 내려앉기 직전의 따개비 유생

녹조류 엽록소를 가지고 광합성을 하는 해조류의 한 부류

다세포 생물 원생생물 등과 같이 하나의 세포가 생명체를 구성하는 단세포 생물과 달리, 여러 개의 세포가 모여 하나의 생명체를 구성하는 생물을 일컫는 말

독성 실험 어떠한 물질 내에 생물에 해를 끼칠 수 있는 나쁜 성분이 있는지 없는지를 알아보는 실험

돌말류 하나의 세포로 구성된 생물체로 물 위에 떠 있거나 바닥에 가라앉아 살아가며, 세포 안에 엽록소와 같은 광합성 색소를 가지고 있는 식물플랑크톤의 한 종류. '규조류' 라고도 한다.

두흉갑 새우나 게와 같은 갑각류에서 전체 몸통 중 머리와 가슴을 덮고 있는 한 장으로 된 외골격

만조 밀물에 의해 바닷물이 하루 중 가장 높이 차오른 상태

무성생식 암수 생식 세포의 수정 없이 또 다른 개체가 생겨나는 번식 방법 예 출아법, 이분법

밀도 어떤 생물이 일정한 면적이나 공간에 빽빽하게 들어선 정도

밀물 하루에 두 번씩 바닷물이 들어오고 나가는 조석 현상 중 물이 육지 쪽으로 밀려드는 현상

방사륵 조개껍데기 겉면에 있는 부챗살처럼 도드라진 줄기로, 각정으로부터 사방으로 뻗어 있다.

방사상 하나의 중심점 또는 꼭짓점에서 사방팔방으로 밖을 향해 뻗어 나가는 모습

배뚜껑 게류에서 꼬리 부분을 포함한 몸통의 뒤쪽 부분이 앞쪽 아래로 말려 들어가 몸통 아래쪽의 생식 기관을 덮고 있는 뚜껑과 같은 외골격 부분. 복부

번식률 어떤 생물이 후손을 생산하는 정도. 기후 조건, 먹이, 적의 수, 어린 새끼의 사망률 따위가 영향을 미친다.

보육낭 곤쟁이류, 옆새우류 등 일부 바다 동물 중 수정란이 새끼로 부화되기까지 자랄 수 있도록 몸통 아랫부분에 만들어진 공간

부수 어획물 어획하려고 목적한 대상 생물과 함께 잡히는 생각 밖의 어획물

부착기 주로 해조류 또는 깃갯고사리류의 구조를 설명하는 데 사용되는 용어로, 해조류나 깃갯고사리류가 바닥의 바위나 기타 단단한 곳에 자신을 고정시키는 가장 아래의 바닥 부분

부착력 생물이 어떠한 물체에 달라붙는 힘

부착 생물 바다 생물 중 물고기처럼 물속을 헤엄치며 살아가는 것이 아니라, 단단한 물체에 몸을 붙여 살아가는 생물 ㉮ 해조류, 따개비류

부화 동물의 알 속에서 새끼가 껍데기를 깨고 밖으로 나옴.

분포 범위 어떤 생물이 살고 있는 지역적 범위

빨판 동물이 다른 생물이나 물체의 표면에 달라붙기 위한 기관. '낙지', '오징어'의 다리, '빨판상어'의 입 등에서 볼 수 있다. 흡반

산란 회유 움직임이 느리거나 적당한 짝짓기 상대를 찾기 어려울 때, 한곳에 모여 자신에게 알맞은 짝을 찾기 위한 회유. 산란 행동

상위 포식자 생태계 먹이사슬의 윗부분에 해당하는 동물로, 자신을 잡아먹는 동물이 거의 없는 포식자

새우 그물 바닥에 살고 있는 새우를 잡기 위해 선박을 이용하여 바닥을 끄는 비교적 작은 크기의 바닥 그물. 새우 조망

생식체 생물이 후손을 생산함에 있어 이용되는 여러 가지 물질. 알과 정자등

생존 전략 생물이 살면서 먹이나 공간 등과 같이 제한적인 자원을 함께 이용해야 할 경우, 이러한 제한된 자원을 차지하여 살아남기 위한 전략

서식굴 자신을 보호하고 살아가기 위해 바닥이나 다른 물체에 뚫어 놓은 동물의 은신처

성장선 고둥, 조개 등과 같이 딱딱한 껍데기를 가진 연체동물에서 나타나는 껍데기가 자라난 흔적으로, 나무의 나이테와 비슷하다.

성전환 동물이 수정란에서부터 사망할 때까지의 과정 중 암컷과 수컷의 성적 기능이 뒤바뀌는 현상

수관부 고둥이나 조개류에서 몸통 내부로 물을 흡입하거나 배출하기 위한 수관이 위치하는 껍데기의 입구 가장자리에 있는 특정 부분

아열대성 전 지구적인 기후에서 열대 지역과 온대 지역의 특징을 모두 나타내는 기후 성질

안점 일부 동물에서 나타나는 감각 기관으로 눈(eye)의 기능에는 미치지 못하지만, 원시적인 눈의 기능을 하는 부분으로 '점' 모양으로 나타나는 빛에 대한 감지 기관

야행성 주로 밤에 움직이며 행동하는 동물의 습성

양식산 바다에서 자연적으로 태어나 자라는 것이 아니라 사람의 손에 의해 한살이의 일부 또는 전부가 관리되어 생산되는 것

여과 섭식 바다 생물의 먹이 섭취 방법 중 물속에 떠 있는 각종 유기물 찌꺼기나 동물플랑크톤, 식물플랑크톤 등을 자신의 여과 장치(아가미 또는 별도의 먹이활동용 여과 장치 등)를 이용해 섭취하는 방법

연체부 연체동물의 껍데기 속에 있는 부드러운 속살 부분

오염 지표종 생물이 살고 있는 환경의 여러 가지 오염 정도를 나타내는 특정한 생물

외투막 연체동물에서 내장 기관의 보호 등을 위해 몸통을 둘러싼 막. 이 겉면에서 분비된 석회로 껍데기를 만든다.

유생 탈바꿈을 거치기 전 단계로, 어미와 다른 모습을 한 어린 시기의 개체

육식성 주로 동물이 다른 동물을 먹이로 잡아먹는 성질

육질부 고둥이나 군부 또는 조개류에서 몸통을 감싸고 있는 껍데기(패각)와 구분하여 내장 기관과 발 등을 포함한 물렁물렁한 부분

이마뿔 새우나 게 같은 갑각류에서 머리와 가슴을 덮은 등딱지의 가운데 앞부분이 앞쪽을 향해 뾰족하게 솟아 있는 부분

입수공 해면이나 군체 멍게류 중에서 하나의 군체가 함께 또는 각각 사용하는 바닷물을 빨아들이는 작은 구멍. 이용한 바닷물을 내보내는 역할을 하는 출수공에 대한 상대적 개념이다. 소공

잡식 동물의 먹이 섭취 방법 중 하나로, 바닥의 찌꺼기부터 다른 동물을 잡아먹는 것까지 거의 모든 것을 먹이로 하는 섭취 방법

저서성 돌말류 식물플랑크톤의 한 종류로, 일반적인 플랑크톤 종류처럼 물에 떠다니는 것이 아니라 주로 바닥에 가라앉아 살아가는 종류. 저서성 규조류

점액질 일부 바다 생물이 다양한 이유에서 스스로 분비하는 끈적끈적한 액체 물질

점착성 어떤 생물이나 물체의 끈적이는 성질. 바다 동물 중 갯지렁이류와 갯고사리류의 일부가 점착성 촉수를 가지고 있다.

조간대 밀물과 썰물에 의해 하루에 약 두 번씩 바닷물에 잠기고 드러나기가 반복되는 해변의 가장자리 부분

조수 웅덩이 갯바위 해변을 포함한 다양한 형태의 해변에서 썰물이 되어 바닷물이 빠지고 난 해변에 다음 밀물 때까지 일시적으로 만들어지는 웅덩이

조하대 밀물과 썰물에 관계없이 항상 바닷물 속에 잠겨 있는 부분

족사 조개류 중 일부 종(주로 담치류)의 발에서 분비되는 질긴 '실'과 같은 부착 기관

주름돌기 몸통의 안이나 바깥쪽 표면에 솟아오른 부분이 마치 주름처럼 길게 나타나는 모양

지리적 확산 같은 종이 자신들이 살아가는 지리적 범위를 넓혀 가는 과정이나 방법

지표종 특정한 환경 조건을 나타내는 생물 종. 제한된 환경 조건에서만 생존하는 생물에 의하여 그 환경 조건을 평가할 수 있다.

천적 어떤 생물 종을 기준으로 그 종을 잡아먹거나 해롭게 함으로써 적으로 간주되는 생물이나 종

청정 해역 오염되지 않은 맑고 깨끗한 바다

초식 동물 주된 먹이로 식물체를 이용하는 동물

촉수 동물의 머리 부분에 나타나는 감각 기관으로, 자신이 이동하는 방향에서 가장 먼저 환경과 접촉하게 되는 부분. 보통 곧은 회초리처럼 앞쪽이나 주변을 향해 뻗어 있어 '안테나' 역할을 한다.

촉수주머니 주로 갑오징어류에서 나타나는 것으로, 먹이를 잡거나 짝짓기를 하지 않을 경우에 긴 촉수를 말아서 보관하는 몸통 속의 주머니

출수공 해면이나 군체 멍게류 중에서 하나의 덩어리가 함께 또는 각각 사용하는 부분으로, '입수공(소공)'을 통해 몸속으로 빨아들인 물을 호흡과 먹이활동에 사용한 다음 몸 밖으로 내보내는 큰 크기의 구멍. 대공

타우린(taurine) 동물 몸속의 콜레스테롤을 녹이는 화학 물질

퇴적물 바닥에 쌓인 여러 가지 물질 또는 물체

폐각근 조개류에서 두 장의 껍데기를 열고 닫는 데 사용하는 왼쪽과 오른쪽의 큰 근육

포말 바다에서 해안으로 밀려오는 파도가 육지 가장자리의 해안선에 부딪치며 나타나는 흰색의 물방울

포식자 먹이로 다른 동물을 잡아먹는 동물

폴립(polyp) 주로 해파리나 산호, 히드라 같은 종류에서 나타나는 것으로, 바닥의 단단한 물체에 붙어 살아가는 어린 시기의 생물체

플랑크톤(plankton) 물속에 살고 있는 생물 중 스스로의 힘으로 서식 위치를 바꾸지 못하고 물의 흐름과 같은 물리적 힘에 의해 이동하는 작은 생물을 통틀어 이르는 말

하구역 강이나 하천의 끝부분이 바다와 만나는 지역

해류 북한 한류나 쓰시마 난류처럼 일정한 방향을 향해 흘러가는 바닷물의 흐름

현무암 화산 폭발에 의해 분출된 마그마가 식어 굳은 암석 ㉮ 제주도 해안의 검은색 현무암

형태변이 유전적 차이 또는 먹이 종류의 차이 등으로 인해 같은 종의 생물들 사이에 나타나는 색깔이나 형태가 달라지는 현상

호흡공 일부 고둥류에서 아가미를 통한 호흡을 위하여 몸속으로 빨아들인 물을 몸 밖으로 배출할 때 사용하는 구멍

혼인색 주로 번식기에 수컷이 짝을 찾기 위해 일시적으로 화려하게 변화시킨 몸 색깔

찾아보기

ㄱ

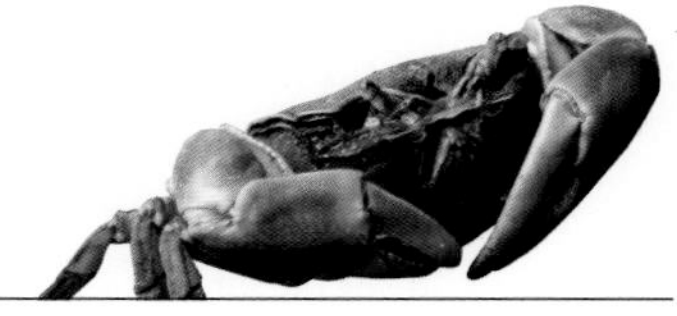

ㅁ

ㅂ

ㅅ

ㅇ

ㅈ

ㅊ

ㅋ

ㅌ

ㅍ

ㅎ

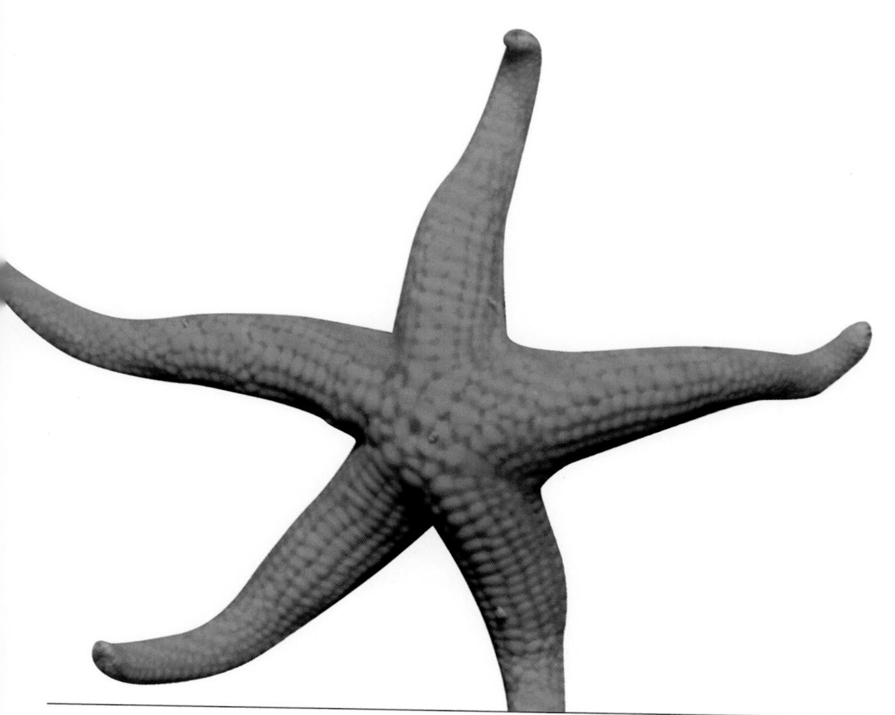

글 · 사진

손민호 | 영남대학교 생물학과를 졸업하고, 부산수산대학교 대학원에서 해양생물학을 전공하여 석·박사 학위를 받았습니다. 그 과정에서 바다 생물에 대한 호기심을 가지게 되었고, 실제로 많은 관찰 경험이 있습니다. 창원대학교 등에서 해양생물학 강의를 하였으며, 영남대학교 대학원 해양자원학과 겸임교수를 역임하였습니다. 현재 ㈜해양생태기술연구소 대표이사이며, 한국수산과학회 부회장, 한국패류학회 회장으로 활발한 활동을 하고 있습니다. '독도의 해양생물', '우리 바다의 아름다운 생물들' 등 다양한 해양생물 관련 도서와 도감을 출판하여 우리 바다 생물을 일반 국민에게 이해시킨 공로를 인정받아 2015년에 대통령 표창을 받았으며, 지금까지 24권의 해양생물 관련 도서와 도감을 출판하였습니다. (이메일: mhson@marine-eco.co.kr)

김현지 | 부산교육대학교를 졸업하였습니다. 부산에서 태어나 부산에서 공부를 하면서 주변의 바다와 바다 생물에 관하여 항상 많은 관심을 가지고 연구를 하였으며, 2005년 전국학생 과학발명품경진 지도논문연구대회에서 부총리 겸 과학기술부장관상을 수상하였습니다. 현재 서울 신북초등학교에서 학생을 가르치고 있습니다. (이메일: hjida@sen.go.kr)

전영숙 | 대구교육대학교를 졸업하였습니다. 경북 포항에서 오랫동안 학생을 가르치며 학생들과 함께 영일만을 자주 찾아간 것이 계기가 되어 바다와 바다 생물에 대해 관심을 갖게 되었습니다. 그 후, 항상 학생들에게 우리 바다와 바다 생물의 중요성을 가르치고 있으며, 현재 경주유림초등학교에 근무하고 있습니다.
(이메일: jys@naver.com)

수중 암초에 사는 동물

검은반점혓뿔납작벌레

왜문어

파래날씬이갯민숭붙이

물방울능선갯민숭이

꽃좁쌀무늬고둥

새치성게

꼬마군부

축해면

볼록별불가사리

보라성게

돌기해삼

모눈좁쌀무늬고둥

마대오분자기